国家重点研发计划项目“建筑工业化技术标准体系与标准化关键技术”（2016YFC0701600）系列丛书
“工业化建筑标准化部品库研究”课题（2016YFC0701609）成果

装配式建筑标准化部品部件库研究与应用

住房和城乡建设部科技与产业化发展中心　编著
文林峰　刘美霞　主编

中国建筑工业出版社

图书在版编目（CIP）数据

装配式建筑标准化部品部件库研究与应用 / 住房和城乡建设部科技与产业化发展中心编著. —北京：中国建筑工业出版社，2019.11

ISBN 978-7-112-24326-6

Ⅰ. ①装…　Ⅱ. ①住…　Ⅲ. ①装配式构件—建筑结构—研究　Ⅳ. ①TU37

中国版本图书馆CIP数据核字（2019）第215465号

责任编辑：周方圆　封毅
责任校对：赵听雨

装配式建筑标准化部品部件库研究与应用
住房和城乡建设部科技与产业化发展中心　编著
文林峰　刘美霞　主编
*
中国建筑工业出版社出版、发行（北京海淀三里河路9号）
各地新华书店、建筑书店经销
北京佳捷真科技发展有限公司制版
北京京华铭诚工贸有限公司印刷
*
开本：787×1092毫米　1/16　印张：21¾　字数：540千字
2019年11月第一版　2019年11月第一次印刷
定价：**65.00**元

ISBN 978-7-112-24326-6
（34831）

编委会

龙元明筑科技有限责任公司

主　　编：文林峰　刘美霞

副 主 编：袁　泉　张　中　刘洪娥　王广明　王洁凝　邵　笛

编写委员会：

王晓锋　王增涛　高志强　徐德良　刘云龙　樊则森　卞光华

彭　雄　张一鑫　赵中宇　刘纪祥　季征宇　温　全　姜　波

张　森　张素敏　滕东宇　徐盛发　郭　宁　王双军　钱　鑫

孙　飞　张　龙　杨飞颍　高晓明　马荣全　陈　光　郑　林

张冬梅　郑　姣　吕雪源　王　飞　沈万玉　马张永　李　璐

屈俊峰　李红霞　王子源　魏宏亮　田朋飞　王洪欣　刘　鹏

窦艳军　郭　震　郭　健　马　骋　董嘉林　金明昌　池　伟

吴恭伟　陆亚珍　郭　戌

咨询专家：

赵基达　吴月华　娄　宇　曹万林　叶浩文　李晓明　马　涛

赵　钿　张守峰　杨思忠　陆伟东　谷明旺　杨家骥　刘若男等

前　　言

装配式建筑标准化部品部件库（简称部品库）的研发，以贯彻落实党的十八大、十九大精神为出发点。党的十八大要求，要更加自觉地把全面协调可持续作为深入贯彻落实科学发展观的要求，把生态文明建设纳入建设中国特色社会主义事业总体布局，由“四位一体”拓展为“五位一体”，要从源头扭转生态环境恶化趋势，为人民创造良好生产生活环境。党的十九大报告提出，我国经济由高速增长阶段转向高质量发展阶段，要坚持质量第一、效益优先，推动信息技术与实体经济深度融合，在创新引领、绿色低碳、共享经济、现代供应链等领域培养新的增长点，为新时期建筑业发展指明了质量引领、创新驱动、绿色生态的发展路径。

现阶段，我国处于全面建成小康社会的关键时期，新时代的社会主要矛盾也转化为人民日益增长的美好生活需要和不平衡不充分的发展之间的矛盾。建筑业的发展面临着资源环境约束不断加剧、节能环保要求日益提高、转变经济发展方式要求日益紧迫、劳动力供给不足和成本不断上涨等巨大挑战，面临着社会对于高品质建筑产品需求的不断提高，传统的发展模式和建造方式越来越难以适应新时代发展的要求，行业改革和转型升级迫在眉睫。发展装配式建筑，既可以实现建造方式的重大变革，又可以推进供给侧结构性改革和新型城镇化发展。有利于节约资源能源、减少施工污染、提升劳动生产效率和质量安全水平，有利于促进建筑业与信息化工业化深度融合、培育新产业新动能、推动化解过剩产能，是实现传统建造方式和建筑业转型升级的必由之路。

《中共中央国务院关于进一步加强城市规划建设管理工作的若干意见》《中共中央国务院关于开展质量提升行动的指导意见》《国务院办公厅关于大力发展装配式建筑的指导意见》《“十三五”装配式建筑行动方案》从宏观到中观到具体操作层面，明确了发展装配式建筑的指导思想、基本原则、发展目标、重点任务、保障措施以及具体路径方法等，标志着我国装配式建筑发展进入了一个全新阶段。《国家信息化发展战略纲要》《2016–2020年建筑业信息化发展纲要》等文件，为信息化在建筑产业的应用，为建筑产业与信息产业的深度融合，指明了方向、目标、任务和保障措施等。

装配式建筑部品部件库的研发，可以促进装配式建筑设计统筹能力的提高，有效地推进装配式建筑的标准化。住房和城乡建设部科技与产业化发展中心（住房和城乡建设部住宅产业化促进中心）承担了国家重点研发计划项目“建筑工业化技术标准体系与标准化关键技术”（项目编号：2016YFC0701600）的课题9“工业化建筑标准化部品库研究”（课题编号：2016YFC0701609），本书内容为该课题的主要研究成果，受到了国家重点研发计划资助（2016YFC0701600）。本课题通过对装配式建筑标准化部品库的研究，提出了部品部件标准化的系统解决方案，以实现装配式建筑关键部品与装配式建筑标准化关键技术的融合和应用，并通过标准化部品库所在的线上平台，实现研究成果在建筑设计、构件部品生产、施工安装管理、运营管理等装配式建筑全生命期的应用。

装配式建筑标准化部品部件库的完善和广泛应用是一个长期的过程，目前已研发了装配式混凝土标准化部品部件参数化BIM模型4600多个，钢结构标准化部品部件参数化BIM模型1200多个，木结构标准化部品部件参数化BIM模型200多个，装配化装修标准化部品部件参数化BIM模型2400多个。13个示范工程在设计中优先选用了部品部件库的标准化部品部件，并且均达到了标准化部品部件占比75%以上的目标，促进了标准化部品部件的通用化、社会化发展，促进了装配式建筑的成本降低，有助于减少环境污染、提高建设效率、缩短建设周期、优化资源配置、提高产品质量等。

装配式建筑标准化部品部件库下一步将重点吸收通过认证的产品类部品部件，并建模为BIM模型，不断丰富BIM模型部品部件库，促进部品部件标准化、系列化、通用化、社会化，确保部品部件的质量，提高部品部件的性能，实现装配式建筑产业链的拉长拉粗和不断优化。

本书的出版，旨在把我们的研究心得、成果与同行共享，共同交流，同时也期待更多同行参与进来，对部品部件库进一步丰富，对部品部件库功能进一步提升提出建议，为推进装配式建筑的健康发展、建筑业向绿色可持续转型升级作出更大贡献。同时，因本书的读者主要是装配式建筑的从业者，读者可登录www.chinahouse.org.cn进行注册使用，出于书稿可读性的考虑，本书没有详述操作层面的具体事项，也没有太多描述研发轻量化BIM模型转化引擎等信息化方面的研究内容。

本书编制过程中，得到住房和城乡建设部标准定额司领导、课题承担单位住房和城乡建设部科技与产业化发展中心领导、国家重点研发计划项目“建筑工业化技术标准体系与标准化关键技术”项目单位等多次指导；专家们给予了很多专业意见，指导了示范工程的实施；许多企业给予大力支持。在此表示诚挚感谢！由于编制时间较紧，编写水平有限，本书难免存在疏漏或不足之处，且部品部件库的研发和更新优化永远在路上，欢迎大家提出宝贵意见和建议。

目　录

第1章　装配式建筑发展及课题概况

1.1　装配式建筑呈现出规模化发展的态势

全国装配式建筑总体上呈现出规模化发展态势。据统计，2018年全国装配式建筑新开工面积达2.89亿m^2。除了量化目标之外，许多地方还提出了出台配套政策、完善技术标准、建设示范项目、培育龙头企业、创新工程建设管理模式、加快信息化建设等方面的工作目标。从完成情况来看，各地在配套政策和技术标准完善、示范项目建设、龙头企业培育等方面取得重大成效，工程建设管理模式创新和信息化建设方面取得一定的进步。

1.2　逐步形成有效的管理模式和推进机制

在完善装配式建筑工作机制方面，各地主要有4类做法：

一是成立装配式建筑工作领导小组，如山东、新疆、郑州、绍兴等，通过工作领导小组统筹协调各部门，保障各项工作的落实；

二是建立联席会议制度，如北京市建立了发展装配式建筑工作联席会议办公室，每年定期召开联席会议全体会议，以会议纪要形式确认议定事项；

三是明确专门机构负责推进装配式建筑工作，多数由建筑节能与科技处负责此项工作，一些地区由建筑业管理部门负责，部分省市还设立了专门的事业单位推进装配式建筑发展，如北京市住房和城乡建设科技促进中心、绍兴市建筑产业现代化促进中心等；

四是加强行业自治管理，上海、深圳充分发挥行业协会的力量，监督产品和服务质量、维护行业信誉，并在装配式建筑政策标准编制、人员培训、展示和宣传普及等方面开展了大量工作。

各级住房城乡建设部门充分发挥相关事业单位、行业学协会的作用，利用各种新闻媒体加大宣传和普及力度，积极组织装配式建筑技术研讨会、展览会、示范项目现场参观交流等推广活动，取得了较好成效。如沈阳市连续8年举办中国（沈阳）国际住宅产业博览会，组织行业企业展示住房城乡建设领域最新技术和产品，并同期举办全国（沈阳）装配式建筑交流大会等系列会议，邀请国内外知名专家为我国装配式建筑的发展建言献策。

1.3　大多省市扶持政策执行情况良好

各地政府积极响应中共中央和国务院的号召，全国31个省（自治区、直辖市）出台了推进装配式建筑发展相关政策文件。各地在推进装配式建筑发展过程中，注重结合本地产业基础和社会经济发展情况，制定阶段性发展目标和工作重点，在土地、规划、财税、金融等方面制定了相关鼓励措施，创新管理机制，推动装配式建筑平稳健康发展。其中，部分省市还出台了配套实施细则、发展规划等政策文件，如广西发布了《广西壮族自治区装配式建筑发展"十三五"专项规划》，深圳市发布了《关于加快推进装配式建筑的通知》《深圳市装配式建筑住宅项目建筑面积奖励实施细则》，青岛市出台了《青岛市进一步推进装配式建筑发展实施细则》等，有力地促进了装配式建筑政策落实。

1.4 产业配套能力大幅提升

除了万科以外，碧桂园、恒大、美好等房地产企业纷纷转型发展装配式建筑。知名的大设计院设有专门的部门设计装配式建筑。大多数实力较强的施工企业积极补强装配式建筑的施工能力。

195家国家装配式建筑产业基地有效地带动了装配式建筑产业链的发展，承担了大量的装配式建筑建设任务。产业基地新建装配式建筑在本地区新建装配式建筑中占比较大。如山东省新建装配式建筑项目1829.81万m^2，其中装配式建筑产业基地企业建设项目1140万m^2，占比约62%；湖南省新建装配式建筑项目850万m^2，其中装配式建筑产业基地企业建设项目595万m^2，占比约70%。

1.5 高度重视工程质量安全

装配式建筑工程建设全过程质量监管是现阶段装配式建筑发展面临的核心关键问题之一，涉及设计质量、生产质量和施工质量等。各地积极探索通过施工图审查、施工过程监管、构件质量检查和装配式建筑质量执法抽查等一系列措施，保障装配式建筑质量安全。

许多省市非常重视技术政策的配套完善，如北京、上海、深圳、山东、江苏、浙江等。具体落实措施包括：组织编制装配式建筑设计、生产、施工等各个环节的技术规范和图集；完善装配式建筑工程定额标准、工期定额标准以及工程量清单计量规则；鼓励企业和社会团体制定装配式建筑相关团体标准、编制通用设计图集和产品设备手册、技术指南等。

《国务院办公厅关于大力发展装配式建筑的指导意见》明确指出："建立全过程质量追溯制度"。住房和城乡建设部科技与产业化发展中心牵头研发了装配式建筑质量追溯系统，为各地装配式建筑全生命期质量数据提供工具，以倒逼机制强化建设单位、设计单位、构件生产单位、施工单位、监理单位责任，详见第12章。

1.6 主要内容

"工业化建筑标准化部品库研究"（课题编号：2016YFC0701609）是国家重点研发计划项目"建筑工业化技术标准体系与标准化关键技术"的课题9。该项目的其他9个课题与本课题互为支撑，共同研究建筑工业化的标准体系和标准化问题。前8个课题分别是：工业化建筑标准体系建设方法与运行维护机制研究，装配式混凝土结构子标准体系与关键标准研究，钢结构木结构子标准体系与关键标准研究，围护系统子标准体系与关键标准研究，建筑设计与建筑设备子标准体系研究，工业化建筑定额体系研究，模块化技术体系与关键标准研究，标准化装配技术与工艺体系研究。

1.6.1 部品部件库构建的相关研究内容

一是对国际物联网编码规则、国内建筑行业编码体系调研分析；二是研究各类部品部件的编码规则、关键设计和接口技术等工业化建筑标准化部品编码技术；三是不同结构形式建筑关键部品材料、性能、规格等属性分析，构建标准化部品部件模型；四是基于部品模型多维属性信息的部品部件库管理规则、属性信息构成形式及分类规则研究；五是标准化部品部件库多维检索技术研究等。

1.6.2 装配式混凝土结构建筑标准化部品部件库研制

一是装配式混凝土结构典型项目的调研分析，装配式混凝土结构专用连接、吊装和临时支撑等系列专项技术、专用辅助部品调研分析；二是主要预制结构构件的建筑标准化部品部件库研究，装配式混凝土结构专项技术、专用辅助部品部件研究等；三是装配式混凝土结构标准化部品入库方式、流程优化研究，入库认定规则研究，库内部品的更新、清出及应用等管理机制研究。

1.6.3 钢、木结构建筑标准化部品部件库研制

一是典型钢结构项目的调研分析；二是钢结构住宅、公建、工业厂房的支撑体系、围护体系、连接技术的标准化部品部件库研究；三是低层、多层木结构典型项目的调研分析；四是木结构建筑支撑体系、围护体系、连接技术的标准化部品部件库研究；五是钢、木结构部品入库方式、流程优化研究，入库认定规则研究，库内部品的更新、清出及应用等管理机制研究。

1.6.4 建筑装修和设备管线标准化部品部件库研制

一是基于部品编码规则及统一的工业化建筑装修部品模数和接口研究；二是墙面、地面、整体厨卫等装配化装修部品部件库研究；三是给水排水、机电、暖通等专业的设备、管线、配件及其接口的标准化部品部件库研究；四是装修和设备管线标准化部品入库方式、流程优化研究，入库认定规则研究，库内部品的更新、清出及应用等管理机制研究。

1.6.5 装配式建筑标准化部品部件数据库信息化技术研究与示范

一是基于BIM技术应用的标准化部品模型构建技术研究。二是基于标准化部品的模数化、参数化，研发具有通用性、灵活性、可扩充性与开放性的标准化部品模型；三是标准化部品规格标准、生产标准、功能性能、应用条件、接口技术等信息的多维展示技术研究；四是基于BIM、大数据和云存储等信息化技术，标准化部品数据库的线上交流、信息发布、供需对接、多维展示等功能设计研发及实时实地数据采集、数据统计技术研究；五是基于全过程、全产业链动态数据管理的标准化部品部件库优化技术研究。支持BIM技术应用的部品部件库信息交换共享平台与应用示范。

1.7 课题研究方法和技术路线

1.7.1 课题研究方法

采用文献研究、实地调查、经验总结、专家咨询访谈、会议讨论等多种方式方法，研究提出装配式建筑标准化部品分类编码方法与部品部件库构建规则。

采用对比研究的方法，立足我国国情，了解和借鉴国外装配式建筑部品部件目录（库）的经验和启示，研究国外部品部件的发展情况，逐步建立覆盖装配式混凝土建筑、钢结构建筑、木结构建筑、装配化装修、设备管线的部品部件库，并满足装配式建筑设计、生产、施工、监管、运维的需要。

采用组件化技术和MVC模式，以BIS方式实现的技术路线，基于大数据和云存储等信息化技术，结合智能传感器与射频识别等技术，开展装配式建筑标准化部品数据库信息化技术研究，研发基于BIM技术应用的标准化部品模型构建技术、多维信息展示技术和部品数据库优化技术，建立部品数据库专业网络平台。

采用分类型遴选示范工程、专家组立项审查、专家组验收审查、视频或现场指导等方式方法，通过信息交互与共享平台，进行示范和工程应用，实证工程项目采用标准化部品部件的比例达到75%以上。

1.7.2 课题技术路线

课题立项之初，就形成了比较明确的技术路线如图1–1所示。

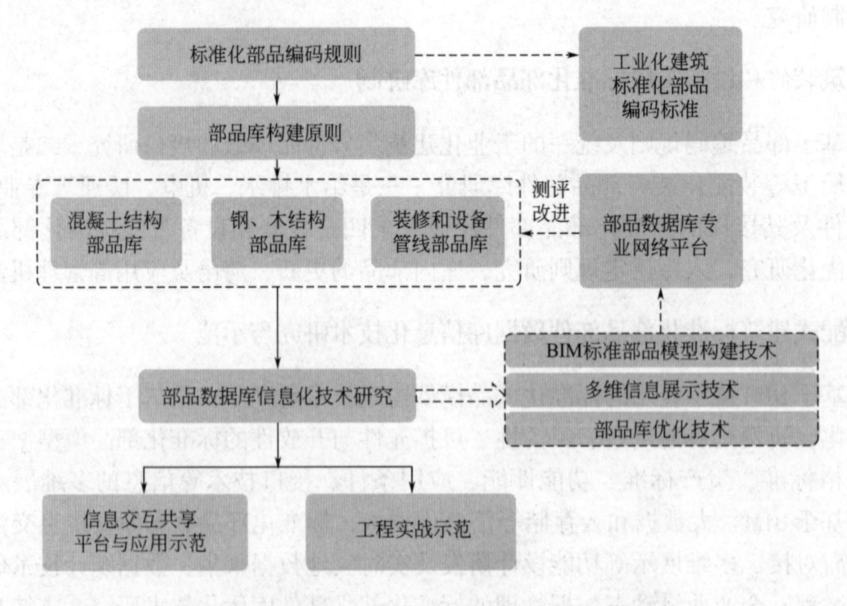

图1–1　装配式建筑标准化部品部件库技术路线图

第2章　部品部件库构建相关研究

2.1　研发装配式建筑标准化部品部件库的意义

2.1.1　部品部件库是推进标准化的有效工具

部品部件标准化是发挥装配式建筑优势的前提条件。梁思成先生在1962年9月9日《人民日报》上发表的《从拖泥带水到干净利索》指出："要大量、高速地建造就必须利用机械施工；要机械施工就必须使建造装配化；要建造装配化就必须将构件在工厂预制；要预制就必须使构件的类型、规格尽可能少，并且要规格统一，趋向标准化。因此标准化就成了大规模、高速度建造的前提"。标准化对提高建筑质量和品质、全面推进部品部件标准化系列化、降低建造成本、简化施工难度和提高建造效率等有重要作用。

在课题组的调研中，几乎所有的构件生产企业都在反映标准化程度不够而带来的成本飙升，大多数企业反映标准化不够造成模具摊销成本高是一个重要原因。据了解，多数装配式建筑项目的模具摊销成本可占到构件成本的10% ~ 20%。一般来说，中等规模的项目叠合板构件模具摊销成本占10%左右，对于楼梯构件钢模具摊销成本占20%左右。中心委托北京市住宅产业化集团股份有限公司杨思忠总工及其团队进行了统计，小型规模以及低多层装配式混凝土项目的边模板折旧成本较高，可达200 ~ 350元/m^3，大型项目以及高层装配式混凝土项目的边模板折旧成本较低，平均为120元/m^3。由此可见，规模化、标准化对降低钢模具摊销成本的重要性。

再者，构件生产企业第二个痛点是多次换模具。如何保证部品部件生产过程的连续性，而不是多次换模具，其路径只有全产业链都采用标准化、通用化的部品部件。部品部件库在努力引导建设单位实践标准化理念，引导设计师应用标准化部品部件BIM模型，引导装配式建筑产业链企业和人员应用标准化部品部件。

2.1.2　部品部件库促进建筑师负责制的落地

建筑的设计过程，是将建筑部品部件BIM模型、技术等，集成应用到设计成果的过程，但建筑师面对成千上万个部品部件，面对层出不穷的新技术，面对其所不太熟悉的构件生产流程和吊装施工过程，很难承担起建筑师负责制的大任。

标准化部品部件库为建筑师负责制提供了统筹全产业链的有力高效工具。对于建筑师来说，依托标准化部品部件库管理平台，对装配式建筑部品部件生产、建筑施工、装饰装修、运营管理等全产业链各环节进行统筹，可以提高建筑师对建设项目的全面统筹管理能力，培养符合建筑师负责制要求的建筑师。

2.1.3　部品部件库营造全国统一的优势充分发挥的环境

我国现有的部品部件库大多局限于单个地域或单个企业，企业的部品部件库主要服务于本企业的业务，装配式混凝土建筑企业的部品部件库只有混凝土结构构件，钢结构企业的部品部件库只有钢结构构件，尚未发现木结构部品部件库，因此具有一定的局限性，缺乏系统性、全国性、权威性的整合三大结构体系部品部件的部品部件库。本课题研发的装配式建筑标准化部品部件库，涵盖了装配式混凝土建筑、钢结构建筑、木结构建筑、装配化装修、设备的标准化部品部件，力图打造全国统一的覆盖各类型装配式建筑的部品部件库。打破三大结构体系间的壁垒，努力营造同一项目混凝土、钢材、木材等材料协同发挥各自优势的新应用环境。

2.1.4　以BIM为纽带推进行业互联互通共建共享

装配式建筑标准化部品部件库，通过研发全国性的装配式建筑标准化部品部件库及其统一的分类和编码标准，并用编码和BIM为纽带，将信息在不同企业、不同平台有效传递，力图整合装配式建筑领域全产业链资源。通过资源整合，汇集各方力量共同提高建筑质量和性能，实现合作共赢。在行业资源整合方面，平台将政府相关机构、开发建设单位、设计单位、施工装修单位、监理企业、物业管理企业、部品部件生产企业和个人用户八大类用户汇集到一起，用户从前期设计、采购、施工到后期物业管理均可找到合作伙伴。

装配式建筑标准化部品部件库，为装配式建筑领域全产业链资源提供了交流共享空间。平台本着公信、公开、公平、公正、公益的原则，通过行业协会、认证机构和使用方推荐质量过硬、信誉度高的产品入库，行业管理部门通过平台，将使用情况反馈给各行业协会和认证机构，实现入库产品质量的严格把关和动态监测，保证入库产品的质量和性能，为业界打造权威采购信息平台，为广大优秀建材企业进入装配式建筑建设领域提供畅通的渠道，为建设单位提供采购优质建材的快捷通道。同时，平台具有多方联动合作的渠道，用户既可以是产品或服务的提供者，也可以是产品或服务的需求方。

2.2　国外部品部件库发展情况分析

国外一些国家很重视住宅部品部件对建筑品质的影响，形成了较为完善的建筑产品认证机制，其认证结果一般形成认证产品目录，有的则进一步电子化，网络化形成认证产品库。

2.2.1　日本建筑部品部件及目录（库）情况

1．日本部品及部品目录对我国的启示

日本在20世纪60年代中期开始发展住宅部品，在很大程度上解决了住宅多样化和标准化之间的矛盾，全面有效地提高了整个住宅产业的工业化水平。实践证明，日本发展住宅部品获得了很大成功并且效果显著。日本的住宅部品发展经历了两个阶段：

第一阶段：专用部品体系。住宅公团是一个半政府、半民间的机构，早期承担着日本公有住宅建设的主要任务。在兴建公共住宅的同时，带动了同一规格部品的批量生产，使住宅标准化部品进行批量化生产成为可能。1959年，日本制定了KJ（KokyoJutaku）规格部品认证制度，但由于KJ部品的尺寸、材料只能由公团规定，使得生产单一规格的部品厂商之间不存在良性竞争，因而KJ部品在20世纪70年代逐步淡出视线。

第二阶段：通用部品体系。为了推动部品产业化发展，日本建设省成立了（财）住宅部品开发中心，是一个有一定政府职能的半官方机构，制定了BL（BetterLiving）优良住宅部品认定制度，并于1974年颁布了“优良住宅部品认定规程”，开发BL部品。1978年开始对外发行《建设大臣认定优良部品综合目录》，将原KJ部品转为BL部品。BL优良住宅部品认证制度是一种部品认证的通用体系，通用部件所要求的最低性能和应考虑的模数协调的尺寸体系，厂家可以以自己的设计、材料和价格应征。接受审查，合格后发优良部件证，部件上贴“BL部件”标签。1987年，日本建设省停止官方“优良住宅部品认定事业”，专由住宅部品研究中心主办，1988年住宅部品研究中心更名为财团法人Better Living，简称BL。

从KJ部品到BL部品的开发，是从单个部品开发到部品集成的过程，并最终指向系列化部品产业化的发展，实现了各种类型的部品在通用体系内的灵活更换。这种通用部品体系的构建，完善了日本住宅工业化和住宅部品产业化的发展，公共住宅得以全面实施部品化。

从日本的发展过程来看，是一个长期探索和多方努力的结果。对我国来说，将在现场加工的有限的材料，由各企业不断研发和创新出工厂生产现场装配的部品部件，建筑产业的链条将越来越长、越来越粗，建筑部品部件也越来越丰富。在丰富产品选型中，经过市场和专家的甄选，共同向标准化推进，将逐步从专用部品体系到通用部品体系。

2. 日本BL优良部品的特征

日本标准化部品部件具有以下特征：

1）BL部品由于其制造企业和性能经过第三者公正的审查和确认，因此可信性高，可放心使用；

2）BL部品无偿修理保证的期限比通常部品长，一般部品的无偿修理保证期限是1年，而BL部品则为2年，即使超过2年，在一定期间内（根据部品种类而定）也能够实施住宅部品的特定功能等的质量保证；

3）BL部品有保证责任和赔偿责任两个保险（BL保险），能够得到住宅部品制造企业很完善的售后服务；

4）BL部品的可更换零件（包括替代品）期间在10年以上，可保持住宅部品的基本性能的一定期间内，无需顾虑因没有可更换的零件而需要更换住宅部品的情况；

5）为了向使用BL部品的消费者提供服务支持，设置了“BL部品顾客咨询室”，解答关于购买后的保修问题和咨询；

6）BL部品是能够利用住宅金融公库的增额融资的部品。

3. 日本BL部品及部品目录（库）的简要分析

日本用了20多年的时间推行住宅部品的标准化、通用化。BL对部品的外观、质量、安全性、耐久性、使用性、易施工安装性、价格等进行综合审查，公布合格的部品目录。BL向申请厂家交付“BL部品认定书”和“性能表示书”，在BL网站主页上公示认定结果，包括名称、型号、规格、功效等性能表示书内容。

现在日本住宅的各个部分都有通用部品，各厂家生产的通用部品都纳入《通用体系产品总目录》，设计人员从中选择适当产品进行住宅设计，对无特殊要求的住宅，只要将通用部品组合起来即可。

2.2.2 美国住宅部品部件及目录（库）情况

1. 美国部品部件及其认证机构较为发达

美国有多家机构致力于推进建筑产品的认证评估，其发展历史悠久，认定评估方法和管理手段先进。美国认为只有达到HUD标准（美国工业化住宅建设和安全标准）并拥有独立的第三方检查机构出具的证明，工业化住宅部品才是合格的产品，才能进行对外出售。

早在1931年，美国ICBO评估服务中心（ICBO ES）就开始针对建材、产品、体系及服务进行评估。依照现有规范或ICBO认可的标准对建筑产品的技术指标进行评估认定。每年受理约120份评估认定申请。

1954年，美国的预制预应力混凝土协会PCI（Precast/Prestressed Concrete Institute）成立，PCI协会出台了一系列装配式建筑的规范和标准，1958年公布PCI预应力混凝土工厂准则，逐步发展成工厂质量控制体系，每一个工厂会员要经过这套体系的认可与监督。PCI协会对于会员单位每年会进行两次飞行检查，这些检查事先不通知，所派出的检查专家也是不固定的，检查人员可以随机抽查构件厂的原始生产记录，如原材料质量、配合比、构件生产工艺、安全和质量管理措施等，对发现的问题提出书面整改措施和指导意见，认定上一次检查存在的问题是否已经落实整改，如果连续两次检查被评为不合格，企业将被协会开出，企业一旦被开除，将很难得到市场的认可；除了对会员单位进行技术指导外，协会还承担对质量安全事故进行调查和认定、对行业竞争进行自律等功能。

1975年，BOCA、ICBO、SBCCIDG三个标准规范组织建立了美国联邦评估公司（NES），是一个不以营利为目的的机构，其任务是采用这三个组织的20多名技术专家对新型建筑材料进行技术评估。此外，美国还有ASTM检测、ICC-ES listing等多个认证机构。

美国的协会或认证机构，一般通过发布目录或网站发布信息等方式，向市场各方主体提供产品信息。

2. 美国通过目录引导部品部件的标准化系列化

美国住宅建筑市场发育完善，认证机构、协会等通过发布部品部件目录，引导市场主体采用住宅部品部件的标准化、系列化的部品部件程度很高。美国目录里的住宅部品及其部品目录部件具有如下特点：

1）产品质量好且有较长的产品质量保证年限。用户一旦发现产品有质量问题，可直接向生产者联系，生产者按规定负责质量赔偿。

2）部品部件品种规格系列齐全，标准化、系列化、通用化程度很高，配套性很强。

3）目录上的许多住宅部品为低层木结构装配式住宅配套产品。这些木结构部品部件，在标准化的基础上，实现了舒适性、多样化和个性化的统一。

3. 美国Autodesk公司REVIT及部品部件族库

美国Autodesk公司的REVIT，在建筑行业的软件市场占据较大的份额。在REVIT中，族贯穿于所有设计项目，使用REVIT越多，累积的族越多，效率提高得越快。REVIT族库就是把族按照特性、参数等属性进行分类归档，并对族库里的部品部件进行分类和编码，方便设计时的调用、维护和管理。

4. 美国Trimble收购的Tekla及部品部件族库

2011年美国Trimble（天宝）公司收购芬兰Tekla公司，TEKLA主要是钢结构深化设计软件，TEKLA有内置的构件库，包含钢结构和混凝土结构主要的部品部件库。其中没有的构件类型可以自定义添加。由于Trimble收购了Sketchup，由Sketchup绘制的构件也可以在Tekla中进行交互，同时Tekla是Open BIM成员之一，支持构件导出标准格式的IFC文件，通过IFC文件实现与其他软件的交互。

5. 美国Bentley及其部品部件族库

美国Bentley主要是用于市政工程和工业工程，提供用于设计、建造和运营管理的全生命周期的软件解决方案。其中，AECOsim Building Designer是Bentley在建筑设计方面的BIM产品，可以对任何规模、形态和复杂程度的建筑进行设计、分析、构建、文档制作和可视化呈现。某一类工程的标准化内容，如构件类型、图层样式、线型样式等，通过定制好的工作环境可解决工程项目协同工作过程中标准化统一的问题。

Data Group是Workspace中非常重要的组成部分，由构件类型定义文件与构件类型属性定义文件等组成。构件类型是以一系列的XML文件存储下来，每一类构件都可以存储为一个XML文件，如墙体类型可保存为一个名称为“Wall.xml”的文件，同样其他的构件类型也可以用识别度较高的名称保存为相应的XML文件，便于后期的维护管理。WorkSpace下也会存放三维设计的元件库。

Parametric Frame Builder是AECOsim Building Designer创建参数化构件的建模工具，能够在各种构件上使用，特别是构件细节部位的模型创建，而且能够与样式Part，完成对构件材质的赋予以及工程量的统计。复合单元Compound Cell则是手动绘制模型，再附属性。另外一种非参数化的模型制作方法是Cell方法。任何图片素材、AutoCAD图块、Sketchup的skp文件以及基于Microstation绘制的模型都可以导入Cell制作AECOsim的元件。AECOsim元件可以通过.cell（Cell文件格式），.bxc（Compound Cell文件格式）及.bxf（PFB格式）实现模型构件传递，但参数信息需要在DataGroup中进行挂接配置才会显示。

总之，美国建筑部品部件比较丰富，并且美国具有多家国际上占据头部地位的软件公司，这些软件公司都一直在面向全球丰富自己的部品部件族库。

2.2.3 法国部品部件及其目录（库）情况

1. 法国装配式混凝土建筑部品部件较为发达

法国1891年就已开始建造装配式混凝土建筑，迄今已有130多年的历史。法国建筑工业化以混凝土体系为主，钢、木结构体系为辅，多采用框架或板柱体系，并逐步向大跨度发展。

2. 法国装配式混凝土建筑的特点

近年来，法国装配式混凝土建筑呈现的特点是：

一是焊接连接等干法作业流行；

二是结构构件与设备、装修工程进行分离设计，减少预埋，使得生产和施工质量提高；

三是主要采用预应力混凝土装配式框架结构体系，有的工程装配率达到80%，脚手架用量减少50%。

3. 法国构件目录

1978年，按照法国政府要求，法国建筑科学技术中心从施工企业与设计事务所收集、评审并确认了25种基于模数协调规则的构造体系。每种体系由一系列可以互相装配的定型构件组成，并形成构件目录。该构件目录包含一系列符合尺寸协调规则的构配件（包括主体、围护、分隔、设备中的构配件），建筑师可以从目录中选择构件组成多样化的建筑。在这一机制下，建筑构配件的标准化与设计师的灵活主动性取得了较好的平衡。

近年来，在原有构造体系与构件目录的基础上，法国混凝土工业联合会与法国混凝土制品研究中心将全国近60个预制厂组织在一起，利用这些预制厂提供的产品技术经济信息，编制出了一套整合有产品目录与设计功能的G5软件系统。该软件汇集了大量遵守同一模数协调规则且在安装上有兼容性的建筑部件，主要包括围护构件、内墙、楼板、梁柱、楼梯和各种设备管道。同时还可告知使用者有关协调规则、各种类型部件的技术数据和尺寸数据、建筑外形的实现方法、各部件之间的连接方法、特定建筑部位的施工方法和设计上的经济性等重要信息。

2.2.4 德国部品部件及其目录（库）情况

德国以及其他欧洲发达国家建筑工业化起源于20世纪20年代，推动因素主要有两方面：一是社会经济方面，城市化发展需要以较低的造价、迅速建设大量住宅、办公和厂房等建筑；二是建筑审美方面建筑及设计界摒弃古典建筑形式及其复杂的装饰，崇尚极简的新型建筑美学，尝试新建筑材料（混凝土、钢材、玻璃）的表现力。

1. 德国Syspro联盟引导的高品质部品部件

德国Syspro高品质混凝土预制构件联盟成立于1991年，是在德国国内预制构件工厂自动化生产程度大幅提高之后造成产能严重过剩的背景下，由德国几十家预制构件工厂联合组成的联盟组织。联盟将大量的生产构配件进行统一的市场推广和分销，实现了市场供需和产能之间的协调匹配，并在德国国内市场形成垄断地位，在整个欧洲也占有十分显著的市场份额。为保证联盟生产构配件的高质量，1995年开始，Syspro联盟推出了HiQ质量认证，通过联盟内企业每1～2周的自检，每半年的外部审核，对产品和生产过程是否持续满足Syspro产品质量要求进行不间断的外部监测。顺利通过这个严格审核的企业被正式授予公开使用Syspro-HiQ标志的权利。Syspro-HiQ标准，远远超出了欧洲现行标准和法规的要求。2000年开始，联盟推出了防水认证服务，对双层墙和保温墙系统的涂缝板系统的防水密封性进行认证，并提出了10年延保的服务；2002年，联盟推出了GS认证标识，用于认证预制构配件工厂吊钩安装安全性是否符合规程要求；2010年，联盟引入Green label（绿色标签），对预制构配件生产的绿色度进行认证，提高环保要求。

2. 德国部品部件发展情况

德国的工业化建筑主要采取叠合板、混凝土剪力墙结构体系，剪力墙板、梁、柱、楼板、内隔墙板、外挂墙板和阳台板等构件，构件的耐久性较好。

预制部品部件产量较高。当前，德国追求绿色可持续发展，注重环保建筑材料和建造体系的应用，寻求项目的个性化、经济性、功能性和生态环保性能的综合平衡。建筑上使用的建筑部品大量实行标准化、模数化，强调建筑的耐久性，以建筑质量和效益为目标。

3. 德国建筑普遍采用全装修，且采用标准化部品部件

德国房地产开发项目基本上都是全装修建筑产品。办公等公共装配式建筑上，吊顶、隔墙、架空地面等部位大量采用标准化部品部件，现场干作业施工安装。在建筑单元重复率较高的装配式建筑中、如经济型酒店、养老院等，注重整体卫浴、整体装饰墙板等技术的应用。轻质隔墙大多采用轻钢龙骨石膏板隔墙系统。室内装修所采用的上下水系统、电器系统的产品品质相当高，室内装修的施工质量整体较好。

4. 德国部品部件相关目录（库）

没有找到德国类似的部品部件库，相关的建筑部品部件目录只找到了相近的Bau展目录。主要有：

1）铝类：铝制品、铝塑板、铝框部分、固定元件、安全和防火技术、门窗门框、铝加工机械工具；

2）钢类：钢制品、车库门、大门和门窗、锌和铜制品、不锈钢制品、建筑通风和空调技术；

3）木类：木制品与塑料制品、门窗、内门、前门、门框、楼梯、地板；

4）玻璃类：玻璃建筑材料、玻璃幕墙；

5）砖瓦类：瓦与玻璃瓦、建材陶瓷、砖瓦屋顶与烟囱建筑材料；

6）建筑化工材料类：建筑化学、涂料与油漆、黏合剂、各种绝缘材料、建筑用工具、密封技术、玻纤网格布；

7）石材及土质材料：天然和人工石材、泥土、混凝土、浮石材料、石灰砖、充气混凝土、纤维水泥建材、内饰材料、石膏材料、预制板；

8）卫浴陶瓷：卫浴制品、洁具、日用陶瓷、马赛克、瓷砖。

5. 德国内梅切克公司收购的ArchiCAD及其部品部件族库

ArchiCAD是由匈牙利公司Graphisoft开发建筑BIM软件，后被德国内梅切克公司（Nemetschek AG），Graphisoft成为其子公司。ArchiCAD作为应用最早的BIM软件，在建筑设计方面拥有灵活的造型设计、方便的交互方式、大数据处理、虚拟参照技术等特点。ArchiCAD提供GDL（Geometric Description Language）绘制构件，通过参数化程序设计语言实现从参数化驱动构件。

ArchiCAD自带一个图库，包含了1000多个参数化的门、窗、家具设备、结构元素以及配景等。除了系统自带的图库外，还可以下载其他图库到本地使用。ArchiCAD中参数化构件可以.gsm保存为图库文件，再添加装载在其他新建文件中使用。ArchiCAD也是Open BIM成员之一，可以将构件导出成标准格式的IFC文件。

2.2.5 瑞典部品部件及其目录（库）情况

瑞典新建建筑中采用通用部品部件的住宅占80%以上，“工业化住宅比较发达”。瑞典以大力发展通用部品为基础的通用体系作为推进工业化建筑的关键途径。

瑞典政府一直重视通过标准化带动通用部品的发展。20世纪40年代，瑞典政府委托建筑标准研究所研究模数协调，此后又委托建筑标准协会（BSI）开展建筑标准化方面的工作。在60年代大规模住宅建设时期，瑞典政府将建筑部件的规格化纳入瑞典工业标准

（SIS），并颁布了“主体结构平面尺寸”和“楼梯”标准、“模数协调基本原则”、“浴室设备配管”标准、“门扇框”标准、“厨房水槽”标准等，实现了全国范围的统一。为推动通用体系的发展，瑞典政府1967年制定了《住宅标准法》，通过法律的形式规定，只要使用按照瑞典国家标准和建筑标准协会的建筑标准制造的建筑材料和部品来建造住宅，该住宅的建造就能获得政府的贷款。

这一系列规格化的建筑部件形成了瑞典的标准化部品部件目录（库）。通过部品的尺寸、连接等标准化、系列化为提高部品的互换性创造了条件，从而使瑞典的通用体系得到较快的发展，有力地促进了工业化建筑的快速发展。

2.2.6　丹麦部品部件及其目录（库）情况

丹麦是一个将模数法制化应用在装配式住宅的国家，国际标准化组织ISO模数协调标准即以丹麦的标准为蓝本编制。故丹麦推行建筑工程化的途径实际上是以产品目录设计为标准的体系，使部件达到标准化，然后在此基础上实现多元化的需求，所以丹麦建筑实现了多元化与标准化的和谐统一。

推动通用体系化发展的主要有国立建筑研究所（SBI）和体系建筑协会（BPS），BPS是民间组织，其会员包括了200多家主要的建材产品生产企业。

丹麦建筑工业化具有以下几个特点：

1. 模数标准较健全并且是强制执行的

丹麦通过模数和模数协调实现部品部件的通用化。1960年制定的《全国建筑法》规定，“所有建筑物均应采用1M（100mm）为基本模数，3M为设计模数”，并制定了20多个必须采用的模数标准。这些标准包括尺寸、公差等，从而保证了不同厂家构件的通用性。同时国家规定，除自己居住的独立式住宅外，所有的住宅都必须按模数进行设计。

2. 以发展“产品目录设计”为中心

推动通用体系发展丹麦将通用产品、部件称为“目录产品、部件”，每个厂家都将自己生产的产品、部品列入目录，由各个厂家的部品、产品目录汇集成“通用体系部品、产品总目录”，设计人员可以任意选用总目录中的部品、产品进行设计。

主要的通用部品有混凝土预制楼板和墙板等主体结构构件。这些部品都适合于3M的设计风格，各部分的尺寸是以1M为单位生产的，部品的连接形状（尺寸和连接方式）都符合“模数协调”标准，因此不同厂家的同类产品具有互换性。同时，丹麦十分重视“目录”的不断充实完善，与其他国家相比，丹麦的“通用体系产品总目录”是较完善的。

2.2.7　芬兰部品部件及其目录（库）情况

本书编写组调研考察了芬兰的装配式建筑及部品部件。

1. 芬兰装配式建筑占比较高

芬兰装配式建筑占比约85%，促进了部品部件的高速发展（表2-1）。据统计，2017年芬兰预制混凝土结构占39%、钢结构占17%、木结构占29%、现浇混凝土占12%、其他占3%。

芬兰装配式混凝土建筑及其部品部件发展历程　表 2-1

时间	发展历程
1968 ~ 1970	混凝土构件标准建立了开放的混凝土构件体系
1970 ~ 1972	PLS–80建立了板—柱体系
1970 ~ 1975	建立了模数化的连接节点尺寸
1974	开始了建筑的工业化
1978 ~ 1979	建立了居住建筑的混凝土构件标准，改进了技术性能
1980 ~ 1983	建立了框架结构梁板柱体系的混凝土构件标准
1983	节能的混凝土构件标准，以及高性能的混凝土体系HPAC
1984	建立了外墙混凝土构件标准，以及外围护的技术认证
1987 ~ 1989	建立了TAT项目，这是一种新的、模数化的建筑结构
1994 ~ 1995	出版了新的设计手册
1997 ~ 1999	研发了2000版外墙，新型的带有通风装置的外围护墙
1999 ~ 2003	装配速度和现场工作的发展
2001 ~ 2003	连接构造和细部节点的改进
2002 ~ 2003	建立了信息传递的IFC标准
2006 ~ 2009	采用了节能的和带有抹面层的外墙
2009 ~ 2010	采用了新的设计、制作和安装的网络页
2011年至今	探索BIM和3D设计
2012	开始了采用Trimble’s Tekla结构的BEC项目

2. 芬兰装配式建筑的特点

芬兰的装配式建筑要满足以下10个方面的要求：①大部分混凝土部品部件从施工工地现浇移至工厂预制加工；②部品部件及其连接构造标准化；③开放的和模数化的建筑体系；④施工现场条件改善；⑤设计师既了解工厂的生产，又了解现场施工；⑥质量好；⑦生产效率高；⑧成本低；⑨施工进度安排合理；⑩便于冬期施工。

3. 芬兰混凝土部品部件较为发达

本书编写组从芬兰混凝土工业协会了解到，协会有佩克、埃列迈提克等45个企业会员，约有300个工厂，其中150个RMC（Ready Mix Concrete，即商品混凝土）工厂、100个预制构件工厂，50个混凝土制品工厂。

图2–1给出了芬兰各类预制构件销售额占比，其中，外墙板占34%、内墙板占11%、空心楼板占15%、其他类型楼板占9%、柱和梁占9%、建筑用其他预制构件占4%、市政工程用预制构件占16%、吊装用预制构件占2%。

现在，芬兰混凝土住宅、商业、工业建筑构件标准化程度较高，被称为彻底开放的装配式混凝土体系，其优越性主要在于具有通用的尺寸体系。例如住宅建筑、楼板的宽度均为1200mm；采用通用的节点构造；对于不同的工厂，没有特定的构造要求。实现了项目可以从任何工厂订购或购买所需要的住宅建筑墙板构件。

4．芬兰部品部件标准化程度较高

1）芬兰装配式混凝土建筑住宅绝大部分是彻底开放式，其商业建筑和工业建筑采用通用的标准化混凝土构件，见图2-2、图2-3。

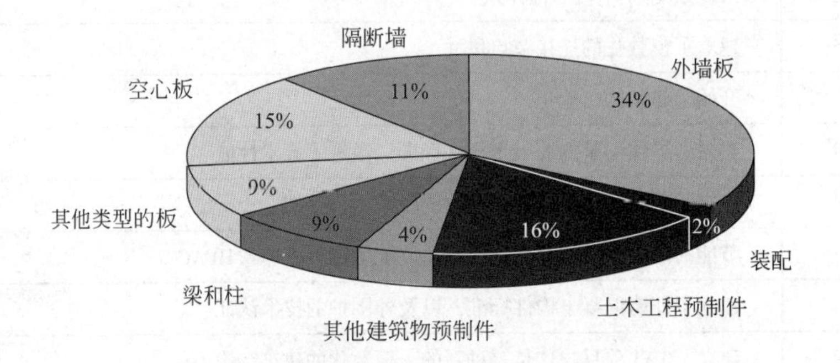

图2-1 芬兰预制混凝土工业销售额占比情况

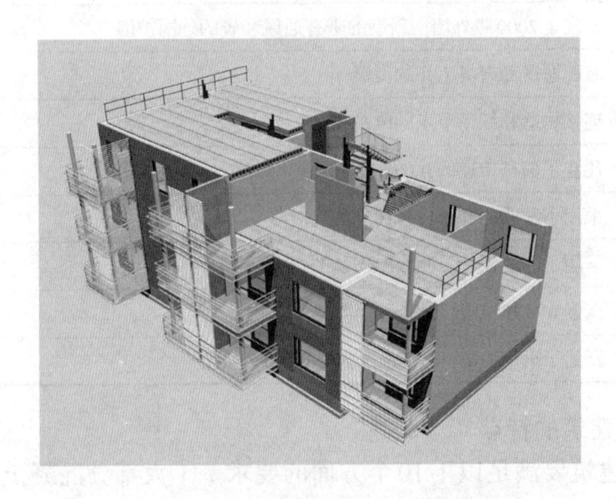

图2-2 彻底开放的装配式混凝土住宅建筑体系

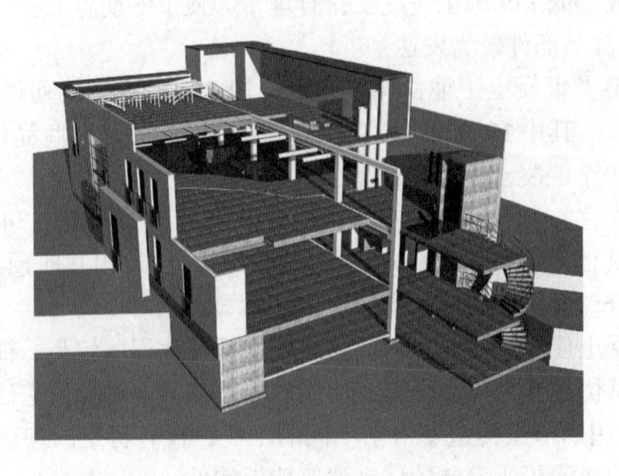

图2-3 采用通用化、标准化构件的商业建筑示意图

2）芬兰的开放装配式混凝土住宅在节点标准化的基础上，使构件也实现了高度的标准化，见图2–4。

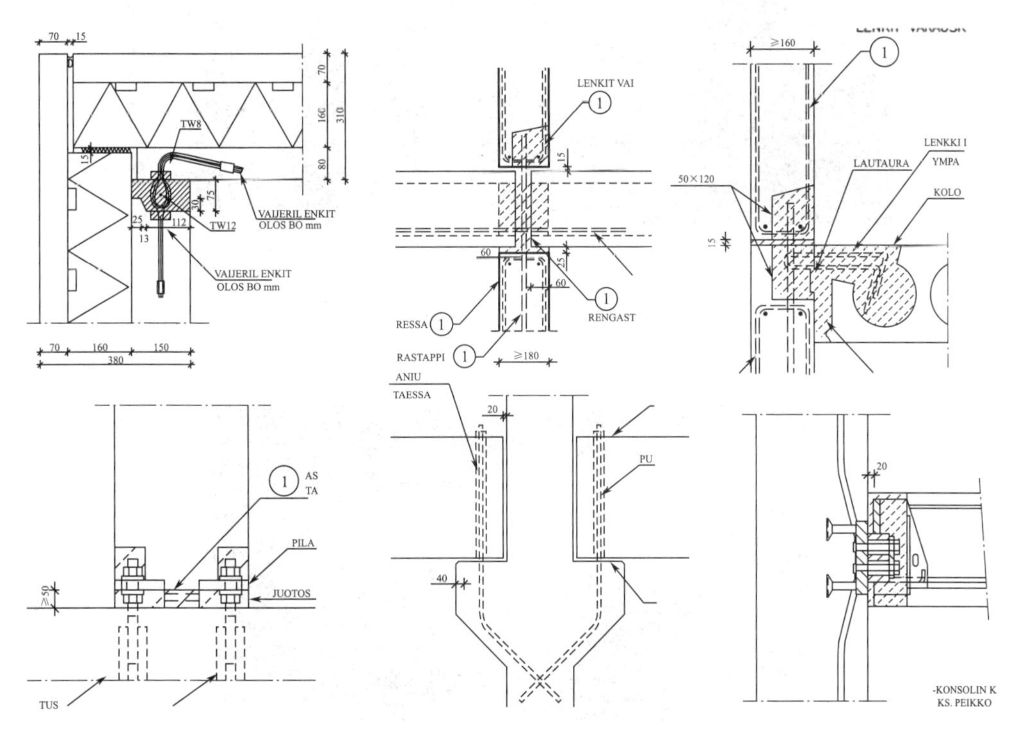

图 2–4 标准化的节点

3）芬兰的标准化预制构件市场占有率最高主要是：预应力空心楼板、预制柱以及预制墙板，见图2–5。

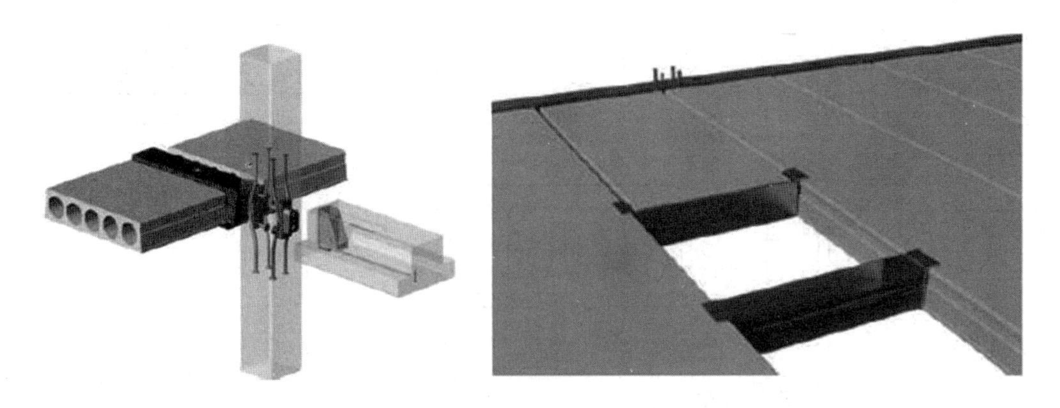

图 2–5 标准化预制预应力空心楼板

4）芬兰的预制楼板构件具有较高程度的标准化，宽度只有唯一的一个尺寸：1200mm；高度已形成系列：150mm、200mm、265mm、320mm、370mm、400mm、500mm，其中高度320mm的楼板最为广泛使用，见图2–6、图2–7。

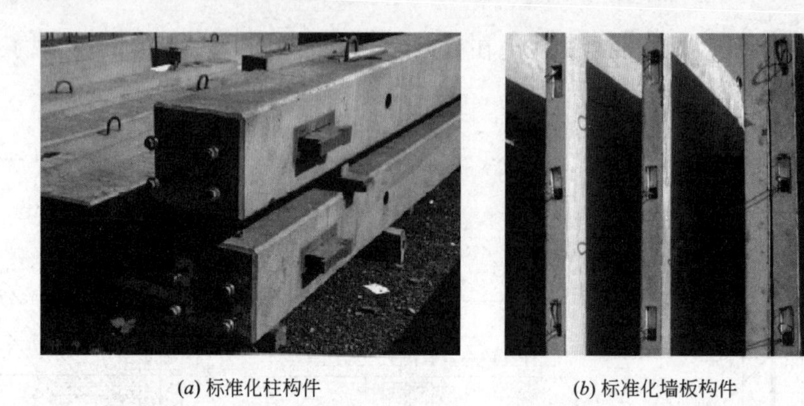

(*a*) 标准化柱构件　　(*b*) 标准化墙板构件

图 2-6　在市场占有率最高的标准化的预制构件

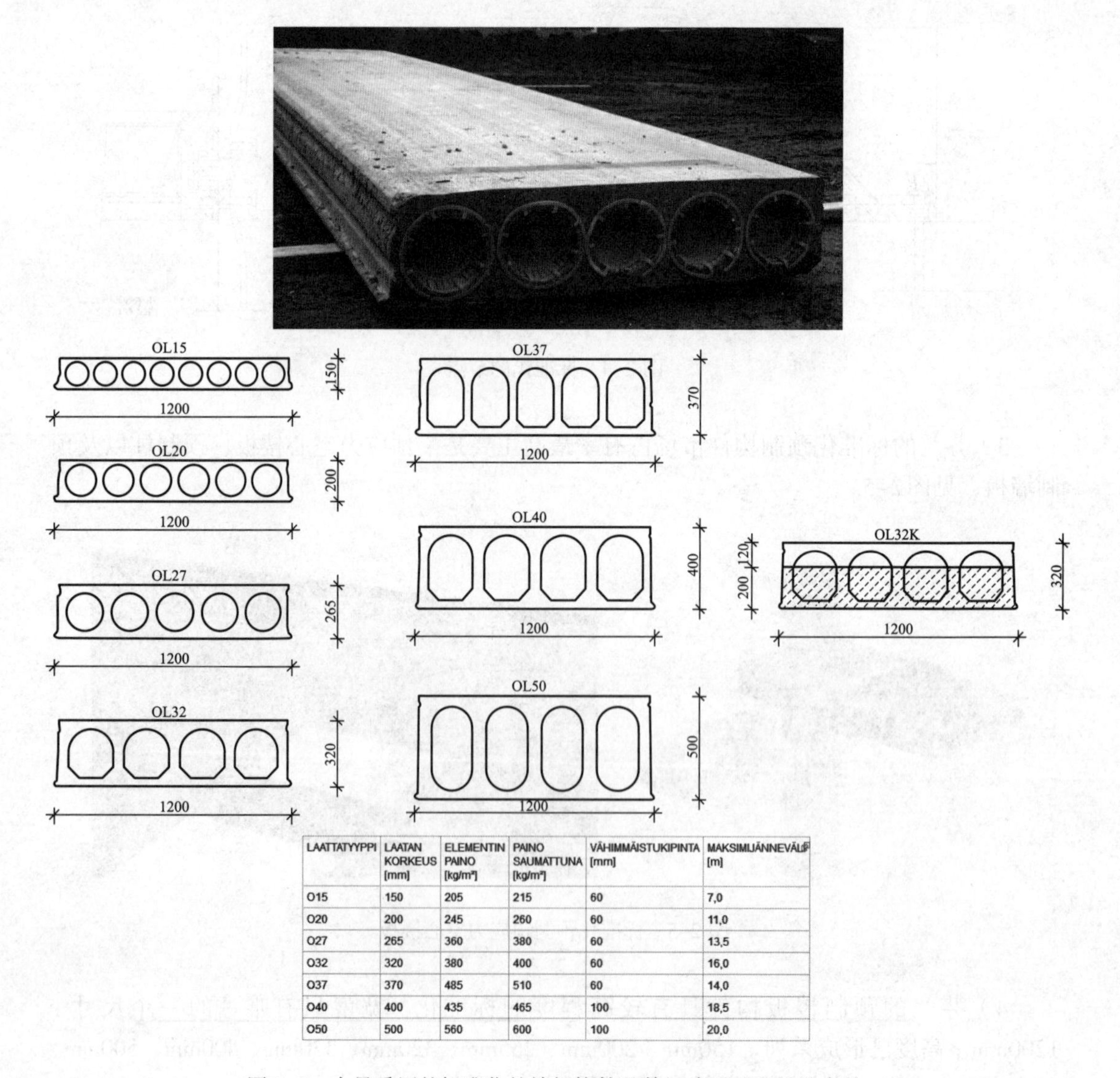

LAATTATYYPPI	LAATAN KORKEUS [mm]	ELEMENTIN PAINO [kg/m²]	PAINO SAUMATTUNA [kg/m²]	VÄHIMMÄISTUKIPINTA [mm]	MAKSIMIJÄNNEVÄLI [m]
O15	150	205	215	60	7,0
O20	200	245	260	60	11,0
O27	265	360	380	60	13,5
O32	320	380	400	60	16,0
O37	370	485	510	60	14,0
O40	400	435	465	100	18,5
O50	500	560	600	100	20,0

图 2-7　大量采用的标准化的楼板构件及其尺寸系列和相关参数

5）芬兰装配式混凝土建筑大量采用标准化墙板构件，其标志尺寸为6000×3000，见图2-8。

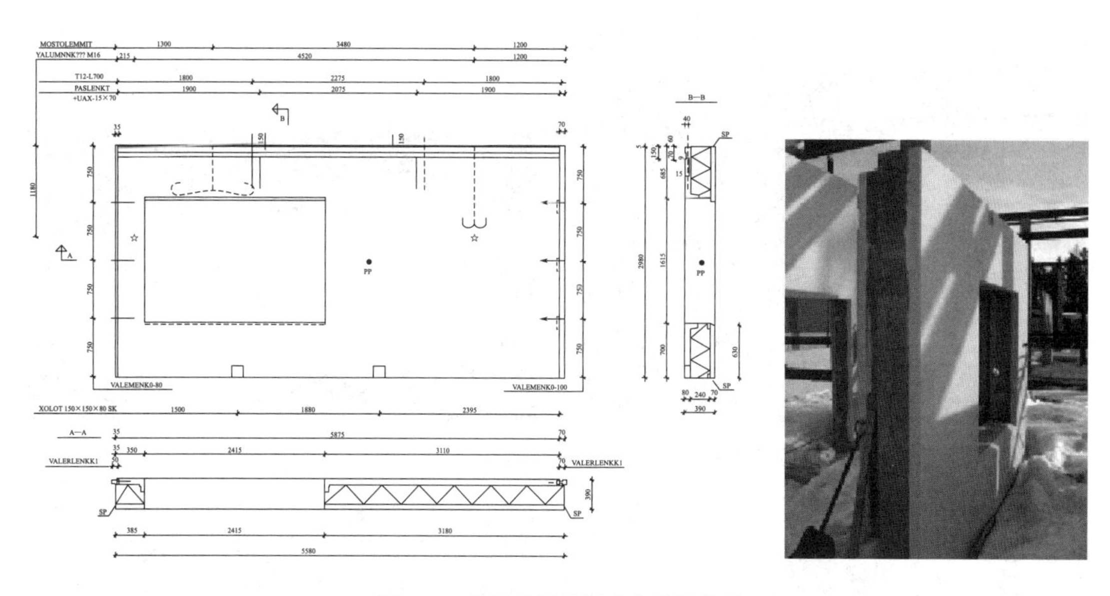

图 2-8 大量采用的标准化墙板构件

6）芬兰的节能标准较高，因此标准化带抹面层的三明治墙板构件在装配式混凝土建筑中极广泛应用，见图2-9。

图 2-9 带抹面层的三明治墙板构件

7）芬兰装配式混凝土框架结构的标准化构件主要包括：预应力混凝土倒T型框架梁、预应力I型屋面梁、钢—混凝土组合Delta框架梁以及3.6m宽双T板，见图2-10。

(*a*) 预应力混凝土倒T型框架梁

(*b*) 预应力I型屋面梁

(*c*) 钢—混凝土组合Delta框架梁

(*d*) 3.6m宽双T板

图2-10　框架结构用标准化构件

8）芬兰一些其他的标准化构件，如预制标准化管道构件、内隔墙构件以及基础设计构件等，见图2-11。

(*a*) 预制管道构件

(*b*) 预制内隔墙构件

图2-11　其他的标准化构件（一）

(c) 用于基础设施的预制构件

图 2-11 其他的标准化构件（二）

2.2.8 经验借鉴

结合我国装配式建筑发展现状，本课题通过考察了解国外部品部件及其目录（库）的发展，借鉴如下：

1）发达国家部品部件品种丰富，规格系列齐全。从国外部品部件及目录（库）来看，总体上，建筑产业现代化水平较高的美国、日本、德国、法国等，建筑部品部件体系相对较为完善，部品部件品种丰富，规格系列齐全。在参观考察的这些国家住宅展示场或办公场所，可以看到数本300页、400页的部品部件目录。一些目录在网站上有多方面的展示，部品部件库比较丰富。

2）部品部件目录（库）里的部品部件标准化、通用化程度较高。日本用了20多年经历了从KJ部品到BL部品制度，随着时代的发展逐步实现了住宅部品的标准化、通用化、工厂化；美国部品部件市场发达，经过市场的博弈和竞争，标准化、通用化部品部件占据市场主流，受到产业链各方和消费者的欢迎。

3）部品部件明显地标识认证情况、认证机构等信息。美国、日本、德国、法国等国家，认证机构比较活跃，许多部品部件的目录，是由认证机构编制印刷发行的。一些项目要求部品部件应用于项目的前提之一是经过认证。

4）国际常用建筑软件都有部品部件的相关族库。国际上建筑软件被广泛使用的主要有REVIT、TEKLA、BENTLEY、ArchiCAD等。REVIT、TEKLA、BENTLEY现已属于美国公司，德国内梅切克公司（Nemetschek AG）收购了匈牙利公司Graphisoft的ArchiCAD。我国建筑市场目前以应用国际上建筑软件及族库为主，国内采用BIM设计或施工的公司，也都采用国外REVIT、TEKLA、BENTLEY、ArchiCAD等软件。

综上，我国建筑部品部件的发展应充分借鉴国外的经验，总结他们走过的发展轨迹，开拓适合我国国情发展的建筑部品部件发展道路。同时，借鉴美国以软件系统带动部品部件标准化族库发展的路径，积极为5G时代做准备，充分发挥装配式建筑标准化部品部件库的作用，促进装配式建筑产业与信息产业深度融合发展。

2.3 国内部品部件库发展情况分析

2.3.1 国内部品部件目录（库）发展的总体情况

我国一直在促进建筑部品部件的发展。1999年国务院发布的《关于推进住宅产业现代化提高住宅质量的若干意见》(国办发〔1999〕72号）文件，从顶层设计提出了建立住宅及材料、部品的工业化和标准化生产体系，编制住宅建筑与部品模数协调标准，发展通用化部品，形成系列开发、规模生产、配套供应的住宅部品体系，形成包括产品形状尺寸、性能、构造细部、施工方法和应用实例等内容的住宅部品推荐目录。

2013年,《国务院办公厅关于转发发展改革委 住房城乡建设部绿色建筑行动方案的通知》(国办发〔2013〕1号文）中第（八）项：推动建筑工业化中住房城乡建设等部门要加快建立促进建筑工业化的设计、施工、部品生产等环节的标准体系，推动结构构件、部品、部件的标准化，丰富标准件的种类，提高通用性和可置换性。

2016年9月《国务院办公厅关于大力发展装配式建筑的指导意见》(国办发〔2016〕71号）指出：“优化部品部件生产。积极引导设备制造企业研发部品部件生产装备机具，提高自动化和柔性加工技术水平。建立部品部件质量验收机制，确保产品质量。”“提高绿色建材在装配式建筑中的应用比例，开发应用品质优良、节能环保、功能良好的新型建筑材料，并加快推进绿色建材评价。”

2017年9月《中共中央 国务院关于开展质量提升行动的指导意见》指出：“因地制宜提高建筑节能标准。完善绿色建材标准，促进绿色建材生产和应用。大力发展装配式建筑，提高建筑装修部品部件的质量和安全性能。”

在一系列政策引导和大量建设项目带动下，我国部品部件目录（库）发展呈现出以下特点：

1）我国建筑部品部件越来越丰富，建筑部品部件市场也越来越活跃，部品部件的生产能力和水平越来越高。

2）部分省市住房和城乡建设部门以目录、备案等方式，加强对建筑部品部件和材料的管理。

3）少数省市为了提高保障性住房的建设质量和品质、降低建设成本，以保障性住房为依托建立了地方保障性住房部品材料库。

4）一些协会、联盟等，发布了针对本地或某一门类的部品部件目录。

5）部分房地产开发企业、设计企业、施工企业等搭建了一些部品部件库。

2.3.2 国内部品部件库举例

目前，国内少数几个地方试图建立部品部件库，大多数装配式建筑企业则热衷于上

BIM，出现了许多“平台”或“库”，总体上比较散乱，本书从行业管理的角度，努力搭建全国统一、覆盖面广、共建共享的装配式建筑标准化部品部件库。

1. 装配式建筑标准化部品部件库

由住房和城乡建设部科技与产业化发展中心，依托国家重点研发计划，牵头组织北京交通大学、建研院、南京工大、和创云筑、山东联房、中科建等，搭建了装配式建筑标准化部品部件库。该库是装配式建筑产业信息平台的6大库之一，其他还有政策库、标准库、企业库、项目库、人力资源库。目前共建立有11300多个参数化的BIM模型，通过13个部品部件库示范工程进行示范应用。

2. 北京市公租房标准化体系优良部品部件库

2011年，北京市住房保障办公室按照住房和城乡建设部办公厅《关于建立保障性住房建设材料、部品采购信息平台的通知》（建办保〔2011〕44号）相关要求，组织建立并试运行北京市公租房标准化体系优良部品库。2015年8月11日，住房和城乡建设部科技与产业化发展中心（以下简称“住建部科技产业化中心”）复函同意“北京市保障性住房优良部品材料库”作为住房和城乡建设部“保障性住房建设材料部品采购平台”北京分站进行管理（建科中心函〔2015〕5号）。2017年，按照“放管服”工作精神和要求，“北京市保障性住房优良部品材料库”运营管理主体由北京市住房保障办公室调整至北京市保障房建设投资中心。

在总结试运行公租房优良部品库制度的经验基础上，北京市已将试点范围由公租房扩展至整个保障性住房体系，将适合保障房的优良部品部件、设备按照国际通行的产品认证、专家评审等方式，纳入保障房优良部品库，为北京市保障房建设提供优质产品。住建部科技产业化中心作为部品库平台运行机制研究机构，受北京市住房保障办公室委托，研究拟定了《北京市公共租赁住房优良部品库运行管理办法（试行）》《北京市公共租赁住房优良部品库准入标准》，逐步建立了部品库体系、管理制度及信息支持系统，并对已入库产品和企业信息进行更新升级。目前，“北京市保障性住房优良部品材料库”已具有6大类，近200种产品，并引入BIM技术对入库产品信息进行优化整理和入库产品的第三方监督检测认证。该部品库的特点是地域性和实用性较强，多数入库产品性能优于国家标准。

3. 万科集团的部品部件库

以万科为代表的房地产企业率先推进住宅产业现代化，2003年万科集团开始大力推进住宅标准化工作，发起了以住宅产品标准化为导向的建筑材料、部品、设备等标准化库，并以标准化产品复制模式进行推广，在提高建筑产品质量和品质的同时提高了生产效率、企业效益，也带来了良好的社会效益。

万科集团注重于标准化产品的研发和应用，住宅标准化不仅在万科集团内快速复制了许多由多层公寓和情景洋房组成的住宅小区，还进行了标准化部品的设计和研发，形成了万科的标准化部品部件库。万科的标准化住宅产品发展经过创新—成熟—标准化—工业化四个阶段，从而形成具有明显地域色彩、不同特性、不同层级的产品库，还同时形成包括标准化部品部件库、成本库、设计库等。万科部品部件库是基于万科住宅产品而开发的，其最终目的是通过标准化管理提高生产效率、实现企业利润最大化。

4. 中建科技集团的部品部件库

中建科技集团有限公司积极进行装配式建筑技术的研究与创新，致力于带动传统建筑向装配式建筑和绿色建筑的转型升级。公司利用自主知识产权的“装配式建筑智能建造平台”，在“四个标准化”的原则下，以平面标准化、立面标准化、构件标准化、部品部件标准化建立了集团级系列BIM构件库，可以高效实现基于BIM数据库的正向标准化设计，结合公司业务在全国形成保障房、学校、大型综合中心等标准化产品。

5. 上海城建集团的装配式建筑标准化数据库

上海城建集团通过运用大数据工具分析上海住宅结构体系，确认了一系列标准化房型，对建筑部件进行拆分并形成构配件标准化数据库，服务于产业链前端的建筑方案设计、构件生产等阶段，实现多系列标准化预制构配件（PC）的多样化组合，建立了装配式建筑标准化数据库。该数据库仅是基于地域性的装配式混凝土结构建筑建立的，对于全国范围应用方面和建筑结构类型覆盖方面有欠缺。

6. 天津住宅建设发展集团有限公司的部品部件库

天津住宅建设发展集团有限公司以科技为先导，以全链产业发展为特色，以建筑产业现代化发展为目标，率先推动I–EPC模式下多业融合，围绕装配式建筑“结构工业化、内外装工业化、设备设施集成化”三大系统，开展以“七化”技术体系为核心的技术创新，形成成熟适用产业集成。公司研发了天津保障性住房标准化产品，并成功实现装配式建造的保障性住房应用面积比率达100%，装配式建筑一体化装修100%，绿色建筑标准100%。公司建立了新型节能砂加气混凝土墙体部品、混凝土预制构件部品、建筑节能门窗幕墙部品以及装修部品等全链产业数据库，并在住房城乡建设部科技与产业化发展中心牵头搭建装配式建筑标准化部品部件库之后，已经形成联动关系，公司设计人员可快速上传、编辑和下载标准化部品部件。

7. 江苏省建筑设计研究院有限公司的部品部件库

江苏省建筑设计研究院有限公司结合多年设计经验，已搭建供公司设计人员使用的BIM标准化构件库5年，在多个项目中贯彻平面标准化、立面标准化以及构件标准化。在住房城乡建设部科技与产业化发展中心牵头搭建装配式建筑标准化部品部件库之后，已经形成联动关系，设计人员可快速上传、编辑和下载标准化部品部件，有效实现了基于BIM数据库的正向标准化设计，提高了设计人员的工作效率。应用的项目既有住宅建筑，又有办公楼、学校、医院、商业综合体建筑等，充分验证了装配式建筑标准化部品部件库的高效性与便捷性。

许多装配式建筑企业都试图搭建装配式建筑平台和部品部件库，但大多实用性不强，部品部件库也未形成规模，就不一一赘述。

2.4　部品部件标准化的定性界定

部品部件的标准化界定对于部品部件库的构建至关重要，入库部品的收集、整理、选择应具有一定的规则和方法，以达到方便调取、灵活使用的目的。对于部品部件的标准化界定，从定性上应同时满足以下特性：

2.4.1　尺寸模数化

确定装配式建筑中主要功能空间所采用的关键部品和构配件的制造尺寸等（如外墙

板、非承重内隔墙、门窗、楼梯、厨具等），应优先采用优选的模数尺寸，实现使用最小数量和最优组合的标准化部品和构配件，建造不同类型的装配式建筑。通过部件工业化生产的集成，实现接口的标准化和系列化，由此进一步形成部件的标准化模数系列。应通过增加标准化模数部件的使用，减少尺寸不协调的部件数量，提高部件的通用性和可置换性，提供安装配合的便利性，改进生产效率，改进部件的性能，提高建筑物的建造质量，并尽可能地将现场装配化施工出现的各种问题消灭在标准化设计阶段。通过部件的工业化生产的集成，实现接口的标准化和系列化。应根据关键部品和构配件的尺寸、边界条件及其接口的性能，确定部件与准备将其纳入的空间之间尺度的相互关系，并考虑每个部件的尺寸和位置被纳入时的实际限制，也即应计入公差的影响。实现部品和构配件及其接口的标准化、模数化、系列化，并促进部品和构配件之间的通用性和可置换性，但同时又不限制设计的自由，实现多样化；在装配式建筑及其部品和构配件的设计、制造和装配中，实现设计者、制造者、经销商和业主等各种人员之间生产活动的相互协调；同时建立建筑工业与主要相关制造工业产品之间的公差系统及其配合原则。

部品部件及其组合件应采用标准化的尺寸，并符合建筑模数的要求。在建筑模数协调中选用的基本尺寸单位，其数值为100mm，基本模数以字母M表示，基本模数采用国际标准值，即1M=100mm。水平协调尺寸的扩大模数值应采用：3M，6M，12M，30M，60M，必要时扩大模数也可采用15M。

分模数增量的国际标准值为M/2=50mm。分模数增量用于需要有小于基本模数作为增量的情况。分模数增量不能用于模数网格中确定模数参考平面间的距离。分模数增量可用于不同模数网格的转移，以便使整个项目有一个合理的解决方案。分模数增量可用于：确定小于1M的房屋部品的坐标尺寸（例如某种型号的陶瓦砖）；确定坐标尺寸虽然大于1M，但需有小于1M尺寸增量的部件（例如砖、瓦、墙体及楼板的厚度，以及部品、设备管线的尺寸及位置）。当需要更小的分模数增量时，可选用M/4=25mm或M/5=20mm。

2.4.2 接口标准化

接口标准化是指部品部件接口应满足配套性、通用性、互换性原则，实现部品与部品之间、部品与部件之间、部品部件与主体结构之间的接口标准化。标准化接口的关键技术包括性能、形式和尺寸三要素。

1）接口性能与其所在建筑中的位置有关，确定接口性能指标需综合考虑接口所连接的部品、部件性能等。

2）接口形式可按多种方式分类。按连接类型，可分为点连接、线连接和面连接；按所连接部品、部件的相互位置关系，可分为并列式和嵌套式；按连接强度，可分为固定（强连接）、可变（弱连接）和自由（无连接）；按连接技术手段，可分为粘接式、填充式和固定式。

3）接口尺寸应考虑部品部件的生产公差，安装阶段的放线公差、安装公差，使用期间的形变公差等。

2.4.3 功能通用化

部品部件具有通用的功能，在互换性的基础上，尽可能地扩大该部品部件使用范围。

通用化是最大限度减少部品部件设计和制造过程中的重复劳动，实现成本降低、管理简化、周期缩短和工业化水平提高。标准化部品部件在装配式建筑中应具有较为大量的重复率。

“少规格、多组合”的目的是实现建筑部件的通用性和互换性，使规格化、通用化的部件适用于各类常规建筑，满足各种要求。同时，大批量规格化、定型化部件的生产质量稳定，可有效降低建筑的综合成本，提高施工安装的效率，例如外墙维护系统选用时，规格化和定型化要求应作为预制混凝土外挂墙板系统、轻质混凝土条板系统、骨架外墙板系统、幕墙系统设计时首要考虑的因素，而模数尺寸不用放在首位考虑，必要时可与结构系统的模数尺寸进行充分协调，按照结构系统的模数网格确定外墙围护系统的模数尺寸。通用化部件所具有的互换能力，可促进市场的竞争和部件生产水平的提高。标准化系列部品可以有效减少施工的工序和复杂性，同时在后期维修更换中也较为方便快捷。例如门窗选用集成化配套系列的门窗部品及其构造做法，有利于较好地满足外墙围护系统的防水性能和气密性要求。

2.4.4　系统模块化

模块化是实现标准化的方法和手段之一。部品部件的模块化是从系统的观点出发，研究产品（或系统）的构成形式，用分解和组合的方法，建立模块体系，并运用于模块组合成产品（或系统）的全过程。从设计方法层面来说，模块化是以模块为基础，通过逐层分解，建立独立的模块系统、子模块系统，形成模块化的层级体系。模块系统建立的统一规则，有助于各层级模块进行功能组合，同时上一层的模块系统通过对下一层级的子模块系统的选择和组合，实现多样化，以满足不同用户的个性化需求，并通过需求的反馈不断予以优化。

2.5　部品部件标准化和建筑多样化的关系探讨

2.5.1　少规格多组合辩证地协调标准化和多样化的矛盾

标准化基础上的多样化，主要是通过“少规格、多组合”的标准化设计方法，将标准化的户型平面、标准化的功能空间、标准化的立面元素等，用标准化理念，拆解成标准化部品部件。经过北京、深圳及其知名设计院的实践，证明可完全实现装配式建筑多样化、艺术化，少规格多组合、正向设计、多方案比选等设计方法的普及，是促进标准化部品部件大量应用的途径。“少规格、多组合”实现的难点，不仅在于建筑师要处理好建筑的户型、众多功能空间和部品部件标准化的关系，还需要结构工程师、机电工程师、装修及其设备工程师等配合建筑师，实现结构、机电、装修、设备的标准化。

2.5.2　标准化基础上的多样化

丰富的部品部件BIM模型协助建筑师创作出多样化的装配式建筑。为了进一步促进标准化基础上多样化的实现，专门研发了基于部品部件库的BIM正向设计协同系统，通过为建筑师、结构工程师、暖通工程师等提供丰富的标准化部品部件BIM模型，一是减少建筑师等专业人员逐个部品部件建模的大量时间，缓解目前设计同样规模的装配式建筑是传统现浇建筑两倍的时间成本问题；二是供建筑师创新地组合多样化的创意立面；三是便于建筑师提高设计统筹能力。

2.6 部品部件标准化和建筑模数化的关系探讨

2.6.1 模数协调体系是标准化的基础

标准化是建筑工业化的基础，是装配式建筑建设的基础，制定模数协调体系则是标准化、系列化中的一项极其重要的基础性工作。

没有模数协调的底层逻辑，标准化更难实现。建筑是复杂的系统工程，基于模数，制定模数协调体系，应用模数数列，协调所有建筑构件相互间的尺寸关系，协调一般的部品部件与结构构件之间的尺寸关系，协调部品部件与待建建筑物之间的尺寸关系。进而从标准化的理念出发优化建筑部品部件的尺寸与种类，减少过多的非标准化构件。

2.6.2 标准化和模数化不是完全的对应关系

标准化和模数化不是绝对对应关系，有的标准化构件不一定符合模数化的要求，最典型的是铁路轨距，现在全世界有30多种不同的轨距，分为普轨、宽轨、窄轨。国际铁路协会在1937年制定1435mm为标准轨（等于英制的4英尺8½英寸），1435mm符合标准化、通用化，但不符合模数化，因其约定成俗，世界上有60%的铁路的轨距是1435mm。同理，木构件是从北美进口的规格材加工的，在实践中木构件的标准化尺寸为40mm×40mm，40mm×65mm，40mm×90mm，40mm×115mm，40mm×140mm，40mm×185mm，40mm×235mm，40mm×285mm，从定量规则上，不符合模数的逻辑关系，但已经在市场上被广泛应用，因此其定量规则主要从标准化的要求出发，但不太符合模数化。

2.6.3 用模数化提高标准化构件的互换性和配套性

装配式建筑要在模数协调的原则下，逐步实现部品部件的系列化和通用化，提高部品的互换性，提高部品部件及其待建建筑的功能质量，使设计、制造和安装等各个部品配合简单，并通过规模化，多方面降低成本，实现综合经济效益。满足装配式建筑设计精细化、高效率和经济性要求，形成完善的部品部件配套应用。

尤其是5G通信、人工智能时代，部品部件的标准化生产，由传统的“简单形体”和“规则几何尺寸”的标准化，正在升级迭代，为更多满足个性化需求的数字化柔性制造技术上的标准化，更高层次标准化的底层逻辑正是模数化。混凝土构件、钢构件、木构件、装修部品部件要逐步统一于模数协调体系，才能更好地发挥不同材料构件的优势，实现协同和优势互补。

2.7 部品部件标准化和功能空间模块化的关系探讨

2.7.1 标准化功能空间模块适应范围更广

标准化功能空间模块是高度标准化、高度集成的功能空间，其功能独立性更强一些。

标准化的混凝土建筑结构构件通用化地用于多个项目的难度高，而标准化的模块，如厨房标准模块、卫生间标准模块，则更易应用于不同的项目，甚至应用于全国的项目。

模块化功能空间可以实现较高程度的标准化，主要应用于功能空间的优化和设计，不但可以实现标准化，还可通过反复的推敲和迭代，取得最佳的综合效益。如本书的南京和燕路560E地块项目等示范工程所示。

2.7.2 模块化集成建筑以更高的标准化实现拆除重组

模块化集成建筑则可以实现更高程度的标准化，多用于低层、多层建筑，更容易实现规模化，其成本更为可控。模块化集成建筑更容易实现拆除和重组，已经成为我国装配式建筑“走出去”的主要组成部分。

总之，通过标准化、模数化、通用化，完善建筑部品部件体系，发挥装配式建筑标准化部品部件库的作用，可以有效指导装配式建筑全产业链各环节，提高建筑质量、功能、性能，推进装配式建筑健康发展。

第3章　部品部件分类原则与编码方法

实现装配式建筑设计、生产、建造、运维等全过程各专业的信息共享，其前提是对预制部品部件进行基于BIM的分类和编码，达到预制部品部件分类标准和编码的相对统一，这也是最难实现的。本书通过研究国外的相关标准和国内已有的规范，提出了预制部品部件的分类编码方案，力图在一定程度上，引导“信息孤岛”问题的解决。

3.1　国外相关编码与分类方法研究

国外的信息分类和编码规则研究起源于20世纪90年代，研究的主体主要是国际标准组织和美国等一些发达国家。建筑信息分类编码方面值得研究和借鉴的主要成果有ISO 12006-2、ISO 12006-3、UNICLASS和OCCS等。

3.1.1　国际分类和编码逐步形成共识

由于各国建设环境和组织管理方式的不同，西方各国的分类标准和编码方法存在着很大的差异，甚至同一国家的不同地区也存在着基于不同标准的分类体系。为了建筑行业朝着国际化方向的发展，ISO和西方发达国家编制了一些标准体系，经过了工程项目的实践，对实践反馈结果的分析，修改编码体系中不合理的地方，经过20多年的演变历程，相对达成了一些共识，形成了较为成熟的分类编码体系。

3.1.2　借鉴ISO12006-2

本书的分类借鉴了国际标准组织发布的ISO12006-2分类原则和信息分类框架，这是建筑工程信息组织第二部分——信息分类框架，是对实际工程经验的总结和对ISO14177的补充和完善，该标准体系框架的分类对象是建设活动全生命周期中涉及的所有信息数据，见图3-1。

ISO2006-2标准中分类原则有：对象和过程模型、类别、组成以及类别和组成共用等。其中最重要的是对象和过程模型，即一个对象在建设过程中使用一定建设资源产生建设结果，只是一个主要框架结构，加上一些次要结构做补充，形一个完整的分类体系。基于以上原则，ISO12006-2采用面分类法，对各信息的基本概念进行了概括，形成17个推荐分类表。

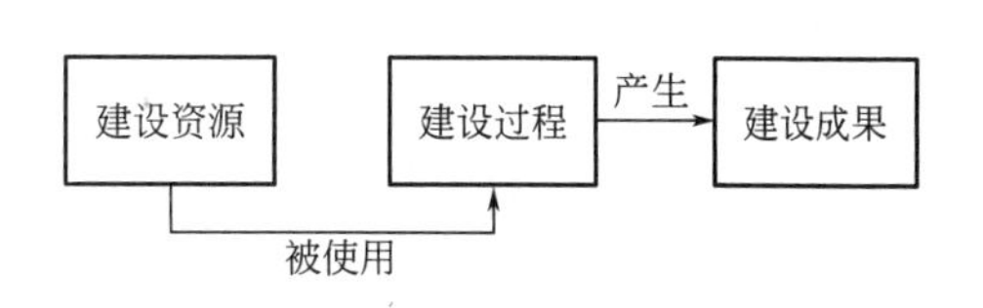

图3-1　ISO12006-2框架体系

该分类体系的特点是分类表里没有给出详细的分类内容，只给出了分类框架。这也是编制此标准的目的之一，为各国适应国情进行进一步分类留下了足够的空间。在该分类框架下，各国可根据各自的建筑特点、管理方式和法律法规，编制更详细的便于实施操作的分类体系。因此该标准并未给出编码规则和方法。

3.1.3 借鉴美国Uniformat

Uniformat是美国材料试验协会ASTM发起制定，主要用于对建筑构件及相关场地工程进行分类，适用于对建筑工程的造价分析。Uniformat采用线分类法，按照建筑部位和功能进行产品分类。

Uniformat在编制时考虑以下分类规则：

1）采用层次分类的框架结构；

2）应用范围较广，包括成本控制和工程初步设计阶段；

3）框架内的部品可以基于专业建筑人员的判断进行添加；

4）已编入表格的部品要有工程价格，以便进行工程造价测算，建筑专业人员在工程实践中能在分类表里找到所需的部品。Uniformat有很大的作用并且有较高的使用频率。

基于以上的分类规则，Uniformat采用四级层次分类结构，第一层级有7类，分别为地下结构、外维护结构、建筑物内部、配套设施、设备及家具、特殊建筑物、建筑物拆除、建筑场地工作。

Uniformat以“字母+数字”的形式对建筑部品进行编码，共5位组成。大类代码共1位，用大写字母表示；中类代码共3位，由数字和大写字母组成，前1位是大类代码，中间2位是中类代码；小类代码共5位，前3位为大类和中类代码，第4位为小类代码，最后1位为细类代码，若无细类代码最后一位用0补齐。如A1011表示墙基础。

本课题重点借鉴了美国Uniformat的线分类法，并创新性地将线分类法和面分类法相结合。在分类层级上，也借鉴采用了大类、中类、小类、细类等。

3.1.4 借鉴Masterformat

Masterformat是由加拿大建筑规范协会和美国建筑协会联合颁布，主要是为了商业建筑设计和北美的建筑工程而编制的标准，并作为建筑师、承包商和分包商及供应商之间的沟通平台。Masterformat采用线分类方法并按照产品的材料和功能进行分类，分为30大类，共分4级。

Masterformat采用全数字进行编码，其最大的特点是：并不是按照严格递增的顺序进行编码，在编码的过程中有一定的间断。Masterformat的编码共由8位数字组成。大类代码由6位数字表示，前2位表示大类，后4位用0补齐；中类代码由6位数字表示，前2位表示大类代码，中间2位表示中类代码，后2位用0补齐；小类代码由6位数字表示，前4位分别为大类和中类代码，后2位表示细类代码；细类代码由8位数字表示，前6位表示大类、中类、小类代码，在小类大码后增加两位表示细类代码，并且小类代码和细类代码之间用“.”连接。如033923.13表示：用化合物薄膜养护混凝土。

本课题主要从Masterformat借鉴采用数字编码，在编码的过程中有一定的间断，为将来编码扩充留有余地。

3.1.5 借鉴OmniClass

OmniClass Construction Classification System由加拿大建筑规范协会和美国建筑协会颁

布，主要参照ISO12006-2分类标准体系，它基于Uniformat、Masterformat等已有的分类标准体系编制出来的，比Uniformat、Masterformat更细化和完整。

OmniClass按照ISO12006-2的分类原则，进一步划分为12大类，共有12个分类推荐表。OmniClass的编码由10位数字组成，前2位数字用于标识表号，后8位表示分类编码，中间用“-”连接。

本课题主要借鉴了从OmniClass借鉴混合分类法的12大类具体分类的内容，通过研究和借鉴，尽可能使装配式建筑的信息分类符合国际上的通用分类。本课题还借鉴OmniClass采用标识表号和数字组成的表示方式。

3.2 国内相关编码与分类方法研究

为了使建筑行业国际化，我国逐步开展了以国外分类体系为基础的建筑信息的分类相关课题的研究，并编制了一些标准，如《住宅部品术语》GB/T 22633—2008、《建筑信息模型分类和编码标准》GB/T 51269—2017和《建筑产品分类与编码》JG/T 151—2015等。

3.2.1 借鉴《建筑信息模型分类和编码标准》

《建筑信息模型分类和编码标准》GB/T 51269—2017是由中国标准设计研究院编制，目的是为了使建筑信息分类和编码更加规范，实现建筑活动全生命周期信息的交换和共享的国家标准。他是以ISO12006-2的分类标准体系为基础，分类对象涵盖建设资源、建设过程和建设结果，共给出了15张推荐分类表，每张分类表可以单独使用，也可进行更为细致的划分。

本课题延续了建筑信息模型分类编码由表代码与分类对象编码组成的方法，两者之间用“-”连接；分类对象编码由大类代码、中类代码、小类代码和细类代码组成，相邻层级代码之间用英文字符“.”隔开。《建筑信息模型分类和编码标准》GB/T 51269—2017表代码和分类对象各层级代码均采用2位数字表示；大类编码采用6位数字表示，前2位为大类代码，其余4位用0补齐；中类编码采用6数字表示，前2位为大类代码，加中类代码，后2位用0补齐；小类编码采用6位数字表示，前4位为上位类代码，加小类代码；细类编码采用8位数字表示，在小类编码后增加2位细类代码。

在复杂情况下精确描述对象时，采用运算符号联合多个编码一起使用，即采用“+”“/”“<”“>”符号表示。“+”用于将同一表格或不同表格中的编码联合在一起，以表示两个或两个以上编码含义的集合；“/”用于将单个表格中的编码联合在一起，定义一个表内的连续编码段落，以表示适合对象的分类区间；“<”“>”用于将同一表格或不同表格中的编码联合在一起，以表示两个或两个以上编码对象的从属或主次关系，开口背对是开口正对编码所表示对象的一部分。

本课题借鉴《建筑信息模型分类和编码标准》GB/T 51269—2017关于建筑设计的分类和编码方法，进一步结合装配式建筑的特点，扩展到生产、施工、运维阶段，满足装配式建筑全生命期多主体、多阶段分类和编码的需要。

3.2.2 借鉴《住宅部品术语》

《住宅部品术语》GB/T 22633—2008是由住房城乡建设部科技与产业化发展中心编制，

旨在实现住宅产业工业化，推动住宅体系的建立。该标准主要是针对住宅建设，保证部品的组合配套。住宅建设的过程是住宅部品技术应用集成的过程。住宅部品及住宅技术的本身的质量水平，直接影响到住宅的质量。建立科学的住宅部品体系，是提高住宅过程质量水平、推动住宅产业化重要的基础。《住宅部品术语》GB/T 22633—2008的实施，将会对住宅部品、部件生产的标准化、工业化、产业水平的提高发挥积极的促进作用。

《住宅部品术语》GB/T 22633—2008标准的分类对象是住宅建筑的主体，分类原则是两个或两个以上的住宅单一产品能按一定的方法组合，分为屋顶部品、墙体部品、楼板部品、门窗部品、隔墙部品、卫浴部品、餐厨部品、阳台部品、楼梯部品和储柜部品。

本课题在住宅建筑分类中，参考借鉴了该标准，但没有按屋顶部品、墙体部品、楼板部品、门窗部品、隔墙部品、卫浴部品、餐厨部品、阳台部品、楼梯部品和储柜部品进行分类。而是从装配式混凝土结构部品部件、钢结构部品部件、木结构部品部件、装饰装修部品部件、设备进行分类。

3.2.3 借鉴《建筑产品分类与编码》

《建筑产品分类与编码》JG/T 151—2015由住房城乡建设部颁发，按照专业、产品材料、功能进行分类。该标准规定了建筑产品分类和编码的基本方法，并且给出了编码结构、类目组成及其应用规则。

本课题在研究该标准的基础上，进行了借鉴取舍。一是该标准涵盖范畴广，包含工业和民用建筑建设和使用全过程中所涉及的各种建筑产品，本课题则紧紧围绕装配式建筑；二是该标准考虑适应信息时代先进技术和手段的应用进行编制，本课题则进一步着眼于为装配式建筑的BIM设计、构件生产、施工、运维进行统筹考虑；三是该标准充分考虑前瞻性，便于和国际接轨。本课题也充分借鉴国际上的分类和编码标准。

本课题也参考借鉴了《建筑产品分类与编码》JG/T 151—2015的分类。分类以实用为基本原则，充分考虑国内外对建筑产品查询的习惯进行分类；充分考虑我国建筑行业按专业划分产品的习惯，《建筑产品分类与编码》JG/T 151—2015将建筑产品分为通用、结构、建筑和设备，本课题则顺着其分类，进一步把装配式建筑相关部品部件进行中类、小类、细类的推演。《建筑产品分类与编码》JG/T 151—2015标准采用全数字编码方式，每个层级用2位数字表示，通常采用6位数字表示，表示到小类。细类代码可在末尾增加2位数字。故其编码结构为：大类代码由6位数字标识，前2位表示大类代码，其余4位用0表示；中类代码由大类类目大码前2位加中类代码6位编码的中间两位，最后2位用0补齐；小类代码由中类类目代码后面的2位数字表示；细类代码在小类代码后增加2位数字表示。本课题也借鉴其方法。

《建筑产品分类与编码》JG/T 151—2015主要提供了分类框架，没有进行细致的划分。本课题则紧紧围绕装配式建筑的特点，对部品部件进行尽可能细致的分类。

3.2.4 国内分类和编码研究分析

相对于国外和国内其他行业，我国对建筑部品分类和编码的研究较为落后，且各自为政。一些构件生产企业编制了自己在生产环节的编码体系：一是普遍采取线性纵向分类，只有生产环节这一段的信息，满足不了各专业之间的协作；二是各自为政，分类标准和编码规则不统一，使信息无法传递和共享。由于缺乏专业化管理和有效的信息传递的标准，在装配式建筑推广的过程中，因上下游衔接不通畅和各方在认知上的误差导致生产与匹配不合理和返工率高问题已经成为影响其发展的阻碍。因此建立统一的预制部品部件分类标准与编码规则成为建筑行业亟待解决的问题。本课题编制《装配式建筑部品部件分类和编码标准》，并拟打造和推广装配式建筑产业信息服务平台，打造和推广平台上研发的“6+6”个系统，深入嵌入装配式建筑的行业管理和产业链企业管理当中，以便形成全国统一应用的装配式建筑部品部件分类和编码标准。

3.3 装配式建筑部品部件分类原则与编码方法研究

3.3.1 信息分类方法的研究分析

本课题统筹考虑分类和编码的科学性、兼容性、实用性及可扩展性，创新性地使用了线面共用的混合分类方法。

1. 线分类方法的优缺点分析

线分类方法又称为层级分类法，是将分类对象（即被划分的事物或概念）按所选定的若干个属性或特征逐次地分成相应的若干个层级的类目，并排成一个有层次的、逐渐展开的分类体系。线分类方法的结果是将分类对象组织成一个树形结构，在这个结构里有大类、中类、小类，甚至于还有细类等，每一个类别都存在着隶属关系，例如中类隶属于大类。

线分类方法的优点有：层次性好，分类科学，能较好地反映类目之间的逻辑关系；符合传统分类习惯，既适合于手工处理，又便于计算机处理。线分类方法的不足是：揭示分类对象特征的能力差，无法满足多维多角度确切分类的需要；分类表具有一定的凝固性，分类结构弹性较差。

2. 面分类方法的优缺点分析

面分类方法是将所选定的分类对象的若干属性或特征视为若干个“面”，每个“面”中又可以分成彼此独立的若干个类目。面分类方法的结果是将分类对象组织成一个网状结构，在这个结构里有不同的“面”，每个面是平行关系，代表着不同的属性和特征。

面分类方法的优点是：分类结构有很大的柔性，一个“面”的删除不会影响其他的“面”，同样一个“面”内某一类目的删除也不会影响其他的“面”；便于扩充，有利于计算机的处理。面分类方法的劣势在于不能充分合理利用编码空间，组配结构复杂，手工处理困难。

3. 本课题采用的混合分类方法

混合分类方法是指在对一个对象进行分类时，不仅使用线分类方法而且还使用面分类方法。

本课题使用混合分类方法，是针对装配式建筑的特点，划分主次，以一种分类方法为主，辅以另一种分类方法。混合分类方法既在一定程度上保留了线分类方法、面分类方法的优点，又弥补了各自的不足，但增加了复杂性，其主次划分和应用时，要有明确的针对性和应用场景。

3.3.2 编码规则研究

综合考虑国外建筑信息分类编码体系和国内已有相关分类标准和编码规则，我们研发出了装配式建筑部品的编码结构。

在科学性、系统性、可扩延性、兼容性和综合实用性分类原则的基础上，综合考虑建筑行业传统的分类习惯，基于国家已颁布的《建筑信息模型分类和编码标准》GB/T 51269—2017分为建筑部品部件、结构部品部件、供热通风与空调部品部件、给排水部品部件和电气部品部件等。根据《建筑信息模型分类和编码标准》提供的附表14的分类及编码，对已有预制部品部件的编码的组合和扩充，编制出满足装配式建筑部品部件的编码。

首先，对已有部品部件编码的组合。《建筑信息模型分类和编码标准》GB/T 51269—2017提出，对于复杂情况下精确描述对象时，应采用运算符号联合多个编码一起使用，即采用“+”“/”“<”“>”符号表示，而“+”用于将同一表格或不同表格中的编码联合在一起，以表示两个或两个以上编码含义的集合。因此通过“+”，可对其附表14里的编码进行组合从而形成新的部品部件的编码，如在标准附表14里，14–20.20.00表示混凝土结构，14–10.20.51.06表示外阳台，14–20.20.00+14–10.20.51.06表示混凝土结构的外阳台。

其次，对已有预制部品部件编码的扩充，编制出标准附表14未提及而又无法组合的部品部件。《建筑信息模型分类和编码标准》GB/T 51269—2017的编码结构为：大类、中类、小类、细类。随着建筑行业的发展，我们可以对任意层级的分类内容进行补充，但是再扩充的同时要符合其原有的编码规则，即相邻层级代码之间用英文字符“.”隔开；表代码和分类对象各层级代码均采用2位数字表示，细类编码采用8位数字表示，在小类编码后增加2位细类代码，如14–20.20.03表示板，根据其编码规则，在其编码后面添加2位数字，即14–20.20.03.01定义为矩形板。

3.3.3　建筑部品分类编码在BIM模型中的应用

在制定分类和编码规则的基础上，开发软件工具生成和存储编码，便于建筑专业人员在使用时调取编码信息（图3–2）。

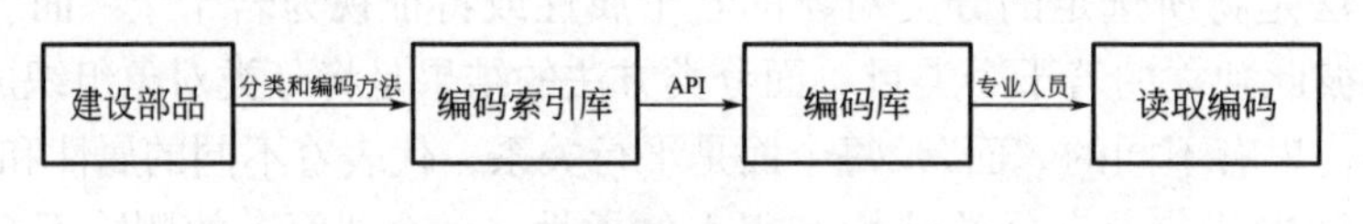

图3–2　分类编码体系结构

在C#环境下，利用REVIT已有的的API进行二次开发，实现建筑部品分类编码在BIM模型中的应用。

每一个建筑部品都赋予唯一的编码属性，进行建模并形成部品部件库，按照主体结构材质的不同，我们可以分为混凝土结构部品部件库、钢结构部品部件库和木结构部品部件库、装饰装修库、设备库，通过软件的开发实现信息交互共享。如图3–3所示。

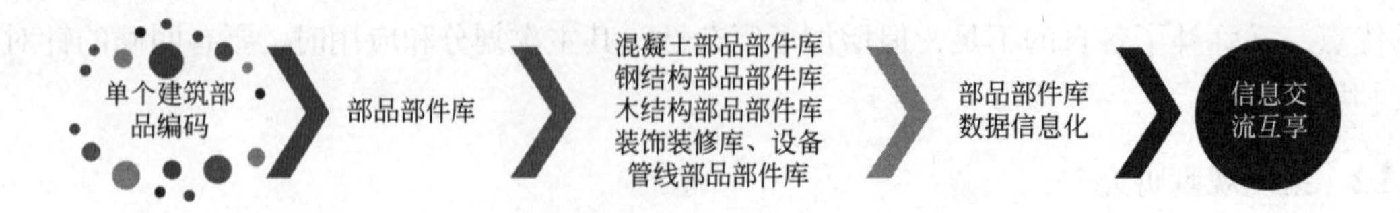

图3–3　部品部件库建立示意图

3.3.4 《装配式建筑部品部件分类和编码标准》编制

1. 标准编制的必要性

BIM，建筑信息模型（Building Information Modeling）或者建筑信息管理（Building Information Management）是以建筑工程项目的各项相关信息数据作为基础，建立起三维的建筑模型，通过数字信息仿真模拟建筑物所具有的真实信息，具有信息完备性、信息关联性、信息一致性、可视化、协调性、模拟性、优化性和可出图性八大特点。BIM通过参数模型整合各种项目的相关信息，在项目策划、运行和维护的全生命周期过程中进行共享和传递，使工程技术人员对各种建筑信息作出正确理解和高效应对，为设计团队以及包括建筑运营单位在内的各方建设主体提供协同工作的基础，在提高生产效率、节约成本和缩短工期方面发挥重要作用方式。装配式建筑部品部件的分类、编码是不同使用方，采用BIM技术的底层协议。只有采用统一的分类与编码体系，BIM信息才能在不同软件平台及使用者间进行共享和传递，因此本标准的编制对装配式建筑的发展有重要意义。

《装配式建筑部品部件分类和编码标准》是为了解决BIM技术在装配式建筑中的应用中存在底层编码不统一而进行编制的。本标准的编制可以解决以下问题：

1）现有标准分类方法单一

现有建筑分类和编码标准基本按照线分类法进行，线分类方法又称为层级分类法，是将分类对象（即被划分的事物或概念）按所选定的若干个属性或特征逐次地分成相应的若干个层级的类目，并排成一个有层次的、逐渐展开的分类体系。线分类方法的结果是将分类对象组织成一个树形结构，在这个结构里有大类、中类、小类，甚至于还有细类等，每一个类别都存在着隶属关系，例如中类隶属于大类。线分类方法的优点有：层次性好，分类科学，能较好地反映类目之间的逻辑关系；符合传统分类习惯，既适合于手工处理，又便于计算机处理。线分类方法的不足是：揭示分类对象特征的能力差，无法满足确切分类的需要；分类表具有一定的凝固性，分类结构弹性差。

对于装配式结构部品部件的设计、生产、施工和运营均采用了BIM的方式，每个部品部件都包含大量的信息。以一个预制钢筋混凝土楼梯为例，设计人员关心该楼梯的基本尺寸、受荷情况、材料强度及配筋等信息；制造企业关心该楼梯的材料型号、价格、材料统计及生产工艺等；安装企业关系该楼梯的生产商、安装方法、连接做法及吊装重量；运营企业关心楼梯质量、耐久性、维护方法及质量追溯方法等。一个预制构件要包含大量不同信息，现有的建筑分类和编码标准对例子中的预制钢筋混凝土楼梯所包含的大量信息已经无法全面涵盖，现有标准已经不能满足BIM设计的要求。

2）缺少装配式建筑部品部件的分类与编码标准

随着装配式建筑的快速发展，政府与相关企业越来越重视装配式建筑部品部件库的建立。除了企业自行开发使用的部品部件库以外，部分省市为了提高保障性住房的建设质量和品质、降低建设成本，以保障性住房为依托建立了部品材料库，并作为保障性住房建设材料部品采购平台。据统计多个平台、多种部品部件库都在建立与发展。但这些平台及部品部件库没有基于一个统一的分类和编码标准，形成各自为政、互不兼容的局面，建筑信息不能有效流转，供不同环节使用，最终造成大量人力、物力的浪费。无法统一成全国性的平台或部品部件库，使得BIM设计的效率大打折扣。因此，针对装配式建筑部品部件的特点建立全国统一的分类和编码标准尤为必要和急迫。

2. 编码标准的编制

通过大量的编码理论基础性研究，并多次征求行业专家，形成“线分类+面分类”的方法。基于此产生了本标准的编码方法。该方法采用线分类与现有标准相协调，解决分类的逻辑性和连贯性；采用面分类法解决装配式建筑部品部件信息繁杂、无序、无限扩充等特性。该分类与编码方法已在部品部件库中进行应用，较好解决了部品部件库编码唯一性、简洁性和无限扩充性的要求。本标准在全国范围内进行推广，可使不同平台、部品部件库互联互通，不同厂家的软件、硬件（射频扫描、二维码扫描）设备均能实现信息的读取、写入等操作，体现BIM设计在全产业链的优势。

3.4 装配式建筑部品部件编码应用实例

BIM技术对建筑部品部件的信息要求较高，需要不同维度的信息以适应不同的应用者，采用传统编码技术难以满足信息编码的新要求，编制组在进行大量的BIM基础应用研究的基础上，按照计算机编程规律，提出了采用“部品部件标准码”和“部品部件特征码”的两段编码方式，在统一编码下，便于全产业链各个环节的信息传递，提高效率。

3.4.1 部品部件标准码应用实例

标准码由表代码及八位分类代码构成。以预制混凝土框架梁为例，30–01.10.20.10，其中预制混凝土框架梁的全部编码为表代码30、表内编码01.10.20.10，之间用“–”连接，即预制混凝土框架梁的完整编码为30–01.10.20.10。同时，各级代码采用2位阿拉伯数字表示，也就是各级代码的容量为100，从00 ~ 99。

例如，预制混凝土框架梁编码30–01.10.20.10的编码结构如图3–4所示。

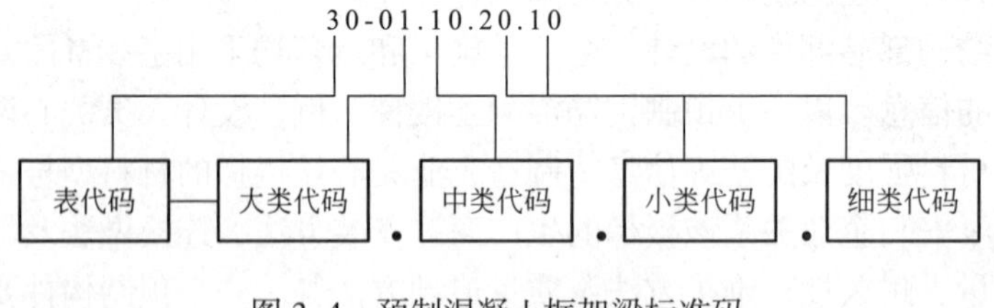

图3–4 预制混凝土框架梁标准码

3.4.2 部品部件特征码应用实例

采用装配式建筑部品部件标准码可以对部品部件的各种属性进行描述，对于装配式建筑的部品部件信息模型编码复杂，由此可采用标准码对部品部件类型和主要属性进行描述，大量的附加信息可以采用特征码的方法进行描述。装配式建筑部品部件特征码采用“特征码类型编码”与“特征码参数编码”进行描述，如0201表示“抗震参数”“甲类建筑，6度设防”。对于可以穷举的属性归为“普通特征码”直接用00 ~ 99数字表示；对于不可穷举的属性归为“输入特征码”，例如051表示部品部件的设计单位，采用括号“( )”并直接赋值的方法说明设计院的名称如“(北京交大勘察设计院有限公司)”，装配式建筑部品部件特征码使用灵活，扩充性良好（图3–5、图3–6）。

图3–5 普通型特征码编码例子

图3–6 输入型特征码编码例子

3.4.3 编码逻辑运算符号应用实例

常用的单个编码，往往不能满足我们对于所有对象进行描述的要求，需要借助这些运算符号来组织多个编码，实现精确描述、准确表意的目的。

本标准采用《建筑信息模型分类和编码标准（征求意见稿）》中的符号体系，在此基础上加了“:”用于“装配式建筑部品部件标准码”与“装配式建筑部品部件特征码”的分割。“( )”用于说明属性参数值的内容，可用于标准码后，也可位于输入型特征码后。便于计算机编程与应用。如下例，表示北京交大勘察设计院有限公司设计的甲类建筑，6度设防，预制混凝土框架梁。

示例：

30–01.10.20.10:0221.051（北京交大勘察设计院有限公司）

该编码表示的含义：由北京交大勘察设计院有限公司设计的甲类建筑6度抗震设防的预制混凝土框架梁。

3.4.4 全产业链应用实例

装配式建筑的建设过程涉及建设单位、设计单位、预制构件生产单位、施工单位、监理单位等多方主体，由于建筑本身特有的规模大、建造周期长、使用年限久等特点，装配式建筑的工程质量安全问题贯穿建筑的全生命周期，编码要涉及全产业链，比一般行业和产品要复杂得多。

部品赋码，标准码+特征码。例如：混凝土板；连接方式为套筒连接。则其编码为：30–1.10.40.10+41–04.50.25.10。

设计信息特征编码。例如：混凝土标号为C30；构件所在位置标准层；设计单位为中建设计院；设计人陈仲达。则其编码为：1203.0104.048（中建设计院）.050（陈仲达）。

生产信息特征编码。例如：构件生产企业为济南平安建设，生产时间为2019年6月20日。则其编码为：055（济南平安建设）.071（20190620）。

运输信息特征编码。例如：运输商为济南平安建设，运输开始时间为2019年6月29日13点45分。则其编码为：058（济南平安建设）.072（201906291345）。

施工信息特征编码。例如：构件施工单位为山东联成建设集团，施工负责人为陈庆鹏，监理单位为山东监理有限公司；施工安装时间为2019年7月5日，安装环境温度为35℃。则其编码为：061（山东聊城建设集团）.063（陈庆鹏）.064（山东监理有限公司）.074（20190705）.075（35℃）。

举例：30-1.10.40.10+41-04.50.25.10: 1203.0104.048（中建设计院）.050（陈仲达）.055（济南平安建设）.071（20190620）.058（济南平安建设）.072（201906291345）.061（山东聊城建设集团）.063（陈庆鹏）.064（山东监理有限公司）.074（20190705）.075（35℃）。

案例详见4.4.3节和8.1.2节。

第4章　装配式混凝土建筑部品部件库研究

4.1　装配式混凝土建筑发展现状分析

4.1.1　装配式混凝土建筑技术体系

装配式混凝土建筑是指建筑的结构系统由混凝土部件（预制构件）构成的装配式建筑，可分为“装配整体式混凝土结构建筑”和“全装配式混凝土结构建筑”。装配整体式混凝土结构是由预制混凝土构件通过可靠的方式进行连接并与现场后浇混凝土、水泥基灌浆料形成整体的装配式混凝土结构。该结构具有较好的整体性和抗震性。目前，国内大多数多高层装配式混凝土建筑都采用装配整体式混凝土结构。全装配混凝土结构的预制混凝土构件靠干法连接（如螺栓连接、焊接等）形成整体。目前，国外抗震设防要求不高的地区低多层建筑常采用此种结构。

1. 装配整体式剪力墙结构建筑

装配整体式剪力墙结构建筑以预制混凝土剪力墙墙板构件和现浇混凝土剪力墙作为结构的竖向承重和水平抗侧力构件，通过整体式连接而成。其中包括同层预制墙板间以及预制墙板与现浇剪力墙的整体连接——采用竖向现浇段将预制墙板以及现浇剪力墙连接成为整体；楼层间的预制墙板的整体连接——通过预制墙板底部结合面灌浆以及顶部的水平现浇带和圈梁，将相邻楼层的预制墙板连接成为整体。预制墙板与水平楼盖之间的整体连接——水平现浇带和圈梁。

目前，国内装配整体式剪力墙结构技术体系主要区别在于剪力墙构件之间的接缝连接形式。不同企业的技术体系中，预制墙体竖向接缝的构造形式基本类似，均采用后浇混凝土区段来连接预制构件，墙板水平钢筋在后浇段内锚固或者连接，具体的锚固方式有些区别。各种技术体系的主要区别在于预制剪力墙构件水平接缝处竖向钢筋的连接技术以及水平接缝构造形式。

装配整体式混凝土剪力墙结构技术体系的设计应重点考虑构件连接构造、水电管线预埋、门窗、吊装件的预埋件，以及制作、运输、施工必需的预埋件、预留孔洞等，按照建筑结构特点和预制构件生产工艺的要求，将传统意义上现浇剪力墙结构分为带装饰面及保温层的预制混凝土墙板，带管线应用功能的内墙板、叠合梁、叠合板，带装饰面及保温层的阳台等部件，同时考虑方便模具加工和构件生产效率、现场施工吊运能力限制等因素。

预制构件采用标准化设计，形成标准模具。在分析构件单元设计图的基础上，将模具设计成统一的组合钢模具。在外墙板制作过程中，由于采用平模加工，构件预制工艺置入外饰面层、粘贴层、保温层与结构层，同时整体预制加工。粘贴层、保温层与结构层之间设置受力可靠的拉结件，并通过合理的蒸汽养护，形成结构、保温、装饰一体化预制外墙板。

2．装配整体式混凝土框架结构技术体系

装配整体式混凝土框架结构技术体系主要采用预制柱、叠合梁、叠合楼板，通过梁柱节点区域以及叠合楼板的后浇混凝土，将整个结构连接成为具有良好整体性、稳定性和抗震性能的结构体系。主要特点是连接节点单一、简单，结构构件的连接可靠并容易得到保证，框架结构布置灵活，容易满足不同建筑功能需求。

由于技术和使用习惯等原因，我国装配整体式混凝土框架结构的适用高度较低，主要适用于低层、多层和高度适中的高层建筑，其最大适用高度低于剪力墙结构或框架—剪力墙结构，国内主要应用于厂房、仓库、商场、停车场、办公楼、教学楼、医务楼、商务楼以及居住等建筑，特别适合具有开敞的大空间和相对灵活的室内布局要求的建筑，同时建筑总高度相对适中。但总体而言，目前国内装配式框架结构较少应用于居住建筑。而在日本以及我国台湾等地区，框架结构则大量应用于包括居住建筑在内的高层、超高层民用建筑。

3．装配整体式框架—剪力墙结构体系

装配整体式框架—剪力墙结构是由框架和剪力墙共同承受竖向和水平作用的结构，兼有框架结构和剪力墙结构的特点，体系中剪力墙和框架布置灵活，较易实现大空间和较高的适用高度，可以满足不同建筑功能的要求，可广泛应用于居住建筑、商业建筑、办公建筑、工业厂房等，有利于用户个性化室内空间的改造。

当剪力墙在结构中集中布置形成筒体时，就成为框架—核心筒结构。主要特点是剪力墙布置在建筑平面核心区域，形成结构刚度和承载力较大的筒体，同时可作为竖向交通核（楼梯、电梯间）及设备管井使用；框架结构布置在建筑周边区域，形成第二道抗侧力体系。外周框架和核心筒之间可以形成较大的自由空间，便于实现各种建筑功能要求，特别适合于办公、酒店、公寓、综合楼等高层和超高层民用建筑。

根据预制构件部位的不同，可分为装配整体式框架—现浇剪力墙结构、装配整体式框架—现浇核心筒结构、装配整体式框架—剪力墙结构三种形式。前两者中剪力墙部分均为现浇。

4.1.2　装配式混凝土建筑标准规范

近年来，我国在装配式混凝土建筑领域的研究与应用快速发展，地方政府积极推进，企业积极响应，形成了良好的发展态势。特别是为了满足装配式混凝土建筑工程项目的需求，编制和修订了国家标准《装配式混凝土建筑技术标准》GB/T 51231、《装配式建筑评价标准》GB/T 51129、《混凝土结构工程施工质量验收规范》GB 50204；行业标准《装配式混凝土结构技术规程》JGJ1、《钢筋套筒灌浆连接应用技术规程》JGJ 355、《装配式环筋扣合锚接混凝土剪力墙结构技术标准》JGJ/T 430；产品标准《钢筋连接用套筒灌浆料》JGT 408、《厨卫装配式墙板技术要求》JG/T533 等。上海、北京、深圳、辽宁、安徽以及江苏等地也相继出台了相关的地方标准，相关协会标准和企业标准也加快编制。总体来看，装配式混凝土建筑标准规范已基本完善，可以满足工程项目的需要。

4.1.3　装配式混凝土建筑部品部件主要内容

装配式混凝土部品部件（预制混凝土构件）主要包括预制外墙板、预制外挂夹心保温墙板、预制叠合保温外挂墙板、预制楼梯、预制楼板、预制梁、预制柱、预制阳台、预制剪力墙、预制叠合剪力墙、预制空调板、预制女儿墙等，常用的预制构件有预制混凝土楼板、预制混凝土墙板、预制混凝土柱、预制混凝土梁、预制混凝土楼梯、预制阳台板等。

1．预制混凝土楼板

预制混凝土楼板包括预制混凝土叠合板、预制混凝土双T板。预制混凝土叠合板常见形式有两种：一种是桁架钢筋混凝土叠合板；另外一种是预应力混凝土叠合板，后者又包括预制实心平底板混凝土叠合板、预制带肋底板混凝土叠合板与预制空心底板混凝土叠合板等（图4–1）。

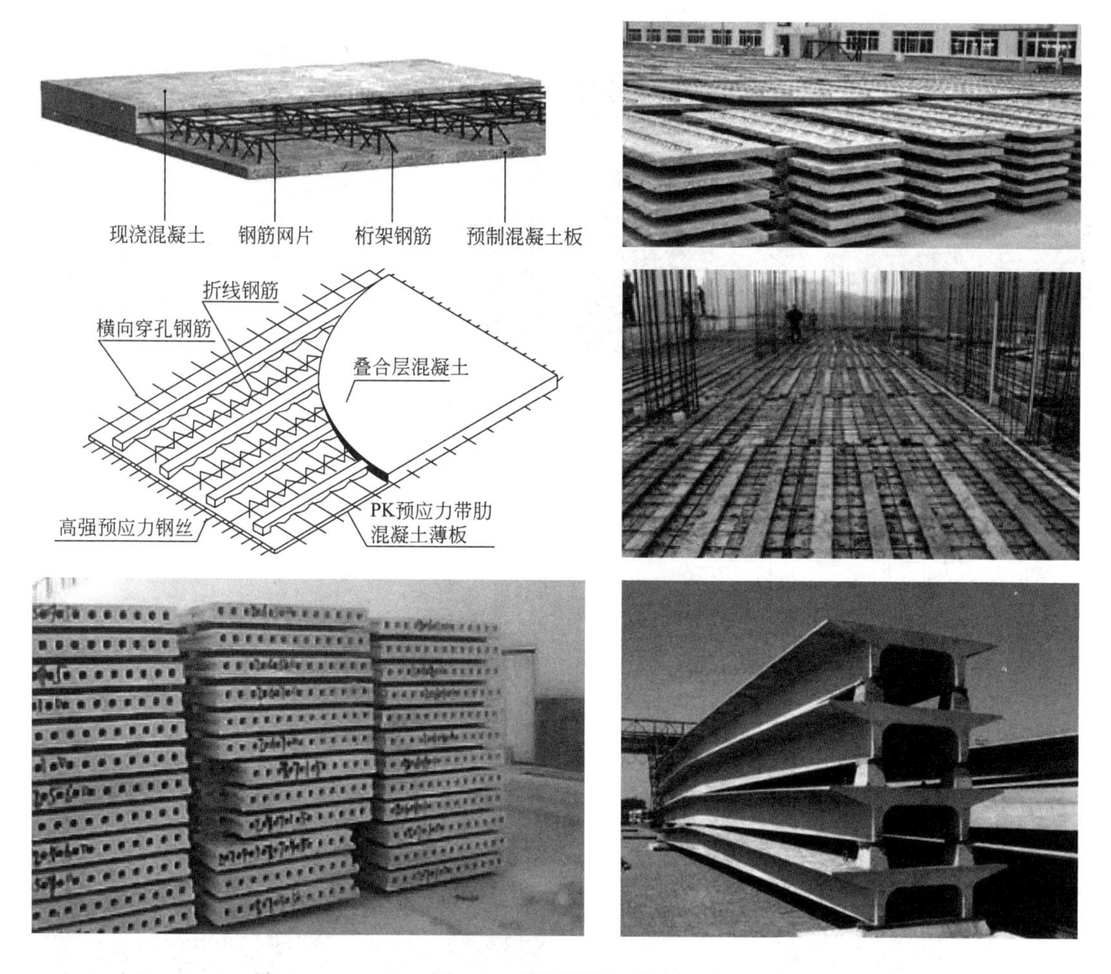

图4–1 预制混凝土楼板

2．预制混凝土墙板

预制混凝土墙板种类包括预制混凝土实心剪力墙墙板、预制混凝土夹心保温剪力墙板、预制混凝土双面叠合剪力墙墙板、预制混凝土外挂墙板等（图4–2）。

3．预制混凝土柱

预制混凝土柱形式单一，为了结构连接的需要，需要在端部留置插筋（图4–3）。

图4–2　预制混凝土墙板

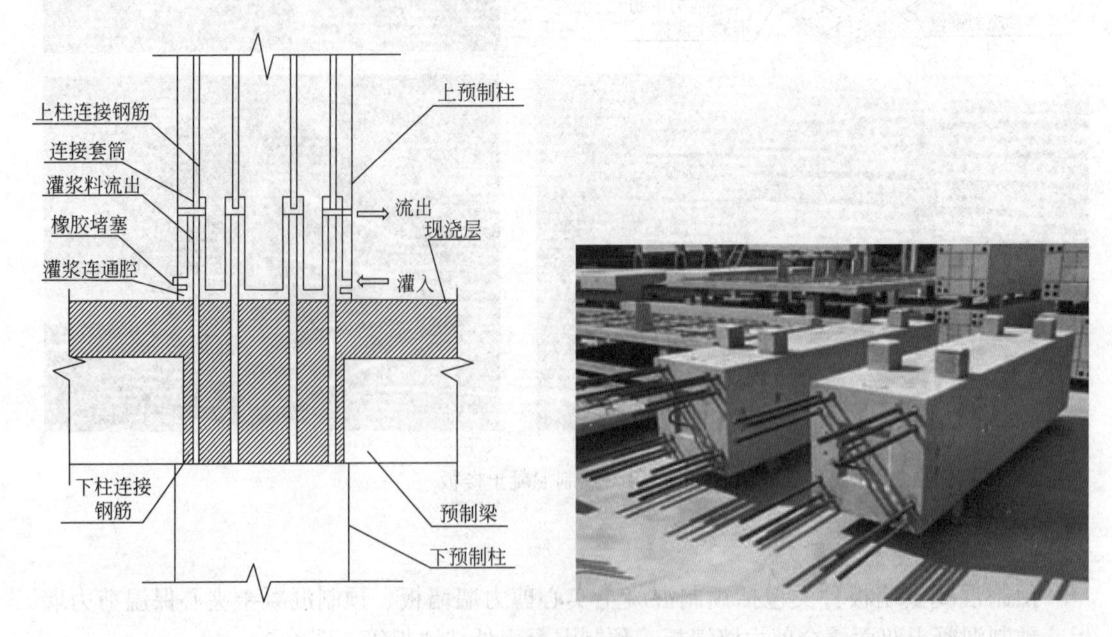

图4–3　预制混凝土柱连接示意图

4．预制混凝土梁

预制混凝土梁包括预制实心梁和预制叠合梁。为了结构连接的需要，预制梁在端部需要留置锚筋；叠合梁箍筋可采用整体封闭箍或组合式封闭箍筋（图4–4）。

图4–4　预制混凝土梁

5．预制混凝土楼梯

预制混凝土楼梯按其构造方式可分为梁承式、墙承式和墙悬臂式等类型。目前常用预制楼梯为预制钢筋混凝土板式双跑楼梯和剪刀楼梯，预制楼梯安装后可作为施工通道；预制楼梯受力明确，地震时支撑不会受弯破坏，保证了逃生通道，同时楼梯不会对梁柱造成伤害（图4–5）。

图4–5　预制混凝土楼梯

6．预制阳台板

预制阳台板包括叠合板式阳台、全预制板式阳台和全预制梁式阳台。预制阳台板能够克服现浇阳台的缺点，解决了阳台支模负责、现场高空作业费时费力的问题，还能避免在施工过程中，由于工人踩踏使阳台楼板上部的受力筋被踩到下面，从而导致阳台拆模后下垂的质量通病（图4–6）。

7．其他构件

根据结构设计不同，实际应用中还有其他构件，比如空调板、飘窗等（图4–7）。

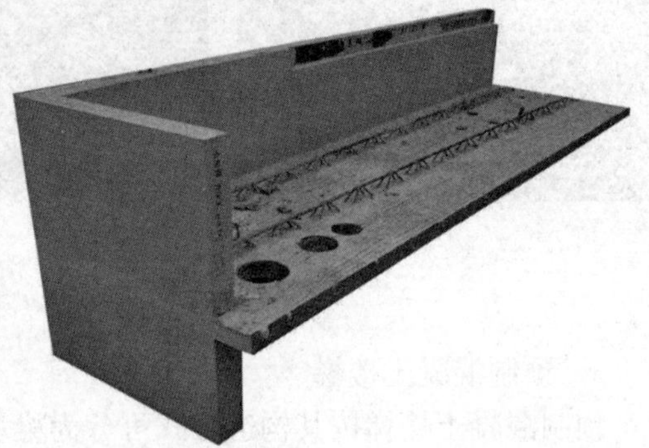

图4–6　预制阳台板

图4–7　预制空调板、飘窗

4.2　装配式混凝土建筑部品部件标准化定量规则

本书通过总结目前装配式混凝土建筑工程项目的实践经验，按照标准化、模数化、参数化原则，提出了预制混凝土剪力墙、预制混凝土柱、预制混凝土梁、预制混凝土楼板、预制混凝土楼梯等常用预制混凝土构件标准化定量规则。

4.2.1　预制混凝土构件标准化设计要点

预制混凝土构件在工厂采用钢模具生产，考虑到模具的经济性和生产的高效率，应高度重视设计、生产、施工等全过程的标准化，具体包括以下几点：

1. 提高模具周转使用率

预制混凝土构件的工厂化生产程度较高，生产时钢模板规格数量、利用率直接影响装配式混凝土建筑的建造成本。因此，应按照模数化、标准化的原则进行设计，并尽量在构件的设计中统筹考虑相似构件的统一性，如外墙的门窗洞口统一，梁、柱的截面统一，阳台构件的外观尺寸统一等。

2. 加强各专业精细化协同设计

预制混凝土构件作为定型成品与结构主体装配，与此相关的各专业预留洞口、预埋管线等与构件生产同步，所以要求土建、设备各专业应进行精细化、一体化协同设计。各专业设计图纸要表达精细、准确，即互为条件，又互相制约。如预制构件与栏杆、空调板、百叶、雨篷等构件相连时，以及一些设备管道的预留洞口、管线吊点埋件等，在预制构件上都需要精确定位，以防止和此预制构件相连的构件定位冲突。

4.2.2 预制混凝土剪力墙标准化定量规则

预制混凝土外墙板基于竖向分布钢筋间距为200mm，预制混凝土剪力墙板钢筋选用见表4-1，预制外墙板长度应符合200mm模数；预制外墙板高度优选50mm模数，可选20mm模数，大部分装配式住宅建筑层高为2800mm、2900mm、3000mm。多层建筑预制混凝土剪力墙厚度优选120mm、140mm、160mm、180mm、200mm，高层墙体厚度优选50mm模数，大部分装配式混凝土建筑墙体厚度可取值200mm、250mm、300mm；EPS保温层厚度各地根据节能要求进行计算，总体满足模数要求，大部分装配式住宅建筑墙体外墙EPS保温层厚度取值40mm、60mm、80mm、100mm；外页墙厚度优选60mm、70mm、80mm，外伸长度190mm、240mm、290mm；墙体窗洞口优选300mm模数；墙体门洞口可选100mm模数；预制内墙板按外墙板长度优选200mm模数，高度优选50mm模数，其他规定与外墙板相同。预制混凝土剪力墙板优选尺寸见表4-2。

预制混凝土剪力墙板钢筋选用 **表4-1**

部位	钢筋直径（mm）	间距（mm）	边距（mm）
边缘构件纵筋	12 ~ 20	100、150、200	50（墙边）、55（墙面）
竖向分布钢筋	8 ~ 18	200、300、600	20、25、30、55
水平分布钢筋	8 ~ 12	200、250、300	25、30
连梁纵筋	12 ~ 20	—	35

预制混凝土剪力墙板优选尺寸 **表4-2**

项目		优选模数	可选模数	优选尺寸范围（m）	优选尺寸（mm）
厚度	多层建筑	M/5	—	0.1 ~ 0.2	120、140、160、180、200
	高层建筑	M	M/2	≥0.2	200、250、300、400 ……

续表

项目		优选模数	可选模数	优选尺寸范围（m）	优选尺寸（mm）
一/L/T/U形墙板长边长度	无门窗洞口	3M	2M	1.2 ~ 4.5	1200、1800、2400、2700、3000、3600、4200、4500
	有门窗洞口			1.8 ~ 7.2	1800、2400、2700、3000、3600、4200、5400、6000、6600、7200
L/T/U形墙板短边长度		M	—	0.2 ~ 0.6	200、300、400、600
门窗洞口宽度		3M	2M	0.6 ~ 3.0	600、800、900、1000、1200、1500、1800、2100、2400、2700、3000
有洞口墙板单侧尺寸		M	M/2	0.4 ~ 1.0	400、450、600、750、900、1000
高度	层高2.8m	M/2	M/5	2.60 ~ 2.65	2600、2620、2650
	层高2.9m			2.70 ~ 2.75	2700、2720、2750
	层高3.0m			2.78 ~ 2.82	2780、2800、2820

4.2.3 预制混凝土柱标准化定量规则

长优选100mm模数，截面宽度、高度优选100mm模数，可选50mm模数，大部分装配式住宅建筑层高取值为2800mm、2900mm、3000mm。柱内钢筋宜采用成型钢筋骨架，并应符合下列规定：

1）纵向受力钢筋的直径不宜小于25mm，在满足国家现行相关标准的前提下，宜采用大直径钢筋减少根数，可集中于四角配置且宜对称布置。

2）纵向受力钢筋间距不宜大于200mm且不应大于400mm，优先尺寸宜为100mm、150mm、200mm……纵筋集中布置在角部时钢筋净距应符合国家现行标准及连接做法的要求。

3）箍筋宜采用螺旋箍筋、焊接成型箍筋、一笔箍等，箍筋间距应为100mm的整数倍。

采用节点现浇的做法时，应符合以下要求：

（1）预制柱纵向钢筋定位应与预制梁下部钢筋定位相协调，并事先制定预制梁、节点核心区箍筋安装工序。

（2）在满足国家现行相关标准要求的前提下，宜采用大直径、高强度箍筋，较少箍筋肢数，当采用复合箍筋时宜采用拉筋与外围箍筋组成的复合箍筋形式（表4-3）。

预制混凝土矩形柱选用尺寸 表4-3

项目	优选模数	可选模数	优先尺寸（mm）
柱截面宽度和高度	M	M/2	400、450、500、600、700……

4.2.4 预制混凝土梁标准化定量规则

预制混凝土梁高度尺寸应与室内净空高度、楼面建筑做法厚度及吊顶高度等进行尺寸协调，尺寸宜符合表4-4规定。

预制混凝土梁选用尺寸 表4-4

项目		优选模数	可选模数	优选尺寸范围（mm）	优先尺寸（mm）
框架梁	梁高	M	M/2	—	400、600、800……
	梁宽	M/2	—	200 ~ 800	200、250、300、400……
非框架梁	梁高	M	M/2	—	200、250、300、400……
	梁宽	M/2	—	—	150、200、250……

4.2.5 预制混凝土楼板标准化定量规则

1）楼板厚度宜采用表4-5的模数和优先尺寸。

预制混凝土楼板厚度模数和优先尺寸 表4-5

项目	优选模数	可选模数	优先尺寸（mm）
楼板厚度	M/2	M/5	150、180、200、250

2）预制钢筋混凝土底板宜采用钢筋焊接网，钢筋间距宜为M/2的整数。当存在外伸钢筋时，外伸钢筋的定位应与周边构件外伸钢筋的定位相协调（表4-6）。

预制混凝土楼板钢筋选用 表4-6

项目		优选模数	可选模数	优先尺寸（mm）
预制底板钢筋焊接网	受力钢筋	M/2	—	100、150、200
	分布钢筋	M/2	—	200、250、300

4.2.6 预制混凝土楼梯标准化定量规则

居住建筑中疏散楼梯可采用板式楼梯或梁式楼梯，常用规格尺寸见图4-8和表4-7。

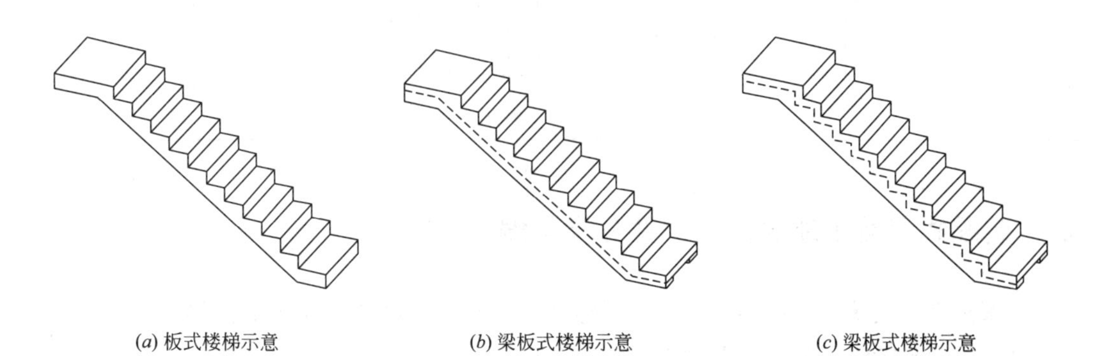

(*a*) 板式楼梯示意　(*b*) 梁板式楼梯示意　(*c*) 梁板式楼梯示意

图4-8 预制楼梯示意图

居住建筑中疏散用板式楼梯常用规格　表 4-7

层高（mm）	H（mm）	L（mm）	B（mm）	踏步数（个）	bs（mm）	ln（mm）	ld（mm）	lg（mm）
2800	1400	≥2620	1200	8	260	1820	≥400	≥400
	2800	≥4900	1200	16	260	3900	≥500	≥500
2900	1450	≥2880	1200	9	260	2080	≥400	≥400
	2900	≥5160	1200	17	260	4160	≥500	≥500
3000	1500	≥2880	1200	9	260	2080	≥400	≥400
	3000	≥5420	1200	18	260	4420	≥500	≥500

说明：

B——预制楼梯宽度；δ——预留缝宽度；L——预制楼梯投影长度；H——踏步段高度；l_n——踏步段投影长度；l_d、l_g——低、高端平台段长度；b_s——踏步宽度；h_s——踏步高度

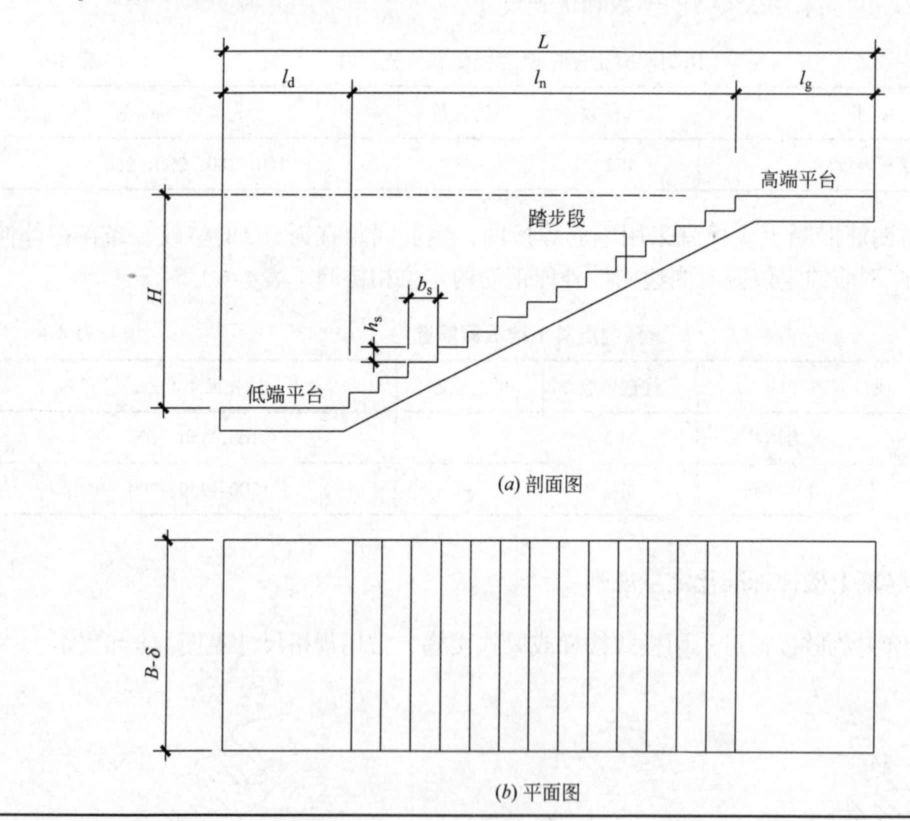

(a) 剖面图

(b) 平面图

4.3　装配式混凝土建筑部品部件分类与编码

国家标准《建筑信息模型分类和编码标准》GB/T 51269 对建筑工程中所涉及的大量信息进行了分类和编码，装配式混凝土建筑标准化部品部件分类和编码标准以此为基础，针对装配式混凝土建筑的特点进行了完善和细化，形成了以下分类和编码规则。

4.3.1 装配式混凝土建筑部品部件分类与编码表

装配式混凝土建筑部品部件分类及编码表 **表 4-8**

类目编码	一级类目	二级类目	三级类目	四级类目	备注
30–01.00.00	混凝土				
30–01.10.00		预制混凝土制品及构件			
30–01.10.10			预制混凝土柱		
30–01.10.10.05				框架柱	新增类目
30–01.10.10.10				排架柱	
30–01.10.20			预制混凝土梁		
30–01.10.20.05				框架梁	新增类目
30–01.10.20.10				基础梁	
30–01.10.20.15				悬挑梁	
30–01.10.20.20				圈梁	
30–01.10.20.25				过梁	
30–01.10.30			预制混凝土楼板		
30–01.10.30.05				钢筋桁架预制板单向板	新增类目
30–01.10.30.10				钢筋桁架预制板双向板中板	
30–01.10.30.15				钢筋桁架预制板双向板边板	
30–01.10.30.20				钢筋桁架预制板双向板整板	
30–01.10.35			预制预应力混凝楼板		
30–01.10.35.05				预应力圆孔板	
30–01.10.35.10				双 T 板	
30–01.10.35.15				PK 预应力混凝土叠合板连续板	
30–01.10.35.20				PK 预应力混凝土叠合板简支板	
30–01.10.40			预制混凝土墙板		
30–01.10.40.10				蒸压加气混凝土板	内隔墙

续表

类目编码	一级类目	二级类目	三级类目	四级类目	备注
30–01.10.40.20				轻集料混凝土条板	内隔墙
30–01.10.40.30				预制混凝土外挂墙板	新增类目
30–01.10.40.40				预制混凝土剪力内墙板	
30–01.10.40.45				预制混凝土剪力墙外墙板	
30–01.10.40.50				预制叠合剪力墙（双皮墙）	
30–01.10.60			预制混凝土楼梯		
30–01.10.60.05				梁式单跑楼梯	新增类目
30–01.10.60.10				梁式双跑楼梯	
30–01.10.60.15				梁式三跑楼梯	
30–01.10.60.20				梁式剪刀楼梯	
30–01.10.60.25				梁式螺旋楼梯	
30–01.10.60.30				板式单跑楼梯	
30–01.10.60.35				板式双跑楼梯	
30–01.10.60.40				板式三跑楼梯	
30–01.10.60.45				板式剪刀楼梯	
30–01.10.60.50				板式螺旋楼梯	
30–01.10.61			预制混凝土阳台		
30–01.10.61.05				叠合板式阳台	新增类目
30–01.10.61.10				叠合梁式阳台	
30–01.10.61.15				全预制板式阳台	
30–01.10.61.20				全预制梁式阳台	
30–01.10.62			预制混凝土空调板		新增类目
30–01.10.63			预制混凝土女儿墙板		
30–01.10.63.05				夹心保温式一字形女儿墙板	新增类目
30–01.10.63.10				夹心保温式L形女儿墙板	
30–01.10.63.15				非保温式一字形女儿墙板	
30–01.10.63.20				非保温式L形女儿墙板	

续表

类目编码	一级类目	二级类目	三级类目	四级类目	备注
30-01.10.64			预制基础		
30-01.10.64.05				预制独立基础	新增类目
30-01.10.64.10				预制条形基础	
30-01.10.64.15				预制桩基础	
30-01.10.65			隔震支座		新增类目
30-01.10.65.05				LNR天然橡胶隔震支座	
30-01.10.65.10				LRB铅芯橡胶隔震支座	
30-01.10.65.15				HDR高阻尼橡胶隔震支座	
30-01.10.65.20				ESB弹性滑板隔震支座	
30-01.10.65.25				弹簧隔震支座	
30-01.10.65.30				FPS摩擦摆隔震支座	
30-01.10.66			减震装置		新增类目
30-01.10.66.05				金属消能器	
30-01.10.66.10				摩擦消能器	
30-01.10.66.15				黏滞消能器	
30-01.10.66.20				黏弹性消能器	
30-01.10.66.25				屈曲约束支撑	
30-01.10.66.30				复合消能器	
30-07.00.00	承重砌体墙				
30-07.10.00		预制承重砌体墙片			
30-07.10.10			预制承重混凝土砌体墙片		
30-07.10.20			预制承重烧结砌体墙片		
30-07.10.30			预制承重灰砂（粉煤灰）砌体墙片		
30-07.10.40			配筋混凝土砌体墙片		
30-08.00.00	非承重砌体墙				
30-08.10.00		预制非承重砌体墙片			

续表

类目编码	一级类目	二级类目	三级类目	四级类目	备注
30–08.10.10			蒸压加气混凝土砌块墙片		
30–08.10.20			混凝土空心砌块墙片		
30–08.10.30			烧结砌块墙片		
30–08.10.40			蒸压灰砂（粉煤灰）砌块墙片		
30–08.10.50			陶粒发泡（泡沫）混凝土砌块墙		

装配式混凝土建筑部品部件连接方式分类及编码表　表 4-9

（可用于其他结构形式编码）

类目编码	一级类目	二级类目	三级类目	四级类目	备注
41–04.00.00	来源特征				
41–04.50.00		安装			
41–04.50.26			钢筋连接		
41–04.50.26.05				钢筋套筒	
41–04.50.26.10				钢筋浆锚	
41–04.50.26.15				通用搭接	新增类目
				焊接	
41–04.50.26.20				机械连接	
41–04.50.27			构件连接		
41–04.50.27.05				螺栓连接	
41–04.50.27.10				焊接	新增类目
41–04.50.27.15				铆钉连接	
41–04.50.27.20				法兰连接	
41–04.50.28			界面处理		
41–04.50.28.05				键槽	
41–04.50.28.10				粗糙面	新增类目
41–04.50.28.15				刻痕	
41–04.50.28.20				自然面	

装配式混凝土建筑部品部件形式及形状分类及编码表 **表 4-10**

类目编码	一级类目	二级类目	三级类目	四级类目	备注
41-05.00.00	物理特征				
41-05.13.00		形状属性			
41-05.13.10			形式		
41-05.13.10.05				空心	新增类目
41-05.13.10.10				实心	
41-05.13.10.15				叠合	
41-05.13.10.20				非叠合	
41-05.13.10.25				预应力	
41-05.13.10.30				非预应力	
41-05.13.10.35				保温	
41-05.13.10.40				非保温	
41-05.13.10.45				夹芯	
41-05.13.10.50				非夹芯	
41-05.13.10.55				钢骨	
41-05.13.10.60				非钢骨	
41-05.13.13			形状		
41-05.13.13.05				矩形	新增类目
41-05.13.13.10				梯形	
41-05.13.13.15				圆形	
41-05.13.13.20				十字形	
41-05.13.13.25				多边形	
41-05.13.13.30				T形	
41-05.13.13.35				L形	
41-05.13.13.40				I形	
41-05.13.13.45				Z形	
41-05.13.13.50				双T形	
41-05.13.13.55				刀把形	新增类目
41-05.13.13.60				单洞口	
41-05.13.13.65				双洞口	

装配式混凝土建筑部品部件预埋件及配筋分类及编码表 **表 4-11**

类目编码	一级类目	二级类目	三级类目	四级类目	备注
41-05.00.00	物理特征				
41-05.13.00		形状属性			

续表

类目编码	一级类目	二级类目	三级类目	四级类目	备注
41-05.13.14			预留预埋		
41-05.13.14.05				拉结件	新增类目
41-05.13.14.10				吊具	
41-05.13.14.15				挂板连接件	
41-05.13.14.20				施工安装预埋件	
41-05.13.14.25				减重块	
41-05.13.14.30				线盒	
41-05.13.14.35				管线	
41-05.13.14.40				预留洞	
41-05.13.14.45				幕墙预埋件	
41-05.13.14.50				门框预埋件	
41-05.13.14.55				窗框预埋件	
41-05.13.15			配筋		
41-05.13.15.05				普通箍筋	新增类目
41-05.13.15.10				普通钢筋	
41-05.13.15.15				型钢	
41-05.13.15.20				螺旋箍筋	
41-05.13.15.25				钢管	

4.3.2　装配式混凝土建筑部品部件分类与编码拓展方法

本节以预制混凝土柱为例，说明装配式混凝土建筑部品部件分类与编码的拓展方法。

1．预制混凝土柱的编码

在《建筑信息模型分类和编码标准》GB/T 51269—2017中，赋予结构柱的编码为14-20.20.09，赋予预制混凝土柱的编码为30-01.10.10，因此装配式混凝土建筑标准化部品部件库中的预制混凝土柱采用编码30-01.10.10。

2．预制混凝土柱的特征

预制混凝土柱的所具有的属性：长度、宽度、高度、混凝土强度等级、纵筋型号、纵筋直径、纵筋数量、箍筋形式、箍筋型号、箍筋直径、箍筋间距、箍筋加密区高度，特征码对应的编码见表4-12。

钢筋混凝土结构柱特征码　　表4-12

属性	通用部品部件的特征值（推荐使用）	定制部品部件的属性值（可以使用）
长度（mm）	400、450、500、600、700	300、350、550
宽度（mm）	400、450、500、600、700	300、350、550
高度（mm）	2800、2900、3000	2700、3100

续表

属性	通用部品部件的特征值（推荐使用）	定制部品部件的属性值（可以使用）
混凝土标号	C40、C50	C35、C45、C55、C60
纵筋型号	HRB400	HRB500
纵筋直径	22、25、28	20、30、32
纵筋数量	16、20	12、24
箍筋形式	双向五肢箍、双向六肢箍	双向四肢箍、双向七肢箍
箍筋型号	HRB400	HPB300
箍筋直径	8、10	6.5、12
箍筋间距	150、200	100
箍筋加密区高度	0、500	
加密区箍筋间距	无、100	150

钢筋混凝土柱的特征码的第1位～第26位则分别表示表4–12钢筋混凝土柱的特征，对应关系如表4–13。

钢筋混凝土建筑部品部件特征码对应关系 **表 4-13**

编码位置	属性
第1、2位	长度（mm）
第3、4位	宽度（mm）
第5、6位	高度（mm）
第7、8位	混凝土标号
第9、10位	纵筋型号
第11、12位	纵筋直径
第13、14位	纵筋数量
第15、16位	箍筋形式
第17、18位	箍筋型号
第19、20位	箍筋直径
第21、22位	箍筋间距
第23、24位	箍筋加密区高度
第25、26位	加密区箍筋间距

特征码写在部品编码右侧的冒号以后，且各属性编码之间用“.”分割。根据以上规则，编码30–01.10.10：207（400）.208（400）.206（2800）.1205.1403.1510.3016.3102.1403.1503.3200代表的部品是一个预制混凝土结构柱，该柱的截面尺寸为400mm×400mm，柱高为2800mm，混凝土标号为C40，纵筋为16C22，箍筋采用C8@150，箍筋形式为双向五肢箍，不设箍筋加密区。该部品编码即可完全代替结构柱设计详图的功能，只要设计、生产、施工三方使用相同的编码规则，即可做到准确快速地互通信息。

3．预制混凝土柱的属性归类

在如上所述的编码方式下，虽然可以准确地表达一个部品的信息，但是也存在编码冗长的问题。所以有必要对这13个特征进行归类、简化。

1）纵筋布置

表示纵筋的三个属性纵筋型号、纵筋数量、纵筋直径三者可以合并为一个属性，称之为纵筋布置，用两位编码表示。

《混凝土结构设计规范》GB 50010—2010第4.2.1条规定“梁、柱纵向受力普通钢筋HRB400、HRB500、HRBF400、HRBF500钢筋”。而且按照已有设计和施工经验，装配式建筑标准化部品部件库尚不能够用以建造超高层、异型结构，所以HRB500级钢筋、直径30及32的钢筋几乎不会使用。经过这样的取舍之后，纵筋布置的编码表示如表4-14所示。

简化后纵筋布置的编码表示（33）　　表4-14

编码	纵筋布置	编码	纵筋布置
00	16C22	08	12C22
01	16C25	09	12C25
02	16C28	10	12C28
03	16C20	11	12C20
04	20C22	12	24C22
05	20C25	13	24C25
06	20C28	14	24C28
07	20C20	15	24C20
		……	

经过简化之后，纵筋由原来的六位编码表示缩短为只需两位编码即可表示，而且在该编码位上还预留了“29–99”共71个编码数，可以满足后期在此基础的扩展。

2）箍筋布置

同理，箍筋型号、箍筋直径、箍筋间距三者也可以合并为一个特征，称之为箍筋特征，用两位编码表示。

根据规范规定及相关设计经验，一般工程中的结构柱箍筋采用HRB400级，箍筋直径以8或10为主，且HPB300级钢筋仅用于直径为6.5的情况。故有如表4-15所示的经过简化后的箍筋布置表。

简化后箍筋布置的编码表示（34）　　表4-15

编码	箍筋布置	编码	箍筋布置
00	C8@100	06	C12@100
01	C8@150	07	C12@150
02	C8@200	08	C12@200
03	C10@100	09	A6@100
04	C10@150	10	A6@150
05	C10@200	11	A6@200
		……	

3）箍筋形式

实际上，箍筋形式与箍筋布置无关，主要取决于纵筋的数量。一般来说，对于单侧纵筋数量不多的情况，可遵循每根纵筋都处于箍筋角部约束的原则，进行箍筋布置，出现单支纵筋时，可采用拉钩代替。如图4–9所示。

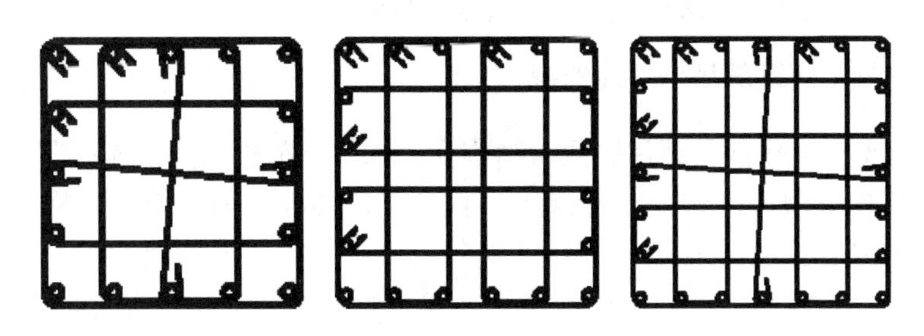

图4–9 箍筋形式与纵筋数量的关系

所以，可以将箍筋形式作为一项依附于纵筋的属性，不再单独对其进行编码。

4）截面尺寸

一般建筑中，结构柱主要分为两类，框架柱和剪力墙边缘暗柱，剪力墙的边缘暗柱可视为墙体部品的一部分。对于框架柱而言，绝大多数均为矩形截面，所以可以将截面长度、宽度两个属性归为截面尺寸一个属性，采用两位编码位。如表4–16所示。

截面尺寸的编码表示（35） **表4-16**

编码	截面尺寸	编码	截面尺寸
00	300 × 300	06	600 × 600
01	350 × 350	07	300 × 400
02	400 × 400	08	400 × 500
03	450 × 450	09	500 × 600
04	500 × 500	10	……
05	550 × 550	11	……

经过此番简化，可将结构柱的13个特征减少为6个特征，见表4–17。

简化后的钢筋混凝土编码与属性对应关系 **表4-17**

编码位置	属性
第1、2位	截面尺寸（长度 × 宽度），单位mm
第3、4位	高度（mm）
第5、6位	混凝土标号
第7、8位	纵筋布置
第9、10位	箍筋布置
第11、12位	箍筋加密区高度
第13、14位	加密区箍筋间距

在简化的编码规则下，编码30–01.10.10：3500. 206（2800）.1205.3300.3400.3600所表示的部品为：一个钢筋混凝土结构柱，该柱的截面尺寸为300mm×300mm，柱高为2800mm，混凝土标号为C40，纵筋为16C22，箍筋采用C8@100，不设箍筋加密区。

4.4　装配式混凝土建筑部品部件库研发应用

4.4.1　装配式混凝土建筑部品部件库概况

装配式混凝土标准化部品部件库涵盖结构受力构件、围护结构、连接节点的标准化部品部件。其中结构受力构件主要包括混凝土柱、梁、楼板、剪力墙、楼梯等结构受力构件，截面形式主要有矩形、圆形、L形、T形等。围护结构主要为墙面板，如三明治复合填充墙、轻钢龙骨隔墙等。预制构件的连接方式主要有钢筋套筒、钢筋浆锚、螺栓连接、法兰连接、铆钉连接等（图4–10）。

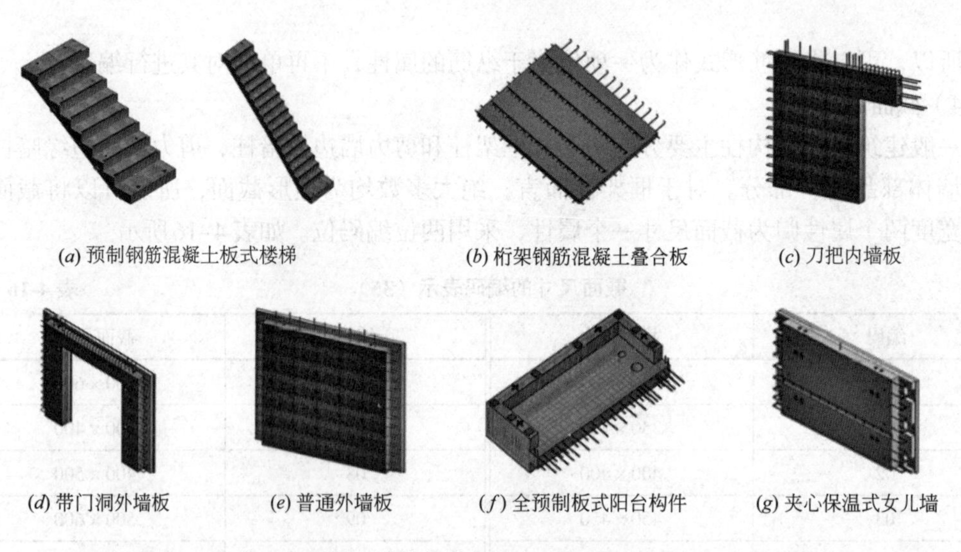

(*a*) 预制钢筋混凝土板式楼梯　(*b*) 桁架钢筋混凝土叠合板　(*c*) 刀把内墙板

(*d*) 带门洞外墙板　(*e*) 普通外墙板　(*f*) 全预制板式阳台构件　(*g*) 夹心保温式女儿墙

图4–10　装配式混凝土建筑部品部件库中部分预制混凝土构件模型

装配式混凝土建筑部品部件库采用参数化结合标准化的原则进行搭建，参数化建模可利用Revit软件族库功能，将混凝土等级、构件尺寸、钢筋级别于钢筋数量间距等主要因素进行参数化，一个模型就能够涵盖一类模型，便于设计选用。在参数化建模的同时注重模型的标准化，对混凝土等级、构件尺寸等主要变量采用严格的标准化尺寸，做到参数化和标准化有机的统一。

装配式混凝土部品部件库目前已完成了分类工作，建立了100余个REVIT族模型文件，实例化了4000多个不同规格型号的部品部件模型，并具有参数化特征，具备较强的可扩展性；同时建立了多个单体建筑的REVIT模型，涵盖了装配式混凝土建筑常用的标准化部品部件。目前已建模完成的装配式混凝土建筑部品部件的族文件包括：

1）预制混凝土剪力墙：剪力墙外墙板、剪力墙内墙板；

2）预制混凝土柱：矩形混凝土柱、圆形混凝土柱；

3）预制混凝土梁：框架梁、非框架梁、连梁；

4）预制混凝土板：桁架钢筋混凝土叠合板、PK预应力混凝土叠合板；

5）预制混凝土楼梯：板式双跑楼梯、板式剪刀楼梯；

6）预制混凝土阳台板、空调板及女儿墙；

7）预制混凝土部品部件连接节点构造：钢筋套筒连接节点、约束浆锚连接节点、螺栓连接节点等（图4-11、图4-12）。

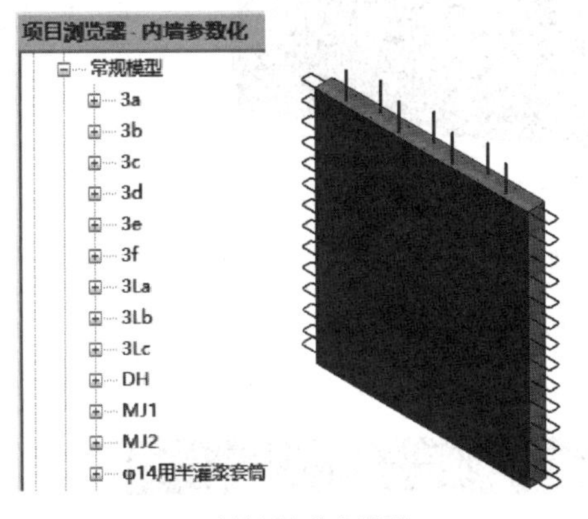

(*a*) 内墙板参数化模型

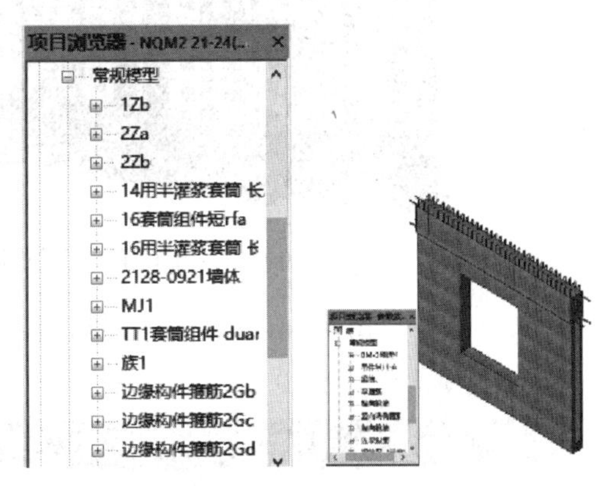

(*b*) 带洞口墙板参数化模型

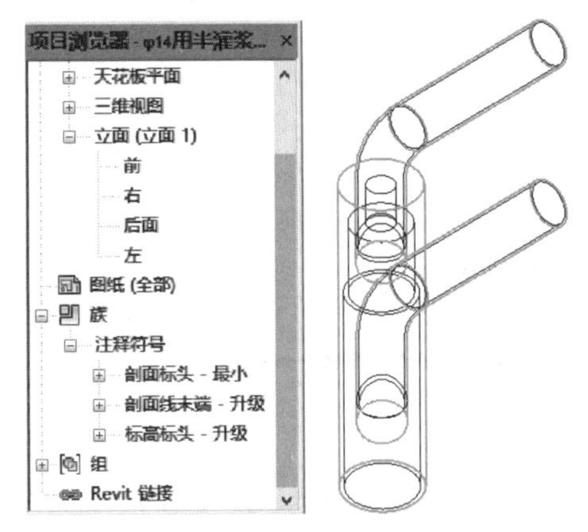

(*c*) 套筒及灌浆口参数化模型

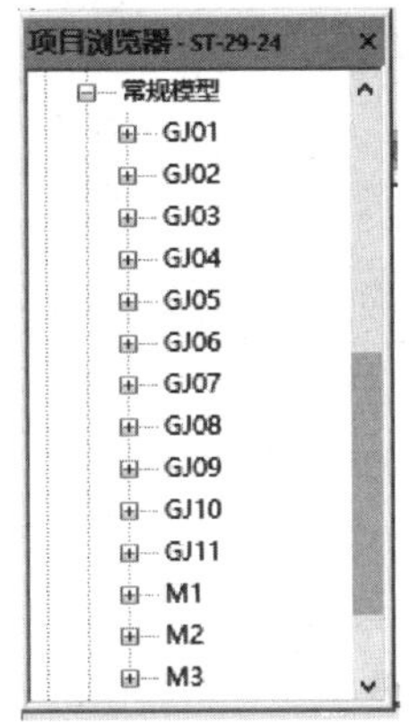

(*d*) 楼梯参数化模型

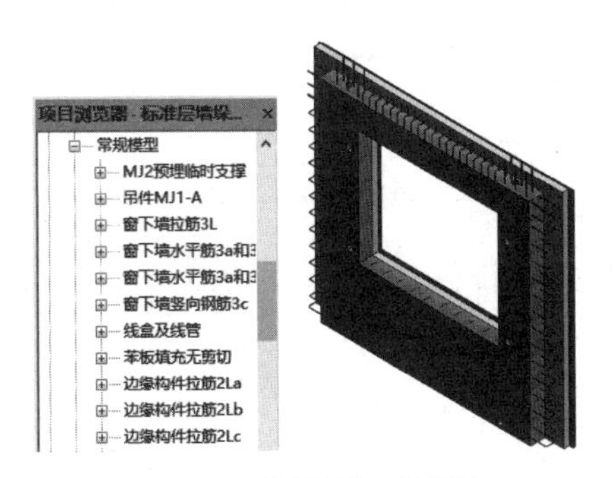

(*e*) 外墙板参数化模型

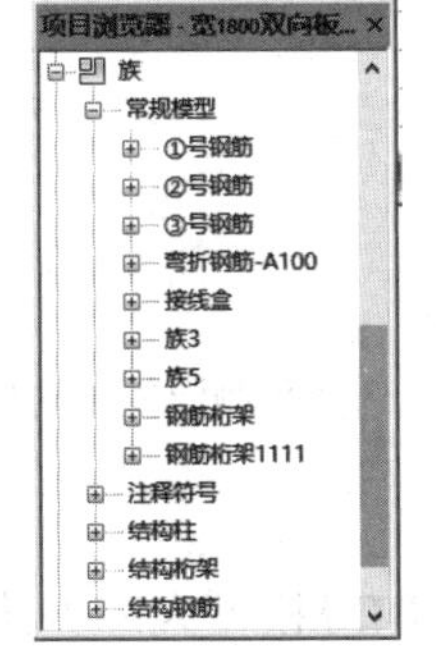

(*f*) 叠合板参数化模型

图4-11　部分预制混凝土部品部件与建筑BIM模型（一）

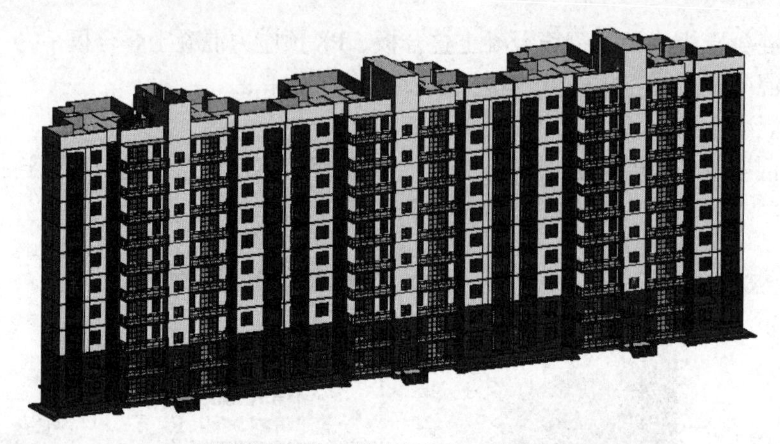

(g) 采用装配式混凝土建筑部品部件库建立的BIM模型

图 4–11　部分预制混凝土部品部件与建筑 BIM 模型（二）

首页　Bim构件库　手册　用户　系统

序号	参数分类	参数名称	值类型	表达式
1	结构	混凝土标号	输入值	30
2	尺寸标注	lo	输入值	
3	尺寸标注	L	公式	lo + 90 mm * 2
4	尺寸标注	bo	输入值	1560
5	尺寸标注	B	公式	bo + 90 mm + 150 mm
6	尺寸标注	底板厚度	输入值	60
7	尺寸标注	桁架钢筋长度	公式	lo - 100 mm
8	尺寸标注	桁架钢筋间距	公式	3 * ②号钢筋宽度方向间距
9	尺寸标注	①号钢筋直径	输入值	8
10	尺寸标注	①号钢筋长度	公式	bo + ①号钢筋一端挑出长度 + ①号钢筋一端弯钩搭接长度
11	尺寸标注	①号钢筋一端挑出长度	输入值	90
12	尺寸标注	①号钢筋一端弯钩搭接长度	输入值	290
13	尺寸标注	①号钢筋沿长度方向间距	输入值	150
14	尺寸标注	②号钢筋直径	输入值	10
15	尺寸标注	②号钢筋长度	公式	lo + 2 * ②号钢筋两端挑出长度
16	尺寸标注	②号钢筋两端挑出长度	输入值	90
17	尺寸标注	②号钢筋宽度方向间距	输入值	200
18	尺寸标注	③号钢筋直径	公式	①号钢筋直径
19	尺寸标注	③号钢筋长度	公式	bo - b1 * 2
20	尺寸标注	保护层厚度	输入值	15

图 4–12　部分预制混凝土构件参数

4.4.2　装配式混凝土建筑部品部件库BIM模型入库方法

装配式混凝土建筑部品部件库BIM模型入库方法主要分为四个步骤：

第一步，点击“BIM构件库”，选择“上传构件”，点击“新增”，然后填写构件名称，选择“构件类型”，填写构件简述、构件详情，上传构件图、构件剖析图、建筑附件、结构附件等，信息填写无误后，点击“确定”（图4-13）。

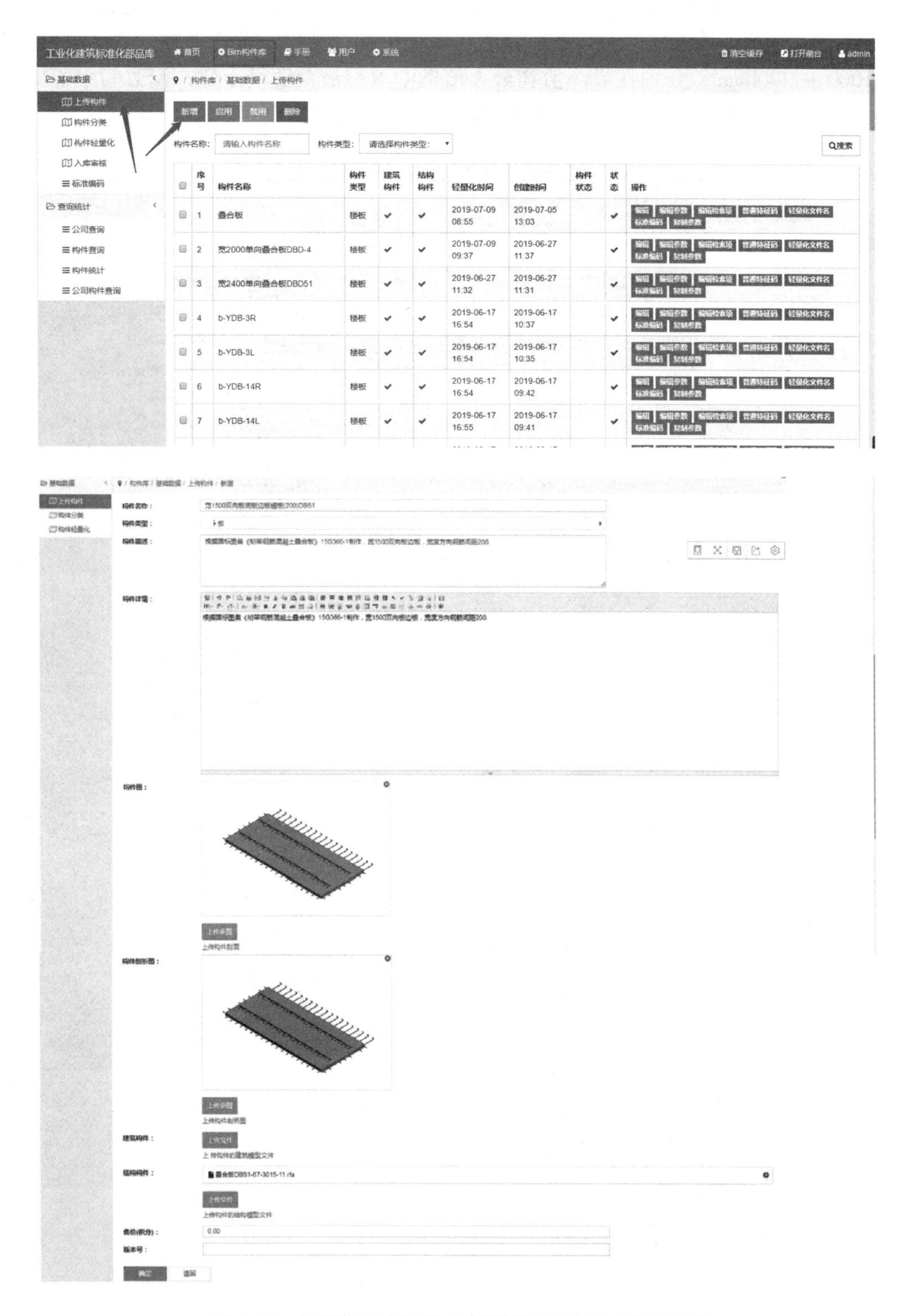

图4-13　新增装配式混凝土建筑部品部件BIM模型步骤

第二步，点击“编辑参数”，在编辑参数页面可查看参数分类、参数名称、值类型、表达式、描述、顺序、状态、操作等数据。如需新增构件参数，可点击“上部新增”，在新增页面可填写参数分类和参数名称。选择“值类型”，若选择“公式”，则需在表达式中填写公式；若选“枚举值”，则需在表达式中列出相应数据；若选“输入值”，叠合板宽在1000 ~ 3000mm，分别在最小值和最大值框中填写最大值最小值，模数间距若填写100mm，则宽以100mm的步长增长。信息填写完毕后，点击“确定”（图4–14）。

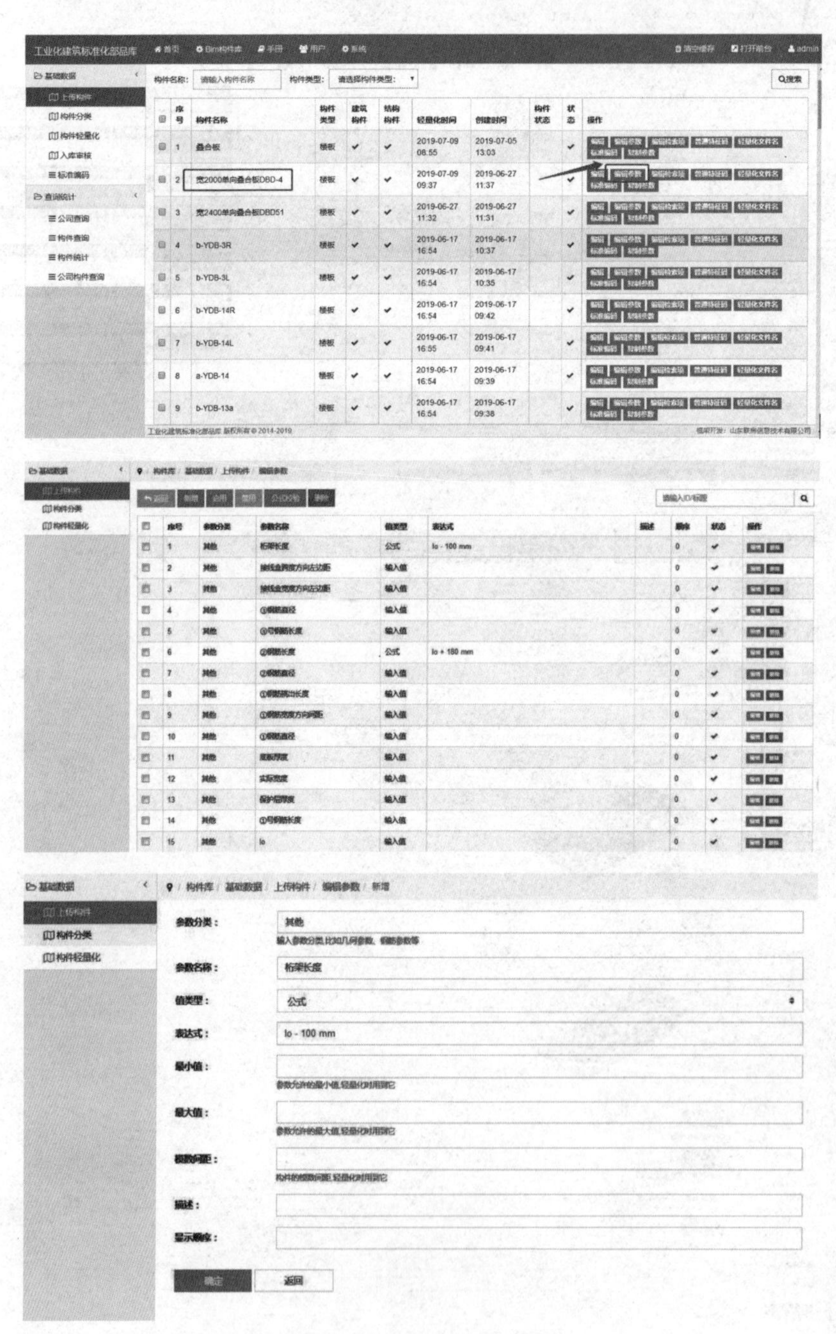

图 4–14　装配式混凝土建筑标准化部品部件 BIM 模型参数编辑

第三步，点击“编辑检索项”，在编辑检索项页面可以选择或填写构件的特征和尺寸信息等，如宽1500双向板底板边板模板（200）DBS1属于叠合板，则在结构特征中选择“叠合板”。截面特征、截面特征、工艺特征、力学特征、抗震等级、宽度、预留洞、线盒、水管、板缺口都可相应选择（图4–15）。

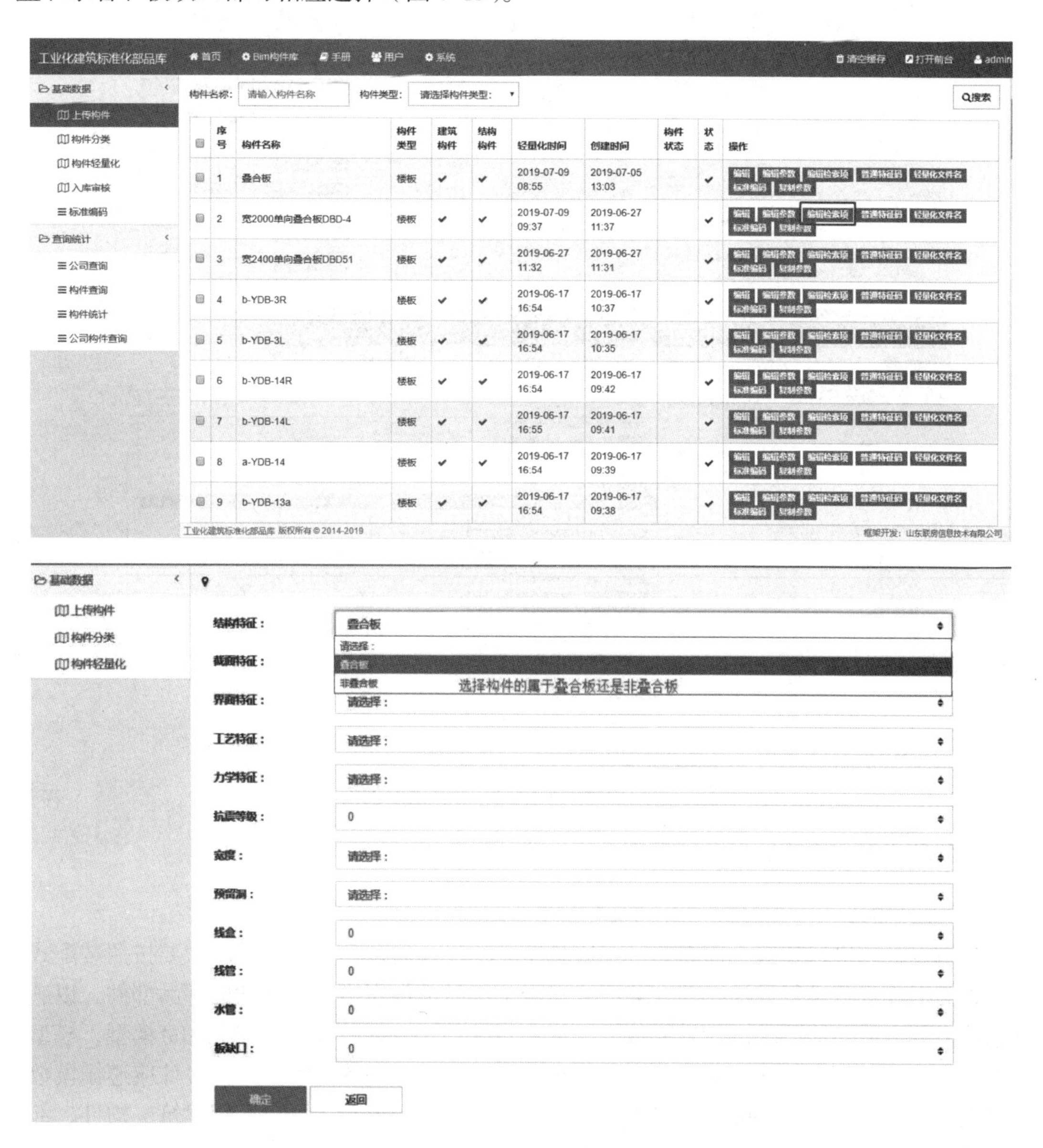

图4–15 装配式混凝土建筑标准化部品部件检索

第四步，编辑参数时如有相同参数的构件，则可使用“复制参数”功能，减少录入数据工作量；如宽1500双向板底板边板模板（200）DBS1的构件和宽2400双向板底板中板模板（150）DBS2构件的参数相同，则在“宽1500双向板底板边板模板（200）DBS1”点击“复制参数”功能，在“选择复制的构件的编辑类型”中选择“宽2400双向板底板中板模板（150）DBS2”，即可得到所有参数（图4–16）。

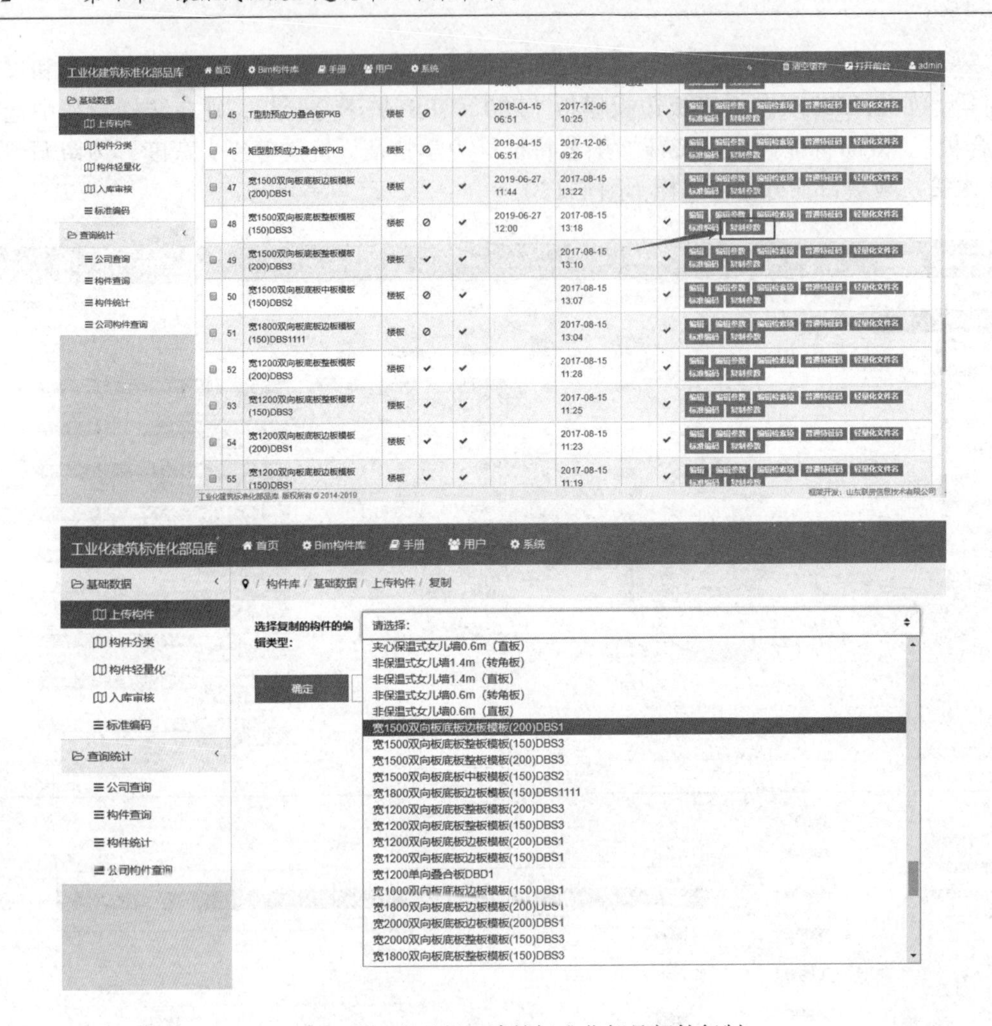

图 4–16　装配式混凝土建筑标准化部品部件复制

4.4.3　装配式混凝土建筑部品部件库应用方法

1. 设计阶段

建筑设计师进行建筑平面布置、空间排布、柱尺寸设计、层高设计时，要按照装配式建筑相关标准规范进行设计，并在装配式混凝土部品部件库中选择合适的部品部件，以满足承载力等方面性能要求。设计完成后，应用自建的BIM部品部件族建立BIM模型，模型可自动生成项目的部品部件统计表，并将相关信息导入协同软件中。平面设计应遵循模数协调原则，优化套型模块的尺寸和种类。通过建筑模数的控制，可以实现建筑、构件、部品之间的统一，从模数化协调到模块化组合（图4–17、图4–18）。

构件库分为本地构件库和在线构件库。本地部品库为设计师自己下载存储的常用构件，在线构件库连接装配式建筑标准化部品库网站，根据构件参数在线选择下载构件（图4–19、图4–20）。

在构件库选择的多个构件，下载插入模型后，可进行整楼构件的装配。采用装配模块的自由拖拽、恢复至原点、复制、镜像、粘贴、轴线吸附、替换构件等命令，对构件进行坐标定位，或将建筑构件原位替换为结构构件，实现对整楼结构模型的装配（图4–21）。

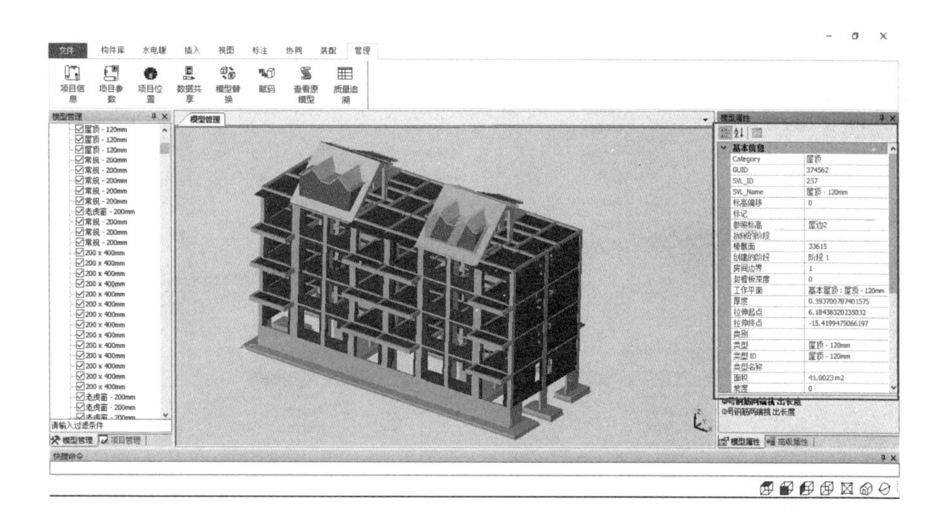

图 4-17　项目整体模型示意

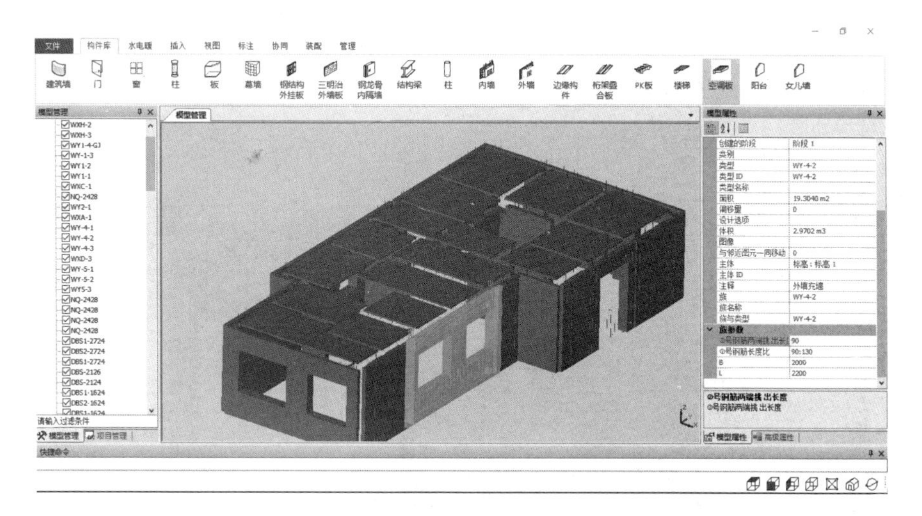

图 4-18　结构单层模型及墙体结构构件示意

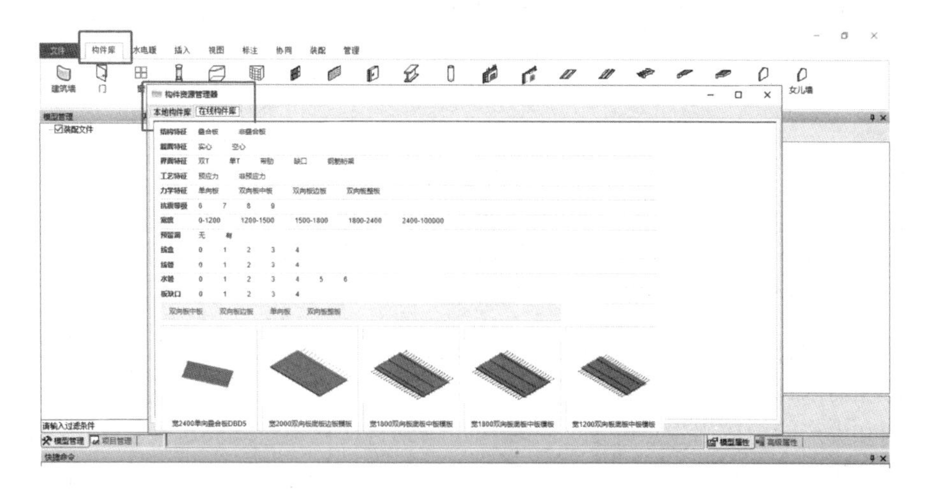

图 4-19　构件库选择所需构件

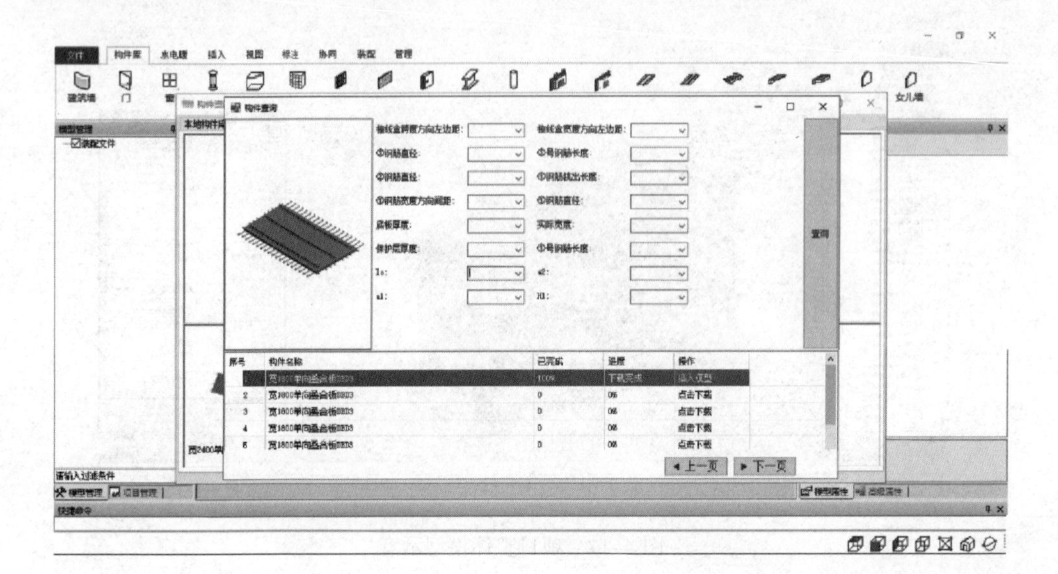

图4–20　根据构件参数选择下载构件插入模型

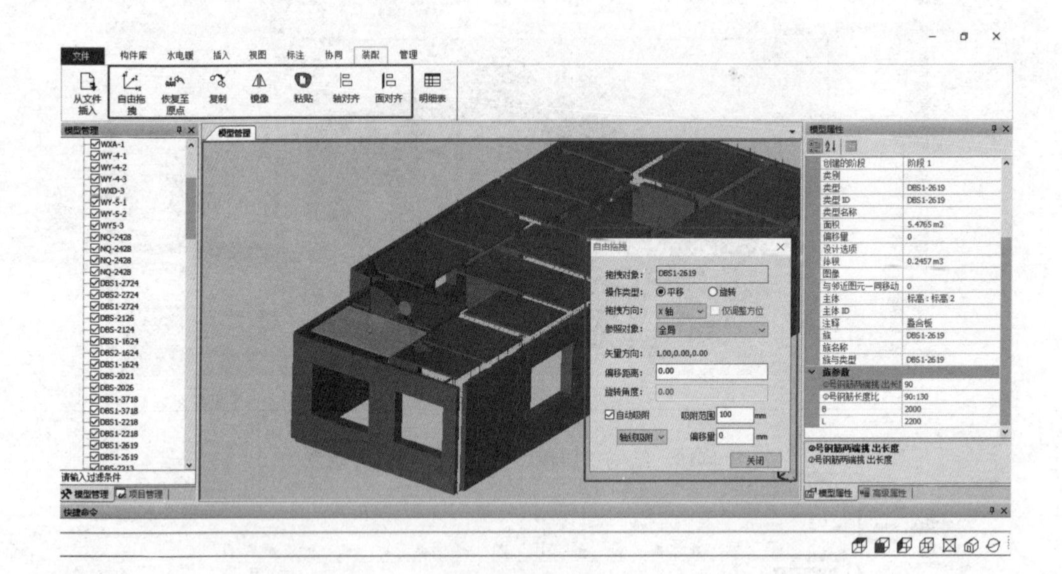

图4–21　模型调整工具示意

装配设计完成后，即应用自建的BIM部品部件族建立BIM模型，模型可自动生成项目的部品部件统计表，并将相关信息导入协同软件中。

2. 生产阶段

协同软件中已导入该项目的信息和所有部品部件类型及数量，施工单位可在协同软件中提交部品需求计划。生产单位登录协同软件后，软件自动将本项目的所有部品部件根据需求计划和生产能力排出生产计划，并输送指令到自动化生产线。自动化生产线根据收到的指令进行生产，并在完成的每一件部品上粘贴射频标签，作为该部品唯一的身份识别和信息记录（图4–22 ~图4–25）。

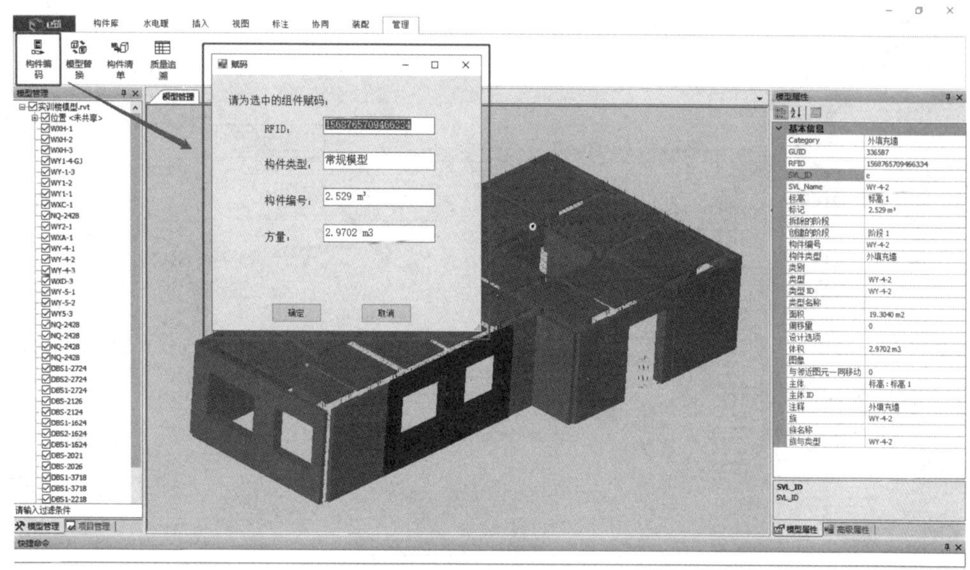

图 4–22 管理模块——构件编码功能

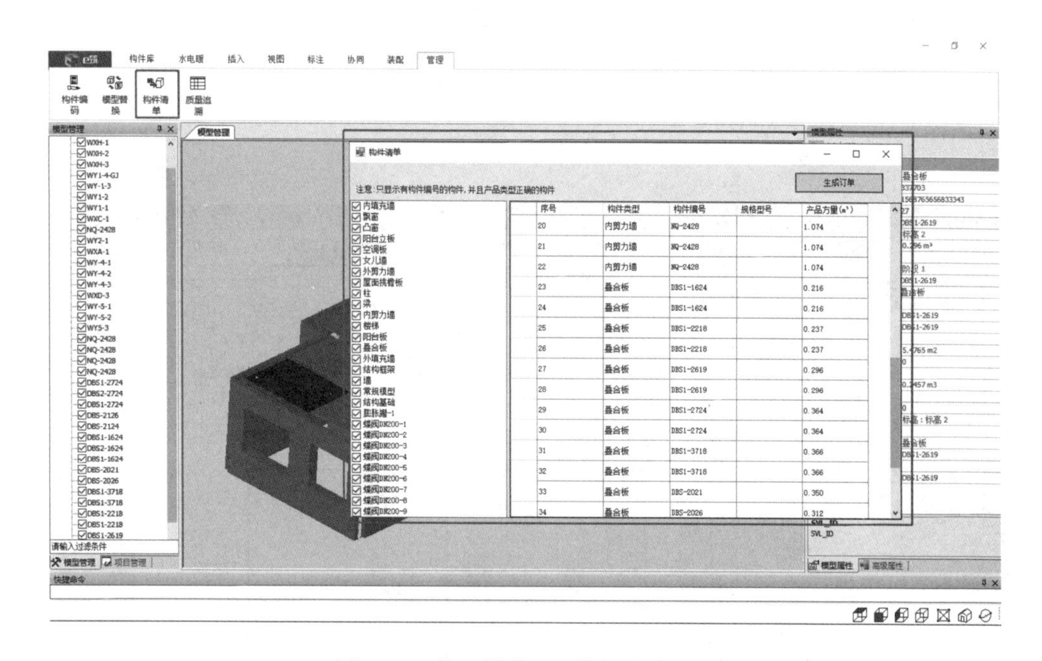

图 4–23 管理模块——构件清单功能

3．运输和安装阶段

部品部件安全运抵施工现场后，现场工程师利用射频读写器进行扫码收货，并上传信息。安装完成后，再次进行信息上传，至此，一个部品部件的流程全部结束。若在运输和吊装过程中某个部品出现损坏，工程师可以立即使用射频读写器将信息传送回生产厂家的主机，电脑自行调整生产计划优先生产，或者安排已有的同型号部品优先运输至施工现场（图4–26）。

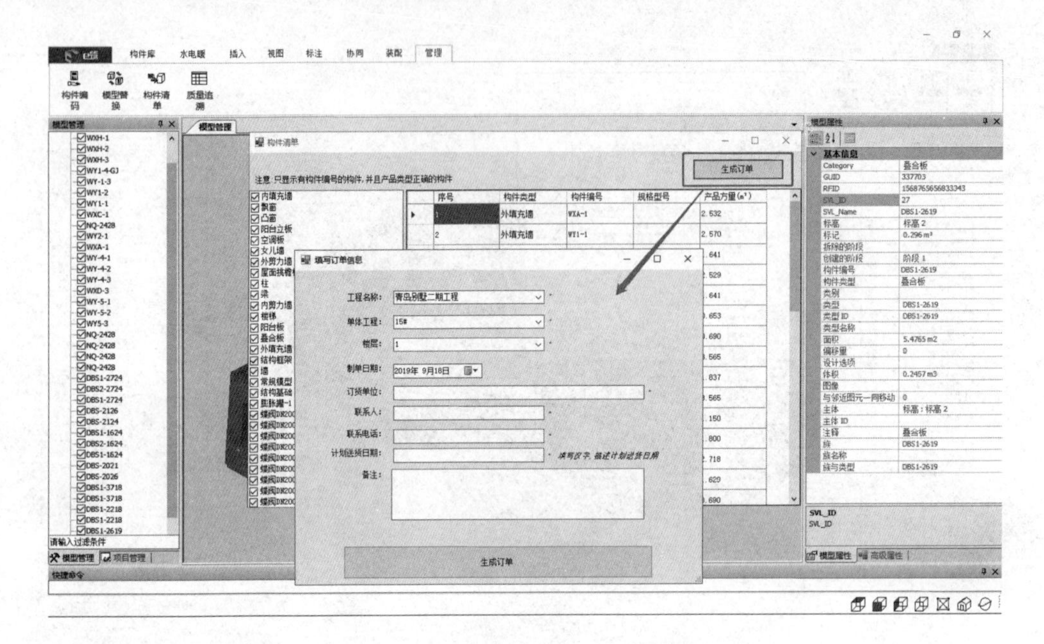

图 4–24　管理模块——生成订单功能

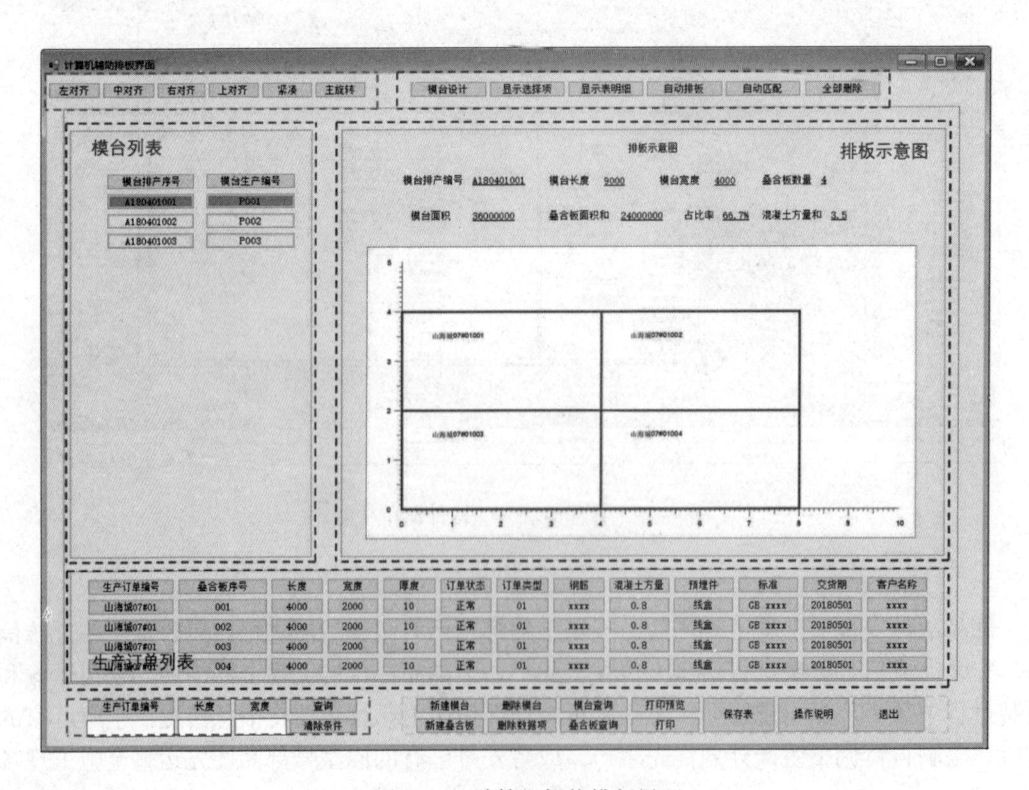

图 4–25　计算机智能排版界面

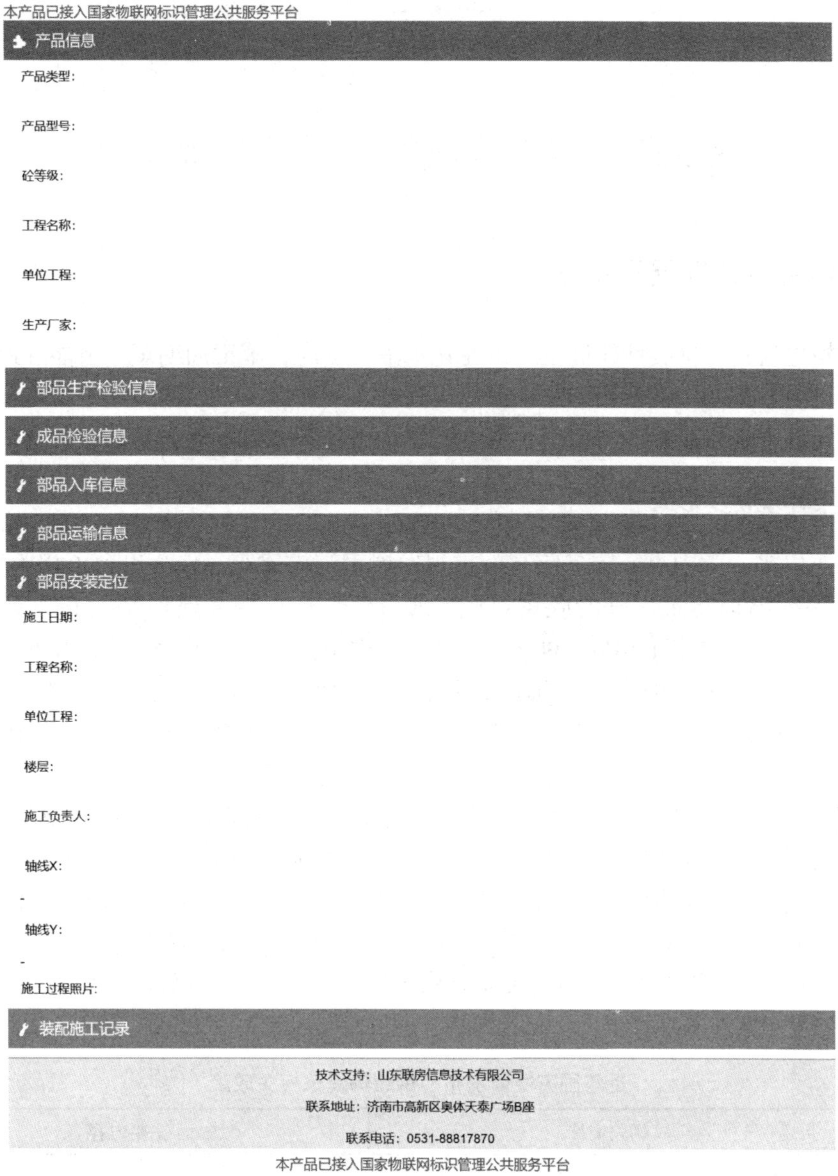

本产品已接入国家物联网标识管理公共服务平台

产品信息

产品类型：

产品型号：

砼等级：

工程名称：

单位工程：

生产厂家：

部品生产检验信息

成品检验信息

部品入库信息

部品运输信息

部品安装定位

施工日期：

工程名称：

单位工程：

楼层：

施工负责人：

轴线X：

-

轴线Y：

-

施工过程照片：

装配施工记录

技术支持：山东联房信息技术有限公司

联系地址：济南市高新区奥体天泰广场B座

联系电话：0531-88817870

本产品已接入国家物联网标识管理公共服务平台

图 4–26 管理模块——质量追溯功能

第5章　钢结构建筑部品部件库研究

5.1　钢结构建筑发展现状分析

钢结构建筑具有抗震性能优越、工业化水平程度高、施工周期短、节能环保、可循环利用等优点。近年来，随着我国钢铁工业逐渐进入成熟期，钢结构用钢量稳步增加，我国钢结构行业已进入高速发展的初期，钢结构建筑已具备大力发展的基础条件。

5.1.1　政策环境初步形成

2011年以来，党中央、国务院高度重视发展钢结构建筑，陆续出台了相关政策文件，营造了发展钢结构建筑良好的政策氛围。2011年，住房城乡建设部发布《建筑业发展“十二五”规划》（建市〔2011〕90号），提出“钢结构工程比例增加”；2016年，中共中央、国务院印发《关于进一步加强城市规划建设管理工作的若干意见》（中发〔2016〕6号），提出“积极稳妥推广钢结构建筑，大力发展钢结构和装配式建筑”；2016年，国务院办公厅印发《国务院办公厅关于大力发展装配式建筑的指导意见》（国办发〔2016〕71号），提出“力争用10年左右时间，使装配式建筑占新建建筑的比例达到30%”的发展目标，钢结构建筑作为装配式建筑的重要组成部分，发展前景广阔；2017年，住房城乡建设部发布的《建筑业发展“十三五”规划》（建市〔2017〕98号），提出“积极稳妥推广钢结构住宅”；2018年底，住房城乡建设部提出“2019年住房和城乡建设工作十项重点工作”，第八项重点工作提到“大力发展钢结构等装配式建筑”，表明了国家推广钢结构建筑的决心和力度（表5-1）。

近年国家层面发布的钢结构建筑相关政策　　表5-1

年份	相关文件	主要内容
2011	《建筑业发展“十二五”规划》（建市〔2011〕90号）	钢结构工程比例增加
2013	《国务院关于化解产能严重过剩矛盾的指导意见》（国发〔2013〕41号）	推广钢结构在建设领域的应用，提高公共建筑和政府投资建设领域钢结构使用比例
2015	《关于进一步加强城市规划建设管理工作的若干意见》	积极稳妥推广钢结构建筑，大力发展钢结构和装配式建筑
2016	《国务院办公厅关于促进建筑业持续健康发展的意见》（国办发〔2017〕19号）	大力发展钢结构建筑
2017	《建筑节能与绿色建筑发展“十三五”规划》（建科〔2017〕53号）	积极发展钢结构
2017	《建筑业发展“十三五”规划》（建市〔2017〕98号）	大力发展钢结构建筑，引导新建公共建筑优先采用钢结构，积极稳妥推广钢结构住宅

随着顶层制度框架逐步建立，各省、市、自治区响应国家政策，相继出台了装配式建筑指导意见和实施方案。部分省份，如北京、重庆、河北、吉林、浙江等就钢结构建筑的推广，提出了具体目标和保障措施（表5–2）。

部分省市推广钢结构建筑的目标一览表　表5-2

省、市	钢结构建筑发展主要目标
北京市	自2017年3月15日起，政府投资的单体地上建筑面积1万m^2（含）以上的新建公共建筑应采用钢结构建筑
重庆市	推动政府投资主导的公共或公益性建筑全面采用钢结构，社会投资的工业厂房和公共建筑优先采用钢结构
河北省	政府投资的公共建筑率先采用钢结构，社会投资的新建公共建筑应用钢结构比重达到15%以上
吉林省	在大型公共建筑和工业厂房建设中优先采用钢结构
浙江省	力争到2020年我省钢结构总产值达800亿元左右，占全国钢结构总差值达到15%以上；钢结构住宅力争到2020年占全省新建装配式住宅面积达到15%以上
海南省	在政府投资的公共建筑，以及单体建筑面积超过2万m^2的机场、车站、宾馆、饭店、商场、写字楼等大型公共建筑、大跨度工业厂房建造中优先采用装配式钢结构建筑
长春市	大力发展装配式混凝土结构、钢结构、木结构建筑以及各类装配式组合结构的建筑

5.1.2　技术体系逐步健全

钢结构建筑从功能上划分可分为钢结构住宅、公建、工业厂房等。其中钢结构民用建筑是钢结构建筑重要的应用领域之一，其技术体系包括结构体系和围护体系。经过钢结构科研院所、设计单位和施工企业多年来的持续研发和实践，初步形成了较为成熟且适合我国推广应用的钢结构建筑成套技术体系。

1．钢结构建筑结构体系

1）冷弯薄壁型钢轻型钢结构

冷弯薄壁型钢轻型钢结构也称轻钢龙骨结构体系，多适用于不大于3层、檐口高度不大于12m的多类民用建筑。具有结构形式简单、施工简捷、建筑用钢量低、组合形式灵活等特点，且技术体系较为成熟，已成为低层钢结构住宅或别墅的主要结构体系之一，目前已在欧、美、日等发达国家和地区广泛应用。由于冷弯薄壁型钢结构体系的优越性，在我国低层住宅领域，其正有逐渐取代传统的砖、木结构住宅，成为未来低层住宅发展方向的新趋势。

2）钢框架结构

钢框架体系适用于建筑高度30m以下的多类民用建筑，钢框架体系的受力特点与混凝土框架体系相同，竖向承载体系与水平承载体系均由钢构件组成，是一种典型的柔性结构体系，其抗侧移刚度仅由框架提供。该体系具有开间大的特点，充分满足建筑不同空间灵活布局的要求，且结构受力明确，建筑物抗震性能较好，框架杆件类型少，可以大量采用型材，制作安装简单，施工速度较快。钢结构框架体系适用性评价：该体系一般适用于6层以下的多层住宅，不适用于强震区的高层住宅；当用于高层住宅时经济性相对较差。

3）钢框架+支撑结构

根据钢框架构件形式的不同，又分为方钢管混凝土框架—H型钢梁—支撑结构、方钢管混凝土组合异形柱—H型钢梁框架—支撑结构。在钢框架体系中设置支撑构件以加强结构抗侧移的刚度，形成钢框架—支撑结构。与框架体系相比，框架—中心支撑体系在弹性变形阶段具有较大的刚度，增强建筑高度，抗震性好。该体系常用于100m、30层左右的高层民用建筑。

4）钢框架+延性墙板结构

延性墙板包括钢板剪力墙、钢板组合剪力墙、钢框架内填竖缝混凝土实体墙等。钢框架+延性墙板结构体系利用延性剪力墙板、钢板剪力墙等作为结构抗侧力构件，大大提高了结构的抗侧刚度，可减小钢柱的截面尺寸，降低了用钢量，解决了框架—支撑结构中支撑构件很难布置的问题，同时仍具有框架结构平面布置灵活的特点。该体系适合高层和超高层钢结构建筑。

5）核心筒+钢结构框架

核心筒+钢结构框架包括框筒、筒中筒、桁架筒、束筒等。该体系是由外侧钢框架和混凝土核心筒构成。钢框架与核心筒之间的跨度一般为8 ~ 12m，并采用两端铰接的钢梁，或一端与钢框架柱刚接相连，另一端与核心筒铰接相连钢梁。钢框架+核心筒体系的主要优点有：侧向刚度大于钢框架结构，结构造价介于钢结构和钢筋混凝土结构之间，施工速度比钢筋混凝土结构快，结构面积小于钢筋混凝土结构，高层和超高层钢结构建筑较多采用。

6）巨型结构

随着经济发展和科学进步，发展高层建筑和超高层建筑逐渐成为我国建筑发展新趋势。巨型结构作为超高层建筑的一种新型体系，是指采用巨型柱和巨型梁形成的大型框架结构，每根巨型柱或巨型梁是由几根普通柱或普通梁通过支撑连成一体。巨型结构由于主、次结构的共同作用而使得其具有更好的稳定性和更高的效能。通常主框架结构的尺寸要远远超过普通框架的梁柱尺寸，在钢结构中，巨型结构则表现为一个空间格构式桁架；在钢骨混凝土巨型结构中则表现为一个实腹钢骨混凝土柱。典型工程有上海环球金融中心、深圳亚洲大酒店、香港汇丰银行等（表5–3）。

钢结构体系适用的建筑高度一览表（单位：m） **表 5-3**

结构体系	6度（0.05g）	7度		8度		9度（0.40g）
		（0.1g）	（0.15g）	（0.20g）	（0.30g）	
钢框架结构	110	110	90	90	70	50
钢框架—中心支撑结构	220	220	200	180	150	120
钢框架—偏心支撑结构、钢结构—屈曲约束支撑结构、钢框架—延性墙板结构	240	240	220	200	180	160
筒体（框筒、筒中筒、桁架筒、束筒）结构、巨型结构	300	300	280	260	240	180
交错桁架结构	90	60	60	40	40	20

2. 钢结构建筑的外围护体系

钢结构建筑外围护系统，包括外墙系统和屋面系统。外墙系统宜采用轻质材料，并采用新型的钢结构连接工法、工艺。按照外墙系统与结构系统的连接形式，外墙可分为外挂式、内嵌式、嵌挂结合式。可选用的外墙系统有：

1）预制外墙

包括预制混凝土外墙挂板、复合夹心保温外墙板、蒸压加气混凝土外墙板等。钢结构建筑具有自重较轻、挠度变形较大、抗侧向能力较差的特点，需要楼板、屋盖系统能够较好地传递侧向力。因此，钢结构建筑常采用力学性能较好的轻质现浇、半现浇楼板、屋盖系统。目前，我国钢结构建筑的楼板基本采用各类压型钢板组合楼板、钢筋桁架楼承板、混凝土叠合楼板等。同时，也在开发新型全预制楼板、屋面板，以提高楼板、屋盖系统的受力、耐火性能及施工便捷性（图5-1）。

图 5-1 预制外墙案例

2）现场组装骨架外墙

包括金属骨架组合外墙、轻钢龙骨夹心板、木骨架组合外墙等，墙内填充岩棉保温隔热。与钢结构配套的内外墙体材料，应是具有质量轻、强度高、防火等级高、防潮隔声、保温隔热性能好的新型墙板体系，钢结构+新型复合墙材是建筑的最佳组合（图5-2）。

图 5-2 现场组装骨架外墙图

3）建筑幕墙

包括玻璃幕墙、金属与石材幕墙、人造板材幕墙等。为了减轻结构自重，充分发挥钢结构的优势，围护墙体宜采用轻质复合材料，如采用蒸压轻质加气混凝土板、预制钢筋混凝土墙板、钢丝网架聚苯夹心板、纤维水泥外墙挂板、聚氨酯复合外墙板、金属面压花复合板等（图5-3）。

图5-3　围护墙体案例

5.1.3　标准规范不断完善

为了配合钢结构建筑的发展，国家出台了一系列相关标准规范。据不完全统计，现有钢结构建筑标准与规范体系中，与钢结构设计、加工和安装有关的材料类规范16项，连接类规范8项，构件类规范31项，结构体系类规范21项，施工类规范63项，检验类规范33项，其他相关规范13项，基本满足各类钢结构建筑的推广与应用。目前，钢结构建筑设计、生产、施工和验收的技术标准和规范体系已经初步建立，为钢结构建筑的发展提供了坚实的技术保障。

1. 国家标准

《钢结构设计标准》GB 50017、《钢结构结构施工质量验收规范》GB 50205、《建筑结构荷载规范》GB 50009、《钢结构焊接规范》GB 50661、《钢结构防火涂料通用技术条件》GB 14907等。

2. 行业标准

《高层民用建筑钢结构技术规程》JGJ99、《钢结构高强度螺栓连接技术规程》JGJ82、《预应力筋用锚具、夹具和连接器应用技术规程》JGJ85、《压型金属板设计施工规程》YBJ216等。

5.2　钢结构建筑部品部件标准化定量规则

5.2.1　钢结构建筑部品部件模数化设计规则

1）钢结构构件具有天然的装配属性，对于钢结构建筑，优选国标型钢规格表中的型钢进行设计。梁、柱、墙、板等部件的截面尺寸可选模数采用竖向扩大模数数列nM。构造节点和部品部件的接口尺寸宜采用分模数数列nM/2、nM/5、nM/10。具体构件优选截面尺寸如下：

（1）梁构件

热轧H型钢截面尺寸。

长宽尺寸宜按照50mm增加，其翼缘的厚度和腹板的厚度选用1 ~ 2mm的模数；依据钢结构住宅类建筑特点优选梁构件截面，250mm × 150mm × 6mm × 9mm，350mm × 150mm × 7mm × 11mm，380mm × 150mm × 8mm × 13mm，400mm × 150mm × 8mm × 13mm，400mm × 200mm × 8mm × 13mm，450mm × 150mm × 8mm × 14mm，450mm × 200mm × 9mm × 14mm，500mm × 150mm × 10mm × 18mm，500mm × 200mm × 10mm × 16mm，550mm × 200mm × 10mm × 16mm，600mm × 200mm × 11mm × 17mm。

（2）柱构件

①热轧H型钢截面尺寸

长宽尺寸宜按照50mm增加，其翼缘的厚度和腹板的厚度选用1 ~ 2mm的模数；依据钢结构住宅类建筑特点优选柱截面，150mm × 150mm × 7mm × 10mm，200mm × 200mm × 8mm × 12mm，250mm × 250mm × 9mm × 14mm，300mm × 300mm × 10mm × 15mm，350mm × 350mm × 12mm × 19mm，400mm × 400mm × 13mm × 21mm，400mm × 400mm × 16mm × 25mm。

②热轧矩形钢管

长宽尺寸宜按照50mm增加，依据钢结构住宅类建筑特点优选柱构件截面，200mm × 200mm（壁厚6、8、10mm），250mm × 200mm（壁厚6、8、10、12mm），250mm × 250mm（壁厚6、8、10、12、14、16mm），300mm × 200mm（壁厚8、10、12、14、16mm），300mm × 250mm（壁厚8、10、12、14、16mm），300mm × 300mm（壁厚10、12、14、16mm），350mm × 200mm（壁厚10、12、14、16mm），350mm × 300mm（壁厚10、12、14、16mm），350mm × 350mm（壁厚10、12、14、16mm），400mm × 200mm（壁厚10、12、14、16mm），400mm × 250mm（壁厚12、14、16、18、20mm），400mm × 300mm（壁厚12、14、16、18、20mm），400mm × 400mm（壁厚12、14、16、18、20mm），500mm × 300mm（壁厚12、14、16mm），500mm × 350mm（壁厚12、14、16、18、20mm），500mm × 400mm（壁厚12、14、16、18、20mm），500mm × 500mm（壁厚12、14、16、18、20mm）。

（3）支撑构件

①热轧H型钢截面尺寸

长宽尺寸宜按照50mm增加，其翼缘的厚度和腹板的厚度选用1 ~ 2mm的模数；依据钢结构住宅类建筑特点优选支撑截面，150mm × 150mm × 7mm × 10mm，200mm × 200mm × 8mm × 12mm，200mm × 150mm × 6mm × 9mm，300mm × 200mm × 8mm × 12mm，350mm × 250mm × 9mm × 14mm，400mm × 300mm × 10mm × 16mm。

②热轧矩形钢管

长宽尺寸宜按照50mm增加，依据钢结构住宅类建筑特点优选支撑构件截面，150mm × 150mm（壁厚6、8、10mm），200mm × 150mm（壁厚6、8、10、12mm），200mm × 200mm（壁厚6、8、10、12mm），300mm × 200mm（壁厚6、8、10、12、14、16mm），350mm × 200mm（壁厚8、10、12、14、16mm），400mm × 200mm（壁厚8、10、12、14、16mm）。

（4）冷弯C型钢

依据钢结构住宅类建筑特点优选冷弯C型钢构件截面，100mm × 40mm × 2.5mm，

100mm × 40mm × 3mm，120mm × 40mm × 2.5mm，100mm × 40mm × 3mm，140mm × 50mm × 3mm，140mm × 50mm × 3.5mm，160mm × 60mm × 3mm，160mm × 60mm × 3.5mm。

2）钢结构建筑的开间与柱距、进深与跨度、门窗洞口宽度等宜采用水平扩大模数数列2nM、3nM（n为自然数）。钢结构建筑的层高和门窗洞口高度等宜采用竖向扩大模数数列nM。

3）钢结构建筑的开间、进深、层高、洞口等的优先尺寸应根据建筑类型、使用功能、部品部件生产与装配要求等确定。

5.2.2　钢构件标准化生产要点

1）钢构件深化设计图应根据设计图和其他有关技术文件进行编制，其内容包括设计说明、构件清单、布置图、加工详图、安装节点详图等。

2）钢构件宜采用自动化生产线进行加工制作，减少手工作业。

3）钢构件焊接宜采用自动焊接或半自动焊接，并应按评定合格的工艺进行焊接。焊缝质量应符合现行国家标准《钢结构工程施工质量验收规范》GB 50205和《钢结构焊接规范》GB 50661的规定。

4）高强度螺栓孔宜采用数控钻床制孔和套模制孔，制孔质量应符合现行国家标准《钢结构工程施工质量验收规范》GB 50205的规定。

5）钢构件除锈宜在室内进行，除锈方法及等级应符合设计要求，当设计无要求时，宜选用喷砂或抛丸除锈方法，除锈等级应不低于Sa2.5级。

6）钢构件防腐涂装应符合下列规定：宜在室内进行防腐涂装；防腐涂装应按设计文件的规定执行，当设计文件未规定时，应依据建筑不同部位对应环境要求进行防腐涂装系统设计；涂装作业应按现行国家标准《钢结构工程施工规范》GB 50755的规定执行。

7）钢构件宜在出厂前进行预拼装，构件预拼装可采用实体预拼装或数字模拟预拼装。

5.2.3　钢结构建筑标准化外围护部品生产要点

1）外围护部品应采用节能环保的材料，材料应符合现行国家标准《民用建筑工程室内环境污染控制规范》GB 50325和《建筑材料放射性核素限量》GB 6566的规定，外围护部品室内侧材料尚应满足室内建筑装饰材料有害物质限量的要求。

2）外围护部品生产，应对尺寸偏差和外观质量进行控制。

3）预制外墙部品生产时，应符合下列规定：外门窗的预埋件设置应在工厂完成。不同金属的接触面应避免电化学腐蚀。蒸压加气混凝土板的生产应符合现行行业标准《蒸压加气混凝土建筑应用技术规程》JGJ/T 17的规定。

4）现场组装骨架外墙的骨架、基层墙板、填充材料应在工厂完成生产。

5.3　钢结构建筑部品部件分类与编码

5.3.1　钢结构建筑部品部件分类

根据对钢结构部品部件的归纳总结以及典型工程的调研分析，钢结构标准化部品部件库应涵盖钢结构支撑体系、围护体系以及连接体系的标准化部品部件，即可满足大部分工程的需要。

钢结构支撑体系主要包括钢柱、钢梁、钢支撑、钢楼板、钢支撑等结构受力构件，截面形式主要有热轧圆钢、热轧方钢、热轧钢管、热轧H型钢、冷弯C型钢、冷弯卷边槽钢、焊接钢管、焊接箱型、焊接H型钢等；

钢结构围护体系主要包括屋面板、墙面板等，如轻钢龙骨隔墙、岩棉金属面夹芯板、压型钢板、钢丝网水泥板等；

钢结构连接体系主要有两种，焊缝连接和紧固件（螺栓、锚栓、铆钉）连接，连接位置有柱连接、梁连接、柱梁连接等。

5.3.2 钢结构建筑部品部件编码

钢结构构件的标准编码包括分类、形状、钢材牌号三个类目。分类以结构构件进行区分，包括钢柱、钢梁、钢楼板、钢楼梯、钢支撑等三级类目，每个三级类目下包含若干具体的四级类目；形状包括型材、膜材、板材等二级类目，并逐级细分；钢材牌号包含Q235、Q345等标准牌号。钢结构支撑体系、围护体系、连接技术标准化部品库的详细分类已写入《装配式建筑部品部件分类和编码标准》中。钢结构建筑部品部件标准码及其类目名称表见表5-4 ~表5-6（《装配式建筑部品部件分类和编码标准 附录A.02》）

A.02 钢结构建筑部品部件标准码及其类目名称表

A.02.01 分类表 **表5-4**

类目编码	一级类目	二级类目	三级类目	四级类目	备注
30-03.00.00	金属				
30-03.81.00		钢结构制品及构件			新增类目
30-03.81.01			钢柱		新增类目
30-03.81.01.05				实腹式钢柱	
30.03.81.01.10				格构式钢柱	
30.03.81.01.15				标准型钢柱	
30.03.81.01.20				非标准型钢柱	
30-03.81.02			钢梁		新增类目
30-03.81.02.05				钢框架梁	
30-03.81.02.10				钢悬挑梁	
30-03.81.02.15				钢梯梁	
30-03.81.02.20				钢吊车梁	
30-03.81.02.25				钢桁架梁	
30-03.81.02.30				标准型钢梁	
30-03.81.02.35				非标准型钢梁	

续表

类目编码	一级类目	二级类目	三级类目	四级类目	备注
30-03.81.03			钢楼板		
30-03.81.03.05				钢筋桁架楼板	
30-03.81.03.10				闭口板压型钢板楼板	新增类目
30-03.81.03.15				开口板压型钢板楼板	
30-03.81.04			钢楼梯		
30-03.81.04.05				直行单跑钢梯	
30-03.81.04.10				直行双跑钢梯	
30-03.81.04.15				平行双跑钢梯	
30-03.81.04.20				折行双跑钢梯	新增类目
30-03.81.04.25				折行多跑钢梯	
30-03.81.04.30				螺旋钢楼梯	
30-03.81.04.35				弧形楼梯	
30-03.81.04.08				爬梯	
30-03.81.05			钢阳台		
30-03.81.05.05				悬挑式钢阳台	新增类目
30-03.81.05.10				嵌入式钢阳台	
30-03.81.05.15				转角式钢阳台	
30-03.81.06			钢屋面		
30-03.81.06.05				钢结构平屋面	新增类目
30-03.81.06.10				钢结构坡屋面	
30-03.81.07			钢雨棚		
30-03.81.07.05				板式钢雨棚	
30-03.81.07.10				无立柱梁板式钢雨棚	新增类目
30-03.81.07.15				有立柱梁板式钢雨棚	
30-03.81.08			网架网壳		
30-03.81.08.05				四角锥网架	
30-03.81.08.10				三角锥网架	
30-03.81.08.15				平行弦网架	新增类目
30-03.81.08.20				单层球面网壳	
30-03.81.08.25				双层球面网壳	
30-03.81.08.30				单层柱面网壳	

续表

类目编码	一级类目	二级类目	三级类目	四级类目	备注
30–03.81.08.35				双层柱面网壳	新增类目
30–03.81.08.40				单层双曲抛物面网壳	
30–03.81.08.45				单层椭圆抛物面网壳	
30–03.81.09			钢支撑		新增类目
30–03.81.09.05				十字交叉斜杆	
30–03.81.09.10				单斜杆	
30–03.81.09.15				人字形斜杆	
30–03.81.09.20				V形斜杆	
30–03.81.10			索结构		新增类目
30–03.81.10.05				悬索结构	
30–03.81.10.10				斜拉结构	
30–03.81.10.15				张弦结构	
30–03.81.10.20				索穹顶	

A.02.02 形状表 **表 5-5**

类目编码	一级类目	二级类目	三级类目	四级类目	备注
30–03.00.00	金属				
30–03.30.00		型材			
30–03.30.10			热轧型材		
30–03.30.10.05				圆钢	
30–03.30.10.10				方钢	
30–03.30.10.15				矩形钢管	新增目录
30–03.30.10.20				圆形钢管	
30–03.30.10.25				扁钢	
30–03.30.10.30				工字钢	
30–03.30.10.35				槽钢	
30–03.30.10.40				角钢	
30–03.30.10.45				T型钢	
30–03.30.10.50				H型钢	
30–03.30.20			冷弯型材		
30–03.30.20.10				冷弯C型钢	新增类目
30–03.30.20.15				冷弯卷边槽钢	
30–03.30.20.20				冷弯卷边Z型钢	

续表

类目编码	一级类目	二级类目	三级类目	四级类目	备注
30–03.30.20.25				冷弯角型钢	新增类目
30–03.30.20.30				帽型截面钢	
30–03.30.40			焊接型材		新增类目
30–03.30.40.10				焊接圆钢管	
30–03.30.40.15				焊接箱型	
30–03.30.40.20				焊接H型钢	
30–03.30.40.25				焊接槽钢	
30–03.30.40.30				焊接T型钢	
30–03.30.40.35				焊接十字型钢	
30–03.30.40.40				焊接异形截面	
30–03.30.41			膜结构		
30–03.30.41.10				PTFE膜材	
30–03.30.41.15				玻纤PVC膜材	
30–03.30.41.20		膜材		玻纤有机硅树脂膜材	
30–03.30.41.25				玻纤合成橡胶膜材	
30–03.30.41.30				ETFE膜材	
30–03.40.00		板材			
30–03.40.10			屋面板		
30–03.40.10.10				岩棉金属面夹芯板	
30–03.40.10.15				玻璃丝棉金属面夹芯板	
30–03.40.10.20				聚氨酯金属面夹芯板	
30–03.40.10.25				聚苯乙烯金属面夹芯板	
30–03.40.10.30				钢材零配件	
30–03.40.10.35				铝合金材料零配件	
30–03.40.10.40				不锈钢材料零配件	
30–03.40.20			墙面板		
30–03.40.20.10				岩棉金属面夹芯板	

续表

类目编码	一级类目	二级类目	三级类目	四级类目	备注
30-03.40.20.15				玻璃丝棉金属面夹芯板	
30-03.40.20.20				聚氨酯金属面夹芯板	
30-03.40.20.25				聚苯乙烯金属面夹芯板	
30-03.40.20.30				钢材零配件	
30-03.40.20.35				铝合金材料零配件	
30-03.40.20.40				不锈钢材料零配件	
30-03.40.20.45				蒸压轻质加气混凝土板墙体	
30-03.40.20.50				轻钢龙骨复合墙体	
30-03.40.20.55				钢丝网混凝土预制夹芯板	
30-03.40.30			楼面板		
30-03.40.30.10				压型钢板组合楼板	
30-03.40.30.15				钢筋桁架组合楼板	
30-03.40.30.20				轻骨料混凝土装配式整体楼板	
30-03.40.30.25				轻骨料混凝土圆孔板	
30-03.40.30.30				钢丝网水泥板	
30-03.40.30.35				定向刨花板	
30-03.50.00		线材			
30-03.50.10			刚性构件钢材		
30-03.50.20			索材		
30-03.50.20.10				钢丝绳索体	
30-03.50.20.20				钢丝束体	
30-03.50.20.30				钢拉杆索体	
30-03.50.20.40				钢绞线索体	

A.02.03 钢材牌号 表5-6

类目编码	一级类目	二级类目	三级类目	四级类目	备注
40-11.00.00	金属合金				
40-11.10.00		铁合金			
40-11.10.10			碳素钢		
40-11.10.10.01				Q235-A.F	新增类目
40-11.10.10.02				Q235-A	
40-11.10.10.03				Q235-B.F	
40-11.10.10.04				Q235-B	
40-11.10.10.05				Q235-C	
40-11.10.10.06				Q235-D	
40-11.10.11			低合金高强度钢		
40-11.10.11.01				Q345-A	新增类目
40-11.10.11.02				Q345-B	
40-11.10.11.03				Q345-C	
40-11.10.11.04				Q345-D	
40-11.10.11.05				Q345-E	
40-11.10.11.06				Q390-A	
40-11.10.11.07				Q390-B	
40-11.10.11.08				Q390-C	
40-11.10.11.09				Q390-D	
40-11.10.11.10				Q390-E	
40-11.10.11.11				Q420-A	
40-11.10.11.12				Q420-B	
40-11.10.11.13				Q420-C	
40-11.10.11.14				Q420-D	
40-11.10.11.15				Q420-E	
40-11.10.11.16				Q460-C	
40-11.10.11.17				Q460-D	
40-11.10.11.18				Q460-E	

5.4 钢结构建筑部品部件库研发应用

5.4.1 钢结构建筑部品部件库概况

钢结构建筑部品部件库涵盖结构构件、围护构件、连接技术的标准化部品部件。其中结构体系主要包括钢柱、钢梁、钢支撑、钢楼板、钢支撑等；围护体系主要为屋面板、墙面板等。

钢结构部品部件库采用参数化结合标准化的原则进行搭建，模型标准化程度高，并且利用Revit软件建模，将型钢刚度、构件尺寸、截面形状等主要因素进行参数化，一个基本模型可以按照模数规则进行扩展，便于设计选用。一个基本模型就能够涵盖此类模型，能够满足钢结构建筑在标准化设计基础上的多样化需求，有利于提升当前钢结构建筑工程项目的设计效率和设计水平。

部品部件库中钢结构部品部件涵盖了常用的钢柱、钢梁等BIM模型，轻量化后BIM模型信息化程度高，汇集了设计、生产、施工、运维等全过程数据，多维展示了部品部件的尺寸、样式、属性等信息，便于钢结构部品部件的信息检索、参数化扩展，能够满足钢结构建筑项目的全寿命周期信息化管理的要求（图5-4）。

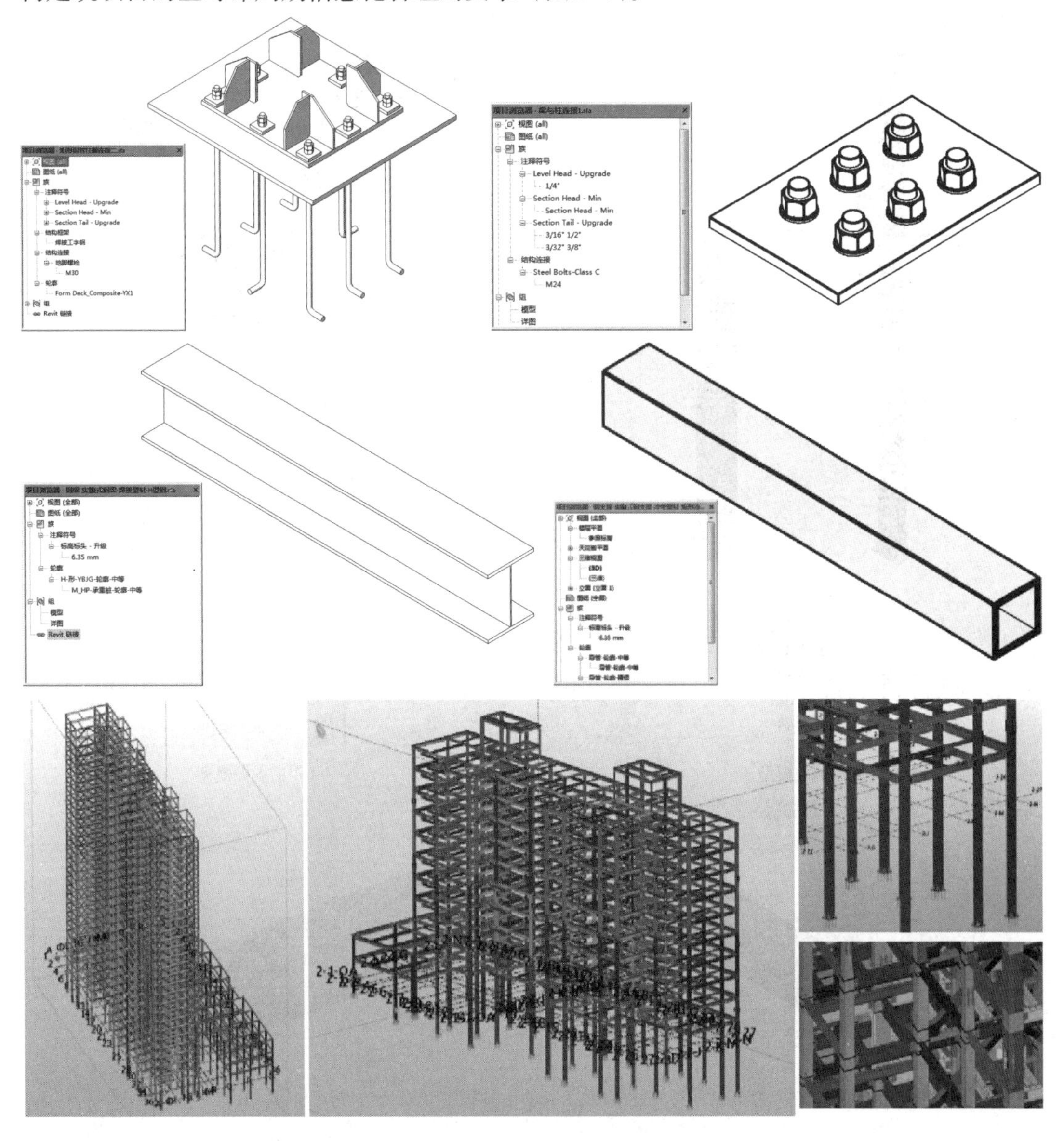

图5-4 部分钢结构部品部件与整体模型

钢结构部品部件库目前已完成了支撑体系、围护体系、连接技术的分类工作，建立了15个Revit族模型文件，实例化了1200多个不同规格型号的部品部件模型，并使其具有参数化特征，具备较强的可扩展性。模型涵盖了高层钢结构住宅的大部分常用的标准化部品部件。

目前已建模完成的钢结构建筑部品部件的族文件包括：

1）支撑体系：钢柱、钢梁、钢支撑、钢楼板、钢支撑等结构受力构件，截面形式主要有热轧圆钢、热轧方钢、热轧钢管、热轧H型钢、冷弯C型钢、冷弯卷边槽钢、焊接钢管、焊接箱型、焊接H型钢等；

2）围护体系：屋面板、墙面板等，如轻钢龙骨隔墙、岩棉金属面夹芯板、压型钢板、钢丝网水泥板等（图5-5）。

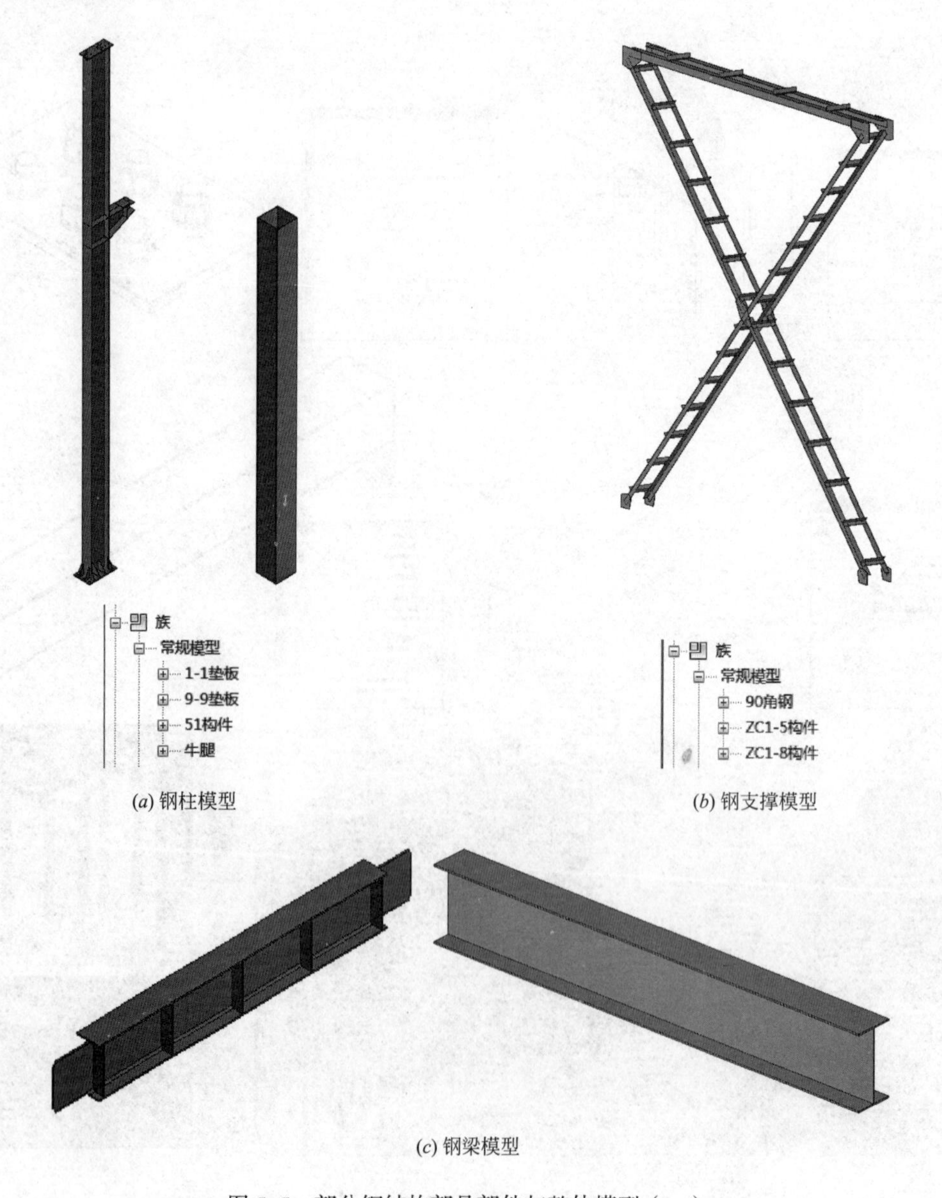

(a) 钢柱模型　(b) 钢支撑模型

(c) 钢梁模型

图5-5　部分钢结构部品部件与整体模型（一）

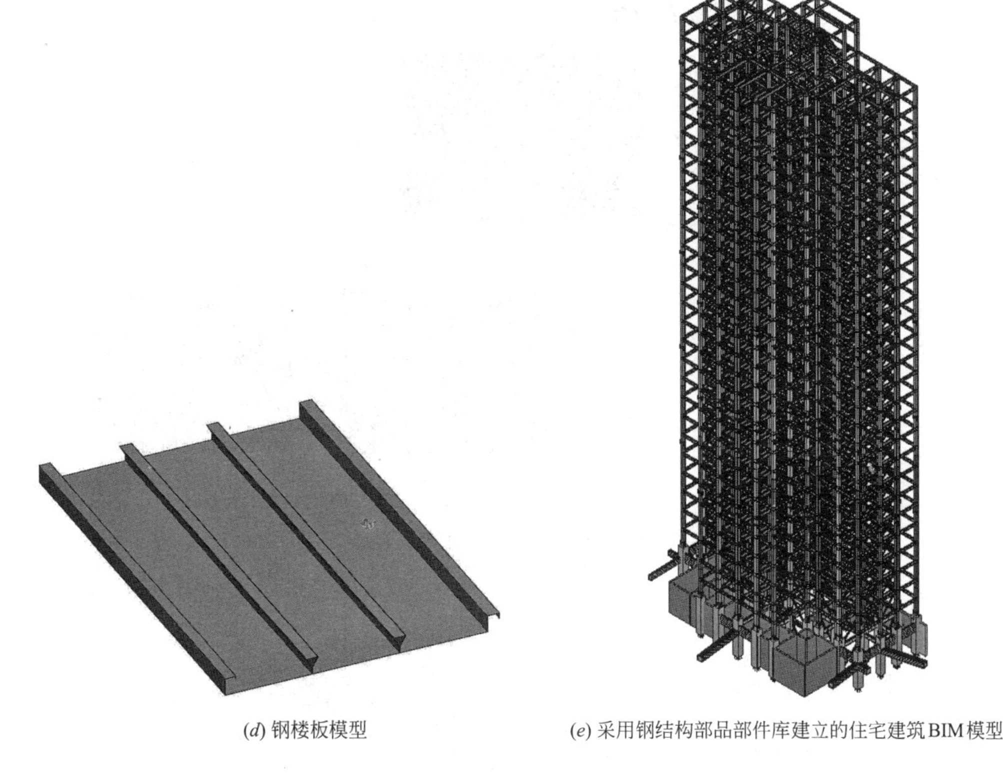

(d) 钢楼板模型　　(e) 采用钢结构部品部件库建立的住宅建筑BIM模型

图 5-5　部分钢结构部品部件与整体模型（二）

5.4.2 钢结构建筑部品部件库应用

1. 设计阶段

建筑设计师在进行建筑方案设计时，应按照装配式建筑相关标准规范，在充分考虑钢结构建筑平面布置、柱网排布、层高尺寸具体要求的情况下开展设计工作。以平面设计为例，应遵循模数协调原则，优化功能空间模块的尺寸和种类。通过建筑模数的控制，可以实现建筑、构件、部品之间的统一。

建筑设计师、结构工程师、设备工程师在进行扩初设计时，在钢结构部品部件库中选择符合设计要求的部品部件，利用信息化手段搭建BIM模型。构件库分为本地构件库和在线构件库。本地部品库是设计师搭建并存储的常用构件；在线构件库连接工业化建筑标准化部品库网站，可根据构件参数在线选择下载构件。

各专业提交模型并整合后，修改并审核整体模型，通过碰撞检查系统运行操作并自动查找出模型中的碰撞点，目前Navisworks、Revit、Fuzor、橄榄山插件等具备碰撞检查功能，可获得需要的碰撞检查的报告。各专业人员根据碰撞检查报告复查并修改相关子模型（图5-6 ~ 图5-7）。设计完成后，BIM模型可自动生成项目的部品部件统计表，并将相关信息导入协同软件中。

2. 生产阶段

将具体项目的信息和所有部品部件类型及数量导入协同软件后，施工单位可在协同软

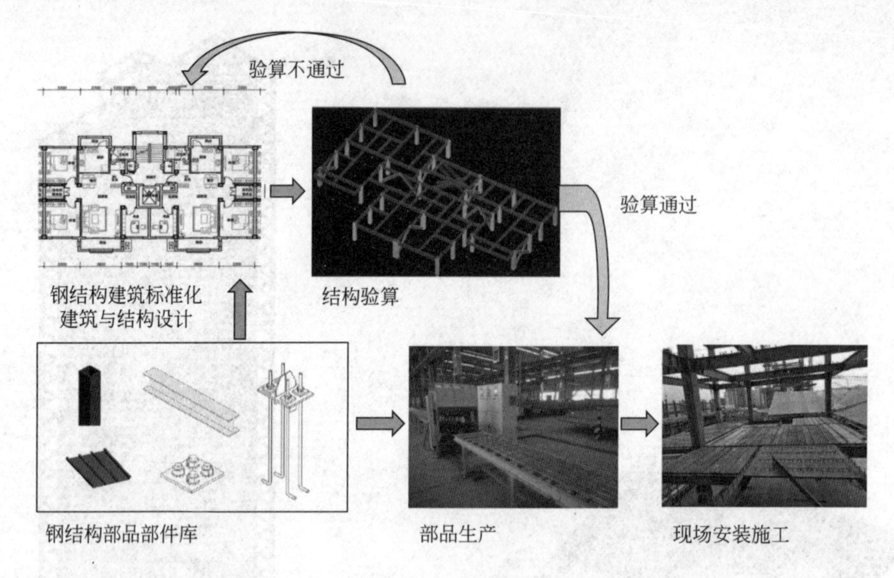

图 5-6　钢结构项目设计—生产—施工流程

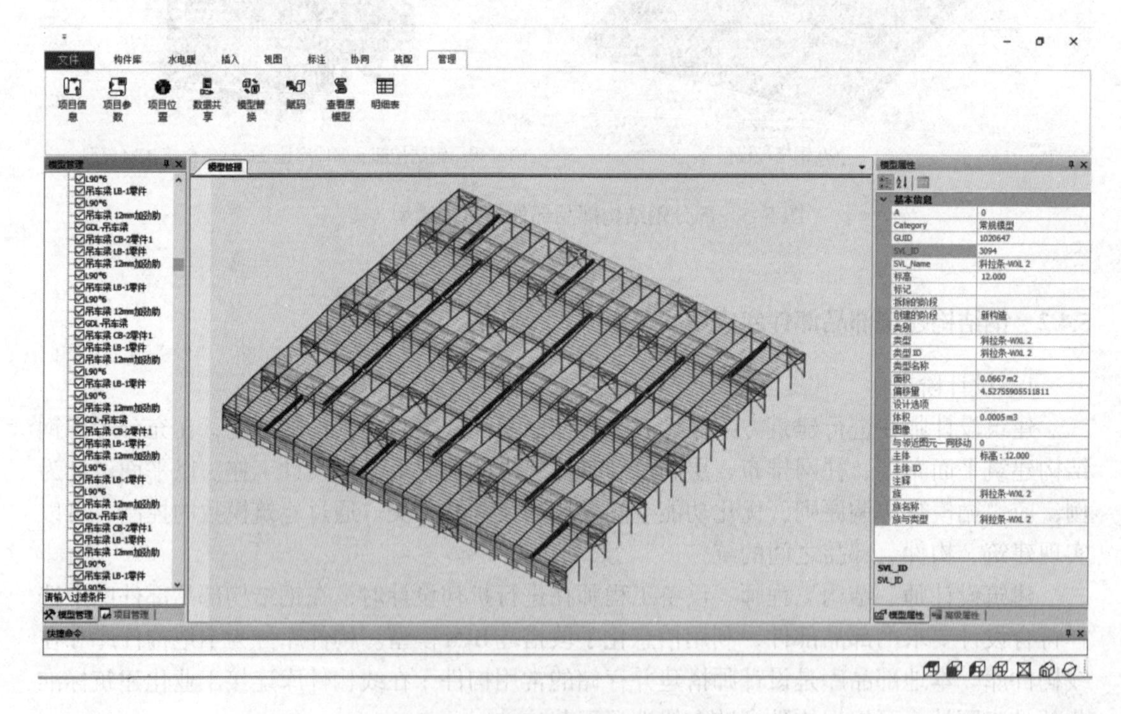

图 5-7　某钢结构项目结构模型

件中提交部品需求计划。生产单位登录协同软件后，软件自动将本项目所需的部品部件根据需求计划和生产能力排出生产计划，并输送指令到自动化生产线。自动化生产线根据收到的指令进行生产，并在完成的每一件部品上粘贴射频标签，作为该部品唯一的身份识别和信息记录（图5–8、图5–9）。

3．运输和安装阶段

钢结构部品部件安全运抵施工现场后，施工现场技术人员利用射频读写器进行扫码收

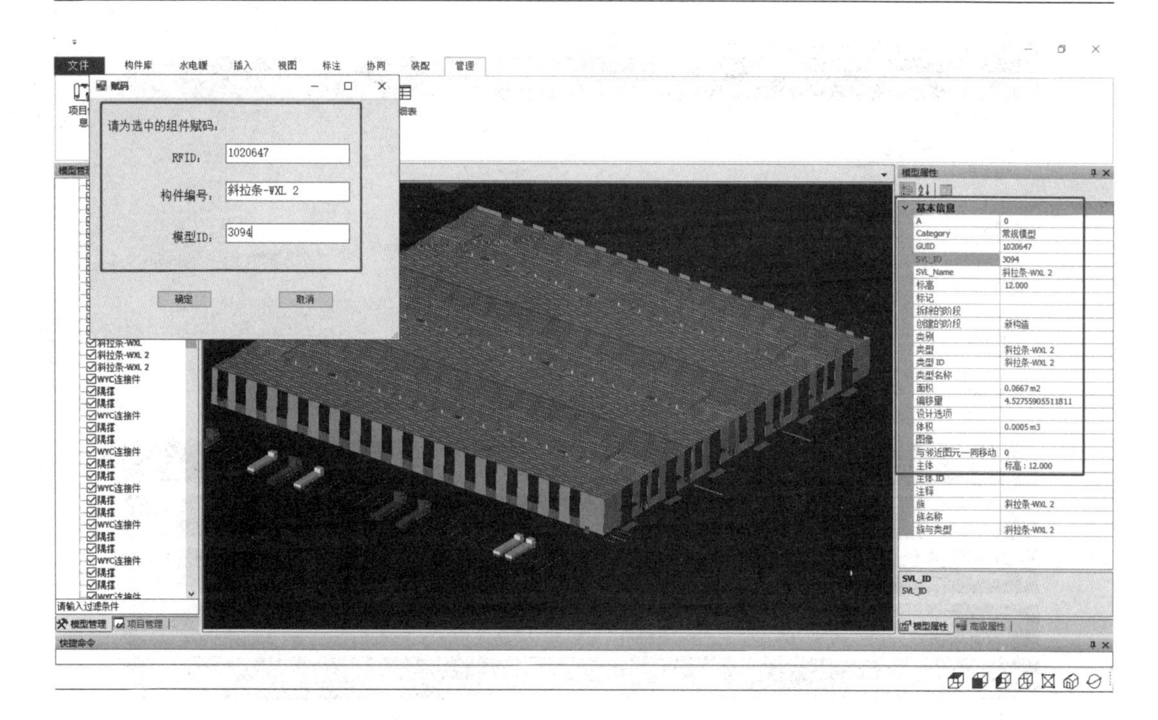

图 5-8 构件模型赋码并生成订单

图 5-9 构件模型赋码信息录入及成品构件粘贴二维码标签

货，并上传信息。安装完成后，再次进行信息上传，至此，一个部品部件的设计、生产、施工流程全部结束。若在运输和吊装过程中某个部品出现损坏的情况，技术人员可以立即使用射频读写器将信息传送回生产厂家的主机，电脑自行调整生产计划优先生产，或者安排已有的同型号部品优先运输至施工现场（图 5-10）。

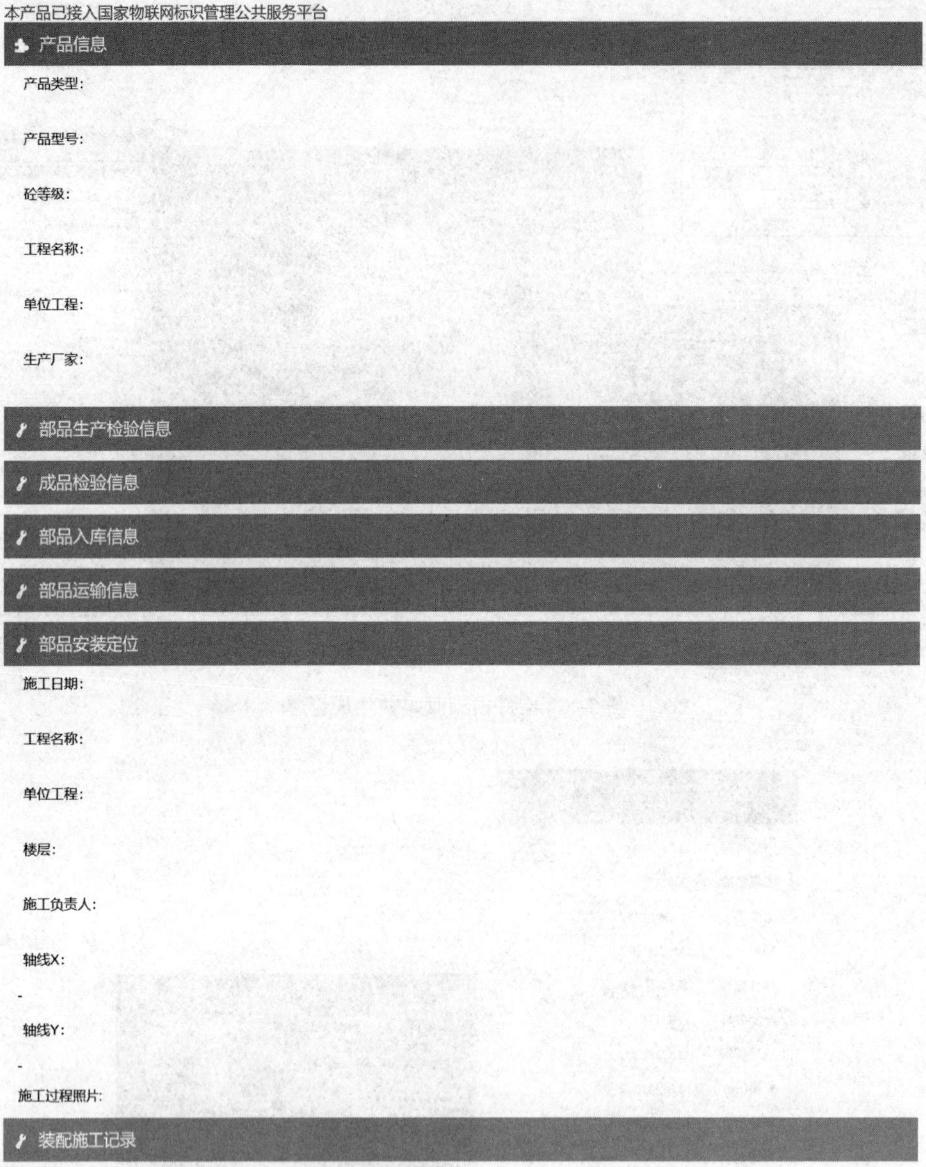

本产品已接入国家物联网标识管理公共服务平台

产品信息

产品类型：

产品型号：

砼等级：

工程名称：

单位工程：

生产厂家：

部品生产检验信息

成品检验信息

部品入库信息

部品运输信息

部品安装定位

施工日期：

工程名称：

单位工程：

楼层：

施工负责人：

轴线X：

-

轴线Y：

-

施工过程照片：

装配施工记录

图 5-10 钢构件质量追溯

第6章　木结构建筑部品部件库研究

6.1　木结构建筑发展现状分析

木结构建筑是指结构承重构件主要使用木材的一种建筑形式。结构材料主要包括原木、锯材、层板胶合木集成材、木基结构板材和结构复合材等工程木质材料。装配式木结构建筑是指建筑的结构系统由木结构承重构件组成的装配式建筑。随着木结构建筑发展政策环境的不断优化，我国在中国特色现代木结构建筑技术体系及中高层木结构建筑研究方面取得了一定成效，现代木结构建筑市场发展整体呈上升态势。

6.1.1　良好政策环境基本形成

2016年，《国务院办公厅关于大力发展装配式建筑的指导意见》（国办发〔2016〕71号）文件发布，提出因地制宜发展现代木结构建筑，在具备条件的地区倡导发展现代木结构建筑。表6-1为近年来国家层面出台的木结构建筑相关政策列表。

近年来国家层面发布的木结构建筑相关政策　　表 6-1

发布机构	文件名称	相关内容
国务院办公厅	《国务院办公厅关于大力发展装配式建筑的指导意见》（国办发〔2016〕71号）	在具备条件的地方倡导发展现代木结构建筑
工业和信息化部、住房城乡建设部	《工业和信息化部 住房城乡建设部关于印发〈促进绿色建材生产和应用行动方案〉的通知》（工信部联原〔2015〕309号）	发展木结构建筑。促进城镇木结构建筑应用，推动木结构建筑在政府投资的学校、幼托、敬老院、园林景观等低层新建公共建筑，以及城镇平改坡中使用。推进多层木—钢、木—混凝土混合结构建筑，在以木结构建筑为特色的地区、旅游度假区重点推广木结构建筑。在经济发达地区的农村自建住宅、新农村居民点建设中重点推进木结构农房建设
国家发展改革委、住房城乡建设部	《国家发展改革委 住房城乡建设部关于印发城市适应气候变化行动方案的通知》（发改气候〔2016〕245号）	政府投资的学校、幼托、敬老院、园林景观等新建低层公共建筑采用木结构
住房城乡建设部	《住房城乡建设部关于印发建筑节能与绿色建筑发展“十三五”规划的通知》（建科〔2017〕53号）	积极发展现代木结构建筑结构体系
住房城乡建设部	《住房城乡建设部关于印发〈“十三五”装配式建筑行动方案〉〈装配式建筑示范城市管理办法〉〈装配式建筑产业基地管理办法〉的通知》（建科〔2017〕77号）	制定全国木结构建筑发展规划，明确发展目标和任务，确定重点发展地区，开展试点示范。具备木结构建筑发展条件的地区可编制专项规划
住房城乡建设部	《住房城乡建设部关于印发建筑业发展“十三五”规划的通知》（建市〔2017〕98号）	在具备条件的地方，倡导发展现代木结构，鼓励景区、农村建筑推广采用现代木结构

6.1.2　技术体系加速发展

木结构建筑可以分为轻型木结构和重型木结构两大类。此两种类型的木结构建筑有较大区别，一般根据建筑物的层数、规模大小和用途进行选择。木结构最常见的应用是在房屋建造中，包括独户木屋和3 ~ 5层的木结构房屋等（可作住宅、商业设施、工业设施使用）。木结构建筑类型与木结构建筑技术体系的关系如表6-2所示。通过不断开展木结构建筑关键技术研究，探索多高层多高层木结构建筑适用技术，我国形成了《多高层木结构建筑技术标准》GB/T 51226，其中适用结构类型、总层数和总高度如表6-3所示。

木结构建筑技术体系　**表 6-2**

建筑类型	技术体系
低层建筑	井干式木结构、轻型木结构、梁柱—支撑结构
多层建筑	轻型木结构、梁柱—支撑、梁柱—剪力墙、CLT剪力墙
高层建筑	梁柱—支撑、梁柱—剪力墙、CLT剪力墙、核心筒-木结构
大跨建筑	网壳结构、张弦结构、拱结构及桁架结构等

多高层木结构建筑适用结构类型、总层数和总高度　**表 6-3**

<table>
<tr><th rowspan="4" colspan="2">结构体系</th><th rowspan="4">木结构类型</th><th colspan="10">抗震设防烈度</th></tr>
<tr><th colspan="2" rowspan="2">6度</th><th colspan="2" rowspan="2">7度</th><th colspan="4">8度</th><th colspan="2" rowspan="2">9度</th></tr>
<tr><th colspan="2">0.20g</th><th colspan="2">0.30g</th></tr>
<tr><th>高度（m）</th><th>层数</th><th>高度（m）</th><th>层数</th><th>高度（m）</th><th>层数</th><th>高度（m）</th><th>层数</th><th>高度（m）</th><th>层数</th></tr>
<tr><td rowspan="4" colspan="2">纯木结构</td><td>轻型木结构</td><td>20</td><td>6</td><td>20</td><td>6</td><td>17</td><td>5</td><td>17</td><td>5</td><td>13</td><td>4</td></tr>
<tr><td>木框架支撑结构</td><td>20</td><td>6</td><td>17</td><td>5</td><td>15</td><td>5</td><td>13</td><td>4</td><td>10</td><td>3</td></tr>
<tr><td>木框架剪力墙结构</td><td>32</td><td>10</td><td>28</td><td>8</td><td>25</td><td>7</td><td>20</td><td>6</td><td>20</td><td>6</td></tr>
<tr><td>正交胶合木剪力墙结构</td><td>40</td><td>12</td><td>32</td><td>10</td><td>30</td><td>9</td><td>28</td><td>8</td><td>28</td><td>8</td></tr>
<tr><td rowspan="7">木混合结构</td><td rowspan="4">上下混合木结构</td><td>上部轻型木结构</td><td>23</td><td>7</td><td>23</td><td>7</td><td>20</td><td>6</td><td>20</td><td>6</td><td>16</td><td>5</td></tr>
<tr><td>上部木框架支撑结构</td><td>23</td><td>7</td><td>20</td><td>6</td><td>18</td><td>6</td><td>17</td><td>5</td><td>13</td><td>4</td></tr>
<tr><td>上部木框架剪力墙结构</td><td>35</td><td>11</td><td>31</td><td>9</td><td>28</td><td>8</td><td>23</td><td>7</td><td>23</td><td>7</td></tr>
<tr><td>上部正交胶合木剪力墙结构</td><td>43</td><td>13</td><td>35</td><td>11</td><td>33</td><td>10</td><td>31</td><td>9</td><td>31</td><td>9</td></tr>
<tr><td rowspan="3">混凝土核心筒木结构</td><td>纯框架结构</td><td rowspan="3">56</td><td rowspan="3">18</td><td rowspan="3">50</td><td rowspan="3">16</td><td rowspan="3">48</td><td rowspan="3">15</td><td rowspan="3">46</td><td rowspan="3">14</td><td rowspan="3">40</td><td rowspan="3">12</td></tr>
<tr><td>木框架支撑结构</td></tr>
<tr><td>正交胶合木剪力墙结构</td></tr>
</table>

注：摘自《多高层木结构建筑技术标准》GB/T 51226。

1．井干式木结构体系

井干式木结构体系（木刻楞）采用原木、方木或胶合原木等实体木料，逐层累叠、纵横叠垛而构成。该技术体系的特点包括连接部位采用榫卯切口相互咬合、木材加工量大、木材利用率不高等。该体系在国内外均有应用，一般在森林资源比较丰富的国家或地区比较常见，如我国东北地区就大量采用该结构形式。

2．轻型木结构体系

轻型木结构体系是用规格材、木基结构板材及石膏板等制作的木构架墙体、楼板和屋盖系统构成的单层或多层建筑结构。该技术体系具有安全可靠、保温节能、设计灵活、建造快速、建造成本低等特点。该体系一般用于低层和多层住宅建筑和小型办公建筑等。

3．梁柱—剪力墙木结构体系

梁柱—剪力墙木结构体系是在胶合木框架中内嵌木剪力墙的一种技术体系，既改善了胶合木框架结构的抗侧力性能，又比剪力墙结构有更高的性价比和灵活性。该体系可用于低层和多高层木结构。

4．梁柱—支撑木结构体系

梁柱—支撑木结构体系在胶合木梁柱框架中设置（耗能）支撑的技术体系，其体系简洁、传力明确、用料经济、性价比较高。该体系可用于多、高层木结构建筑。

5．CLT剪力墙木结构体系

CLT剪力墙木结构体系是以正交胶合木作为剪力墙的技术体系，以CLT木质墙体为主承受竖向和水平荷载作用，保温节能、隔声及防火性能好，结构刚度较大，但用料不经济。该体系可用于多、高层木结构建筑。

6．框架—核心筒木结构体系

框架—核心筒木结构体系是以钢筋混凝土或CLT核心筒为主要抗侧力构件，加外围梁柱框架的结构形式。该技术体系特点为以核心筒为主要抗侧力构件、木梁柱为主要竖向受力构件；结构体系分工明确，但需注意两种结构之间的协调性。主要用于多、高层木结构建筑。

7．其他结构

现代大跨木结构建筑结构体系还包括网架木结构、张弦结构、拱结构和桁架结构体系等（表6-4）。

大跨木结构建筑结构体系和一般设计 **表 6-4**

结构体系	主要应用领域	一般设计跨度
网壳木结构	大跨木结构公共建筑	50 ~ 150m
张弦结构	大跨木结构建筑和桥梁	30 ~ 60m
拱结构	大跨木结构建筑和桥梁	20 ~ 100m
桁架结构	大跨木结构建筑和桥梁	20 ~ 60m

8．现代木结构的连接类型

现代木结构连接主要有以下几种类型：钉连接、螺钉连接、螺栓连接、销连接、裂环与剪板连接、齿板连接和植筋连接等。其中前四类可统称为销轴类连接，也是现代木结构中最常见的连接形式。

6.1.3 标准规范体系相对完善

随着我国木结构的产业化进程加快，我国现已制订和完善了一系列木结构建筑和木材产品相关的标准规范，逐渐形成较完整的技术标准体系，涉及木结构设计相关标准、木结构用材料的产品标准与测试方法标准等内容。特别是2017年颁布了两部重要标准，一是国家标准《装配式木结构建筑技术标准》GB/T 51233，适用于抗震设防烈度为6～9度的装配式木结构建筑的设计、制作、施工、验收、使用和维护；二是《多高层木结构建筑技术标准》GB/T 51226，适用于多层木结构民用建筑和高层木结构住宅建筑和办公建筑的设计、制作、安装与维护。此外，《木结构设计标准》GB 50005、《木结构工程施工质量验收规范》GB 50206、《木结构工程施工规范》GB/T 50772、《胶合木结构技术规范》GB/T 50708等木结构标准规范在现代木结构领域发挥了重要作用。

此外，还有100余项木材产品标准。这些标准对木材产品的加工制造和质量验收提出明确要求，主要木材产品标准有《单板层积材》GB/T 20241、《结构用集成材》GB/T 26899、《轻型木结构 结构用指接规格材》LY/T 2228、《防腐木结构用金属连接件》JG/T 489等。

6.2 木结构建筑部品部件标准化定量规则

目前，我国木结构建筑缺乏模数协调和模块化设计，标准化程度较国外差距明显。工厂加工木结构部品部件的标准化要以模数化、模块化为基础，使不同材料、不同形式和不同制造方法的建筑构配件、组合件具有一定的通用性和互换性。

木结构建筑在设计时应采用系统集成的方法，统筹设计、制作运输、施工安装和使用维护，实现全过程的协同。木结构建筑中的主要功能空间，所采用的关键部品和构配件应优先采用模数协调尺寸，使得部品和构配件规格少、重复使用率高。我国低层木结构住宅建筑常采用轻型木结构体系，主要承重结构部品有墙体、楼屋盖。轻型木结构的墙板、楼屋面板主要构件由规格材和覆面板组成。以楼盖部品为例，通过将楼面板长度尺寸定为基准，选取最优化的楼面板长度，反推出住宅的建筑宽度，以此确定住宅尺寸、桁架尺寸以及所需OSB板的张数。

6.2.1 规格材定量规则

轻木结构中墙体骨柱、楼屋盖格栅等结构件由规格材建造而成。规格材长度优选100mm模数，截面宽度、截面高度优选10mm模数，可选5mm模数。规格材截面宽度一般为40mm、65mm、90mm，截面高度为40～285mm，长度通常以600mm为进级尺寸。规格材优选尺寸如表6-5所示。

表中截面尺寸均为含水率不大于19%，由工厂加工的干燥木材尺寸。当进口规格材截面尺寸与表中尺寸相差不超过2mm时，应与其相应规格材等同使用，但在计算时，应按进口规格材实际截面进行计算。规格材的材质等级应符合《木结构设计标准》GB 50005的相关要求。

规格材优选尺寸 **表 6-5**

项目	优选模数	可选模数	优先尺寸（mm）
截面宽度和高度	M/10	M/20	40×40、40×65、40×90、40×115、40×140、40×185、40×235、40×285
			65×65、65×90、65×115、65×140、65×185、40×235、40×285
			90×90、90×115、90×140、90×185、90×235、90×285

6.2.2 墙体标准化定量规则

轻型木结构的墙板、楼屋面板一般由规格材和覆面板组成。墙骨柱的截面宽度和高度模数优选10mm，可选5mm。墙骨柱的间距模数优选10mm，可选5mm。承重墙的墙骨柱截面尺寸应由计算确定，墙骨柱在层高内应连续，可采用指形连接，不宜使用连接板连接。开孔宽度大于墙骨柱间距的墙体，开孔两侧的墙骨柱应采用双柱，开孔宽度小于等于墙骨柱间净距并位于墙骨柱之间的墙体，开孔两侧可用单根墙骨柱。轻型木结构墙骨柱的最小截面尺寸和最大间距应符合表6-6的规定。

墙骨柱的最小截面尺寸和最大间距（mm） **表 6-6**

墙的类型	承受荷载情况	优选模数、可选模数	最小截面尺寸（宽度×高度）	优选模数、可选模数	最大间距	优选模数	最大层高
内墙	不承受荷载	M/10、M/20	40×40	M/10、M/20	410	M	2400
			90×40		410		3600
	屋盖		40×65		410		2400
			40×90		610		3600
	屋盖加一层楼		40×90		410		3600
	屋盖加二层楼		40×140		410		4200
	屋盖加三层楼		40×90		310		3600
			40×140		310		4200
外墙	屋盖		40×65		410		2400
			40×90		610		3000
	屋盖加一层楼		40×90		410		3000
			40×140		610		3000
	屋盖加二层楼		40×90		310		3000
			65×90		410		3000
	屋盖加三层楼		40×140		410		3600
			40×140		310		1800

轻木结构中墙骨柱覆面板的尺寸不应小于1200mm×2400mm。当墙骨柱中心间距为

610mm和405mm时，覆面板的宽度宜取1220mm；当墙骨柱中心间距为450mm时，覆面板的宽度宜取900mm。覆面板的长度和宽度模数优选10mm。常用覆面板有定向刨花板和胶合板，板面尺寸为1220mm×2440mm。常用板厚有7.5mm、9.5mm、11mm、12.5mm、15.5mm、19mm、22mm、25mm和28.5mm。用作墙面板的木基结构板以及板与墙骨柱等的连接应符合国家现行标准《木结构覆面板用胶合板》GB/T 22349、《定向刨花板》LY/T 1580、《木骨架组合墙体技术标准》GB/T 50361和《木结构设计标准》GB 50005的相关要求。

6.2.3 楼盖标准化定量规则

轻型木结构楼盖，搁栅的间距不大于610 mm，可取610 mm和410mm。楼面板的尺寸不应小于1200mm×2400mm。楼面覆面板可采用木基结构板，板的长度和宽度模数优选10mm。楼面板的厚度根据搁栅间距和楼面活荷载的标准值确定，见表6-7所示。

楼面板厚度及允许楼面活荷载标准值 **表6-7**

最大搁栅间距（mm）	木基结构板的最小厚度（mm）	
	$Q_k \leqslant 2.5kN/m^2$	$2.5kN/m^2 < Q_k < 5.50kN/m^2$
410	15	15
500	15	18
610	18	22

以木基结构板做为楼面覆面板为例，楼盖搁栅间距可取610mm，楼盖的长度与宽度尺寸均可取610mm的整数倍。模块化楼盖部品尺寸宜为1220mm×2440mm、1220mm×1220mm、1220mm×610 mm、与610mm×610mm。

6.3 木结构建筑部品部件分类与编码

6.3.1 木结构建筑部品部件分类

木结构建筑部品部件库主要由以下部品构成：

1）木梁：原木梁、胶合木梁；

2）木柱：方木柱、原木柱、glulam柱、LVL柱；

3）木墙体：防水抗渗外墙体、内墙体；

4）木桁架：三角形木桁架、平行弦木桁架、弧形木桁架、多边形木桁架、梯形木桁架；

5）木支撑：上弦横向支撑、垂直支撑、斜撑、下弦横向支撑；

6）木楼面：锯材楼面、木基结构板楼面、正交胶合木板楼面；

7）木楼梯：直跑楼梯、双跑楼梯、三跑楼梯、剪刀楼梯、旋转楼梯、圆形楼梯、半圆形楼梯、弧形楼梯。

6.3.2 木结构建筑部品部件编码

在国家标准《建筑信息模型分类和编码标准》GB/T 51269中，对建筑工程中所涉及的大量信息进行了分类和编码。木结构建筑标准化部品部件库的编码标准应当在国家标准的基础上进行完善和细化。木结构建筑部品部件分类和编码、结构建筑木材树种、木结构建筑连接方式、木结构建筑部品部件形式及形状以及方木、原木、胶合原木和胶合木强度等级分别如表6-8-表6-12所示。

木结构建筑部品部件分类和编码表 **表6-8**

类目编码	一级类目	二级类目	三级类目	四级类目	备注
30-04.00.00	木结构				
30-04.40.00		木结构制品及构件			新增类目
30-04.40.10			木柱		
30-04.40.10.01				层板胶合木柱	
30-04.40.10.02				平行木片胶合木柱	
30-04.40.10.03				旋切板胶合木柱	
30-04.40.10.04				层叠木片胶合木柱	新增类目
30-04.40.10.40				檐柱	
30-04.40.10.41				老檐柱	
30-04.40.10.42				金柱	
30-04.40.10.43				童柱	
30-04.40.10.44				脊瓜柱	
30-04.40.10.45				中柱	
30-04.40.10.46				山柱	
30-04.40.10.47				瓜柱	
30-04.40.10.48				角柱	
30-04.40.10.49				廊柱	
30-04.40.10.50				雷公柱	
30-04.40.15			木梁		新增类目
30-04.40.15.01				层板胶合木梁	
30-04.40.15.02				平行木片胶合木梁	
30-04.40.15.03				旋切板胶合木梁	
30-04.40.15.04				层叠木片胶合木梁	
30-04.40.15.20				三架梁	
30-04.40.15.21				五架梁	
30-04.40.15.22				七架梁	
30-04.40.15.23				单步梁	
30-04.40.15.24				双步梁	
30-04.40.15.25				挑尖梁	

续表

类目编码	一级类目	二级类目	三级类目	四级类目	备注
30-04.40.15.26				挑尖随梁	
30-04.40.15.27				四架梁	
30-04.40.15.28				六架梁	
30-04.40.15.29				角梁	
30-04.40.15.30				抱头梁	
30-04.40.15.50				大额枋	
30-04.40.15.51				小额枋	新增类目
30-04.40.15.52				平板枋	
30-04.40.15.53				上檐额枋	
30-04.40.15.54				博脊枋	
30-04.40.15.55				随梁枋	
30-04.40.15.56				脊枋	
30-04.40.15.57				金枋	
30-04.40.20			木墙体		
30-04.40.20.10				方木、原木墙体	
30-04.40.20.20				胶合原木墙体	新增类目
30-04.40.20.30				轻木墙体	
30-04.40.20.40				正交胶合木墙体	
30-04.40.25			木楼盖		
30-04.40.25.10				轻木楼盖	新增类目
30-04.40.25.20				正交胶合木楼盖	
30-04.40.30			木屋盖		
30-04.40.30.10				椽条式屋盖	
30-04.40.30.20				斜撑梁式屋盖	新增类目
30-04.40.30.30				桁架式屋盖	
30-04.40.30.40				正交胶合木屋盖	
30-04.40.35			木桁架		
30-04.40.35.10				三角形木桁架	
30-04.40.35.20				平行弦木桁架	
30-04.40.35.30				弧形木桁架	新增类目
30-04.40.35.40				多边形木桁架	
30-04.40.40			木支撑		
30-04.40.40.10				横向支撑	

续表

类目编码	一级类目	二级类目	三级类目	四级类目	备注
30-04.40.40.20				垂直支撑	新增类目
30-04.40.40.30				斜撑	
30-04.40.45			木楼梯		新增类目
30-04.40.45.10				单跑木楼梯	
30-04.40.45.20				双跑木楼梯	
30-04.40.45.30				三跑木楼梯	
30-04.40.45.40				剪刀木楼梯	
30-04.40.45.50				螺旋木楼梯	
30-04.40.50			木阳台		新增类目
30-04.40.50.10				悬挑式木阳台	
30-04.40.50.20				嵌入式木阳台	
30-04.40.55			斗栱		新增类目
30-04.40.55.01				溜金斗栱	
30-04.40.55.02				柱头斗栱	
30-04.40.55.03				柱间斗栱	
30-04.40.55.04				转角斗栱	
30-04.40.55.05				平座斗栱	
30-04.40.55.06				品字科斗栱	
30-04.40.55.07				隔架斗栱	

木结构建筑木材树种表 **表 6-9**

类目编码	一级类目	二级类目	三级类目	四级类目	备注
40-12.00.00	有机化合物				
40-12.10.00		植物材料			
40-12.10.30			木材		
40-12.10.31			针叶材		新增类目
40-12.10.31.01				柏木	
40-12.10.31.02				长叶松	
40-12.10.31.03				湿地松	
40-12.10.31.04				粗皮落叶松	
40-12.10.31.05				东北落叶松	
40-12.10.31.06				欧洲赤松	
40-12.10.31.07				欧洲落叶松	

续表

类目编码	一级类目	二级类目	三级类目	四级类目	备注
40-12.10.31.08				铁杉	新增类目
40-12.10.31.09				油杉	
40-12.10.31.10				太平洋海岸黄柏	
40-12.10.31.11				花旗松—落叶松	
40-12.10.31.12				西部铁杉	
40-12.10.31.13				南方松	
40-12.10.31.14				鱼鳞云杉	
40-12.10.31.15				西南云杉	
40-12.10.31.16				南亚松	
40-12.10.31.17				油松	
40-12.10.31.18				新疆落叶松	
40-12.10.31.19				云南松	
40-12.10.31.20				马尾松	
40-12.10.31.21				扭叶松	
40-12.10.31.22				北美落叶松	
40-12.10.31.23				海岸松	
40-12.10.31.24				红皮云杉	
40-12.10.31.25				丽江云杉	
40-12.10.31.26				樟子松	
40-12.10.31.27				红松	
40-12.10.31.28				西加云杉	
40-12.10.31.29				俄罗斯红松	
40-12.10.31.30				欧洲云杉	
40-12.10.31.31				北美山地云杉	
40-12.10.31.32				北美短叶松	
40-12.10.31.33				西北云杉	
40-12.10.31.34				西伯利亚云杉（新疆云杉）	
40-12.10.31.35				北美黄松	
40-12.10.31.36				云杉—松—冷杉	
40-12.10.31.37				铁—冷杉	
40-12.10.31.38				东部铁杉	
40-12.10.31.39				杉木	

续表

类目编码	一级类目	二级类目	三级类目	四级类目	备注
40–12.10.31.40				冷杉	
40–12.10.31.41				速生杉木	
40–12.10.31.42				速生马尾松	
40–12.10.31.43				新西兰辐射松	
40–12.10.32			阔叶材		
40–12.10.32.01				青冈	
40–12.10.32.02				椆木	
40–12.10.32.03				门格里斯木	
40–12.10.32.04				卡普木	
40–12.10.32.05				沉水稍	
40–12.10.32.06				绿心木	
40–12.10.32.07				紫心木	
40–12.10.32.08				孪叶豆	
40–12.10.32.09				塔特布木	
40–12.10.32.10				栎木	
40–12.10.32.11				达荷玛木	新增类目
40–12.10.32.12				萨佩莱木	
40–12.10.32.13				苦油树	
40–12.10.32.14				毛罗藤黄	
40–12.10.32.15				锥栗（栲木）	
40–12.10.32.16				桦木	
40–12.10.32.17				黄梅兰蒂	
40–12.10.32.18				梅萨瓦木	
40–12.10.32.19				水曲柳	
40–12.10.32.20				红劳罗木	
40–12.10.32.21				深红梅兰蒂	
40–12.10.32.22				浅红梅兰蒂	
40–12.10.32.23				白梅兰蒂	
40–12.10.32.24				巴西红厚壳木	
40–12.10.32.25				小叶椴	
40–12.10.32.26				大叶椴	

木结构建筑连接方式 表 6-10

类目编码	一级类目	二级类目	三级类目	四级类目	备注
41–04.00.00	来源特征				
41–04.50.00		安装			
41–04.50.25			紧固方法		
41–04.50.25.10				榫卯连接	新增类目
41–04.50.25.20				胶连接	
41–04.50.25.25				齿连接	
41–04.50.25.30				剪板连接	
41–04.50.25.35				螺钉连接	
41–04.50.25.45				螺栓连接	
41–04.50.25.50				钢填板	
41–04.50.25.55				钢夹板	
41–04.50.25.60				钢销连接	
41–04.50.25.70				钉连接	新增类目
41–04.50.25.80				齿板连接	
41–04.50.25.85				植筋连接	

木结构建筑部品部件形式及形状 表 6-11

类目编码	一级类目	二级类目	三级类目	四级类目	备注
41–05.00.00	物理特征				
41–05.13.00		形状属性			
41–05.13.10			形式		
41–05.13.10.01				实心	新增类目
41–05.13.10.02				空心	
41–05.13.10.03				防腐	新增类目
41–05.13.10.04				非防腐	
41–05.13.13			形状		
41–05.13.13.01				矩形	新增类目
41–05.13.13.02				工字型	
41–05.13.13.03				圆形	
41–05.13.13.04				弧形	

方木、原木、胶合原木和胶合木强度等级 **表 6-12**

类目编码	一级类目	二级类目	三级类目	四级类目	备注
41-06.00.00	性能特征				
41-06.25.00		强度属性			
41-06.26.00		强度等级			
41-06.26.10			方木、原木和胶合原木		
41-06.26.10.01				TC17-A	
41-06.26.10.02				TC17-B	
41-06.26.10.03				TC15-A	新增类目
41-06.26.10.04				TC15-B	
41-06.26.10.05				TC13-A	
41-06.26.10.06				TC13-B	
41-06.26.10.07				TC11-A	
41-06.26.10.08				TC11-B	
41-06.26.10.09				TB20	
41-06.26.10.10				TB17	
41-06.26.10.11				TB15	
41-06.26.10.12				TB13	
41-06.26.10.13				TB11	
41-06.26.20			胶合木		新增类目
41-06.26.20.01				TCT40	
41-06.26.20.02				TCT36	
41-06.26.20.03				TCT32	
41-06.26.20.04				TCT28	
41-06.26.20.05				TCT24	
41-06.26.20.06				TCYD40	
41-06.26.20.07				TCYD36	
41-06.26.20.08				TCYD32	
41-06.26.20.09				TCYD28	
41-06.26.20.10				TCYD24	
41-06.26.20.11				TCYF38	
41-06.26.20.12				TCYF34	
41-06.26.20.13				TCYF31	
41-06.26.20.14				TCYF27	
41-06.26.20.15				TCYF23	

6.4 木结构建筑部品部件库研发应用

6.4.1 木结构建筑部品部件库概况

木结构建筑适用范围较广，从独栋住宅和集合式住宅到公共建筑，包括学校、商店、办公、旅馆、度假村、敬老院、社区服务中心以及景观建筑等。一些公共建筑需要特殊造型，因此一些特色木结构建筑中还会包含弧形、V形等异形木构件，给木结构部品部件库的构建带来了不小的挑战。目前，木结构建筑部品部件库已有210个标准化REVIT模型。

建筑设计时，建筑师从木结构建筑部品部件库中选取相应的部品部件，组装参数化模型，形成初步建筑信息模型。结构师根据建筑信息模型简化形成力学计算模型，智能选取构件库中合适的构件，最终形成信息化建筑模型、结构模型及生产加工图纸。

木结构建筑预制构件生产过程中，对每个构件进行统一、唯一的编码，并利用电子芯片技术植入构件信息，对构件进行实时跟踪。BIM平台通过项目自定义编码，对单个构件实现唯一编码，在平台可方便地将二维码导出，通过施工现场扫描可查看对应的构件信息、图纸、设计变更等，实现数字化施工管理。

木结构建筑预制构件通过部品平台获取设计图纸及需要加工的部品构件，根据设计安排构件生产，生产工程中通过信息化管理及时向部品平台上传构件生产进度详细信息，并通过构件唯一标识实现构件与部品平台信息同步（图6–1）。

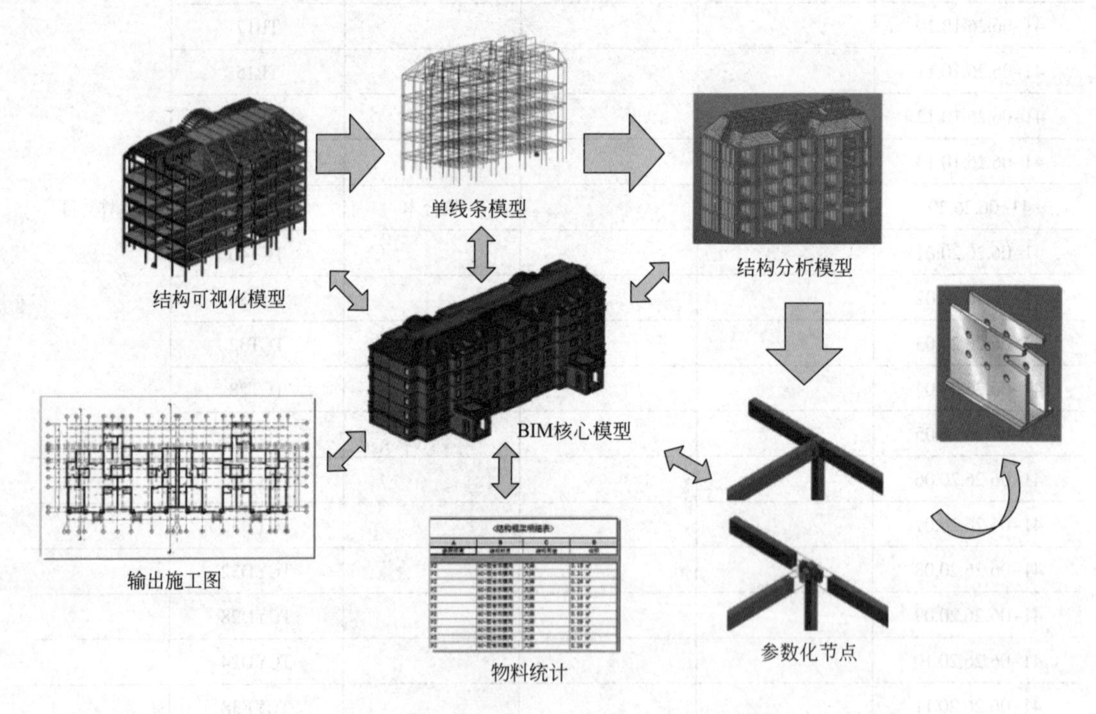

图6–1　木结构建筑部品部件库研发与应用

6.4.2 木结构建筑部品部件库应用方法

1. 设计阶段

在使用木结构建筑部品部件库过程中，当需要使用标准化部品部件时，从库里选用并完成拼装；如需要的部品部件形状或尺寸特殊，则需要利用BIM软件的建模功能人工创建。木结构建筑BIM模型设计完成后，标准化部品部件和自定义部品部件的几何信息、属性信息和使用数量都包含在模型内，可以为工厂的预制加工提供极大的方便（图6-2、图6-3）。

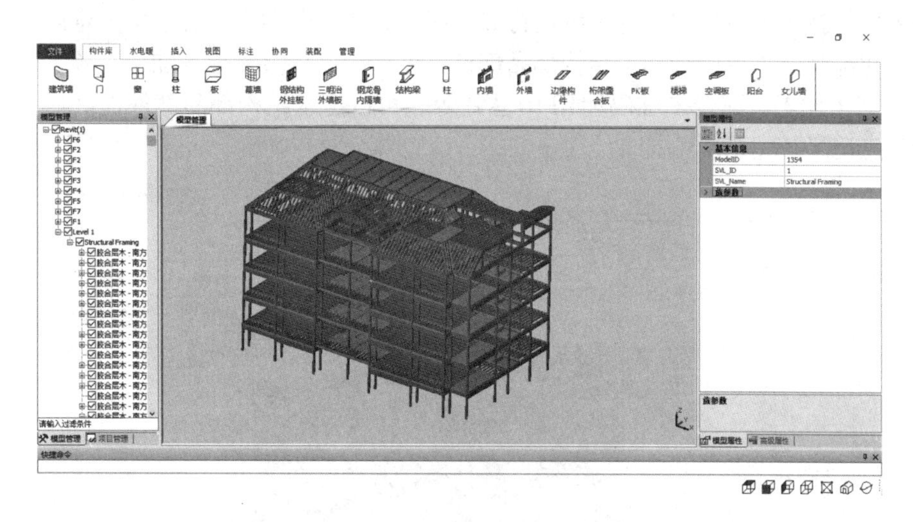

图 6-2 某木结构项目整体模型

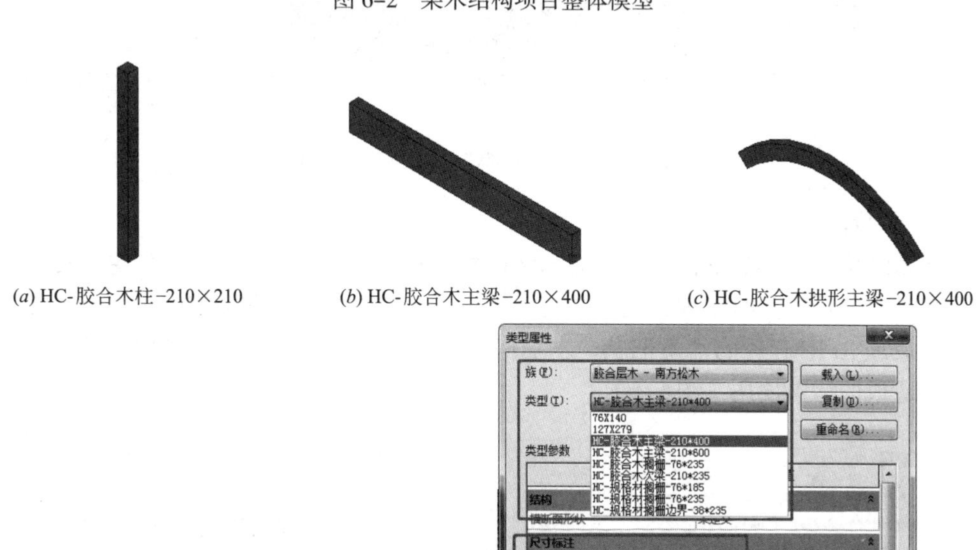

(*a*) HC-胶合木柱-210×210

(*b*) HC-胶合木主梁-210×400

(*c*) HC-胶合木拱形主梁-210×400

(*d*) HC-规格材搁栅-76×235

(*e*) 某木结构项目构件的类型属性及参数尺寸

图 6-3 BIM 模型及类型属性

2．生产阶段

木结构建筑设计完成后，由于有BIM模型的支撑，工厂加工、预拼装的效率和准确性将得到大幅提高。数字化加工需要构件准确的几何信息及属性信息。在传统方式中，这些信息主要依靠技术人员按照设计图纸进行二次建模，重复劳动多，且准确度难以保证。通过从标准化部品部件库中选用木结构部品部件，生产阶段可直接导入加工系统，实现高效准确的数字化加工。配合二维码和RFID芯片等，可以为木结构部品部件提供唯一的身份识别和信息记录（图6–4）。

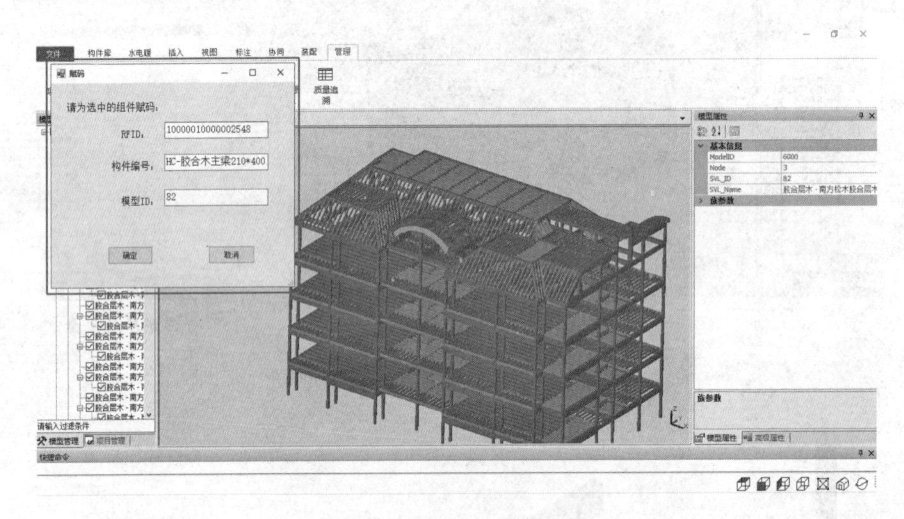

图6–4　木结构构件模型赋码并生成订单

3．安装阶段

依托木结构建筑部品部件库建立的木结构建筑BIM模型，可以利用虚拟建造技术，对施工方案进行分析，及时发现问题和冲突，指导木结构复杂部位和关键施工节点施工。由于有二维码或RFID芯片的信息记录，木结构部品部件的运输全过程可追溯，避免了过程信息丢失造成的错误使用（图6–5）。

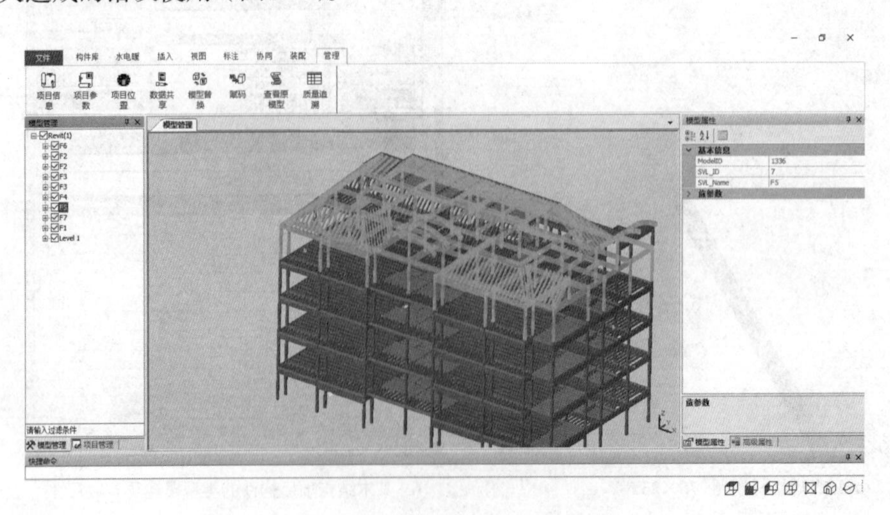

图6–5　安装阶段木骨架分层管理

第7章　装配化装修部品部件库研究

7.1　装配化装修发展现状分析

7.1.1　发展背景与优势

装配化装修是指采用干式工法将工厂生产的内装部品在现场进行组合安装的装修方式，将室内大部分装修工作在工厂内通过流水线作业进行生产，根据现场的基础数据，通过模块化设计、标准化制作，提高施工效率，保证施工质量，使建筑装修模块之间具有很好的匹配性。同时，批量化生产能够提高劳动效率，节省劳动成本。这种建造方式为施工现场的装配创造了积极有利的条件，为促进节能减排和建设可持续发展的社会奠定了基础。

近年来，党中央、国务院高度重视装配式建筑和装配化装修发展，在多个重要政策文件中提出了明确要求。2016年9月，《国务院办公厅关于大力发展装配式建筑的指导意见》（国办发〔2016〕71号）提到：实行装配式建筑装饰装修与主体结构、机电设备协同施工。积极推广标准化、集成化、模块化的装修模式，促进整体厨卫、轻质隔墙等材料、产品和设备管线集成化技术的应用，提高装配化装修水平。倡导菜单式全装修，满足消费者个性化需求。2017年3月，住房和城乡建设部发布的《“十三五”装配式建筑行动方案》明确指出，推进建筑全装修及菜单式装修，提倡干法施工，减少现场湿作业，推广集成厨房和卫生间、预制隔墙、主体结构与管线相分离等技术体系。2018年2月1日起实施的《装配式建筑评价标准》GB/T 51129提到“装配式建筑宜采用装配化装修”，既表明了装配化装修与装配式建筑结构的高度匹配，也为装修转型升级指明了方向。

随着近年来装配式建筑的快速发展，装配化装修作为与装配式建筑结构相协调的重要组成部分，也迎来了很好的发展机遇。装配化装修成为传统装修企业转型升级的主要方向，吸引了产业链上下游企业的高度重视，很多建筑设计院、施工企业、装修企业都在积极布局装配化装修相关业务。

上海、北京等地率先完成了装配化装修的地方标准。上海市工程建设规范《住宅室内装配化装修工程技术标准》DG/TJ08-2254-2018，与北京市《居住建筑室内装配化装修工程技术规程》DB11/T 1553-2018先后于2018年8月和2018年10月正式实施，天津、江苏等地的地方标准也在积极编制过程中。装配化装修行业标准《装配式内装修工程技术规程（征求意见稿）》于2019年2月公开征求意见。该规程编制旨在规范装配式内装修工程的实施，促进建筑产业转型升级，按照适用、经济、安全、绿色、美观的要求，全面提升装配式内装修工程的质量和经济、社会、环境效益。

7.2 装配化装修部品部件标准化定量规则

7.2.1 装配化装修部品部件模数协调规则

装配化装修部品部件遵循模数化的原则进行设计。装配化装修设计通常按照模数网格进行设计，并与主体结构、建筑功能空间的模数网格进行协调。当遇到建筑空间不满足装配化装修的模数化要求时，尽量通过在模数中断区设置可调节措施，达到优先采用标准化内装部品的要求。

装配化装修部品部件的定位一般采用界面定位法。以装修完成界面的净空尺寸作为内装部品模数化的前提。部品部件尺寸及安装位置的公差协调应根据生产装配要求、温差变形、施工误差等确定。

部品部件的选型优先采用标准化部品。在建筑设计阶段进行的部品部件选型，以符合模数化原则，提升部品部件的通用性和互换性。内装系统的隔墙、固定厨柜、设备、管井等部品部件宜采用分模数M/2，构造节点和部品部件接口等宜采用分模数M/2、M/5、M/10。在满足国家相关标准要求的基础上，优选环保性能优、装配化和通用化程度高、维护更换便捷的优良部品。

装配化装修部品接口应做到位置固定，连接合理，拆装方便，使用可靠。优选集成化部品，减少外部接口，简化设计和施工。

7.2.2 装配式墙面和隔墙、吊顶标准化定量规则

装配式墙面和隔墙系统集成支撑构造、填充构造和饰面层，不仅包含与外墙及分户墙结合的贴面墙、室内隔墙，也涉及相应部位的管线和设备。

装配式隔墙宽度尺寸宜为基本模数的整数倍数，厚度尺寸宜为分模数M/ 10的整数倍数，分户内隔墙的优先尺寸宜为200mm，室内隔墙的优先尺寸宜为100mm，见表7-1。

装配式墙面和墙板优先尺寸 **表 7-1**

项目	优先尺寸（mm）
墙面架空优选尺寸	免架空30、50
墙板高度优选尺寸	2400、2700、3000
墙板宽度优选尺寸	900、600、300、200、100、50

装配式吊顶的平面尺寸应与功能空间的模数网格相协调；高度尺寸应在满足设备与管线正常安装和使用的同时，保证功能空间的室内净高最大化（表7-2）。

装配式吊顶优先尺寸 **表 7-2**

项目	优先尺寸（mm）
装配式吊顶架空尺寸	免找平60、80、100、120、200

注：排烟管设置于吊顶中时，吊顶内部净高度不宜低于200mm。

7.2.3 装配式楼地面标准化定量规则

装配式楼地面是一项系统工程，需要根据需求选择适宜的工法和部品，宜采用架空地板，架空空间可以敷设管线，在有采暖要求的住宅中可采用与装配式楼地面集成的干式地暖部品。

装配式楼地面应和设备、管线进行协同设计，系统的架空高度应根据管径尺寸、敷设路径、设置坡度等确定，其厚度宜为分模数M/10的整数倍数，并在需要的地方设置检修口（表7–3）。

装配式楼地面优先尺寸 **表 7-3**

项目	优先尺寸（mm）
装配式楼地面架空尺寸	免找平60、80、100、130

7.2.4 装配式内门窗标准化定量规则

装配式内门窗由套装门窗、集成门窗套、集成垭口组成。内门窗洞口宜为基本模数的整数倍数（表7–4）。

各功能空间内门洞口的优先尺寸 **表 7-4**

项目	优先尺寸（mm）
起居室（厅）门洞口宽度	900
卧室门洞口宽度	900
厨房门洞口宽度	800、900
卫生间门洞口宽度	700、800
考虑无障碍设计的门洞口宽度	1000
考虑无障碍设计的门洞口高度	2100、2200

7.2.5 集成式厨房标准化定量规则

集成式厨房是由工厂生产的楼地面、吊顶、墙面、厨柜和厨房设备及管线等集成，并主要采用干式工法装配而成的厨房。

集成式厨房应与居住建筑套型设计紧密结合，在设计阶段进行产品选型，确定产品的型号和尺寸。设计时预留集成式厨房的安装空间，并在与给水排水、电气等系统预留的接口连接处设置检修口。

集成式厨房应合理设置洗涤池、灶具、操作台、排油烟机等设施，并预留厨房电气设施的位置和接口。集成式厨房墙板、顶板、地板宜采用模块化形式，实现快速组合安装，集成厨房的橱柜、电器等在架空墙面须预留加固板。

集成式厨房的厨柜宜满足表7–5优先尺寸。

厨柜的优先尺寸　表7-5

项目	优先尺寸（mm）
地柜台面的完成面高度	800、850、900
地柜台面的完成面深度	550、600、650
地柜台面与吊柜底面的净空尺寸	不宜小于700且不宜大于800
辅助台面的高度	800、850、900
吊柜的深度	300、350
吊柜的高度	700、750、800
洗涤池与灶台之间的操作区域	有效长度不宜小于600

7.2.6　集成式卫生间标准化定量规则

集成式卫生间是指由工厂生产的楼地面、墙面（板）、吊顶和洁具设备及管线等集成，并主要采用干式工法装配而成的卫生间。

集成式卫生间应与居住建筑套型设计紧密结合，在设计阶段应该进行产品选型，确定产品的型号和尺寸。设计时应预留集成式卫生间的安装空间，并在与给水排水、电气等系统预留的接口连接处设置检修口。

集成式卫生间宜采用干湿分离的布置方式。集成式卫生间应保证防水性能。宜采用干式防水底盘；防水底盘的固定安装不应破坏结构防水层；防水底盘与壁板、壁板与壁板之间应有可靠连接设计，并保证水密性。

7.3　装配化装修部品部件分类与编码

7.3.1　装配化装修部品部件分类

装配化装修部品部件从工法构造上划分为支撑构造、填充构造、连接构造、防水构造、饰面及配套材料等部分。

7.3.2　装配化装修部品部件编码规则

基于国家标准《建筑信息模型分类和编码标准》GB/T 51269中对装修的分类与编码，装配化装修的编码标准在其基础上进行完善和细化。结合以上分类，采用“部品部件标准码”和“部品部件特征码”的两段编码方式，对装修部分的部品部件按照编码规则进行编码。

1. 装配化装修部品部件分类与编码表（表7–6）

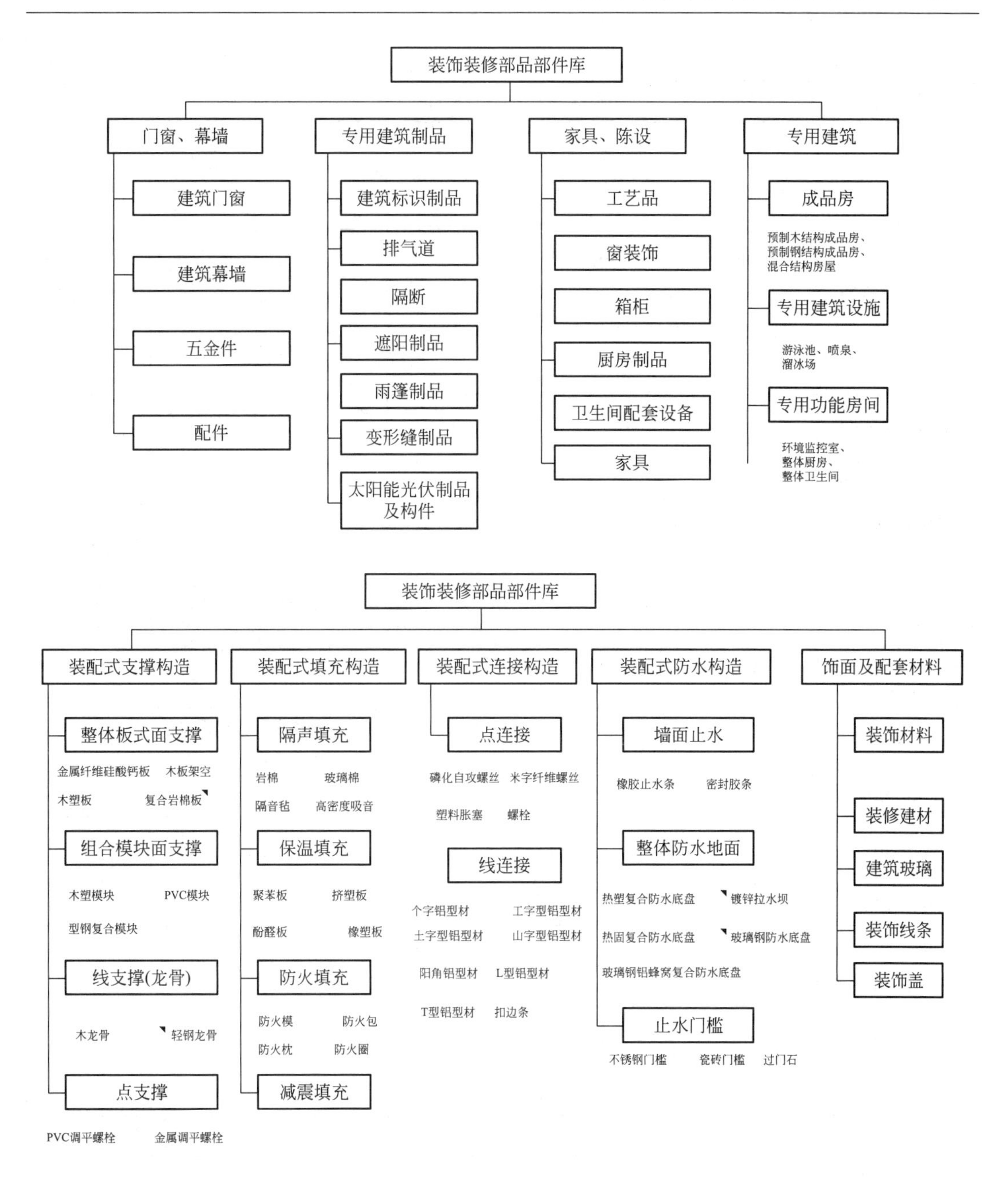

图 7-1 装配化装修部品部件分类

装配化装修部品部件分类及编码表 **表 7-6**

类目编码	一级类目	二级类目	三级类目	四级类目	备注
30-10.00.00	保温隔热				
30-10.10.00		保温系统材料			
30-10.10.10			外墙外保温系统		
30-10.10.10.10				粘贴保温板外保温系统	

续表

类目编码	一级类目	二级类目	三级类目	四级类目	备注
30-10.10.10.15				胶粉EPS颗粒保温浆料外保温系统	
30-10.10.10.20				EPS板现浇混凝土外保温系统	
30-10.10.10.25				EPS钢丝网架板现浇混凝土外保温系统	
30-10.10.10.30				胶粉EPS颗粒浆料贴砌EPS板外保温系统	
30-10.10.10.35				现场喷涂硬泡聚氨酯外保温系统	
30-10.10.10.40				保温装饰板外保温系统	
30-10.10.20			外墙内保温系统		
30-10.10.20.10				复合板内保温系统	
30-10.10.20.15				有机保温板内保温系统	
30-10.10.20.20				无机保温板内保温系统	
30-10.10.20.25				保温砂浆内保温系统	
30-10.10.20.30				喷涂硬泡聚氨酯内保温系统	
30-10.10.20.35				龙骨固定内保温系统	
30-10.10.30			外墙夹芯保温系统		
30-10.20.00		绝热材料			
30-10.20.10			模塑聚苯板		
30-10.20.15			挤塑聚苯板		
30-10.20.20			聚氨酯泡沫塑料板		
30-10.20.25			酚醛树脂板		
30-10.20.30			岩棉板		
30-10.20.35			玻璃棉板		
30-10.20.40			胶粉聚苯颗粒保温浆料		
30-10.20.45			泡沫玻璃板		
30-10.20.50			膨胀珍珠岩		
30-10.20.55			膨胀玻化微珠		
30-10.30.00		隔热材料			
30-10.30.10			隔热涂料		
30-10.30.20			隔热反射膜		

续表

类目编码	一级类目	二级类目	三级类目	四级类目	备注
30–11.00.00	防水、防潮及密封				
30–11.10.00		防水卷材			
30–11.10.10			聚合物改性沥青防水卷材		
30–11.10.10.10				弹性体改性沥青防水卷材	
30–11.10.10.20				塑性体改性沥青防水卷材	
30–11.10.10.30				自粘聚合物改性沥青防水卷材	
30–11.10.10.40				预铺/湿铺防水卷材（沥青基）	
30–11.10.10.50				耐根穿刺防水卷材（沥青基）	
30–11.10.20			合成高分子防水卷材		
30–11.10.20.10				TPO/TPV 防水卷材	
30–11.10.20.15				聚氯乙烯（PVC）防水卷材	
30–11.10.20.20				三元乙丙橡胶（EPDM）防水卷材	
30–11.10.20.25				氯化聚乙烯–橡胶共混防水卷材	
30–11.10.20.30				氯化聚乙烯（CPE）防水卷材	
30–11.10.20.35				预铺/湿铺防水卷材（非沥青基）	
30–11.10.20.40				带自粘层的防水卷材	
30–11.10.20.45				耐根穿刺防水卷材（非沥青基）	
30–11.10.30			聚乙烯丙纶防水卷材（复合防水）		
30–11.30.00		水泥基渗透结晶型防水材料			
30–11.40.00		密封材料			
30–11.40.10			无定形密封材料		
30–11.40.10.10				硅酮建筑密封胶	
30–11.40.10.20				聚氨酯建筑密封胶	

续表

类目编码	一级类目	二级类目	三级类目	四级类目	备注
30–11.40.10.30				丙烯酸酯建筑密封胶	
30–11.40.10.40				聚硫建筑密封胶	
30–11.40.10.50				腻子型遇水膨胀橡胶	
30–11.40.10.60				硅烷改性聚醚密封胶	新增类目
30–11.40.10.70				改性聚氨酯密封胶	新增类目
30–11.40.20			定形密封材料		
30–11.40.20.10				橡胶止水带	
30–11.40.20.20				钢板止水带	
30–11.40.20.30				制品型遇水膨胀橡胶	
30–11.50.00		防水透气膜			
30–11.60.00		堵漏、灌浆材料			
30–11.60.10			无机防水堵漏材料		
30–11.70.00		屋面瓦			
30–11.70.10			混凝土瓦		
30–11.70.20			烧结瓦		
30–11.70.30			玻纤胎沥青瓦		
30–11.70.40			合成树脂瓦		
30–11.70.50			金属瓦		
30–12.00.00	防火、防腐				
30–12.10.00		防火材料			
30–12.10.10			钢结构防火涂料		
30–12.10.20			饰面型防火涂料		
30–12.10.30			混凝土结构防火涂料		
30–12.10.30			防火板材		
30–12.10.40			防火封堵材料		
30–12.10.50			防火玻璃		
30–12.10.50.10				复合防火玻璃	
30–12.10.50.20				单片防火玻璃	
30–12.20.00		防腐材料			
30–12.20.10			钢结构防腐材料		
30–12.20.10.10				底漆	

续表

类目编码	一级类目	二级类目	三级类目	四级类目	备注
30–12.20.10.20				中间漆	
30–12.20.10.30				面漆	
30–12.20.20			木结构防腐材料		
30–13.00.00.	门窗、幕墙				
30–13.10.00		建筑门窗			
30–13.10.10			金属门窗		
30–13.10.10.10				铝合金门窗	
30–13.10.10.20				钢门窗	
30–13.10.15			木门窗		
30–13.10.15.10				实木门窗	
30–13.10.15.20				实木复合门窗	
30–13.10.15.30				木质复合门窗	
30–13.10.20			塑料门窗		
30–13.10.20.10				未增塑聚氯乙烯塑料门窗	
30–13.10.25			玻璃钢门窗		
30–13.10.30			复合门窗		
30–13.10.30.10				铝塑复合门窗	
30–13.10.30.20				铝木复合门窗	
30–13.10.30.30				钢木复合门窗	
30–13.10.30.40				铝—硅酸钙板复合门	新增类目
30–13.10.30.50				型钢复合门套	
30–13.10.33			自动门		
30–13.10.33.10				平移式自动门	新增类目
30–13.10.33.20				旋转式自动门	
30–13.10.33.30				自动折叠门	
30–13.10.33.40				车库自动卷帘门	
30–13.10.35			特种门窗		
30–13.10.35.15				卷帘门窗和搁栅	
30–13.10.35.20				防盗门	
30–13.10.35.25				防火门	
30–13.10.35.30				防辐射门窗	
30–13.10.35.35				逃生门窗	
30–13.10.35.40				围墙大门	
30–13.10.35.45				传递窗	

续表

类目编码	一级类目	二级类目	三级类目	四级类目	备注
30–13.10.35.50				滑升门	
30–13.10.35.55				上滑道车库门	
30–13.10.35.60				工业滑升门	
30–13.10.40			天窗		
30–13.10.40.10				中庭天窗	新增类目
30–13.10.40.20				矩形天窗	
30–13.10.40.30				矩形避风天窗	
30–13.10.40.40				平天窗	
30–13.10.45			纱门窗		
30–13.10.50			百叶窗及搁栅		
30–13.20.00		建筑幕墙			
30–13.20.10			玻璃幕墙		
30–13.20.10.10				构件式玻璃幕墙	
30–13.20.10.20				点支承玻璃幕墙	
30–13.20.10.30				全玻璃幕墙	
30–13.20.15			石材幕墙		
30–13.20.20			金属板幕墙		
30–13.20.25			人造板幕墙		
30–13.20.30			单元式幕墙		
30–13.20.35			光电幕墙		
30–13.20.40			双层幕墙		
30–13.20.45			幕墙面板		
30–13.20.45.10				玻璃	
30–13.20.45.15				金属板	
30–13.20.45.20				石材板	
30–13.20.45.25				水泥板	
30–13.20.45.30				陶板	
30–13.20.45.35				瓷板	
30–13.30.00		五金件			
30–13.30.10			执手		
30–13.30.10.10				单面执手	
30–13.30.10.20				双面执手	
30–13.30.13			合页（铰链）		
30–13.30.16			传动锁闭器		

续表

类目编码	一级类目	二级类目	三级类目	四级类目	备注
30–13.30.16.10				单点锁闭器	
30–13.30.16.20				多点锁闭器	
30–13.30.19			滑撑		
30–13.30.23			撑挡		
30–13.30.26			滑轮		
30–13.30.29			插销		
30–13.30.33			摩擦铰链		
30–13.30.36			门锁		
30–13.30.39			门吸		
30–13.30.43			闭门器		
30–13.30.46			地弹簧		
30–13.30.49			平开门推杆装置		
30–13.30.53			门夹		
30–13.30.56			拉手		
30–13.40.00		配件			
30–13.40.10			门禁系统		
30–13.40.13			密封胶条		
30–13.40.16			密封毛条		
30–13.40.19			密封胶		
30–13.40.23			通风器		
30–13.40.26			开窗器		
30–13.40.29			背栓		
30–13.40.33			挂件		
30–13.40.36			连接件		
30–13.40.39			拉杆		
30–13.40.43			锚栓		
30–13.40.46			埋件		
30–13.40.49			驳接件		
30–13.40.53			转接件		
30–13.40.56			夹具		
30–13.40.59			钢索		
30–13.40.63			索具		
30–13.40.66			吊挂件		
30–14.00.00	建筑玻璃				

续表

类目编码	一级类目	二级类目	三级类目	四级类目	备注
30-14.10.00		平板玻璃			
30-14.10.10			透明玻璃		
30-14.10.20			着色玻璃		
30-14.10.30			压花玻璃		
30-14.10.40			夹丝玻璃		
30-14.20.00		深加工玻璃			
30-14.20.10			安全玻璃		
30-14.20.10.10				防火玻璃	
30-14.20.10.20				夹层玻璃	
30-14.20.10.30				钢化玻璃	
30-14.20.10.40				均质钢化玻璃	
30-14.20.15			磨砂或喷砂玻璃		
30-14.20.20			真空玻璃		
30-14.20.25			印刷玻璃		
30-14.20.30			中空玻璃		
30-14.20.35			半钢化玻璃		
30-14.20.40			镀膜玻璃		
30-14.20.45			贴膜玻璃		
30-14.20.50			隔热涂膜玻璃		
30-14.30.00		特种玻璃			
30-14.30.10			防弹玻璃		
30-14.30.15			防爆玻璃		
30-14.30.20			电磁屏蔽玻璃		
30-14.30.25			光伏玻璃		
30-14.30.30			耐热玻璃		
30-14.30.35			滤光玻璃		
30-14.40.00		特殊玻璃			
30-14.40.10			U型玻璃		
30-14.40.20			玻璃马赛克		
30-14.40.30			空心玻璃砖		
30-15.00.00	室内外装修				
30-15.15.00		壁纸（壁布）			
30-15.15.10			胶面壁纸		新增类目
30-15.15.10.10				纸基胶面壁纸	

续表

类目编码	一级类目	二级类目	三级类目	四级类目	备注
30–15.15.10.20				布基胶面壁纸	
30–15.15.15			纺织壁纸（壁布）		
30–15.15.15.10				纱线壁布	
30–15.15.15.20				织布类壁纸	
30–15.15.15.30				植绒壁布	
30–15.15.20			金属类壁纸		
30–15.15.25			天然材质类壁纸		
30–15.15.25.10				植物纺织类壁纸	
30–15.15.25.20				软木、树皮类壁纸	
30–15.15.25.30				石材、细砂类壁纸	
30–15.15.30			防火壁纸		
30–15.15.30.10				玻璃纤维	
30–15.15.30.20				石棉纤维	
30–15.15.35			特殊效果壁纸		
30–15.15.35.10				荧光壁纸	
30–15.15.35.20				夜光壁纸	
30–15.15.35.30				防菌壁纸	
30–15.15.35.40				吸声壁纸	
30–15.15.35.50				防静电壁纸	
30–15.20.00		地毯			
30–15.20.10			手工地毯		
30–15.20.20			机制地毯		
30–15.25.00		陶瓷砖			
30–15.25.10			陶瓷板		
30–15.25.20			陶瓷马赛克		
30–15.25.30			陶瓷砖		
30–15.25.30.10				室内陶瓷砖	
30–15.25.30.20				室外陶瓷砖	
30–15.25.40			特种功能陶瓷砖		
30–15.25.50			陶瓷砖复合材料		新增类目
30–15.25.50.10				干挂复合墙砖	
30–15.25.50.20				干铺复合地砖	
30–15.30.00		木质材料			

续表

类目编码	一级类目	二级类目	三级类目	四级类目	备注
30–15.30.10			木质地板		
30–15.30.10.10				实木地板	
30–15.30.10.20				实木复合地板	
30–15.30.10.30				强化木地板	
30–15.30.10.40				竹材地板	
30–15.30.10.50				软木地板	
30–15.30.20			木质人造板		
30–15.30.20.10				胶合板	
30–15.30.20.20				纤维板	
30–15.30.20.30				刨花板	
30–15.30.20.40				细木工板	
30–15.30.20.50				饰面人造	
30–15.30.30			防腐木		
30–15.30.30.10				天然防腐木	
30–15.30.30.20				炭化防腐木	
30–15.30.30.30				人工防腐木	
30–15.30.40			木塑复合材料		
30–15.30.40.10				木塑墙板	新增类目
30–15.30.40.20				木塑顶板	
30–15.35.00		装饰石材			
30–15.35.10			天然石材		
30–15.35.10.10				大理石	
30–15.35.10.20				花岗岩	
30–15.35.10.30				石灰岩	
30–15.35.20			人造石材		
30–15.35.20.10				石英石	新增类目
30–15.35.20.20				亚克力	
30–15.35.20.30				胶衣树脂	
30–15.35.30			石材复合材料		
30–15.35.30.10				墙面干挂复合石材	新增类目
30–15.35.30.20				地面干铺复合石材	
30–15.40.00		金属装饰材料			
30–15.40.10			钢板及复合板		
30–15.40.10.10				不锈钢板	

续表

类目编码	一级类目	二级类目	三级类目	四级类目	备注
30–15.40.10.20				彩色涂层钢板	
30–15.40.10.30				压型金属板	
30–15.40.10.40				金属装饰保温板	
30–15.40.10.50				型钢复合墙板	新增类目
30–15.40.10.60				型钢复合顶板	
30–15.40.20			金属装饰网		
30–15.40.30			铝合金及其复合板		
30–15.40.30.10				铝蜂窝板	
30–15.40.30.20				铝合金板	
30–15.40.30.30				铝塑复合板	
30–15.40.40			铜板（及其复合板）		
30–15.40.50			钛锌板（及其复合板）		
30–15.45.00		矿物棉及石膏类装饰材料			
30–15.45.10			矿物棉板		
30–15.45.10.10				矿棉板	
30–15.45.10.20				玻璃纤维板	
30–15.45.20			石膏板		
30–15.45.20.10				装饰石膏板	
30–15.45.20.20				纤维石膏板	
30–15.45.20.30				吸声用穿孔石膏板	
30–15.45.20.40				纸面石膏板	
30–15.45.20.50				石膏空心条板	
30–15.45.30			硅藻泥板		新增类目
30–15.45.30.10				硅藻泥墙板	
30–15.45.30.20				硅藻泥顶板	
30–15.50.00		水泥及硅酸盐类板材			
30–15.50.10			纤维增强水泥板		
30–15.50.20			纤维增强硅酸钙板		
30–15.50.20.10				硅酸钙复合地板	新增类目
30–15.50.20.20				硅酸钙复合墙板	

续表

类目编码	一级类目	二级类目	三级类目	四级类目	备注
30–15.50.20.30				硅酸钙复合顶板	
30–15.55.00		龙骨			
30–15.55.10			木龙骨		
30–15.55.20			轻钢龙骨		
30–15.55.20.10				天地轻钢龙骨	新增类目
30–15.55.20.20				竖向轻钢龙骨	
30–15.55.20.30				横向轻钢龙骨	
30–15.55.20.40				L形轻钢龙骨	
30–15.55.20.50				Z形边龙骨	
30–15.55.30			铝合金龙骨		
30–15.55.40			钢龙骨		
30–15.55.50			烤漆龙骨		
30–15.60.00		特殊功能地面			
30–15.60.10			弹性地材		
30–15.60.10.10				PVC地板	
30–15.60.10.20				亚麻地板	
30–15.60.10.30				橡胶地板	
30–15.60.15			地垫		
30–15.60.20			采暖地板		
30–15.60.20.10				型钢复合地暖模块	新增类目
30–15.60.20.20				发热电缆辐射地板	
30–15.60.20.30				聚苯湿式水管辐射地板	
30–15.60.20.40				硬塑干式采暖地板	
30–15.60.20.50				挤塑干式采暖地板	
30–15.60.20.60				碳纤维电发热地板	
30–15.60.25			抗静电地板		
30–15.60.25.10				集成型钢抗静电地板模块	新增类目
30–15.60.25.20				卷材抗静电地板	
30–15.60.30			水泥现制类地面		
30–15.60.30.10				自流平地面	
30–15.60.30.20				耐磨地面	
30–15.60.35			透水地面		
30–15.60.40			种植地面		
30–15.60.45			运动地面		

续表

类目编码	一级类目	二级类目	三级类目	四级类目	备注
30-15.60.45.10				丙烯酸运动地面	新增类目
30-15.60.45.20				硅PU材料运动地面	
30-15.60.45.30				聚氨酯运动地面	
30-15.60.45.40				EPDM塑胶材料运动地面	
30-15.60.45.50				PVC运动地面	
30-15.60.45.60				木地板运动地面	
30-15.65.00		装修用胶粘剂			
30-15.65.10			地板胶粘剂		
30-15.65.20			干挂石材幕墙用环氧胶粘剂		
30-15.65.30			陶瓷墙地砖胶粘剂		
30-15.65.35			硅酮胶型胶粘剂		新增类目
30-15.65.35.10				硅酮结构密封胶	
30-15.65.35.20				硅酮防霉密封胶	
30-15.65.35.30				硅酮耐候密封胶	
30-15.65.35.40				硅酮密封胶	
30-15.65.40			聚氨酯型胶粘剂		
30-15.65.40.10				聚氨酯泡沫填充剂	
30-15.65.40.20				聚氨酯弹性密封胶	
30-15.65.45			蛇胶		
30-15.65.50			白乳胶		
30-15.65.55			界面剂		
30-15.65.55.10				乳液型界面剂	
30-15.65.55.20				干粉型界面剂	
30-15.65.60			108胶		
30-15.65.65			AB胶		
30-15.65.70			砖石背覆胶		
30-15.65.70.10				单组分无砂型	
30-15.65.70.20				单组分有砂型	
30-15.65.70.30				双组分混合型	
30-15.65.75			聚氯乙烯树脂胶		
30-15.65.75.10				PVC管件胶水	
30-15.65.80			橡塑胶		

续表

类目编码	一级类目	二级类目	三级类目	四级类目	备注
30–15.65.80.10				橡塑管粘接胶水	
30–15.65.81			免钉胶		
30–15.65.83			美缝剂		
30–15.65.85			胶带		
30–15.65.85.10				铝箔胶带	
30–15.65.85.20				布基胶带	
30–15.70.00		基层处理材料			
30–15.75.00		装修配套材料			
30–15.75.10			嵌缝材料		
30–15.75.20			粘结石膏		
30–15.75.30			装饰线条		
30–15.75.30.05				实木装饰线	新增类目
30–15.75.30.10				陶瓷装饰线	
30–15.75.30.15				石材装饰线	
30–15.75.30.20				不锈钢装饰线	
30–15.75.30.25				石膏装饰线	
30–15.75.30.30				玻璃装饰线	
30–15.75.30.35				银镜装饰线	
30–15.75.30.40				铝合金装饰线	
30–15.75.30.45				铝塑板装饰线	
30–15.75.30.50				型钢复合装饰线	
30–15.75.30.55				木塑复合装饰线	
30–15.75.30.60				PVC复合装饰线	
30–15.75.30.65				密度板复合装饰线	
30–15.75.30.70				聚氨酯复合装饰线	
30–15.75.35			装饰盖		新增类目
30–15.75.35.10				PVC装饰盖	
30–15.75.35.20				不锈钢装饰盖	
30–15.75.40.15				塑料装饰盖	
30–15.80.00		装配式支撑构造			新增类目
30–15.80.10			面支撑		
30–15.80.10.10				型钢架空地面模块	
30–15.80.10.20				超高钢架组合模块	

续表

类目编码	一级类目	二级类目	三级类目	四级类目	备注
30–15.80.10.30				石膏板架空墙面	
30–15.80.10.40				满铺木板架空地面	
30–15.80.10.50				满铺木板架空墙面	
30–15.80.20			点支撑		
30–15.80.20.10				墙面PVC调平胀塞	
30–15.80.20.20				金属调平胀塞	
30–15.80.20.30				树脂螺栓	
30–15.80.20.40				PVC调平垫片	
30–15.80.20.50				金属调平垫片	
30–15.80.20.60				地面PVC调整脚	
30–15.85.00		装配式连接构造			新增类目
30–15.85.10			线连接		
30–15.85.10.05				短个字形铝型材	
30–15.85.10.10				工字形铝型材	
30–15.85.10.15				土字形铝型材	
30–15.85.10.20				山字形铝型材	
30–15.85.10.25				L字形铝型材	
30–15.85.10.30				上字形铝型材	
30–15.85.10.35				几字形铝型材	
30–15.85.10.40				钻石阳角形铝型材	
30–15.85.10.45				组合T形铝型材	
30–15.85.10.50				组合阴角铝型材	
30–15.85.10.55				三角形铝型材	
30–15.85.10.60				腰线铝型材	
30–15.85.10.65				长个字形铝型材	
30–15.85.10.70				双个字形铝型材	
30–15.85.20			点连接		新增类目
30–15.85.20.05				磷化自攻螺丝	
30–15.85.20.10				米字头纤维螺丝	
30–15.85.20.15				十字头螺丝	
30–15.85.20.20				十字平头燕尾螺丝	
30–15.85.20.25				塑料胀塞	
30–15.85.20.30				金属膨胀螺栓	

续表

类目编码	一级类目	二级类目	三级类目	四级类目	备注
30–15.85.20.35				拉爆膨胀螺栓	
30–15.85.20.40				模块连接扣件	
30–15.85.20.45				平机螺丝	
30–15.85.20.50				圆帽镀锌螺丝	
30–15.85.20.55				不锈钢镀镍自攻丝	
30–15.85.20.60				镀锌自攻螺丝	
30–15.85.20.65				重型吊挂	
30–15.85.20.70				钢排钉	
30–15.85.20.75				气枪钉	
30–15.85.20.80				木牙丝	
30–15.85.20.85				快牙自攻螺丝	
30–15.85.20.80				拉铆钉	
30–15.95.00		装配式防水构造			新增类目
30–15.95.10			整体防水构造		
30–15.95.10.10				热塑复合防水底盘	
30–15.95.10.20				热固复合防水底盘（SMC）	
30–15.95.10.30				玻璃钢防水底盘	
30–15.95.10.40				玻璃钢铝蜂窝复合防水底盘	
30–15.95.10.50				FRP玻璃纤维增强复合底盘	
30–15.95.10.60				亚克力防水底盘	
30–15.95.20			止水构造		
30–15.95.20.10				过门石门槛	
30–15.95.20.20				不锈钢门槛	
30–15.95.20.30				镀锌钢板挡水坝	
30–15.95.20.40				硅酸钙板挡水坝	
30–15.95.20.50				止水橡胶垫	
30–15.95.20.60				防水胶粒	
30–15.95.30			防潮构造		
30–15.95.30.10				PE防水防潮隔膜	
30–16.00.00	专用建筑制品				
30–16.10.00		建筑标识制品			
30–16.10.10			展示板		

续表

类目编码	一级类目	二级类目	三级类目	四级类目	备注
30–16.10.20			商品陈列柜台		
30–16.10.30			指示牌		
30–16.10.40			标牌		
30–16.20.00		排气道			
30–16.20.10			厨房排气道		
30–16.20.20			卫生间排气道		
30–16.30.00		隔断			
30–16.30.10			活动隔断		
30–16.30.20			固定隔断		
30–16.30.30			卫生间隔断		
30–16.40.00		遮阳制品			
30–16.40.10			室内遮阳制品		
30–16.40.10.10				室内天篷帘	
30–16.40.10.20				室内百叶帘	
30–16.40.10.30				室内折叠帘	
30–16.40.10.40				室内软卷帘	
30–16.40.20			室外遮阳制品		
30–16.40.20.10				室外遮阳篷	
30–16.40.20.20				室外天篷帘	
30–16.40.20.30				室外百叶帘	
30–16.40.20.40				室外硬卷帘	
30–16.40.20.50				室外遮阳板	
30–16.40.30			中间遮阳制品		
30–16.40.30.10				内置遮阳中空玻璃制品	
30–16.50.00		雨篷制品			
30–16.60.00		变形缝制品			
30–16.60.10			沉降缝制品		
30–16.60.20			抗震缝制品		
30–16.60.30			伸缩缝制品		
30–16.70.00		太阳能光伏制品及构件			
30–16.70.10			太阳能光伏制品		
30–16.70.20			太阳能光伏构件		
30–17.00.00	家具、陈设				

续表

类目编码	一级类目	二级类目	三级类目	四级类目	备注
30-17.10.00		工艺品			
30-17.10.10			摆件		
30-17.10.20			雕塑		
30-17.15.00		窗装饰			
30-17.15.15			窗帘		
30-17.15.25			窗帘盒		
30-17.15.25.10				镀锌钢板窗帘盒	新增类目
30-17.15.30			窗帘杆		
30-17.15.30.10				铝合金窗帘杆	新增类目
30-17.15.30.20				实木窗帘杆	
30-17.15.35			窗台板		
30-17.15.35.10				石材窗台	
30-17.15.35.20				型钢复合窗台	
30-17.15.35.30				木塑窗台	
				实木窗台	
				石英石窗台	
30-17.15.40			窗套		
30-17.15.40.05				实木窗套	
30-17.15.40.10				型钢复合窗套	
30-17.15.40.15				木塑窗套	
30-17.15.40.20				石材窗套	
30-17.15.40.25				铝塑板窗套	
30-17.20.00		箱柜			
30-17.20.10			金属箱柜		
30-17.20.20			木制箱柜		
30-17.20.30			塑料箱柜		
30-17.25.00		厨房制品			
30-17.25.10			厨房家具		
30-17.25.10.10				橱柜地柜	新增类目
30-17.25.10.20				橱柜吊柜	
30-17.25.10.30				水槽柜	
30-17.25.10.40				燃气表柜	
30-17.25.10.50				烟机柜	
30-17.25.10.60				灶台柜	

续表

类目编码	一级类目	二级类目	三级类目	四级类目	备注
30–17.25.10.70				拉篮柜	
30–17.25.10.80				角柜	
30–17.25.20			厨房设备		
30–17.25.20.10				洗涤槽	
30–17.25.20.11				洗涤槽龙头	
30–17.25.20.13				不锈钢水槽	
30–17.25.20.15				消毒柜	
30–17.25.20.17				烤箱	
30–17.25.20.19				微波炉	
30–17.25.20.23				吸油烟机	
30–17.25.20.27				冰箱	
30–17.25.20.29				燃气灶	新增类目
30–17.25.20.30				电磁炉	
30–17.25.20.32				净水器	
30–17.25.20.34				厨宝	
30–17.25.20.37				洗碗机	
30–17.25.20.39				食物处理器	
30–17.25.20.40				搅拌机	
30–17.30.00		卫生间配套设备			
30–17.30.10			洗浴器		
30–17.30.10.10				玻璃纤维增强塑料浴缸	
30–17.30.10.15				搪瓷浴缸	
30–17.30.10.20				亚克力浴缸	
30–17.30.10.25				陶瓷浴缸	
30–17.30.10.30				人造大理石浴缸	
30–17.30.10.35				淋浴器	
30–17.30.15			坐便器		
30–17.30.15.10				坐便器	
30–17.30.15.15				蹲便器	
30–17.30.15.20				小便器	
30–17.30.16			智能坐便盖		新增类目
30–17.30.20			妇洗器		
30–17.30.25			墩布池		

续表

类目编码	一级类目	二级类目	三级类目	四级类目	备注
30–17.30.30			洗面器		
30–17.30.30.10				一体化台面洗面盆	新增类目
30–17.30.35			卫生间家具		
30–17.30.35.10				浴室柜	
30–17.30.35.20				浴室镜	
30–17.30.35.30				镜箱	新增类目
30–17.30.40			附属配件		
30–17.30.40.10				水嘴	
30–17.30.40.15				水箱	
30–17.30.40.20				冲水阀	
30–17.30.40.25				地漏	
30–17.30.40.30				浴巾架	
30–17.30.40.35				扶手	
30–17.30.40.40				卷纸器	
30–17.30.40.45				干手器	
30–17.30.40.50				洗衣机托盘	
30–17.30.40.55				漱口杯架	新增类目
30–17.30.40.57				置物架	
30–17.30.40.59				毛巾架	
30–17.30.40.65				马桶刷	
30–17.30.40.67				面盆龙头	
30–17.30.40.73				编织软管	
30–17.30.40.75				洗衣机龙头	
30–17.30.40.79				洗衣机地漏保护套	
30–17.30.40.81				淋浴混水器	
30–17.30.40.85				浴帘杆	
30–17.30.40.89				晾衣杆	
30–17.30.40.91				检修口	
30–17.30.45			淋浴房		
30–17.35.00		家具			
30–17.35.10			桌几、桌台		
30–17.35.20			箱		
30–17.35.30			柜架		
30–17.35.40			专用家具		

续表

类目编码	一级类目	二级类目	三级类目	四级类目	备注
30–17.35.40.10				实验室家具	
30–17.35.40.20				体育馆家具	
30–17.30.50			家具五金		新增类目
30–17.30.50.05				拉手	
30–17.30.50.10				铰链	
30–17.30.50.15				角码	
30–17.30.50.20				吊码	
30–17.30.50.25				二合一连接件	
30–17.30.50.30				挂片	
30–17.30.50.35				层板托	
30–17.30.50.40				透气搁栅	
30–17.30.50.45				厨柜地脚	
30–17.30.50.50				厨柜阳角	
30–17.40.00		座椅			
30–17.40.10			固定式观众座椅		
30–17.40.15			可移动观众座椅		
30–17.40.20			露天看台座椅		
30–17.40.25			多功能固定座椅		
30–17.40.30			可拉伸座椅		
30–17.40.35			靠背长台椅		
30–17.40.40			桌椅配件		
30–17.60.00		其他装饰			
30–17.60.10			室内植物		
30–17.60.20			场地设施		
30–17.60.20.10				自行车架	
30–17.60.20.20				人造水池	
30–18.00.00	专用建筑				
30–18.10.00		成品房			
30–18.10.10			预制木结构成品房		
30–18.10.20			预制钢结构成品房		
30–18.10.30			混合结构房屋		
30–18.20.00		专用建筑设施			

续表

类目编码	一级类目	二级类目	三级类目	四级类目	备注
30–18.20.10			游泳池		
30–18.20.20			喷泉		
30–18.20.30			溜冰场		
30–18.30.00		专用功能房间			
30–18.30.10			环境监控室		
30–18.30.20			整体厨房		
30–18.30.30			整体卫生间		
30–18.30.30.10				SMC整体浴室	新增类目
30–18.30.30.20				VCM整体浴室	
30–18.30.30.30				贴面复合整体浴室	

2. 编码的常用使用规则

通过举例的方式说明部品部件库编码规则在装修部分的应用。标准码：如硅酸钙复合墙板采用线性国家标准《建筑信息模型分类和编码标准》GB/T 51269的分类方法，对应的编码为30–15.50.20.20。特征码：可穷举的属性为普通型特征码，比如“住宅室内居室用”对应的编码为2204。不可穷举的属性为输入特征码，比如“长度”206（2400mm）。比如“住宅室内居室用硅酸钙复合墙板”对应的编码为30–15.50.20.20：2204，长度2400mm的硅酸钙复合墙板，对应的编码为30–15.50.20.20：206（2400mm）；住宅室内居室用硅酸钙复合墙板长度2400mm宽度1200mm高度为8mm，对应的编码为30–15.50.20.20：2204. 206（2400mm）.207（1200mm）.208（8mm）（表7–7、表7–8）。

装配式建筑部品部件普通特征码及其类目名称（节选）　　表7-7

类型编码	参数编码	备注
22（用途）	01（家用）	
	02（商用）	
	03（防静电）	
	04（住宅室内居室）	
	05（住宅室内卫生间）	
	06（住宅室内厨房）	
	07（住宅室内阳台）	
	08（住宅室内公区）	
	09（住宅室外）	
	10（办公室内开放区）	
	11（办公室内会议室）	

续表

类型编码	参数编码	备注
22（用途）	12（办公室内机房）	
	13（办公室内卫生间）	
	14（办公室内公区）	
	15（办公室外）	
	16（舞蹈舞台专用）	
	17（医院病房专用）	
	18（医院室内公区专用）	
	19（运动馆场内专用）	
	20（图书馆专用）	
	21（展览馆专用）	
	22（音乐厅专用）	
	23（田径专用）	
	24（商场专用）	

装配式建筑部品部件输入特征码及其类目名称（节选）　表 7-8

类型编码	属性类型	属性参数	备注
200	颜色	（……）	
201	花色	（……）	
202	风格	（……）	
203	质感	（……）	
205	纹理	（……）	
206	长度	（……）	
207	宽度	（……）	
208	高度	（……）	
209	厚度	（……）	
040	项目地址	（……）	
041	项目地址邮政编码	（……）	
042	项目位置海拔高度	（……）	
043	项目位置平均大气湿度	（……）	
044	建筑总高度	（……）	
045	建筑地下总层数	（……）	

7.4　装配化装修部品部件库研发应用

7.4.1　装配化装修部品部件库概况

装配化装修部品部件库涵盖了常用建材、按照装配化装修工法构造所需的部品部件以及按照不同功能空间划分的部品部件三部分，适用于基于BIM的装修设计、生产、施工以及后期运维的全产业链环节，结合工程实践实例化了BIM模型5300多个，包括厨房模块、卫生间模块、内隔墙、地暖模块、吊顶模块等（图7–2）。

(*a*) 丁字形塑料胀塞　(*b*) 几字形铝型材　(*c*) 铝—硅酸钙复合门　(*d*) 上字形铝型材

(*e*) 漱口杯架　(*f*) 套装淋浴混水器　(*g*) 同层排水可调节座卡　(*h*) 同层排水专用淋浴地漏

图7–2　装配化装修部品部件库中部分部品部件模型

7.4.2　设计阶段的应用

设计师根据项目需求在装配化装修部品部件库中基于不同功能的部品属性进行比较与选择，如整体卫浴、门窗、墙面、地面、吊顶等相关的部品及连接件的选择。装配化装修标准化部品部件库的编码融入了部品部件的特征，设计过程中设计师能够根据部品部件特征，或者更改特征参数，建立适合项目条件的部品族库，通过电脑屏幕上虚拟出三维立体图形，达到三维可视化设计，有利于设备管线的准确定位和布置，体验不同材料的装修质感，不同角度观察装修效果，从而实现方案的选择和优化。

装配化装修部品部件库在REVIT软件基础上针对装配化装修进行了BIM技术的二次开发，可以提升设计人员工效，实现一键出图出量，与传统设计采用二维设计相比较，将原来2周完成的设计任务缩短到3天，并且实现自动出量，匹配工厂进行下料生产。具体通过八个步骤完成：具体如图7–3所示。

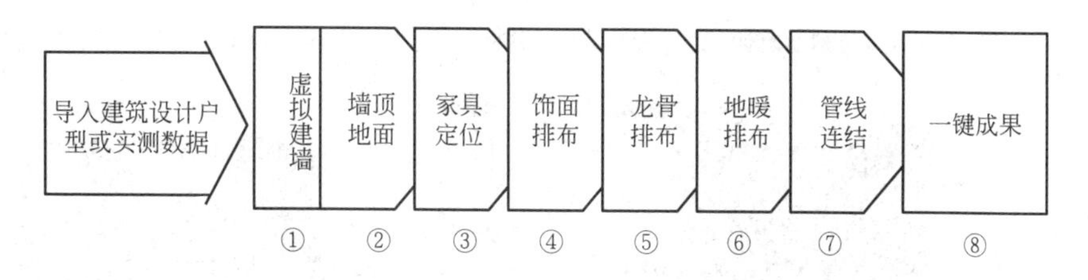

图 7–3　装配化装修部品部件库 BIM 软件应用流程

1. 虚拟建墙

在大开间内，进行二次隔墙的虚拟建造（图 7–4）。

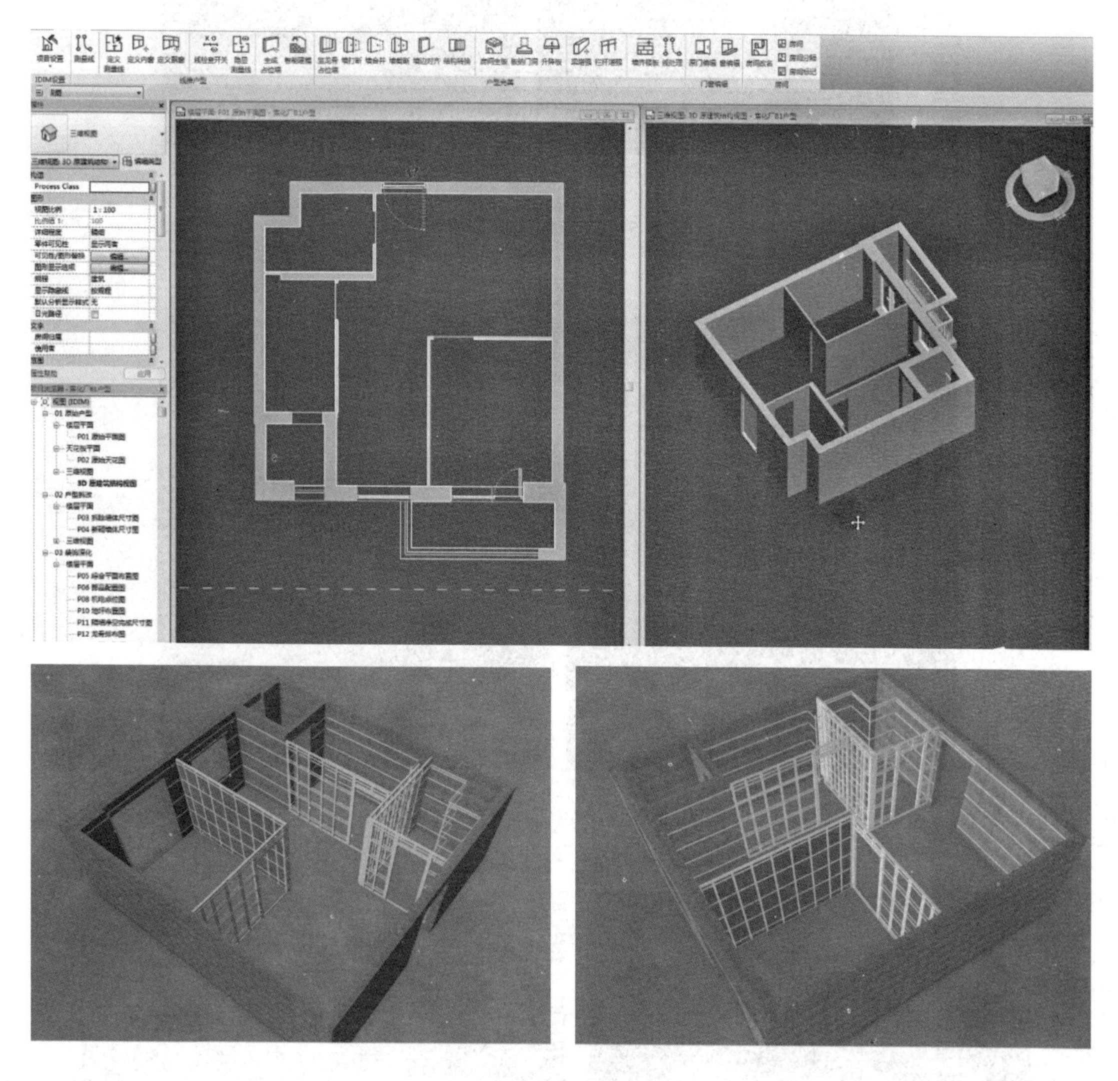

图 7–4　智能建墙示意

2. 墙顶地面设计

利用软件中的装饰深化功能，对本项目的墙顶地饰面材料进行选择，完成室内空间的饰面层设计（图 7–5 ～图 7–7）。

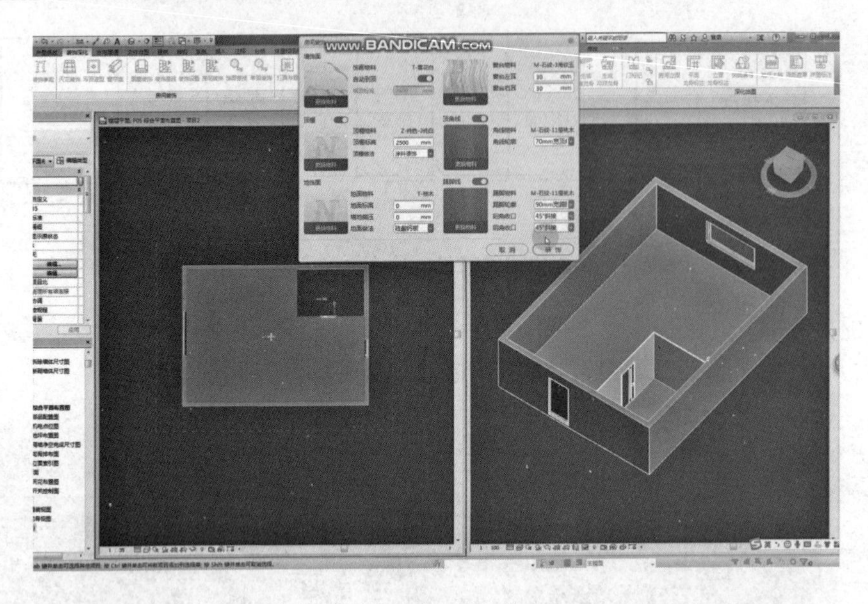

图 7–5 装饰深化功能示意

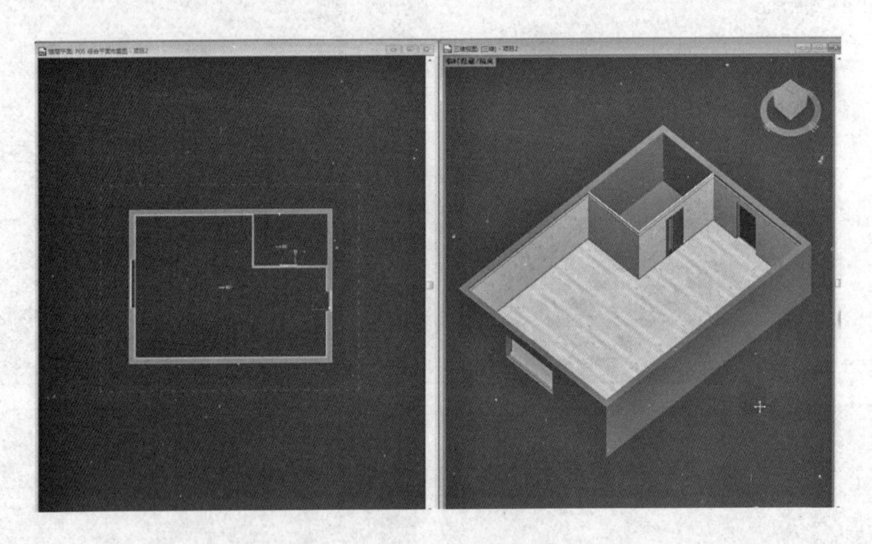

图 7–6 起居室饰面效果示意

图 7–7 地面、卫生间墙面饰面效果示意

3．对家具进行定位（图7–8）

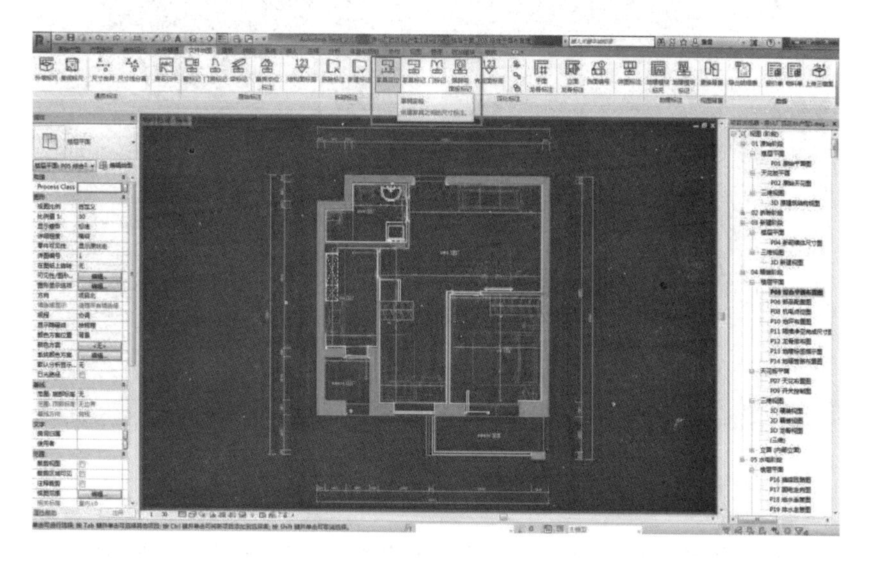

图 7–8　家具定位功能示意

4．进行装饰面排布（图7–9）

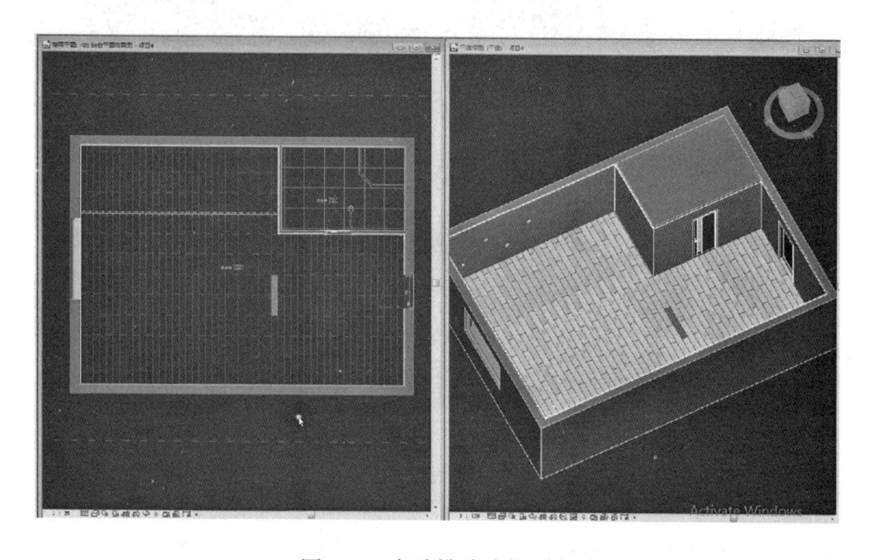

图 7–9　自动排砖功能示意

5．设定龙骨间距，进行龙骨自动排布（图7–10）

6．设定地暖模块宽度，进行地暖排布（图7–11）

7．管线连接（图7–12、图7–13）

8．一键出图出量（二维、三维设计图、BOM清单）（图7–14 ~ 图7–16）

通过设计阶段应用装配化装修部品部件库，可以实现建筑与装修一体化设计和各专业协同。部品部件库中的部品信息自带属性数据，任何一个专业的设计师对参数数据进行了调整，其他专业设计人员可同步获得修改信息。各专业之间的协同决定了装修及管线设备

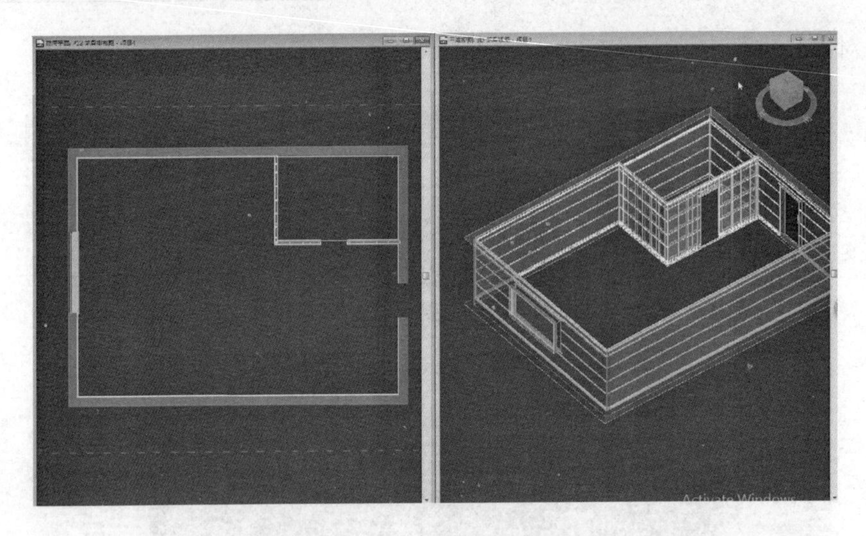

图7-10　龙骨自动排布功能示意

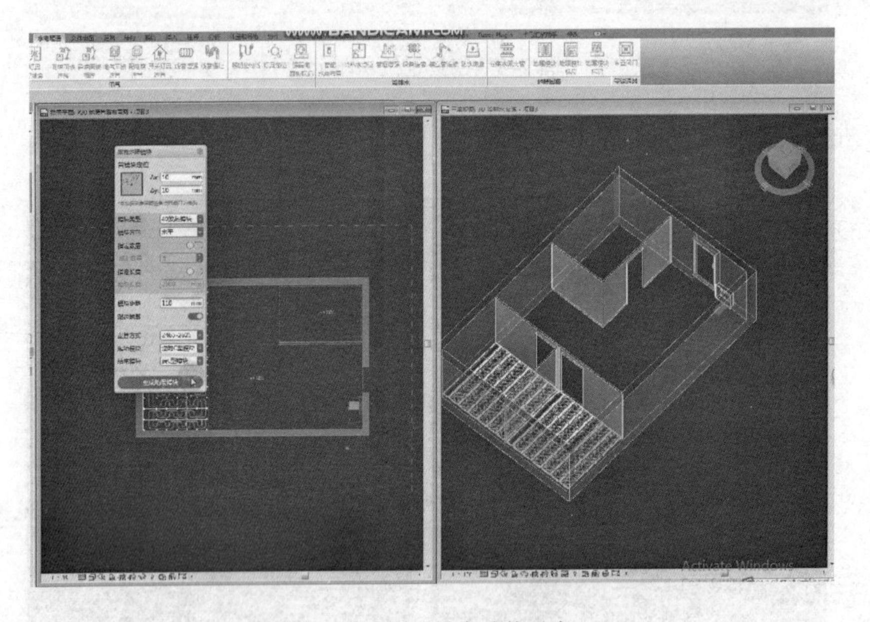

图7-11　地暖排布功能示意

等部品部件的选择与现场施工契合度更高，如在装配式建筑中大开间式的户型设计决定了装修部品部件中需要选择轻质隔墙，在具有内隔墙的建筑结构下，装修部品部件则只能选择装配式墙面。此外，通过标准化部品部件的预先排布，可以提升现场标准部件使用率，降低定制化部品比例。

通过装配化装修部品部件库对管道密集区域进行综合排布设计、虚拟几种施工条件下的管线布设、连接件安装的模拟，可以提前发现施工现场存在的碰撞和冲突，尽早发现施工过程中可能存在的碰撞和冲突，有利于减少设计变更，提高施工现场的工作效率。同时，在设计阶段完成BIM模型的建立，能够以三维可视化效果呈现，同时对应的各个参数指标标识明确，有利于后续环节中的应用。

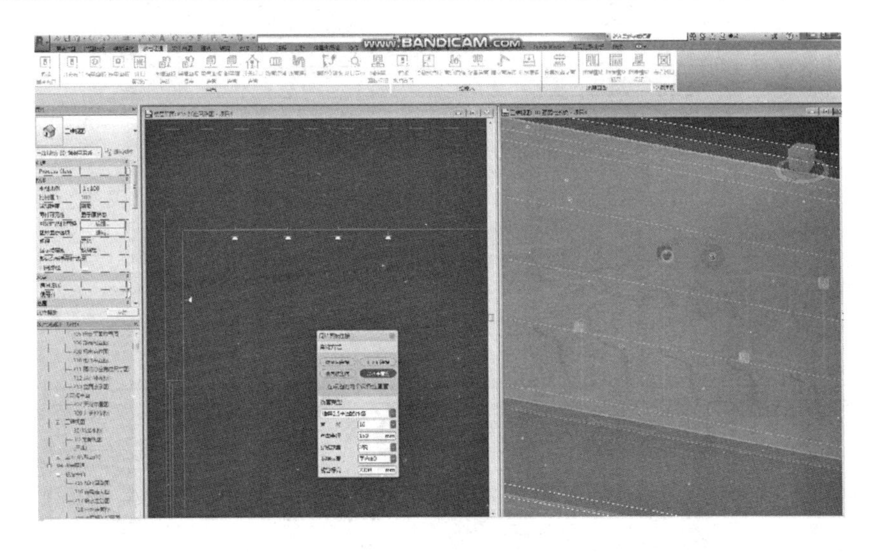

图 7–12　墙面管线连接示意

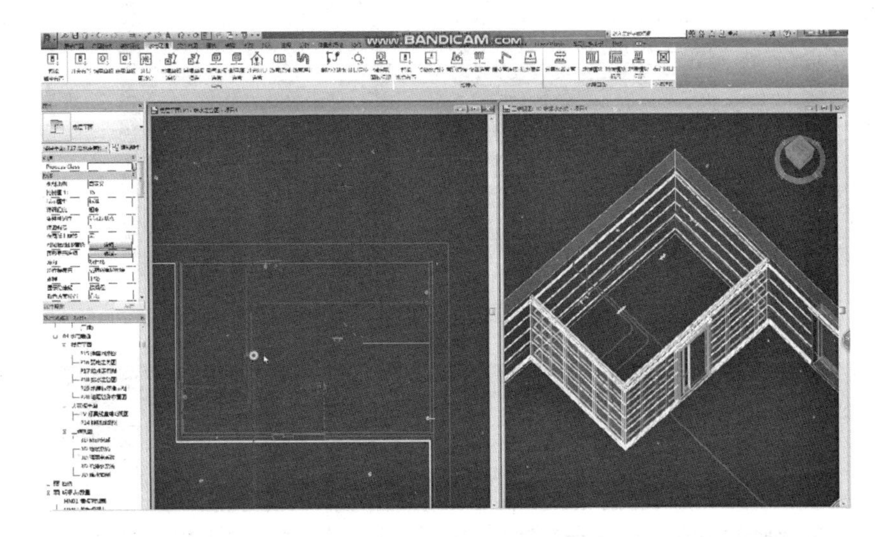

图 7–13　地面管线连接示意

20180121088	[illegible]户型		龙湖	2018-12-21 18:14:44
20181220	[illegible]	[illegible]	龙湖	2018-12-21 16:58:11
[illegible]	50户型			2018-12-18 13:04:32
1545099049	50户型			2018-12-18 10:24:09
1545099834	50户型			2018-12-18 10:23:51
[illegible]	[illegible]户型		[illegible]	2018-12-04 14:19:18
1543559970	请输入项目名称			2018-11-30 14:29:30
[illegible]	请输入项目名称			2018-11-30 13:56:14
201808088	[illegible]156号5号楼		[illegible]	2018-11-20 [illegible]
1542590329	请输入项目名称			2018-11-19 09:18:49
[illegible]	请输入项目名称			2018-11-16 15:12:19
1542330990	请输入项目名称			2018-11-16

图 7–14　一键出图出量功能示意（一）

装配式装修BIM数据系统

订单管理
项目订单
SKU管理
数字资源管理

报价单

图 7-14 一键出图出量功能示意（二）

wt	注释	类型	部位编号	钛晶包覆板宽	钛晶包覆板高度	标记
硅酸钙复合墙板	涂装板——石纹（雪花白）	1003x2700x10mm	首层玄关C	1003	2700	墙板
硅酸钙复合墙板	涂装板——石纹（雪花白）	1003x2700x10mm	首层玄关C	1003	2700	墙板
硅酸钙复合墙板	涂装板——石纹（雪花白）	315x2700x10mm	首层玄关B	315	2700	墙板
硅酸钙复合墙板	涂装板——石纹（雪花白）	665x2720x10mm	首层玄关B	665	2720	墙板
硅酸钙复合墙板	涂装板——石纹（雪花白）	665x2720x10mm	首层玄关B	665	2720	墙板
硅酸钙复合墙板	涂装板——石纹（雪花白）	1000x2690x10mm	首层走廊B	1000	2690	墙板
硅酸钙复合墙板	涂装板——石纹（雪花白）	797x2510x10mm	首层走廊B	797	2510	墙板
硅酸钙复合墙板	涂装板——石纹（雪花白）	894x2510x10mm	首层走廊B	894	2510	墙板
硅酸钙复合墙板	涂装板——石纹（雪花白）	400x2700x10mm	首层餐厅A	400	2700	墙板
硅酸钙复合墙板	涂装板——石纹（雪花白）	875x2700x10mm	首层客厅D	875	2700	墙板
硅酸钙复合墙板	涂装板——石纹（雪花白）	80x2700x10mm	首层客厅D	80	2700	墙板
硅酸钙复合墙板	涂装板——石纹（雪花白）	1000x2690x10mm	首层楼梯间D	1000	2690	墙板
硅酸钙复合墙板	涂装板——石纹（雪花白）	540x2690x10mm	首层楼梯间D	540	2690	墙板
硅酸钙复合墙板	涂装板——石纹（雪花白）	1000x2690x10mm	首层楼梯间D	1000	2690	墙板
硅酸钙复合墙板	涂装板——石纹（雪花白）	800x490x10mm	首层楼梯间D	800	490	墙板
硅酸钙复合墙板	涂装板——石纹（雪花白）	600x200x10mm	首层餐厅A	600	200	墙板
硅酸钙复合墙板	涂装板——石纹（雪花白）	1000x310x10mm	首层走廊B	1000	310	墙板
硅酸钙复合墙板	PEARL	350x2420x10mm	首层卫生间B	350	2420	墙板
硅酸钙复合墙板	PEARL	565x2420x10mm	首层卫生间C	565	2420	墙板
硅酸钙复合墙板	PEARL	300x2420x10mm	首层卫生间B	300	2420	墙板
硅酸钙复合墙板	PEARL	600x2420x10mm	首层卫生间C	600	2420	墙板
硅酸钙复合墙板	PEARL	500x2420x10mm	首层卫生间C	500	2420	墙板
硅酸钙复合墙板	PEARL	520x2420x10mm	首层卫生间D	520	2420	墙板
硅酸钙复合墙板	PEARL	600x2420x10mm	首层卫生间B	600	2420	墙板
硅酸钙复合墙板	PEARL	800x220x10mm	首层卫生间B	800	220	墙板
硅酸钙复合墙板	T-木纹-18秦柚	970x1100x10mm	二层卧室A	970	1100	墙板
硅酸钙复合墙板	T-木纹-18秦柚	970x1100x10mm	二层卧室A	970	1100	墙板
硅酸钙复合墙板	T-木纹-18秦柚	970x1100x10mm	二层卧室A	970	1100	墙板

图 7-15 硅酸钙复合墙板工厂 BOM 示意表

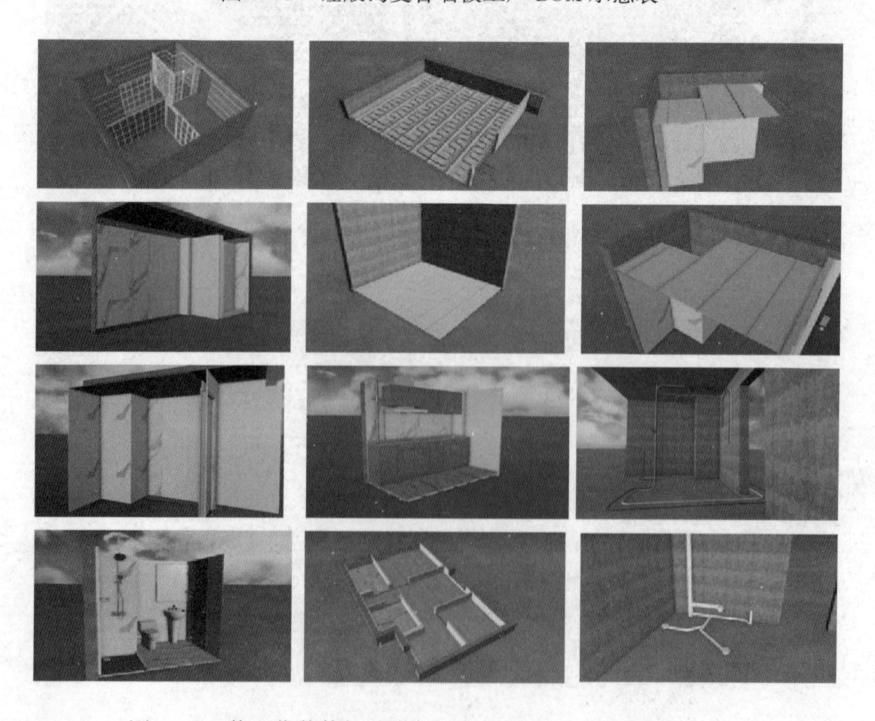

图 7-16 装配化装修标准化部品部件库应用过程示意（一）

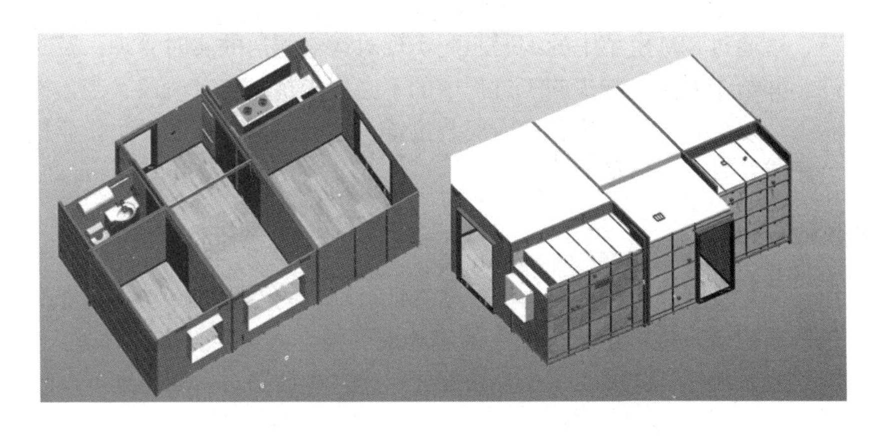

图 7–16 装配化装修标准化部品部件库应用过程示意（二）

7.4.3 生产阶段应用

装配化装修部品部件库中的BIM模型传输到工厂，可以实现与工厂制造的无缝衔接，部品部件库编码可直接应用于工厂阶段的MES系统，或者可以通过编码转换完成与工厂制造的对接。通过BIM模型可以得到每个部品的批量生产数据即下料清单，根据清单在工厂进行生产计划安排。部品部件生产完成，即以BIM模型中对应的编码作为唯一身份标识，以智能芯片或者二维码方式随其部品部件详细信息分批打包出厂。包装过程对应施工现场需求，将BIM模型进厂时拆解为批量部品的过程还原，针对每一户型内各个装修部位所需部品部件进行编号打包（图7–17）。

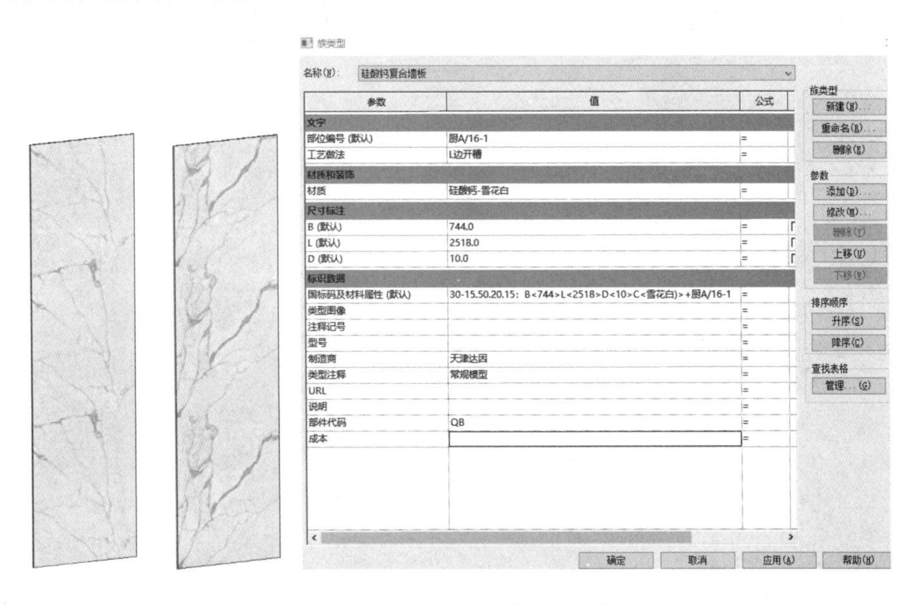

图 7–17 硅酸钙复合墙板产品信息

7.4.4 运输和安装阶段应用

通过部品部件库的项目管理功能，装配化装修部品部件在施工现场可以实现扫码接收，及时上传，可通过BIM模型中的编码匹配实现对运输配送的实时管理，及时发现配送中出现的问题，并给予纠正，减少施工过程中的不必要干扰。安装阶段，工人按照BIM模型进行现场施工，以编号匹配户型及户内安装位置，将部品部件按照干法作业规范操作进行组装，安装完成及时进行信息上传。

7.4.5 运维阶段应用

通过应用装配化装修部品部件库模型，建立针对项目的专用族库，在BIM中进行专业参数设置，这些参数通过生产过程中植入的芯片或二维码将伴随部品部件进入各个用户，每一个房间内的部品部件集合形成一个装修数据库，这些数据对后期运维可以起到重要的支持作用。

在运维阶段的设施管理方面。通过数据的跟踪与统计，对水龙头、开关等易耗品进行管理，提前预警设备设施的更换信息，通过数据传输工厂将及时供应备品备件，方便维护与保养。另外通过部品部件使用寿命数据，可匹配与之同寿命的部品部件，提升部品部件使用效率，减少维修过程中的部品部件浪费。

在协助运维管理方面。基于项目装修数据库，后期拆改可通过射频读写器快速获取不能拆除的管线、承重墙等建筑构件的相关属性。避免在拆改过程中发生操作失误。可以便于管理复杂的管网，如污水管、排水管、网线、电线以及相关管井，并且可以在图上直接获得相对位置关系。当改建或二次装修的时候可以避开现有管网位置，便于管网维修、更换设备和定位。内部相关人员可以共享这些电子信息，有变化可随时调整，保证信息的完整性和准确性。此外，基于大数据与云平台的信息化技术也可以支持对装修设备设施的远程控制，充分了解室内装修部品及设备的运行状况，为业主更好地进行运维管理提供良好条件。

第8章　装配式混凝土建筑部品部件库示范工程案例分析

8.1　玉林市福绵区2015年扶贫生态移民工程部品库应用

8.1.1　工程概况

1．工程基本情况

玉林市福绵区2015年扶贫生态移民工程项目位于玉林市福绵区，为异地扶贫安置工程，规划用地680亩，安置用地120亩，采用EPC工程总承包模式，总承包单位为迈瑞司（北京）抗震住宅技术有限公司。项目由10栋住宅楼和2号、3号设备用房组成，总建筑面积为62157.59m^2，其中，住宅建筑面积56478.25m^2，商业建筑面积4831.61m^2，社区居委会用房建筑面积262.48m^2，物管用房建筑面积252.48m^2，设备用房建筑面积333.05m^2。

本次实施装配式建筑为9号、10号楼，建筑面积11046.46m^2，共124套。采用密肋复合板结构体系，预制部品部件包括预制密肋复合板、叠合楼板、预制楼梯等。工程抗震设计为基本烈度7度（第一组），建筑类别丙类，场地设计基本地震加速度值为0.10g，特征周期为0.35s，结构构造按抗震等级要求设计，抗震等级为三级（图8–1）。

图8–1　工程总平面效果图

2．示范内容

第一，部品部件库平台虚拟建造技术与物联网技术进行工序与工艺优化，提高工效，实现进度、资源、成本的实时交互，建立构配件实时分析机制，建立装配式建筑施工计量、价格、质量标准化模块。采用的装配式预制构件大部分直接从部品部件库调用，直接组装形成建筑三维信息模型，完成设计任务（包括深化设计、各专业协调和施工碰撞检查）。

第二，以部品部件库标准化部品部件信息模型为基础，进行工厂预制构件生产管理，具体包括模具设计加工、生产下料与工艺布置、算量与成本控制、构件质量控制等。

第三，基于三维BIM模型，建立协同平台，配合进行现场施工的工艺流程、质量控制与质量追溯。全面实现建筑设计、构件生产、施工、验收上各阶段信息互通。

8.1.2　基于标准化的策划与设计

本项目在方案构思阶段，根据甲方诉求以及用地指标等实际情况，依托装配式建筑标准化部品部件库平台，从设计源头实现标准化、信息化，采用BIM三维建模，实现设计、生产、施工、验收无缝衔接，实现全过程信息化管理（图8-2）。

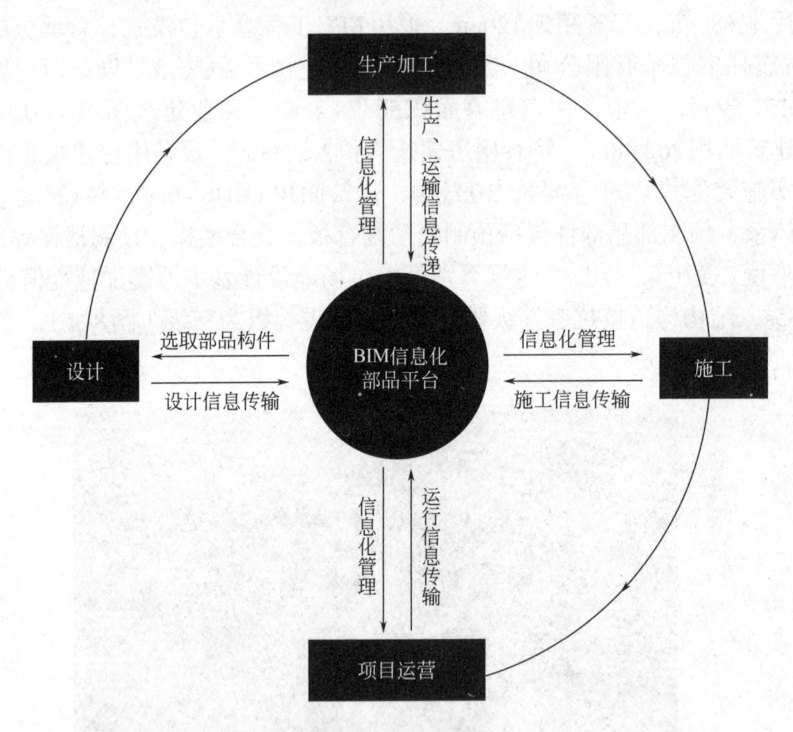

图8-2　部品平台运营流程图

1．建筑设计

从装配式建筑标准化部品部件库直接选取标准化预制构件，包括密肋墙板、叠合楼板、预制楼梯、预制空调板、预制阳台板等装配式构件。坚持多组合、少规格的设计原则，在对户型设计优化的前提下，从部品部件库平台选用标准化预制构件模型，在满足建筑产品和构件设计的系统化和标准化同时，满足了建筑立面设计的多样化和个性化要求。

建筑师根据构件库中构件参数，建立参数化模型形成初步建筑信息模型。结构工程师根据建筑信息模型简化形成力学计算模型，选取构件库中合适构件，最终形成信息化建筑模型、结构模型及生产加工图纸，设计流程见图8-3。立面效果见图8-4，竣工照片见图8-5。

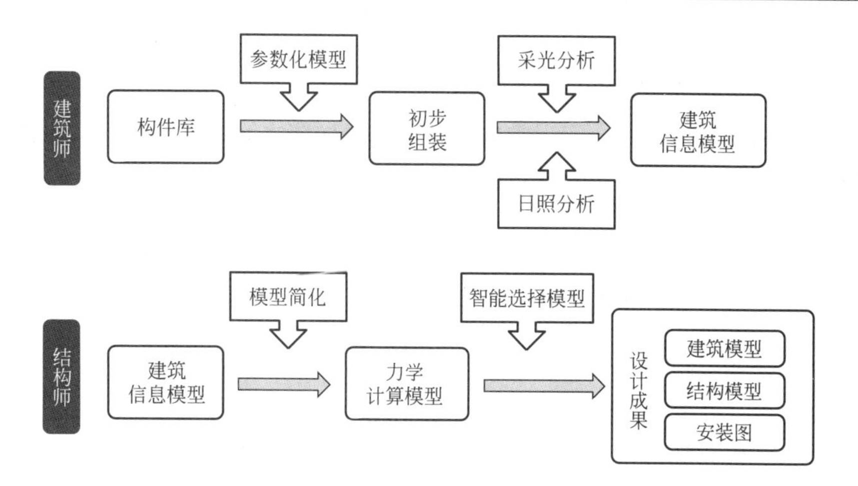

图 8-3 建筑结构设计流程图

图 8-4 立面效果图

图 8-5 竣工照片

2. 结构分析

基于装配式计算模型，考虑选取的部品部件折算刚度，与后浇部分一同用PKPM建模计算，验算各项指标是否合格，实现整体计算与构件详图之间的无缝衔接。在结构安全上除满足相关国家、行业的设计规范、规程以及技术规定外，还满足密肋复合板结构技术规程要求。

密肋复合墙体在小震下的弹性分析时，可采用等效匀质墙单元模型。可将中间预制的密肋复合墙板进行均质等效（图8–6、图8–7）。

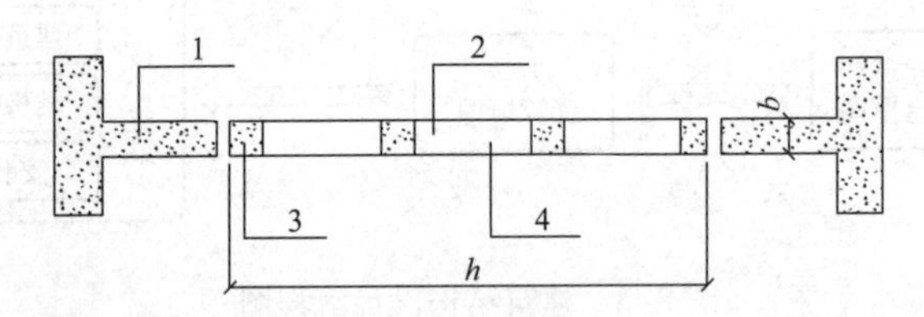

图 8–6　密肋复合墙体平面示意

1– 混凝土边缘构件；2– 密肋复合墙板；3– 密肋复合墙板肋柱；4– 密肋复合墙板填充体

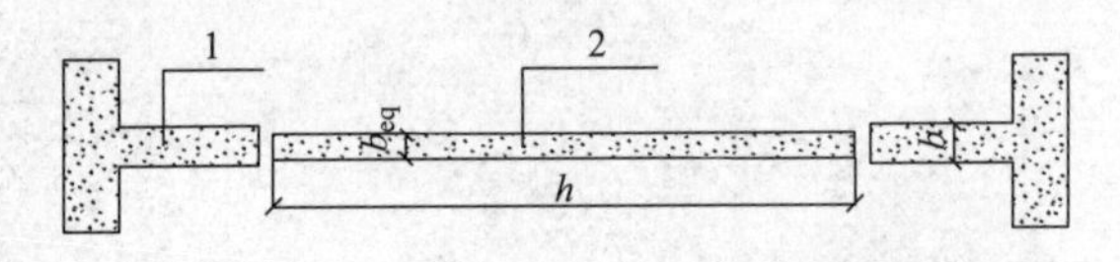

图 8–7　密肋复合墙体等效匀质墙单元示意

1– 混凝土边缘构件；2– 等效混凝土墙板

等效原则应符合式（8–1）要求。

$$E_c b_{eq} h = E_c + A_c + E_q A_q \tag{8-1}$$

式中　E_c——混凝土弹性模量（N/mm^2）；

E_q——肋格内填充体的弹性模量（N/mm^2）；

A_c——预制墙板各混凝土肋柱横截面面积之和（mm^2）；

A_q——墙板填充体的水平投影面积总和（mm^2）；

h——预制墙板截面高度（mm）；

b_{eq}——等效墙板厚度（mm）

中震下的密肋复合墙体计算，可采用等效斜压杆模型。根据试验结果和理论分析，将填充体对角长度的1/3作为等效斜压杆的宽度，并根据不同的材料弹性模量；再将墙板等效成刚架斜压杆体系进行计算分析（图8–8）。

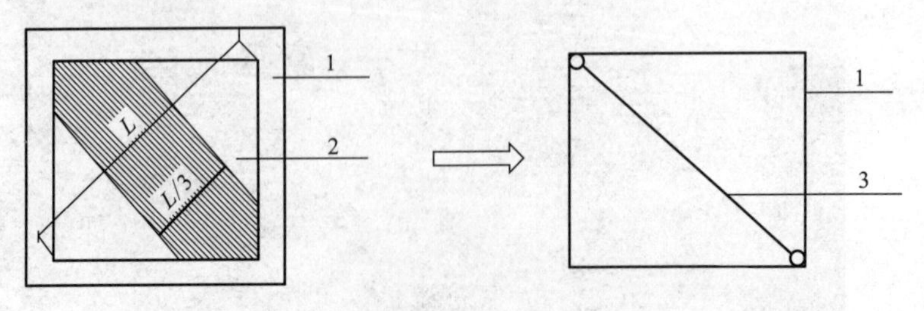

图 8–8　密肋复合墙体等效斜压杆模型

1– 混凝土肋梁肋柱；2– 填充体；3– 等效混凝土斜撑

3．抗震构造设计

密肋壁板结构房屋的试验研究结果表明，与相当高度其他类型的高层结构房屋比较，该类房屋具有较好的整体性能、良好的耗能性能和抗倒塌能力，其产生的裂缝弥散于墙板的砌块格内，使得地震能量能够对于不同阶段得到释放，结构的自振周期得到调整，从而使得大震作用下的抗倒塌能力有很大的提高。本项目住宅楼在设计过程中，除了遵循国家有关规程或规范中专门的抗震构造规定外，在密肋壁板与隐形外框之间采取了一些特殊的构造措施，以确保房屋构件在地震作用下能够整体协同工作（图8-9 ~图8-11）。

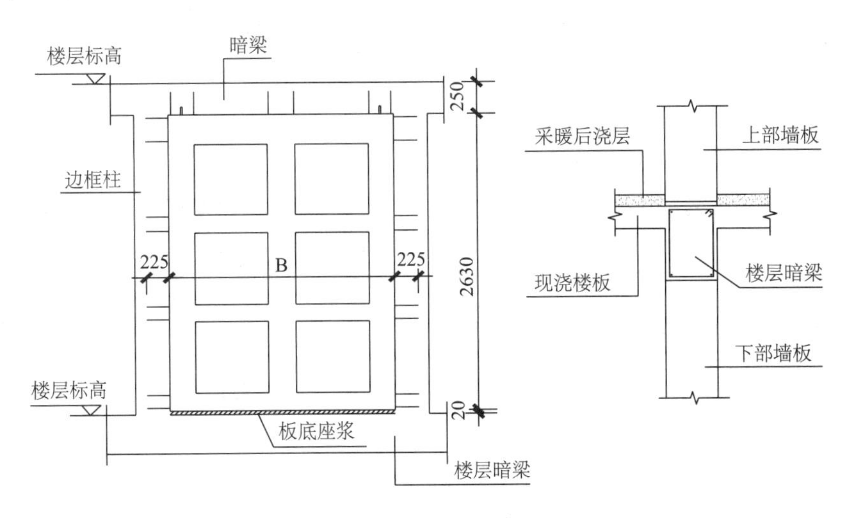

图8-9 墙板竖向连接构造

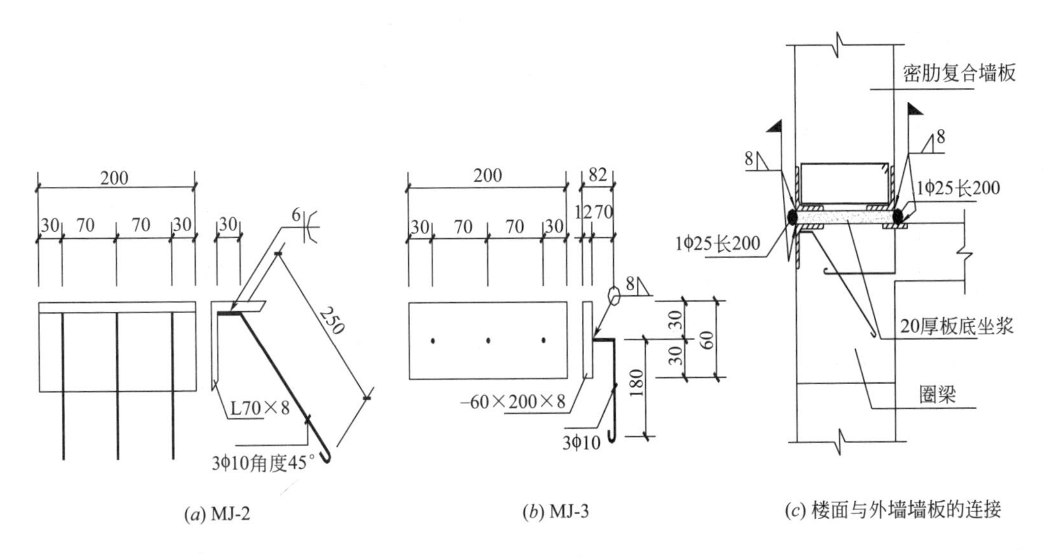

图8-10 下部加强区外墙板竖向连接加强（或采用预制PC结构常用的灌浆套筒连接）

4．预制部品部件设计

从平台部品中选取标准化部品构件，从设计源头实现建筑信息化管理，对每个构件进行统一、唯一的编码，并利用电子芯片技术植入构件信息，对构件进行实时跟踪。BIM平台通过项目自定义编码，对单个构件实现唯一编码，在平台方便将二维码导出，通过施工

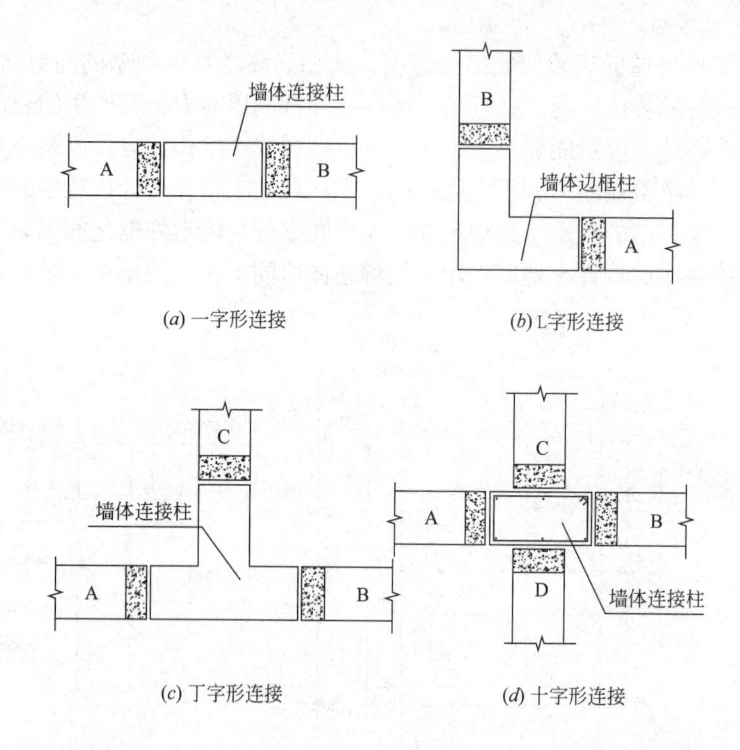

(*a*) 一字形连接　(*b*) L字形连接

(*c*) 丁字形连接　(*d*) 十字形连接

图 8-11　墙体水平连接构造

现场扫描可查看对应的构件信息、图纸、设计变更等，实现数字化施工管理装配式结构设计，实现部品部件在设计、生产、施工、验收各环节的无缝衔接。

8.1.3　标准化部品部件的选用与优化

本工程采用标准化部品部件类型，主要包括预制密肋复合板、叠合楼板、预制楼梯、预制阳台板、空调板、女儿墙等。以10号楼为例，其标准化部品部件占比在85%以上，标准化部品应用情况计算见表8-1 ~ 表8-2。

预制结构构件的选用及应用范围　**表 8-1**

楼号	层高	层数	预制范围	预制构件种类
1号	3m	10层	预制密肋墙首层起； 预制填充墙首层起； 预制叠合板二层起	预制剪力墙（200mm）、 预制外墙（100mm、200mm）、 预制叠合楼板（60mm）、 预制叠合阳台、 预制楼梯（120mm）、 预制空调板（110mm）
2号	2.95m	11层		
3号	3m	10层		
4号	3m	10层		
5号	3m	6层		
6号	3m	10层		

续表

楼号	层高	层数	预制范围	预制构件种类
7号	3m	10层	预制密肋墙首层起； 预制填充墙首层起； 预制叠合板二层起	预制剪力墙（200mm）、 预制外墙（100mm、200mm）、 预制叠合楼板（60mm）、 预制叠合阳台、 预制楼梯（120mm）、 预制空调板（110mm）
8号	3m	10层		
9号	2.95m	11层		
10号	3m	10层		

10号楼标准化部品统计表 **表8-2**

楼号	结构体系	部品分类	标准化部品部件类型		非标准化部品部件类型		部品部件总量	标准化部品部件占比
			部品名称	数量	部品名称	数量		
10号	密肋复合板结构体系	主体结构部品部件	预制叠合板	576	预制叠合板	0	576	100%
			空调板	32	空调板	0	32	100%
			预制阳台板	24	预制阳台板	4	28	85.7%
			楼梯	87	楼梯	0	87	100.00%
			密肋板	414	密肋板	1	415	99.70%
			女儿墙	45	女儿墙	0	45	100.00%
		围护结构部品部件	预制外墙板	84	预制外墙板	0	84	100.00%

8.1.4 标准化部品部件的生产与施工

1. 部品部件的生产

预制构件通过部品平台获取设计图纸及需要加工的部品构件，根据设计安排构件生产，生产工程中通过信息化管理及时在部品平台上传构件生产进度等详细信息，并通过构件唯一标识实现构件与部品平台信息同步，生产流程见图8-12。

采用虚拟建造技术与物联网技术进行工序与工艺优化，提高工效，实现进度、资源、成本的实时交互，建立构配件实时分析机制，建立装配式建筑施工计量、价格、质量标准化模块。BIM技术使项目在规划、设计、施工和运营维护等过程实现信息共享，并保证各过程信息的集成。将BIM技术应用到装配式结构设计中，以预制构件模型的方式进行全过程的设计，可以避免设计与生产、装配的脱节，并利用BIM模型中包含有的详细而精确的建筑信息，指导预制构件进行生产。BIM技术使得装配式结构的设计、生产、施工、管理过程的信息集成化。

在预制构件的工业化生产中，对每个构件进行统一、唯一的编码，并利用电子芯片技术植入构件信息，对构件进行实时跟踪。BIM平台通过项目自定义编码，对单个构件实现唯一编码，在平台方便将二维码导出，通过施工现场扫描可查看对应的构件信息、图纸、设计变更等，实现数字化施工管理（图8-13）。

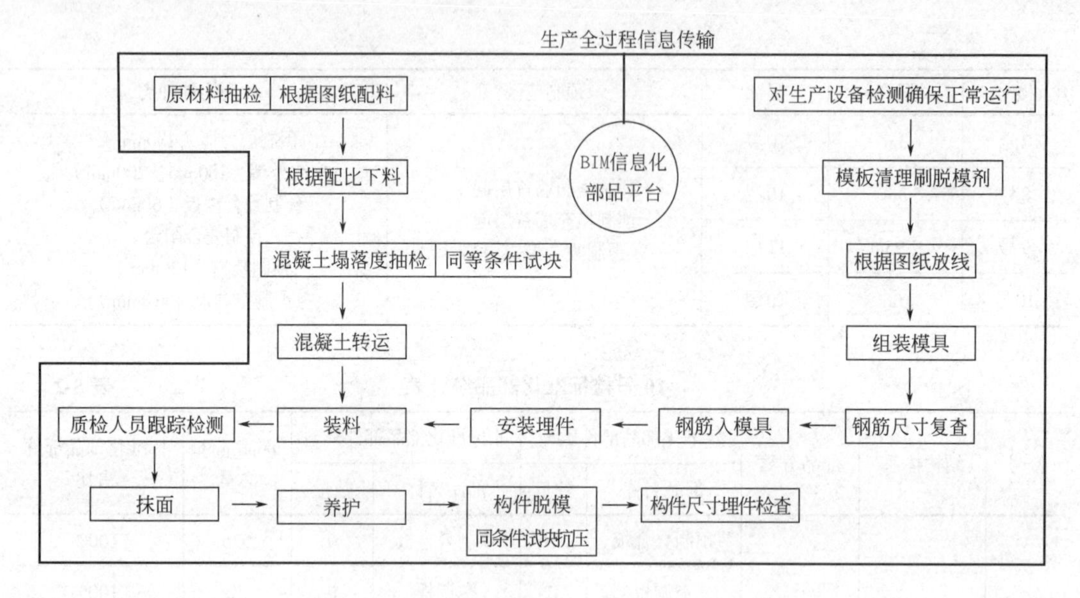

图 8-12　构件生产流程图

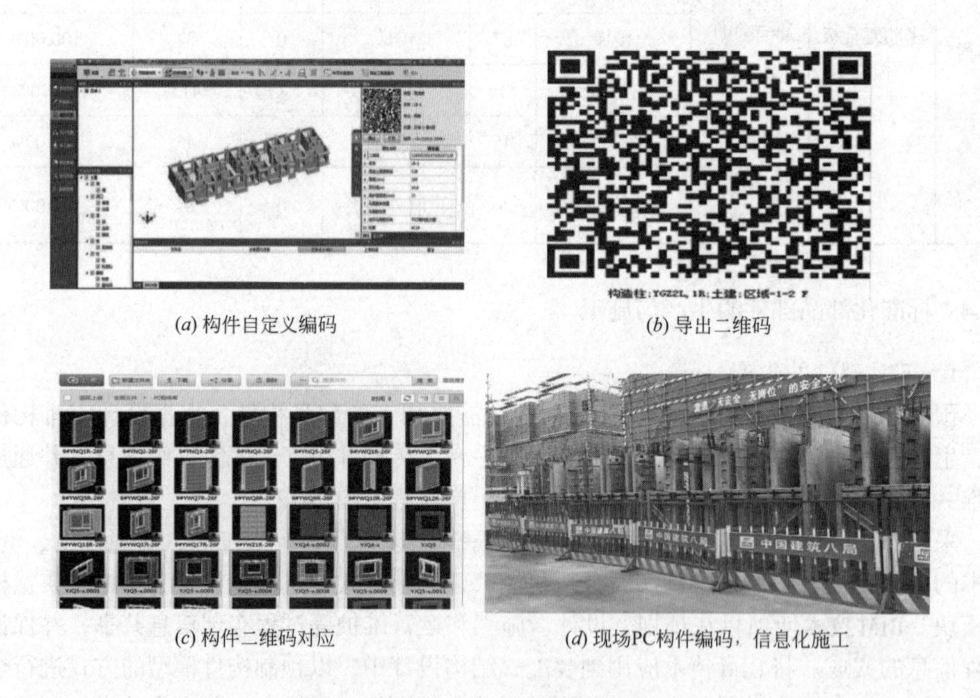

(*a*) 构件自定义编码　(*b*) 导出二维码

(*c*) 构件二维码对应　(*d*) 现场PC构件编码，信息化施工

图 8-13　构件自定义编码数字化管理

2．施工建造

建造阶段应用BIM模型模拟施工进度并以此合理规划预制构件的生产和运输以及施工现场的装配施工。施工阶段通过采集施工过程中的进度、质量、安全信息，上传到BIM模型，实现工程的全寿命周期管理。施工过程中，在分析复核与碰撞检查、施工模拟、信息传递中应用了BIM技术。

1）BIM模型的分析复核与碰撞检查

BIM技术在碰撞检查中的应用可分为单专业的碰撞和多专业的碰撞。多专业的碰撞是指建筑、结构、机电专业间的碰撞，多专业的碰撞因为构件管道过多，因此需要分组集合分别进行碰撞检查。装配式结构除跟现浇结构一样可以应用多专业的碰撞外，预制构件间的碰撞检查对BIM模型的检查具有重要作用，包括预制构件间以及预制构件与现浇结构间的碰撞。本工程中，主要检查预制板、预制梁、现浇梁、现浇柱之间的碰撞。

2）装配式结构施工模拟

施工模拟就是基于虚拟现实技术，在计算机提供的虚拟可视化三维环境中对工程项目过程按照施工组织设计进行模拟，根据模拟结果调整施工顺序，以得到最优的施工方案。施工前，对施工方案进行模拟论证，观测整个施工过程，对不合理的部分进行修改，对资源和进度方面实现了有效的控制；施工过程中，通过对实际施工的进度和所需要的资源的施工模拟，更好地协调施工中的进度和资源使用情况，提前发现施工过程中可能出现的安全问题，制定方案规避风险。

3）装配式结构现场施工的信息传递与共享

将图纸信息和模型进行关联，通过点击模型，可查看相对应的施工图纸，包括图纸各版本的查询和下载记录图纸报审状况，施工负责人可以及时获取图纸变更信息（图8–14）。

清单与模型构件进行关联，依据实际进度的开展提取模型总、分包工程量清单，运用BIM技术实现对合约规划、合同台账等方面的管理（图8–15）。

将Project与BIM平台数据连通，通过Project软件进行计划编制预审核流程的控制，通过BIM平台进行实际进度管理（图8–16）。

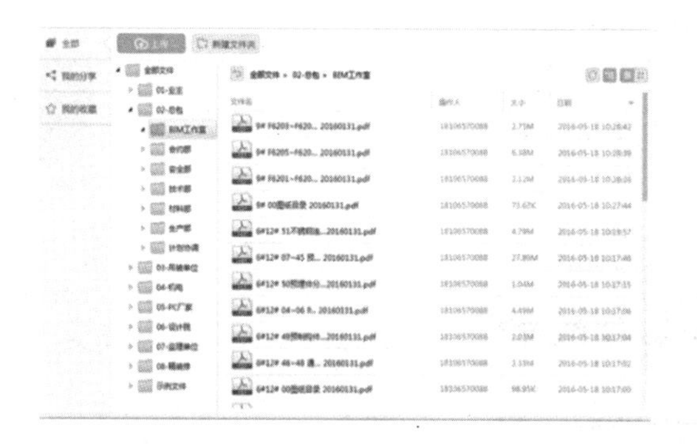

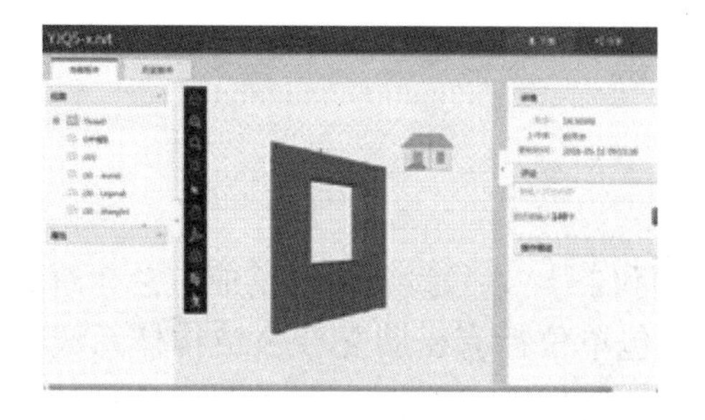

图8–14 图档资料管理

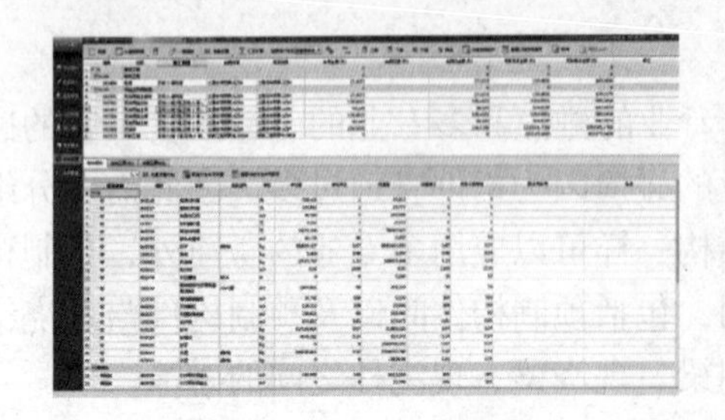
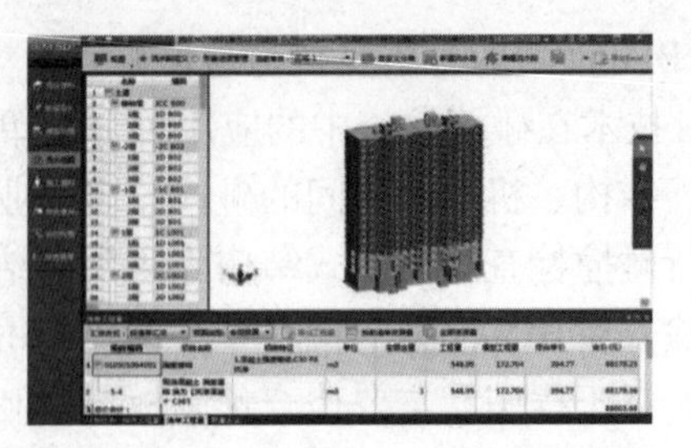

图8-15　基于BIM合约管理

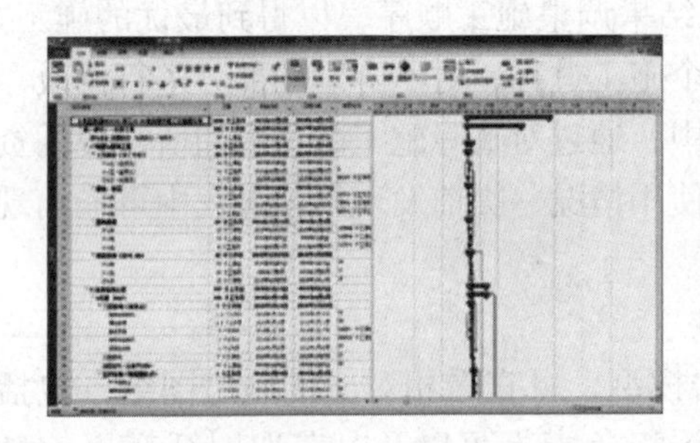
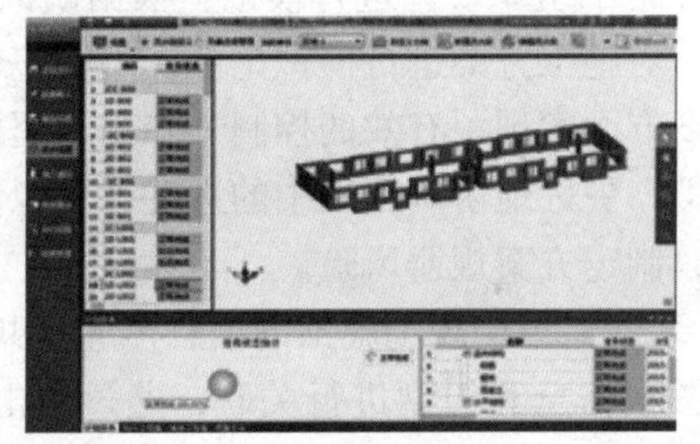

图8-16　基于BIM的进度计划管理

通过移动端进行数据采集，将质量安全问题反馈到平台模型上，制定责任人进行跟踪和反馈将当日跟踪信息反馈到平台，解决施工中存在的问题（图8-17～图8-23）。

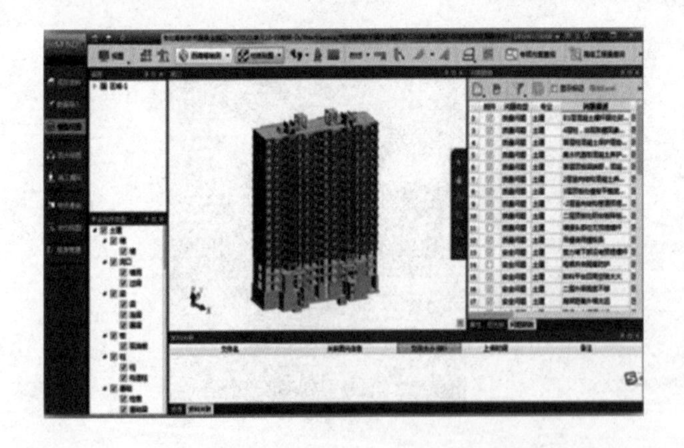
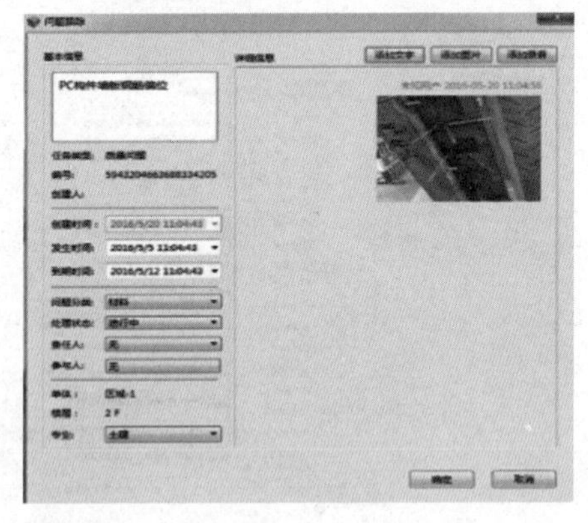

图8-17　基于BIM的质量安全管理

8.1.5　专家点评

示范工程为异地扶贫安置工程，由10栋住宅楼和2号、3号设备用房组成，总建筑面积为62157.59m²，采用EPC工程总承包模式，总承包单位拥有密肋复合板结构体系成套技术。本次示范实施装配式建筑为9号、10号楼，建筑面积11046.46m²。通过两栋楼的建设实践，积累装配式建筑EPC总承包管理经验，之后进行规模化推广应用模式，实现装

图8-18 楼板吊装

图8-19 预预制墙体

图8-20 预制楼梯

图8-21 预制构件

图8-22 预制墙板

图8-23 墙体组装

配式建筑在可持续化发展方面具有的优势。

项目前期阶段采用基于标准化的策划与设计，依托装配式建筑标准化部品部件库平台，采用BIM三维建模，从设计源头实现标准化、信息化，实现设计、生产、施工、验收无缝衔接，对建设全过程实施信息化管理。示范工程通过标准化部品部件库平台，采用虚拟建造技术与物联网技术进行设计优化，大部分预制构件直接从标准化部品部件库选取模型设计；以标准化部品部件信息模型为基础，进行工厂预制构件生产管理；以BIM模型为介质，配合进行现场施工的工艺流程和工程质量控制，采用信息编码、影像留存等信息技术实现质量追溯。

示范工程采用的预制部品部件包括预制密肋复合墙板、叠合楼板、预制楼梯等，标准化部品部件占所有部品部件应用比例达到85%以上。本示范工程按照实施方案的要求完成了相关工作，满足示范工程考核指标。建议随着项目的规模化建设，进一步丰富标准化部品部件库中密肋复合板结构体系预制构件种类和数量。

8.2　合肥经开区锦绣蔡岗棚户区改造工程部品库应用

8.2.1　工程概况

合肥经开区锦绣蔡岗棚户区改造工程项目，牵头单位为中国中建设计集团有限公司，参与单位有深圳中海建筑有限公司和安徽海龙建筑工业有限公司。建筑面积182956.24m^2。住宅为29 ~ 33层，建筑高度84.70 ~ 96.30m，层高2.9m，其中3号住宅楼、6号住宅楼有底部局部或全部架空。农贸市场建筑高度20.4m，1 ~ 3层，层高5.4m，功能为农贸市场和超市；4层层高3.6m，功能为社区管理用房等办公室。地下车汽车库，由于保留香樟大道，分为东区和西区，并由两条通道互相连通，地下1层层高4.0m，地下2层层高3.9m。

本项目基本烈度7度，设计地震分组（第一组），建筑抗震设防类别丙类，幼儿园抗震设防类别乙类，设计基本地震加速度值为0.10g，结构构造按抗震等级要求设计，抗震等级为二级。工程采用装配式混凝土剪力墙结构体系，下部加强部分为现浇剪力墙结构，上部为预制剪力墙，其中墙体为预制剪力墙板，楼板采用叠合楼板，楼梯采用预制楼梯。

8.2.2　基于标准化的策划与设计

1．项目策划

预制构件全小区统一考虑，设计时通过减少户型种类，户型设计标准化，满足“少规格、多组合”的原则；把墙板种类做到最少，相同尺寸墙板编号一致；全小区楼梯尺寸唯一。设计阶段考虑了后期生产以及现场运输布置，施工组织及安装，为后期工作减少阻碍。

根据项目情况预先进行策划，装配式深化设计涉及多专业、多人员的协同作业，明确各专业职责分工以及权限设定，建立了共享平台，协同工作，避免模型中碰撞冲突；设置稳定的软件及网络环境，确保每个协同人员在统一软件平台和标准下工作。

2．建筑设计

标准化产品户型设计

本工程严格遵守建筑模数协调标准，结合设计规范、项目定位及产业化目标等要求确定，在建筑方案设计阶段进行了户型优化。住宅空间开间进深以300mm为基数，卧室客厅开间层级为3300mm、3600mm、3900mm，细部尺寸以100mm为基数，各部位保持一致。从模数系列到功能模块、套型模块再到单元模块，形成一个标准化的户型设计（图8-24、表8-3）。

图 8-24 标准化户型设计流程

建筑方案功能空间尺度分析 **表 8-3**

户型	60型	75型	90型	105型	120型	135型
配置	两室一厅一卫 单阳台 （紧凑型）	两室两厅一卫 单阳台 （舒适型）	三室两厅一卫 单阳台 （紧凑型）	三室两厅一卫 双阳台 （标准型）	三室两厅两卫 双阳台 （舒适型）	四室两厅两卫 双阳台 （紧凑型）
玄关	1.5×1.8	1.5×1.8	1.5×1.8	1.5×2.1	1.5×2.1	1.5×2.4
客厅	3.3×3.9	3.3×3.9	3.3×3.9	3.6×3.9	3.6×3.9	3.9×3.9
主卧	3.0×3.3	3.0×3.9	3.0×3.9	3.3×3.9	3.3×3.9	3.3×3.9
次卧	2.4×3.3	3.0×3.9	3.0×3.3	3.3×3.9	3.0×3.9	3.0×3.9
次卧					3.0×3.9	
书房				3.0×3.9		2.7×3.9
餐厅				2.1×3.3	2.1×3.3	2.1×3.0
厨房	1.8×3.0	1.8×3.0	1.8×3.0	1.8×3.3	1.8×3.3	1.8×3.0
客卫	1.8×2.1	1.8×2.1	1.8×2.1	2.1×2.1	1.8×3.9	1.8×3.9
主卫					1.8×3.9	1.8×3.9

通过功能模块的分析和尺度确定从而确立标准户型模块，本工程规划户型面积指标为 $60m^2$、$75m^2$、$90m^2$、$105m^2$、$120m^2$、$135m^2$ 六种，根据装配式建筑设计原则，制定出A、B、C、D、E、F共六种户型，每个面积指标对应单一户型（图8-25）。

在功能模块标准化设计上对于厨房卫生间存在较多尺寸，各户型之间卫生间尺寸均存在差异。针对部分差异不大的区域，可考虑将其归并统一，同时对于装修部品部件的定位尺寸做到精细化设计，提高内装部品标准化程度（图8-26～图8-32）。

户型模块利用少规格多组合的方式，通过户型之间的组合，达到总平面的多样性（图8-33）。

户型规格标准化之后，对各种户型平面又进行了第二次标准化，即构件标准化，不同户型按标准构件进行拆分，将阳台、空调板作为配件组合使用，尽量减少模具的种类。所有楼栋楼梯尺寸均相同，整个项目只需一套模板，最大限度实现标准化（图8-34）。

3. 结构设计

本项目采用预制装配整体式剪力墙结构，预制构件包括预制夹芯保温外墙板、预制叠

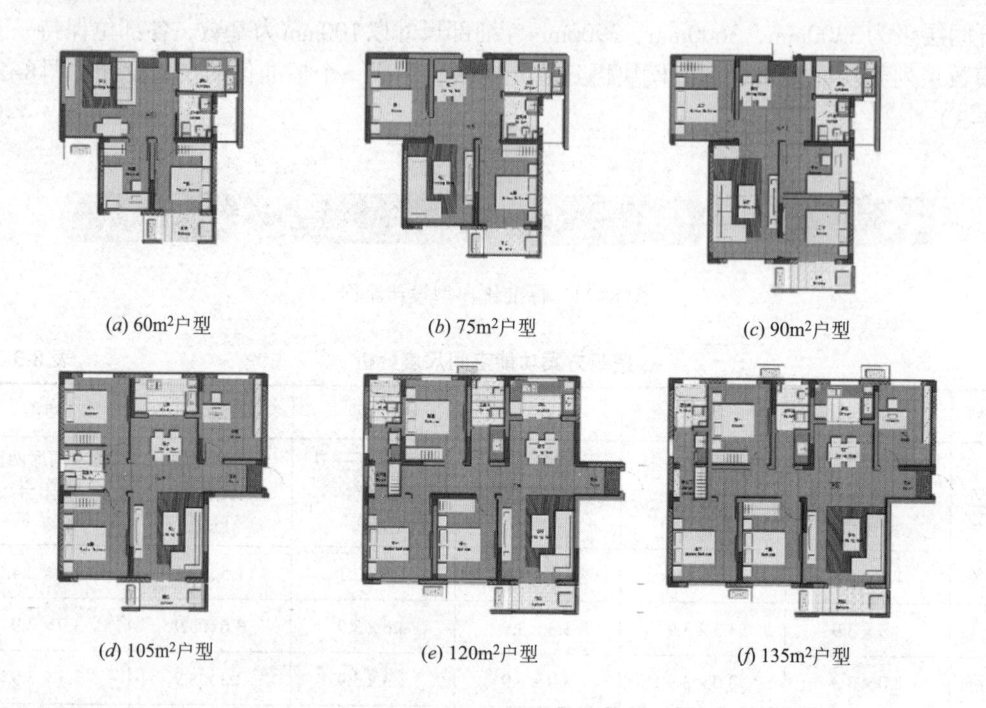

图 8-25　户型模块

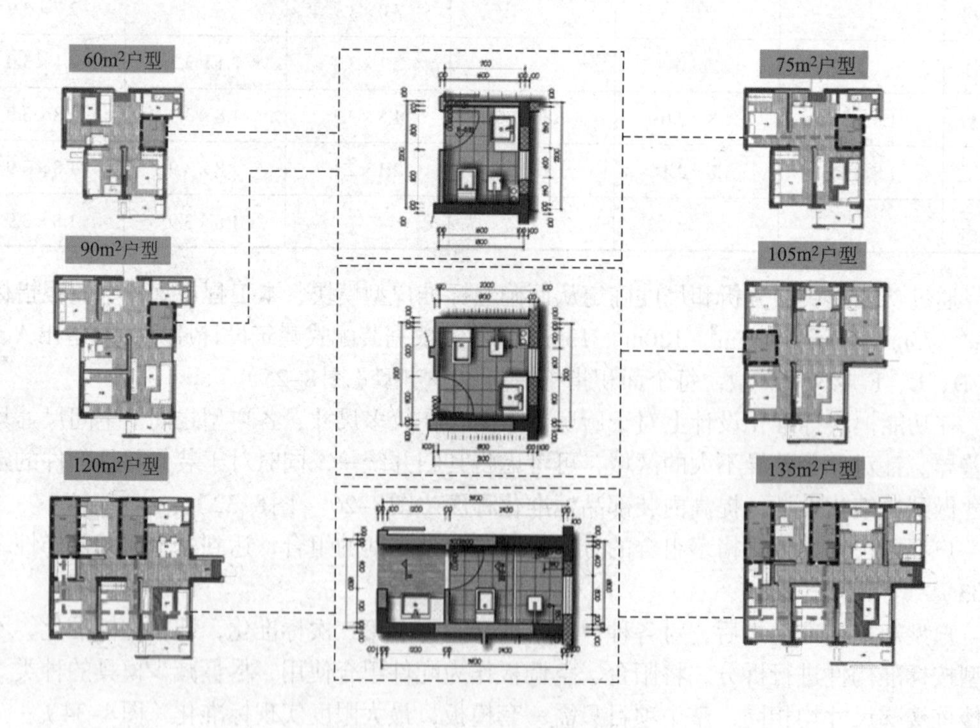

图 8-26　卫生间标准化设计

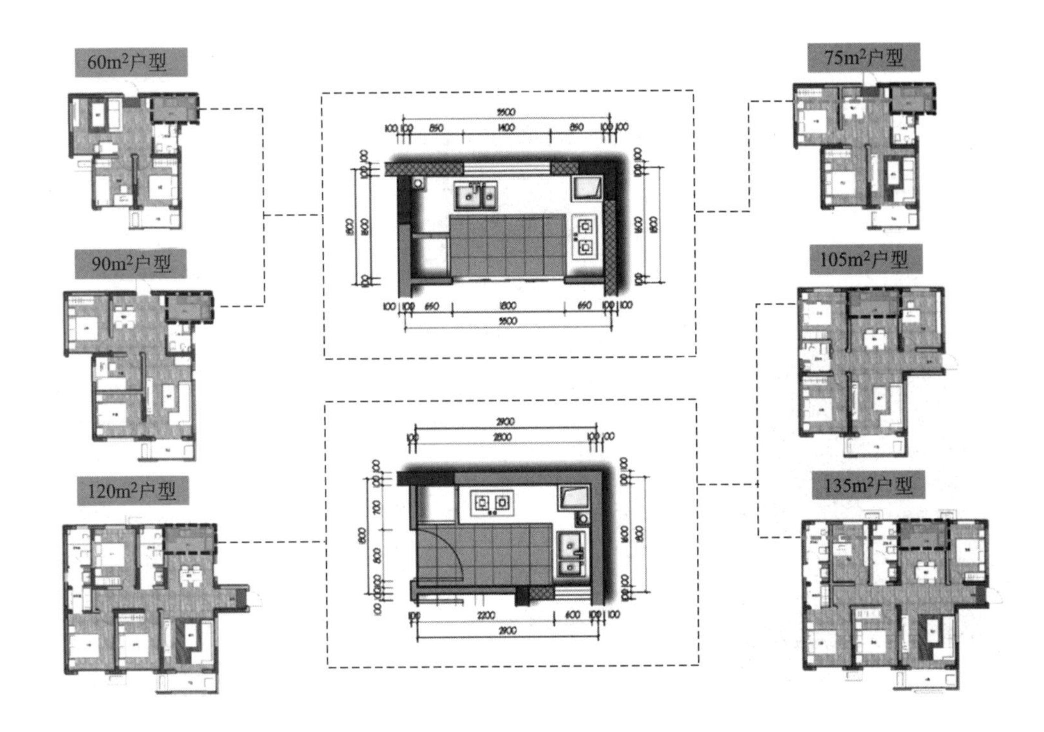

图 8-27 厨房标准化设计

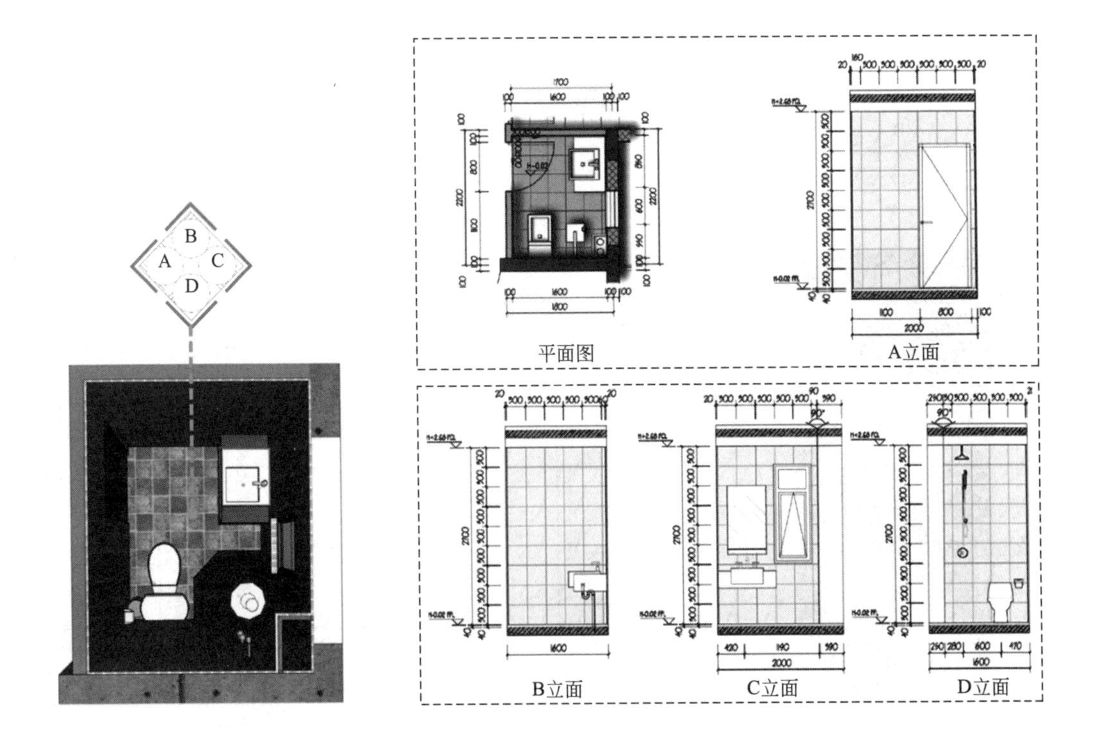

图 8-28 卫生间放大标准化设计（1）

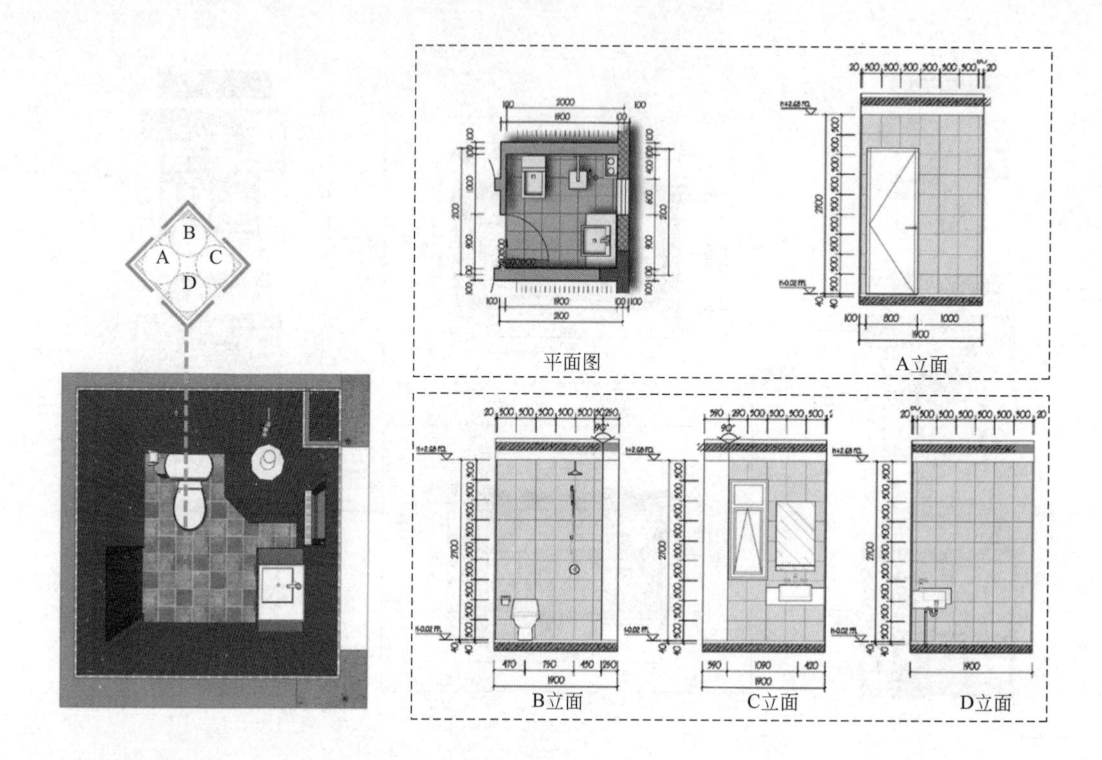

图 8-29 卫生间放大标准化设计（2）

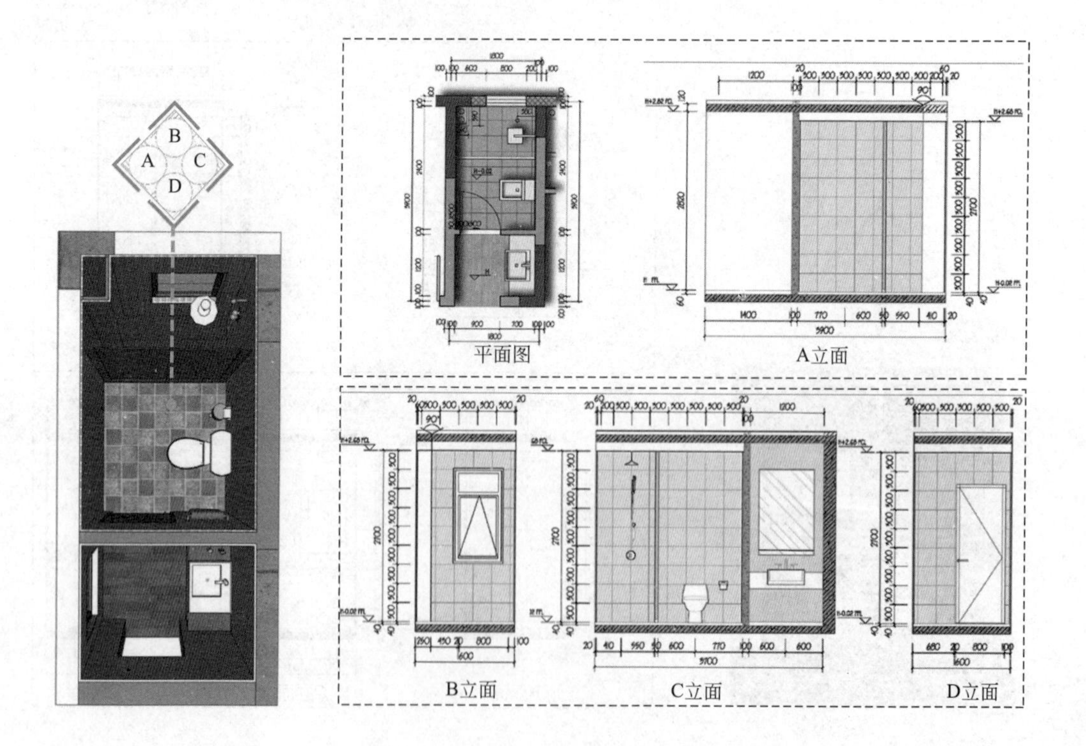

图 8-30 卫生间放大标准化设计（3）

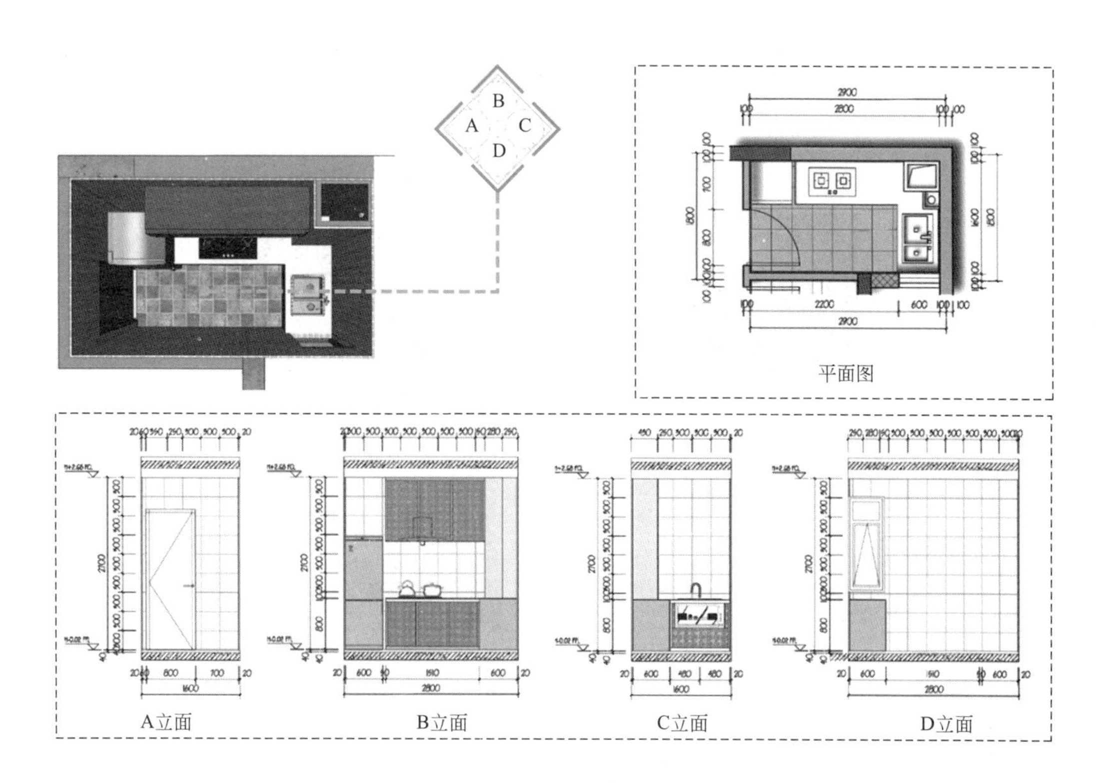

图 8–31 厨房放大标准化设计（1）

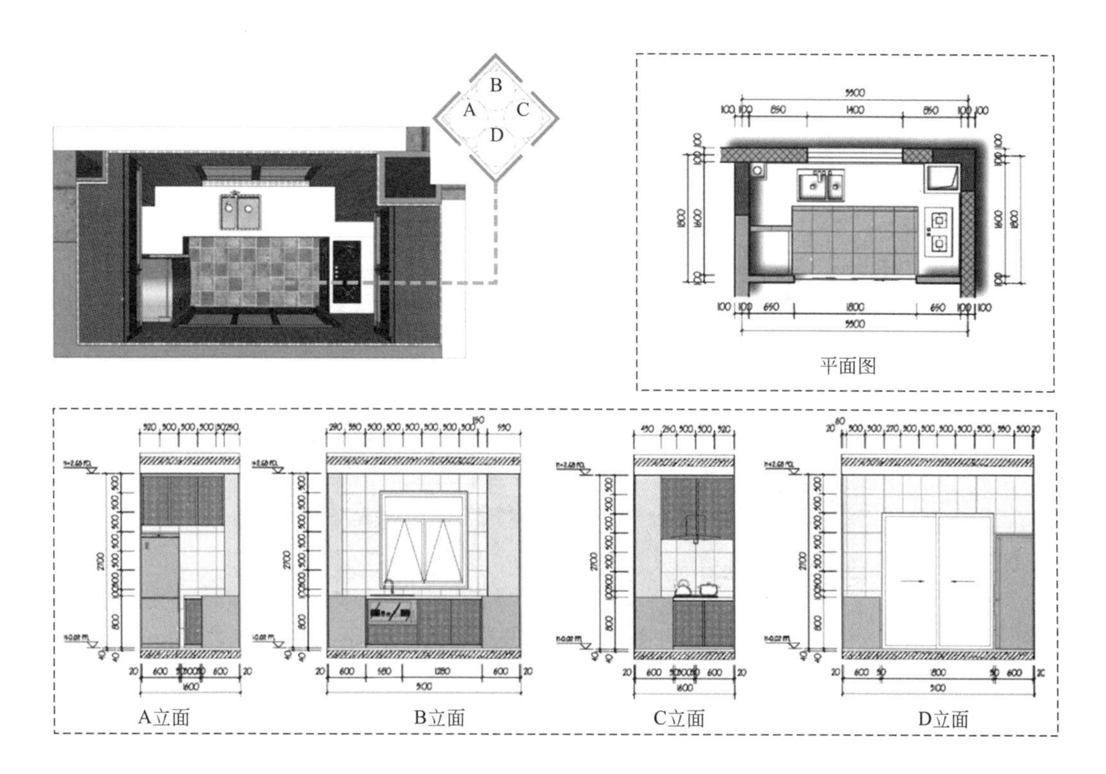

图 8–32 厨房放大标准化设计（2）

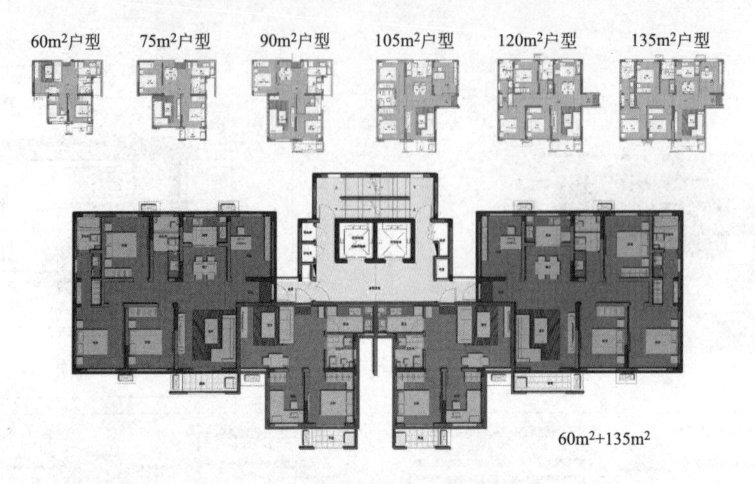

(*a*) 组合形式一

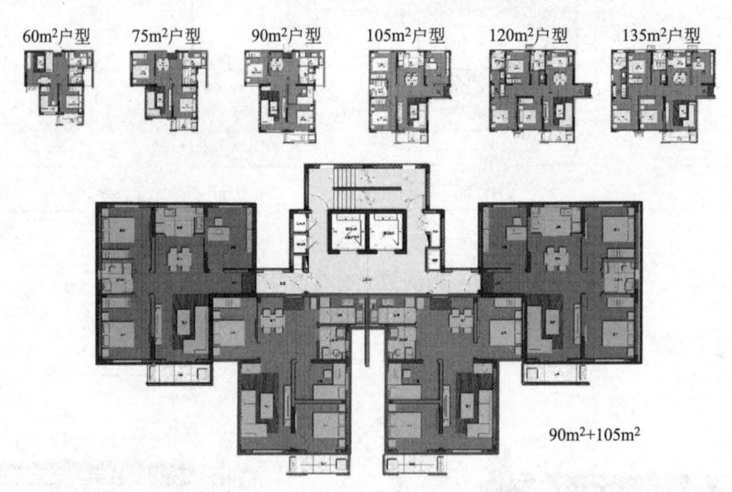

(*b*) 组合形式二

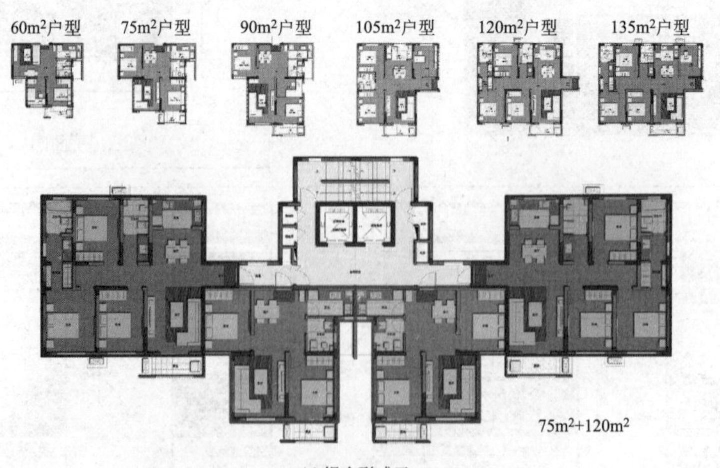

(*c*) 组合形式三

图 8–33　单元模块

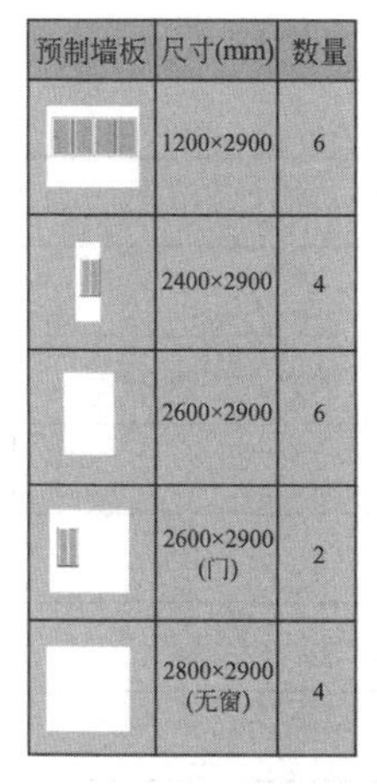

预制墙板	尺寸(mm)	数量
	1200×2900	6
	2400×2900	4
	2600×2900	6
	2600×2900 (门)	2
	2800×2900 (无窗)	4

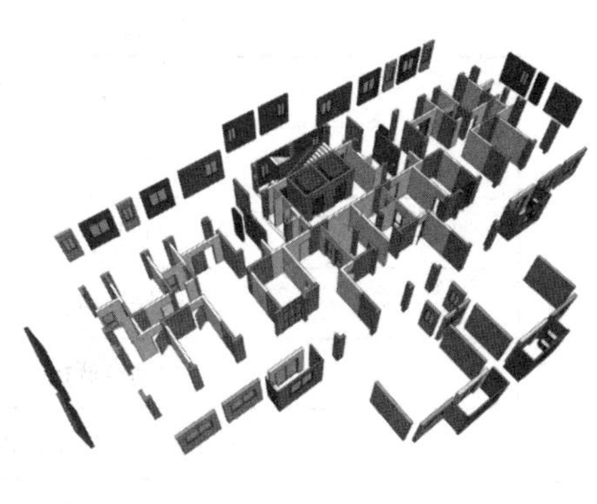

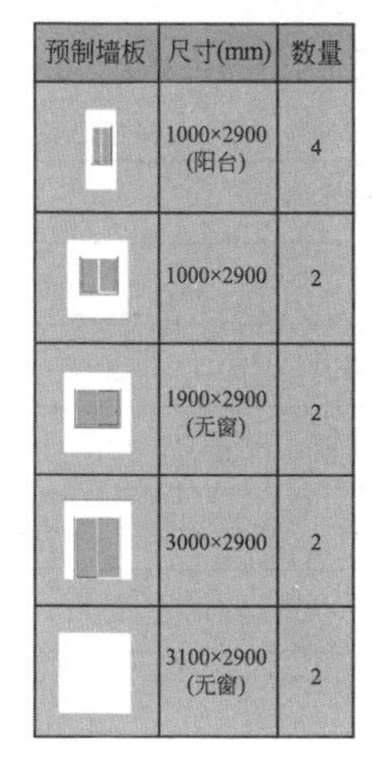

预制墙板	尺寸(mm)	数量
	1000×2900 (阳台)	4
	1000×2900	2
	1900×2900 (无窗)	2
	3000×2900	2
	3100×2900 (无窗)	2

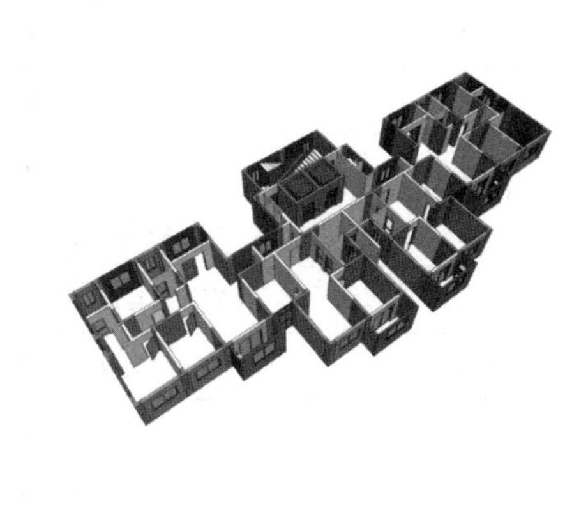

图 8-34 预制构件的标准化

合阳台、预制空调板、预制楼梯、叠合楼板和预制防火隔墙板。

1）主要预制构件为：预制叠合楼板、预制楼梯、预制外墙、预制内剪力墙、预制叠合阳台、凸窗、空调板等（表8-4）；

2）标准层考虑采用预制叠合楼板，屋面板现浇；

3）标准层楼梯梯段板预制（带中间休息平台）；

4）约束边缘构件（地上3层）以上剪力墙及外墙预制。

预制部品部件一览表 **表 8-4**

	技术配置选项	项目实施情况
主体结构和外围护结构预制构件Z1	预制外剪力墙板	
	预制夹心保温外墙板	√
	预制双层叠合剪力墙板	
	预制内剪力墙板	√

续表

	技术配置选项		项目实施情况
主体结构和外围护结构预制构件Z1	预制梁		
	预制叠合板		√
	预制楼梯板		√
	预制阳台板		√
	预制空调板		√
	PCF混凝土外墙模板		
	混凝土外挂墙板		
	预制混凝土飘窗墙板		√
	预制女儿墙		
装配式内外围护构件Z2	蒸压轻质加气混凝土外墙系统		
	轻钢龙骨石膏板隔墙		
	蒸压轻质加气混凝土墙板		√
	钢筋陶粒混凝土轻质墙板		√
内装建筑部品Z3	集成式厨房		√
	集成式卫生间		√
	装配式吊顶		
	楼地面干式铺装		
	装配式墙板（带饰面）		
	装配式栏杆		
	标准化、模块化、集约化设计	标准化门窗	√
		设备管线与结构相分离	
内装建筑部品Z3	绿色建筑技术集成应用	绿色建筑二星	
		绿色建筑三星	
	被动式超低能耗技术集成应用		
	隔震减震技术集成应用		
	以BIM为核心的信息化技术集成应用		√
创新加分项S	工业化施工技术集成应用	装配式铝合金组合模板	√
		组合成型钢筋制品	
		工地预制围墙（道路板）	√

8.2.3　标准化部品部件的选用与优化

1．标准化部品部件应用

企业已建立完备的标准构件族库（部品、部件库），通过企业标准构件库中参数化构件快速建立建筑模型，对项目特有复杂构件（飘窗、造型构件等）进行单独建立族文件，构件族库涵盖建筑、结构、机电、装修、安装配件、预留预埋等完整信息（图8-35、图8-36、表8-5）。

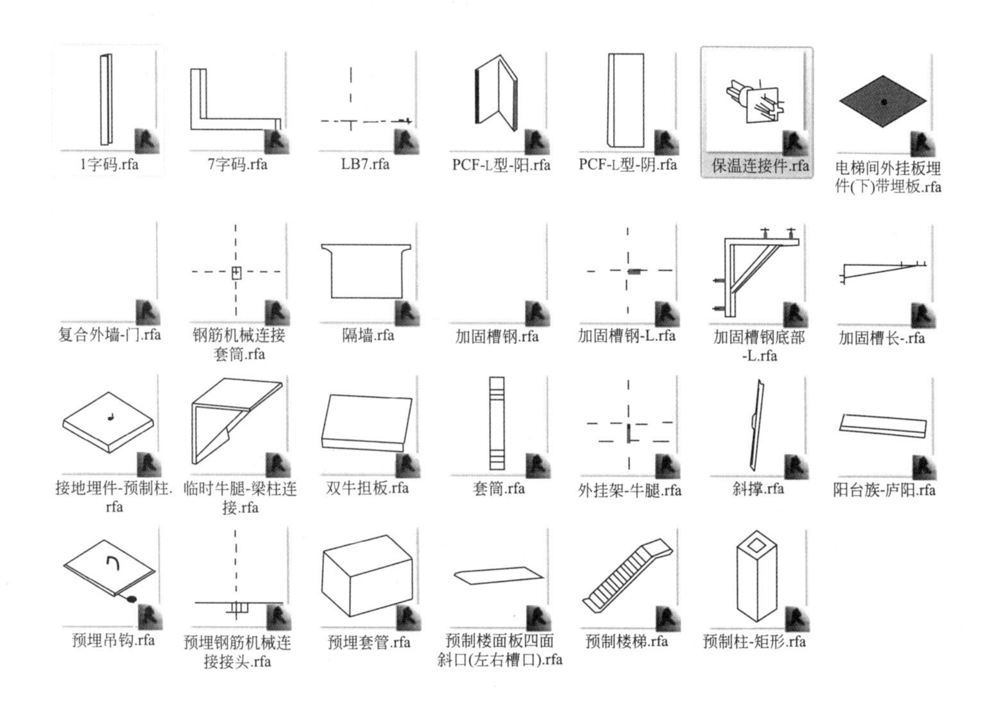

图 8-35　企业标准构件族库

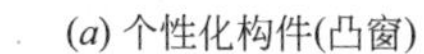

(*a*) 个性化构件(凸窗)

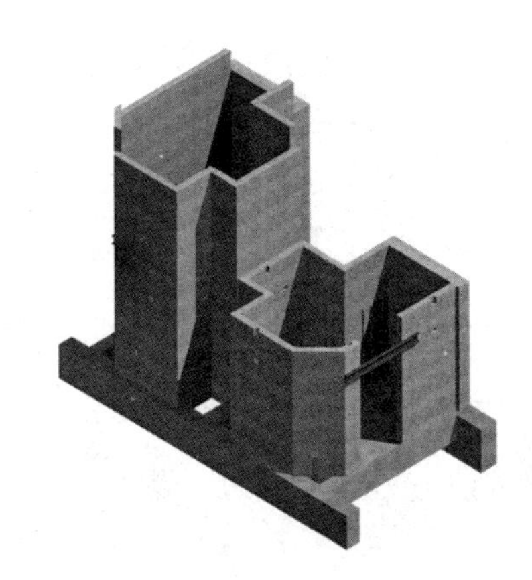

(*b*) 个性化构件(整体卫生间)

图 8-36　个性化构件的族文件

标准化部品统计表　　表 8-5

部品分类	标准化部品部件类型		非标准化部品部件类型		标准化部品部件应用比例
	部品名称	数量	部品名称	数量	
主体结构部品部件	预制外剪力墙	9633			
	叠合楼板	6902			
	预制内墙	1796			
	预制楼梯	488			
			预制梁	342	
围护结构部品部件	空调板	1412			
	阳台	1268			
	PCF 板	3306			
			阳台隔板	4046	
部品部件总量	24805		4388		85%

2．标准化部品部件设计流程

在构件模型基础上先添加相应的预埋件族、机电管线族、预留孔洞等信息。完成楼层拼装，形成完整的单体标准层建筑模型（图 8–37）。

进行全楼拼装模拟、施工安装模拟、碰撞检查等优化工作，对出现的错、漏、碰、缺等不合理问题时，动态调整。最终形成项目完整信息化建筑模型，可直接导出构件深化图纸（平面、三维）（图 8–38）。

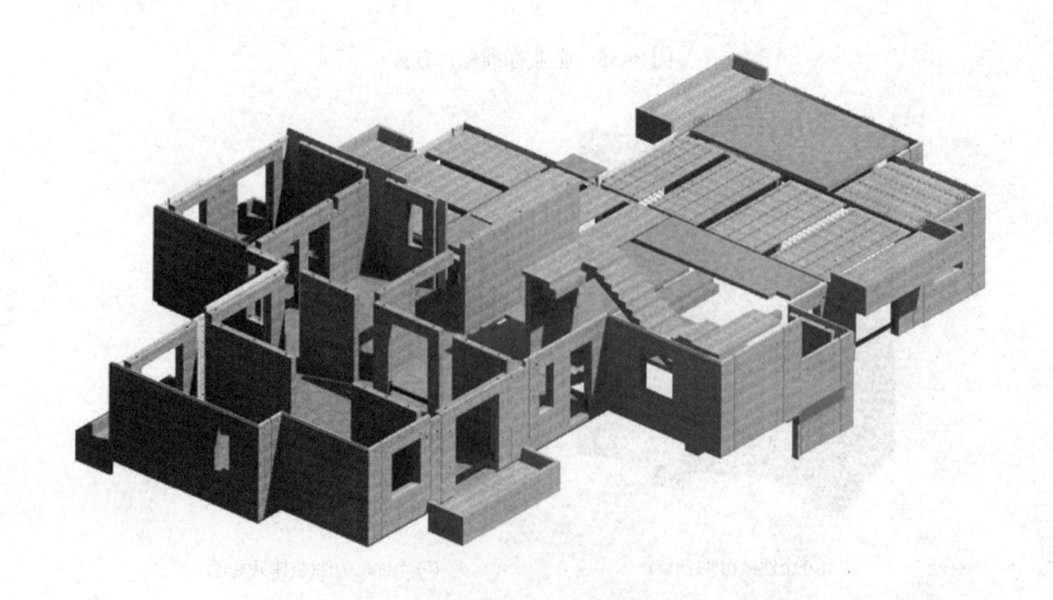

图 8–37　构件标准层拼装模型

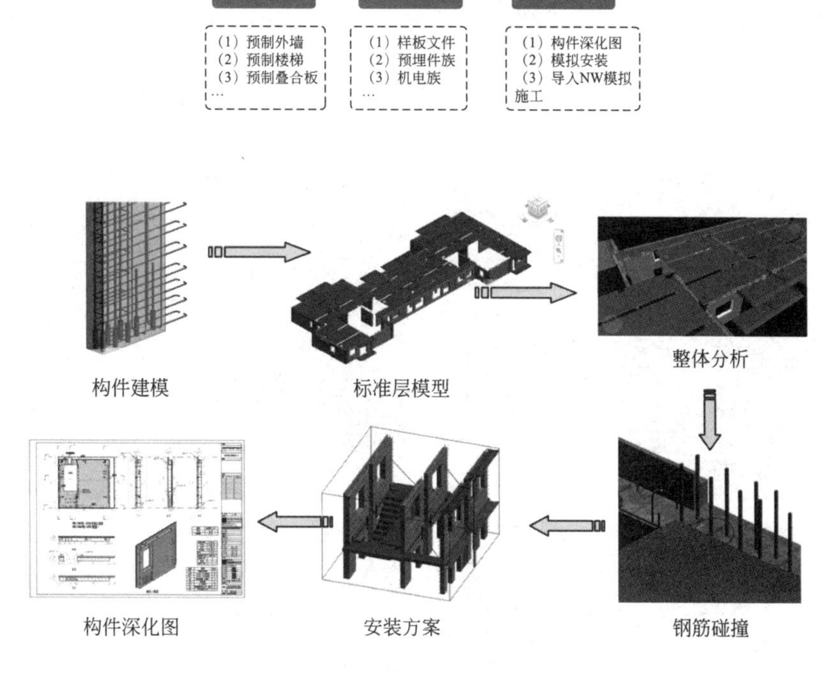

图 8-38　设计流程

8.2.4　标准化部品部件的生产与施工

1. 标准化部品部件的生产

1）装配式建筑构件种类及数量繁多，而且存在多项目交叉同时生产的情况，为便于生产及出货准确、快捷，须对每个构件进行唯一性编号。以便生产、存放、出货、施工吊装进行逐一对应。常见构件编码如表8-6所示。

预制部品部件一览表　　表 8-6

构件类型	预制外墙	预制内墙	预制PCF板	预制叠合板	预制阳台	预制梁	预制挂板	预制楼梯
构件编号	YWQ-01（a,b,c...）	YNQ-01（a,b,c...）	PCF-01（a,b,c...）	YB-01（a,b,c...）	YTB-01（a,b,c...）	YL-01（a,b,c...）	YGB-01（a,b,c...）	YTS-01（a,b,c...）
	YWQ-02（a,b,c...）	YNQ-02（a,b,c...）	PCF-02（a,b,c...）	YB-02（a,b,c...）	YTB-02（a,b,c...）	YL-02（a,b,c...）	YGB-02（a,b,c...）	YTS-02（a,b,c...）
	YWQ-03（a,b,c...）	YNQ-03（a,b,c...）	PCF-03（a,b,c...）	YB-03（a,b,c...）	YTB-03（a,b,c...）	YL-03（a,b,c...）	YGB-03（a,b,c...）	YTS-03（a,b,c...）
	YWQ-04（a,b,c...）	YNQ-04（a,b,c...）	PCF-04（a,b,c...）	YB-04（a,b,c...）	YTB-04（a,b,c...）	YL-04（a,b,c...）	YGB-04（a,b,c...）	YTS-04（a,b,c...）
	YWQ-05（a,b,c...）	YNQ-05（a,b,c...）	PCF-05（a,b,c...）	YB-05（a,b,c...）	YTB-05（a,b,c...）	YL-05（a,b,c...）	YGB-05（a,b,c...）	YTS-05（a,b,c...）

注：①构件编号括号中（a,b,c...）特指构件尺寸相同，机电、预埋件位置不同的构件；
②YWQ：预制外墙；YNQ:预制内墙；PCF：预制PCF板；YB：预制叠合板；YTB：预制阳台板；YL：预制梁，YGB；预制挂板；YTS：预制楼梯。

2）预制构件生产过程中对每个构件定做专用存放架，根据构件类型、编号分类、生产日期、不同项目等有序存放。对固定存放架进行存放区域位置识别，以便于准确存放、吊运构件，提高工作效率（图8-39、图8-40）。

3）建立成品区信息化管控及产品二维码。二维码中包含前期BIM设计输出信息（构

图8-39 厂区构件划区域存放

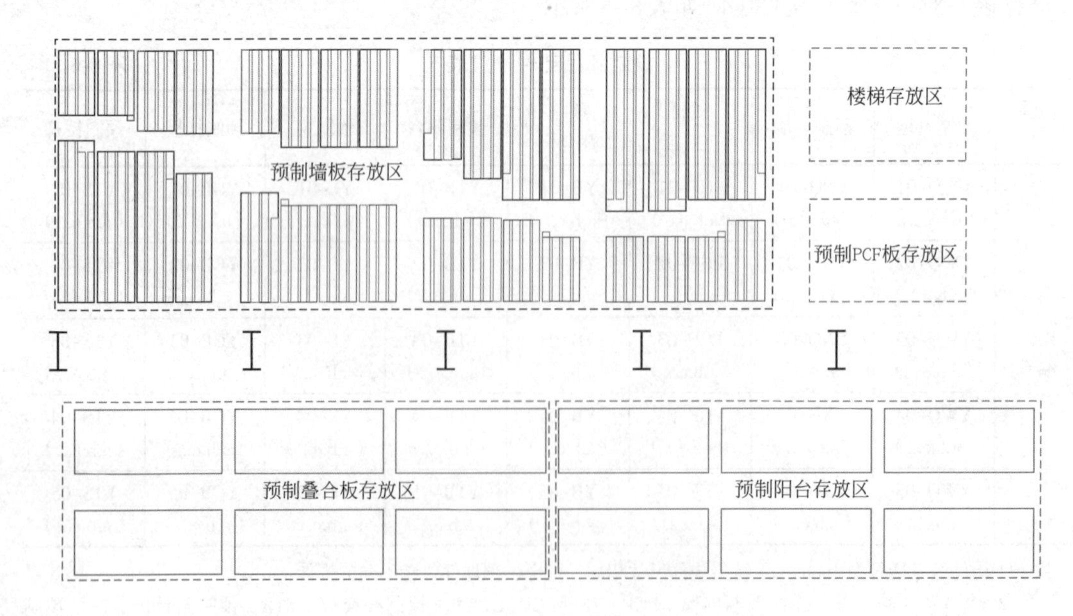

图8-40 厂区构件存放示意图

件坐标、重量、材料、物料等）。产品下线后，通过手持喷码机进行产品编号及二维码喷刷，对生产、入库、出库及运输信息进行管理，做好车辆编排和出货计划（图8-41）。

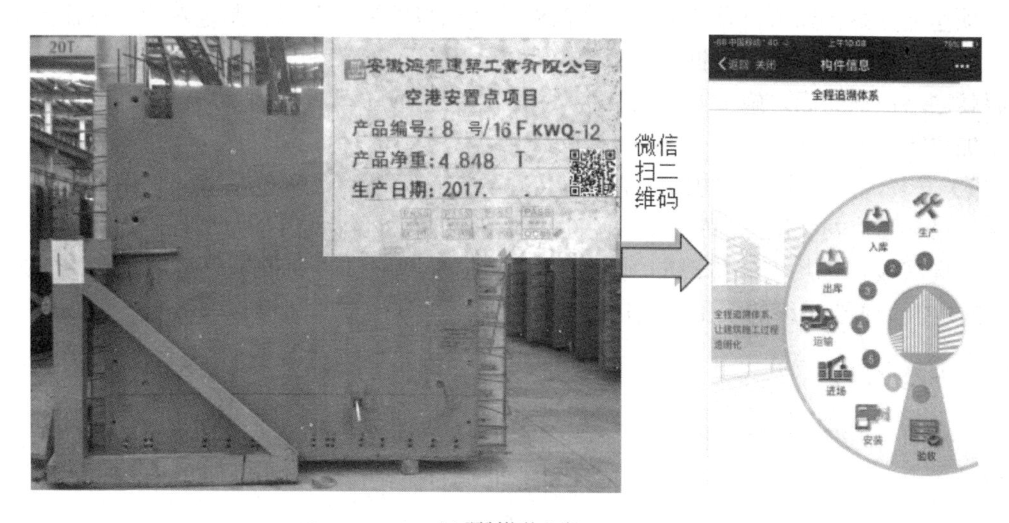

(*a*) 预制构件入库

(*b*) 预制构件出库

(*c*) 预制构件运输

图 8-41 信息化管控产品二维码

2. 标准化部品部件的施工

1）项目部根据项目区位图、道路交通实际情况，按照部品部件库构件规格信息，订制专项运输方案。如项目有超宽、超高构件须选用特殊运输车辆，制定对应的运输方案。

2）施工现场根据构件的唯一编码，结合厂区平面布置图，进行构件分区存放，构件编码朝向易识别的面。施工安装人员将对构件进行验收，验收合格信息录入BIM模型中同步添加更新。

3）安装人员根据所需构件序把信号传输给起吊人员，准确就位。并采用专用的吊具将构件吊至结构安装位置，施工人员在将外墙板就位后随即设置临时支撑系统与固定限位措施。同时，将现场安装阶段的施工信息（包括进度和过程造价等信息）添加和更新到BIM模型中，形成最终的竣工验收模型。

8.2.5　专家点评

示范工程为棚户区改造保障性住房工程，牵头单位为中国中建设计集团有限公司，是以设计单位为主导的EPC总承包模式。示范工程为住宅，建筑面积182956.24m^2，住宅为

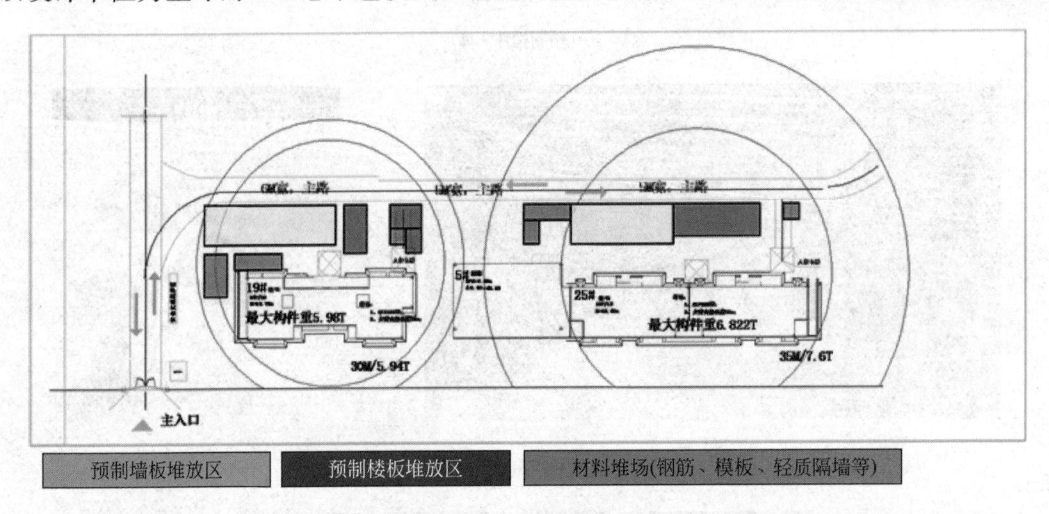

图8-42　施工现场构件存放示意图

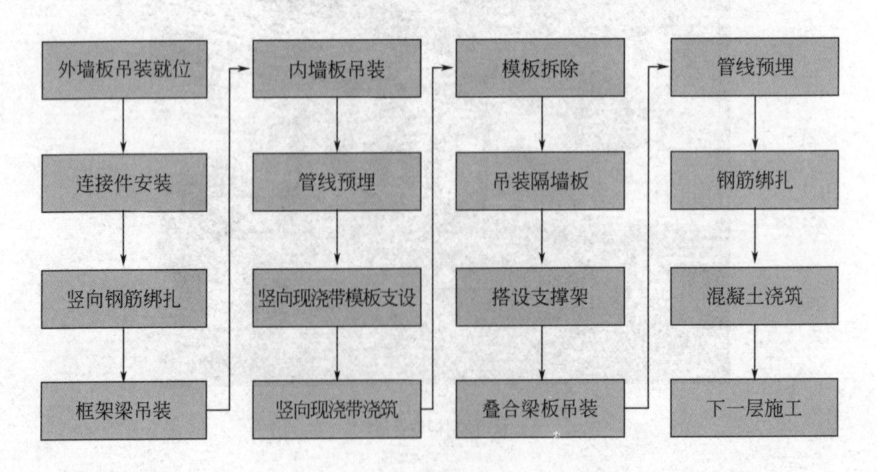

图8-43　施工现场构件吊装流程图

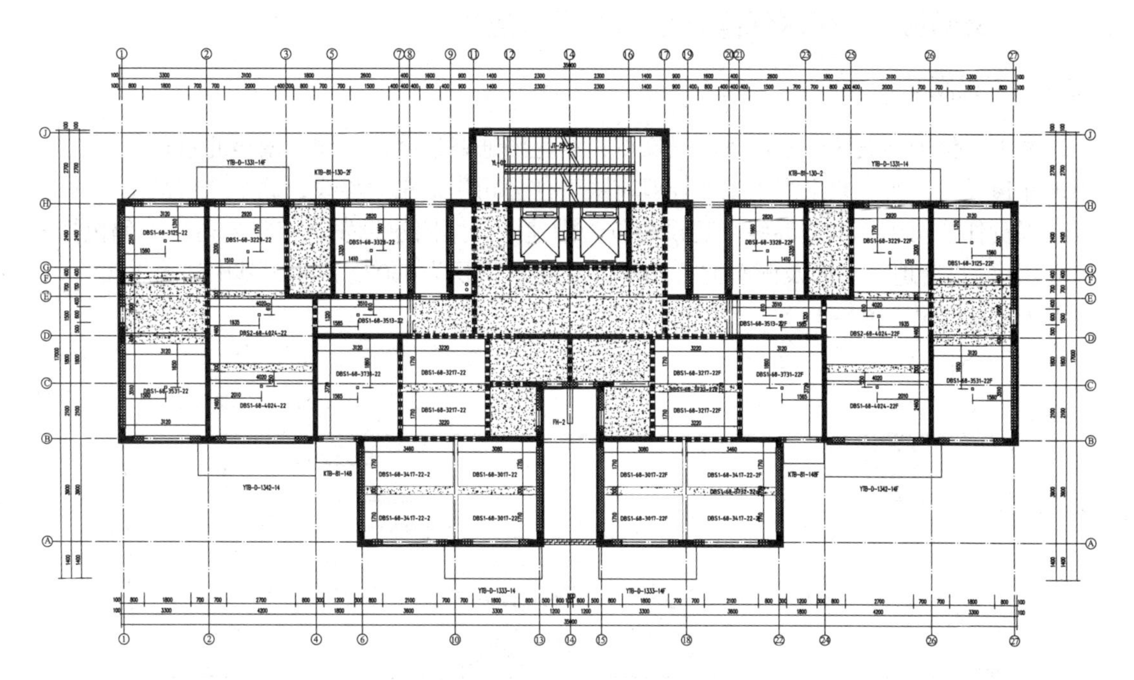

图 8-44　主体结构施工示意图

29 ~ 33层，建筑高度84.70 ~ 96.30m，层高2.9m。工程采用应用最为广泛的装配整体式混凝土剪力墙结构体系，底部加强部分为现浇剪力墙结构，上部为预制剪力墙，是规模化高层建筑的示范应用。工程以设计为龙头，建立了共享平台，设置稳定的软件及网络环境，协同工作，确保各环节参与人员在统一软件平台、统一标准下工作。

项目是以保障性住房产品的标准化为出发点，遵循模数协调原则，在设计方案阶段，对户型进行优化。住宅空间开间进深以300mm为基数，卧室客厅开间层级为3300mm、3600mm、3900mm，细部尺寸以100mm为基数，从构件与部品的模数系列到标准化的功能模块、套型模块再到单元模块，形成一个标准化的户型设计系列。大多数预制构件选自的标准化部品部件库，通过参数化快速建立建筑模型，对项目特有复杂构件（飘窗、造型构件等）建立族文件，构件族库涵盖建筑、结构、机电、装修、安装配件、预留预埋等完整信息；采用BIM技术通过信息化模拟，对预制构件进行全楼拼装、施工安装、碰撞检查等优化工作，避免了错、漏、碰、缺等不合理问题，并形成示范工程完整信息化建筑模型，直接生成构件深化图纸。预制构件生产过程中，通过对构件进行唯一编码，形成对构件生产、存放、出货、施工吊装全过程的跟踪、追溯。

示范工程采用的标准化预制构件包括预制剪力墙外墙、预制剪力墙内墙、预制叠合楼板、预制楼梯、预制叠合阳台、空调板、PCF板等，标准层预制装配率达到50%，标准化部品部件应用比例达到85%以上，满足示范工程考核指标要求。

本工程示范应用的基于BIM技术的模数化户型设计、构件与部品的标准化设计技术、标准化厨卫设计技术等，在我国装配式混凝土住宅建设中得到较为广泛的推广应用，取得了很好的社会、经济与环境效益。

8.3　顺义新城第4街区保障性住房部品库应用

8.3.1　工程概况

本工程位于顺义区中心位置顺义新城，东至顺通路道路西红线，南至北京现代一工厂用地北边界线，西至北京汽车工业控股有限责任公司用地东边界线，北至北京汽车工业控股有限责任公司用地南边界线。建设单位为中建一局集团建设发展有限公司。工程包括3栋公租房、2个地下车库及配套服务用房，总建筑面积为63072.14m²，其中地上39822m²，地下23250.14m²（图8–45）。

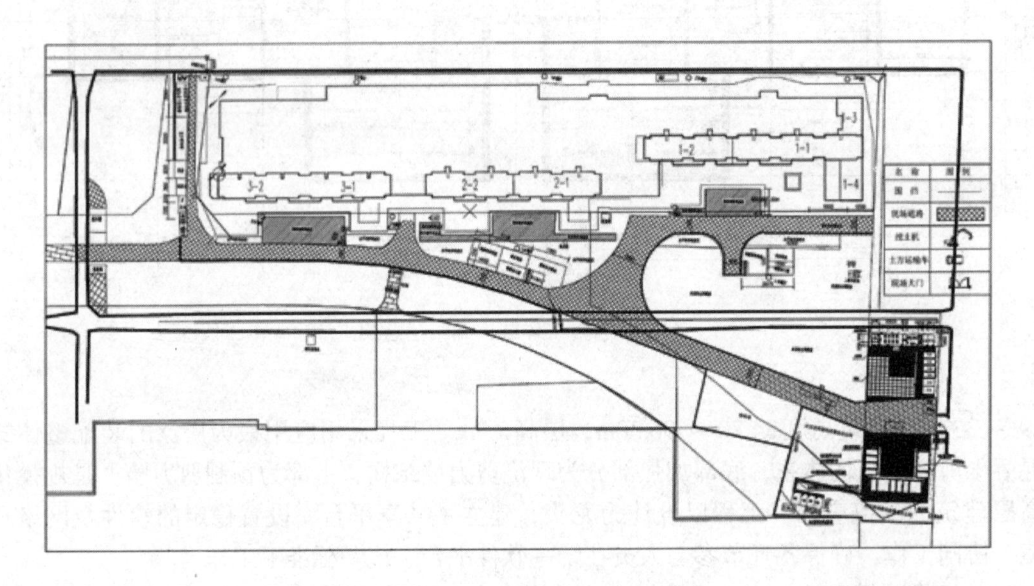

图8–45　项目平面布置图

本项目为装配式剪力墙结构，预制构件类型分为预制墙板（外墙板、内墙板）、预制PCF板、预制女儿墙、预制空调板、预制楼梯、预制叠合板共六种构件。本工程质量标准为符合《建筑工程施工质量验收统一标准》GB 50300及相关配套质量验收规范规定的合格标准，创北京市结构“长城杯”。本工程安全文明管理目标为：确保获得北京市安全文明工地；进场安全教育率达100%；轻伤率必须控制在3‰以内；重特大安全责任事故为0；杜绝火灾事故发生。

8.3.2　基于标准化的策划与设计

1．BIM与标准化

通过对建筑物及构件的BIM建模，实现建筑外形的立体可视化，从而使得我们可以对建筑物及构件本身进行最直观的判断。因此，BIM提供了可视化的思路及标准化构件的可能，以往线条式呈现方式变成了一种三维的立体实物图形展示；在BIM建筑信息模型中，可视化不仅可以用来展示效果图及生成报表，更重要的是在项目设计、建造、运营过程中，沟通、讨论、决策都可在可视化的状态下进行。利用BIM可以对构件进行标准化的设计，通过合理拆分，满足“少规格、多组合”的原则；构件拆分合理，适于工厂化生产、装配化施工、提高施工效率。

2．构件设计与建模分析

预制构件生产前的深化设计工作尤为重要，建筑、结构、水、暖、电五大专业的条件需要在构件生产前全部确定，并且保证各个专业的位置信息不能发生相互干涉，而深化设计将各专业信息进行汇总，通过BIM技术可视化的特点，快速地发现并且解决相应的问题，从而保证构件的顺利生产。各种条件位置是否准确也要BIM技术的配合，将预制构件进行预拼装，验证各个条件的准确性。

本工程住宅单体全部为装配式建筑，地下部分为现浇钢筋混凝土；地上1 ~ 3层，楼板、叠合板、空调板为预制构件，墙、梁为现浇钢筋混凝土；地上4层至顶层，墙、板构件均为预制构件。3栋楼均为同一种户型（即一楼梯间4户住宅，简称“一梯四”），单元结构相同，预制构件安装的方式基本相同（表8-7）。

不同层预制情况　表 8-7

楼号	层高	层数	预制范围	预制构件种类
1	2.8m	13层	预制剪力墙4层起； 预制楼梯2层起； 预制叠合板首层起；	预制外墙（200mm）； 预制内墙（200mm）； 预制叠合板（60mm）
2	2.8m	14层		
3	2.8m	14层	预制空调板首层起； 预制PCF板4层起。	预制楼梯（120mm）； 预制空调板（80mm）

采用REVIT软件对预制构件进行深化设计，实现了更便捷、更实用地深化设计操作流程，在深化设计图中增加构件三维模型照片，生产者、施工者均能直观地了解构件。构件的安装组合模型又能为设计者提供更明了的构件埋件位置的准确性，为施工者提供直观可视化的构件安装形式等。

标准化部品部件库是具有通用性、兼容性、开放性等特点的装配式建筑信息化技术的集合，包含各类部品的编码规则、不同结构形式建筑关键部品材料、性能、规格等属性分析以及各类型标准化部品模型，同时也是基于BIM技术应用的部品信息交换共享平台（图8-46）。

本示范工程设计阶段在原现浇结构设计的基础上，进行初步装配式结构拆分，然后根据标准化部品部件库中的构件尺寸和形式调整拆分方案，通过现浇带尺寸调整，使其与部品部件库构件基本一致；并将其中的各相似构件进行再归并，达到标准化、模数化。最后选择标准化部品部件库中合适的构件组装形成包含建筑与结构信息的三维信息模型，并生成生产施工图纸（图8-47）。

本工程采用的各类型构件数量及其中由标准化部品部件库中选取的比例如表8-8所示。

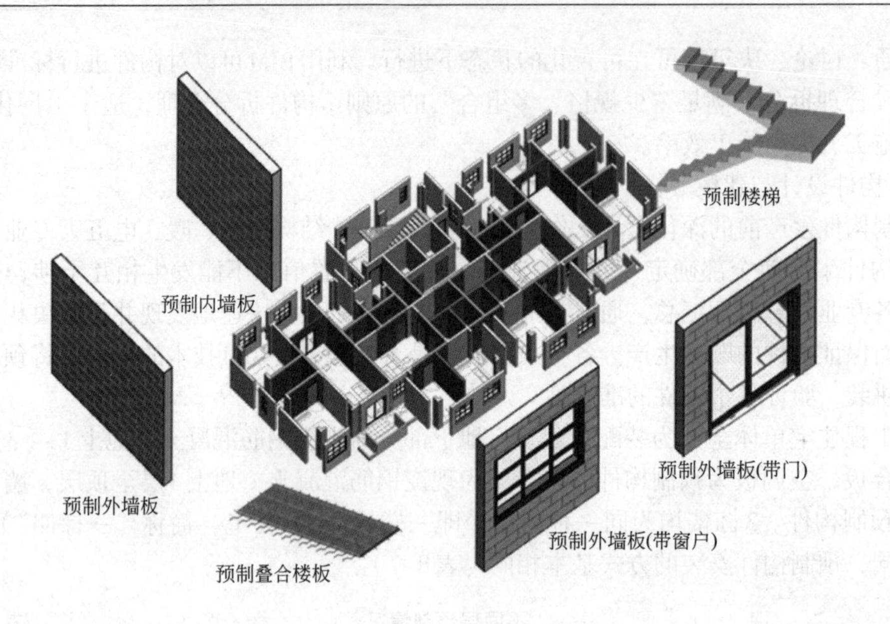

图 8-46　用的部分装配式构件大样

图 8-47　三维信息化模型

标准化部品统计表　　表 8-8

标准化部品部件类型		非标准化部品部件类型		部品部件总量	标准化部品部件占比	总选取比例
部品名称	数量	部品名称	数量			
预制外（内）墙	3000			3000	100%	92.50%
预制叠合楼板	3860	开洞叠合板	700	4560	85%	
PCF板	700			700	100%	
预制空调板	700			700	100%	
预制楼梯	220			220	100%	
预制女儿墙	170			170	100%	

3．装配式预制构件深化设计

在使用标准化部品部件库中的构件形成的设计生产施工图纸的基础上，结合生产单位和施工现场实际情况，利用REVIT软件对图纸进行深化（图8-48）。

深化设计的主要内容包括：

1）根据电气、给水排水、暖通和内装等专业图纸预留线盒、线槽、水槽和洞口等；

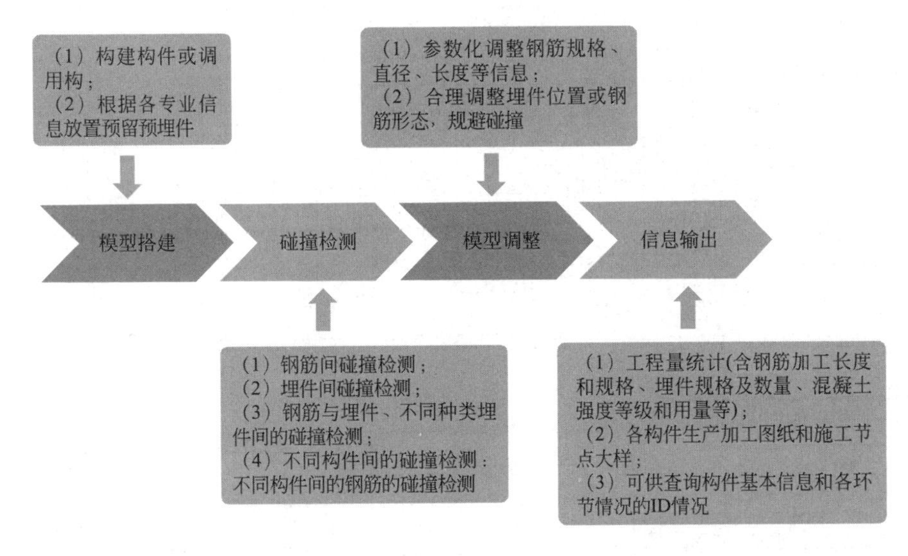

图8–48 深化设计基本流程

2）根据预制构件在生产、运输、堆放和安装过程中所需使用的工艺和方式方法放置预留预埋，主要包括吊装埋件、脱模埋件、固定埋件和斜支撑埋件等（图8–49、图8–50）；

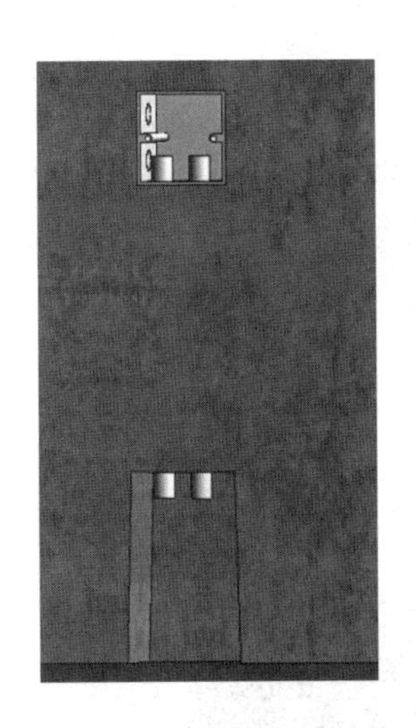

图8–49 预留线盒布置实例

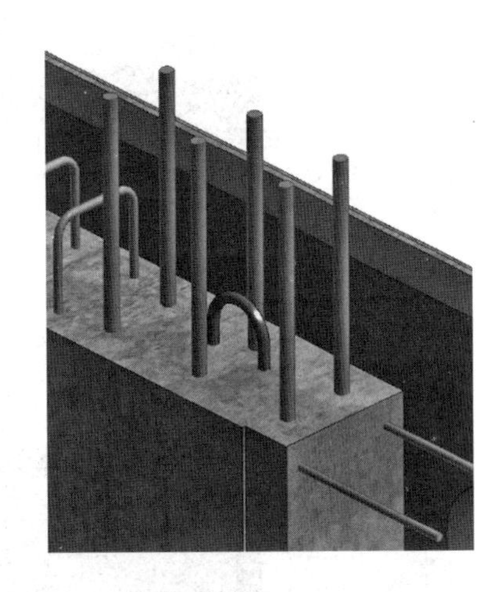

图8–50 吊装埋件布置实例

3）对结合全专业信息形成的全信息模型进行碰撞检查，协调各专业根据碰撞检查结果调整模型并进行钢筋避让；

4）在调整后的全信息模型基础上，形成工程整体建材用量统计和各节点大样，同时形成各装配式构件生产加工图和各构件建材用量统计（图8–51）；

5）形成三维渲染图和场景漫游动画，协助构件生产和施工；

6）为构件赋予ID编号，导入管理系统，实现构件的准确查找、定位和全流程的可追溯性（图8–52）。

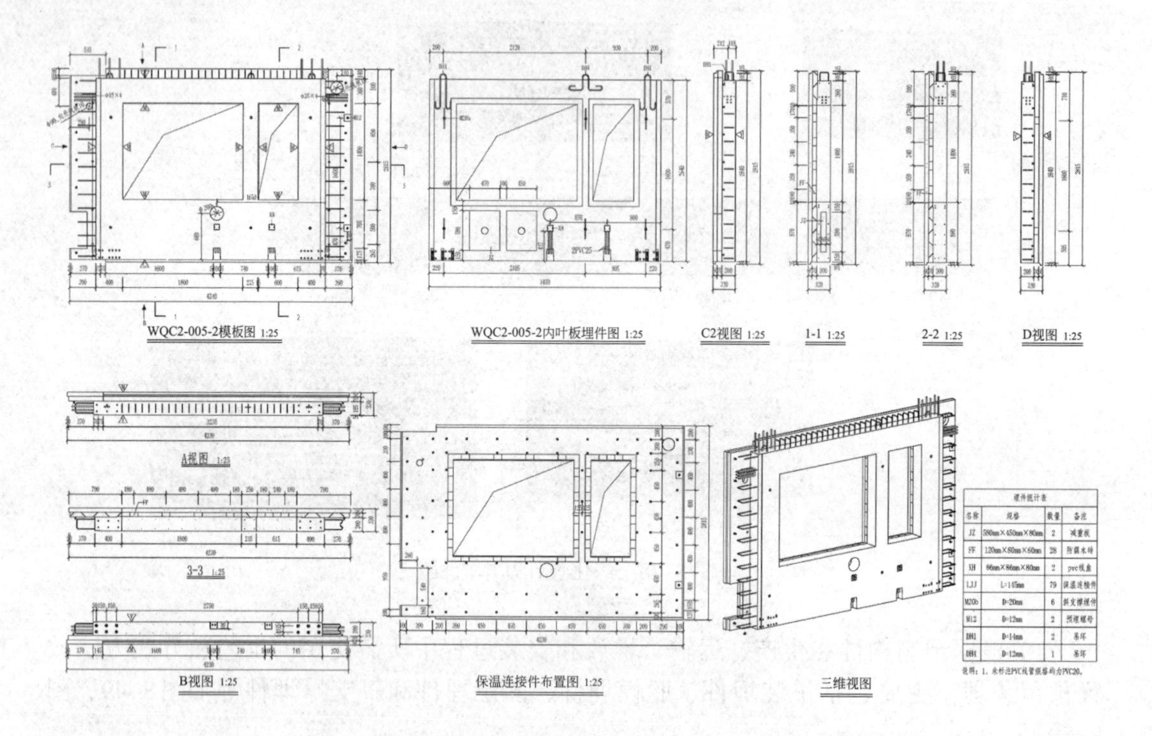

埋件统计表			
名称	规格	数量	备注
JZ	580mm×450mm×80mm	2	减重板
FF	120mm×80mm×60mm	28	防腐木砖
XH	86mm×86mm×80mm	2	pvc线盒
LJJ	L=145mm	79	保温连接件
M20b	D=20mm	6	斜支撑螺母
M12	D=12mm	2	预埋螺母
DH1	D=14mm	2	吊环
DH4	D=12mm	1	吊环

图 8-51　装配式构件加工图纸实例

图 8-52　装配式构件渲染图实例

8.3.3　标准化部品部件的选用与优化

1．预制外墙的设计优化

预制外墙作为本项目预制构件最具代表性的部件，其生产难度也是最大的。在进行标准化设计的时候需要考虑很多设计碰撞问题，预留洞处的钢筋避让问题是一大不可避免的难题。如果采用CAD绘图，则很容易忽略一些三维视角的钢筋预埋冲突，加之预制外墙采用了“三明治”结构，外叶板+保温+结构层，使得在纵向空间上更加难以想象及理解。但是如果我们采用了BIM形式的立体三维模型，在REVIT模型中即可精确地定位预留孔洞，并且对其节点处钢筋进行统一的标准化设置，尽可能最大限度减少构件种类，化繁为简（图8–53）。

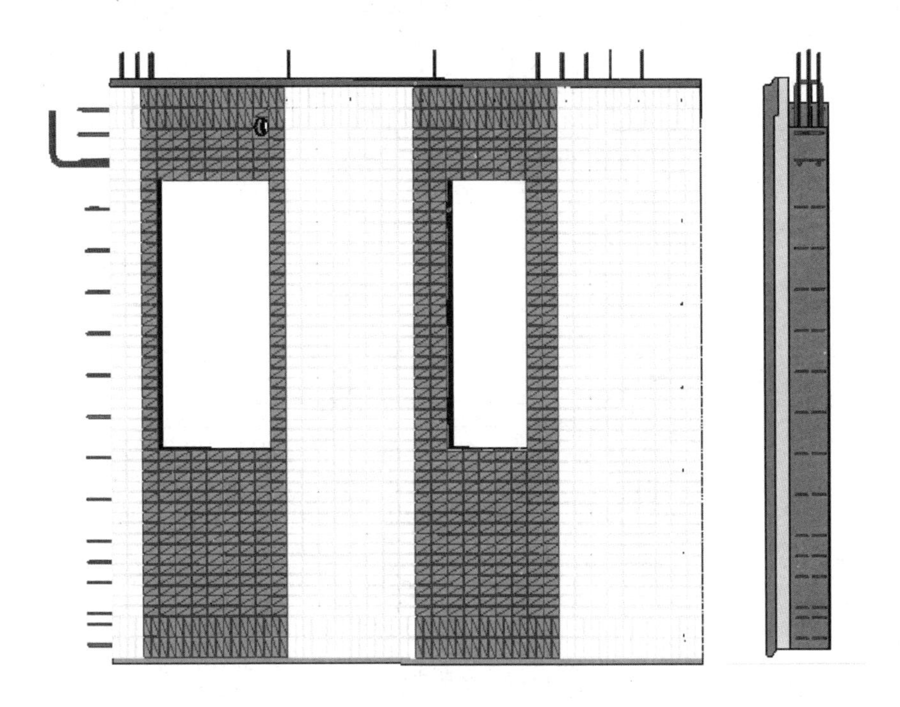

图8–53 预制外墙

经过建模，我们可以清晰地发现原有洞口位置的钢筋冲突，并且对该系列类似问题的构件进行统一化的筛查编辑（图8–54、图8–55）。

钢筋位置进行调整以后，通过信息同步，将模型的参数信息直接反映在深化图纸上，并且各个视图上的信息同步更正。减少了图纸修改的时间，加快效率。在任何视图（平面图、立面图、剖视图）上对模型的任何修改，就视同为对数据库的修改，都会马上在其他视图或图表上关联的地方反映出来，而且这种关联变化是实时的。这样就保持了BIM模型的完整性，在实际工作中大大提高了项目的工作效率，消除了不同视图间的不一致现象，保证了工程质量。

2. 钢筋节点设计优化

由于预制墙板有外伸钢筋的影响，因此需等预制墙板完全就位后方能进行现浇暗柱节点的钢筋绑扎，装配式剪力墙结构暗柱节点共有三种形式，分别是“一”形、“L”形和“T”形（图8–56）。上述三种节点的钢筋绑扎顺序如下：

1）一字形：将开口箍筋依次置于两侧外伸钢筋上；连接竖向钢筋；将箍筋与竖向钢筋按照图纸要求绑扎（图8–57）。

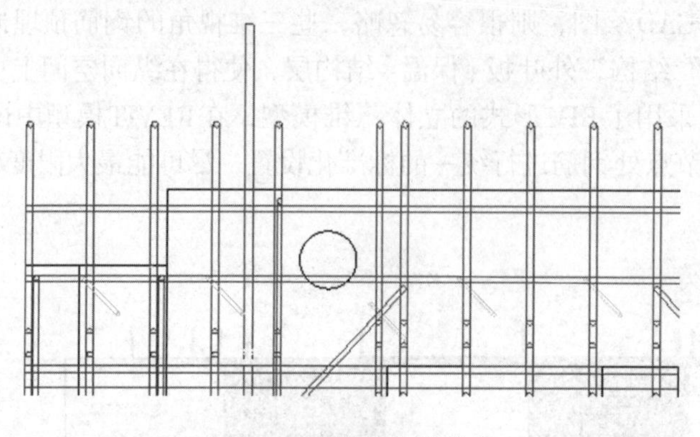

图 8–54 钢筋布置优化前

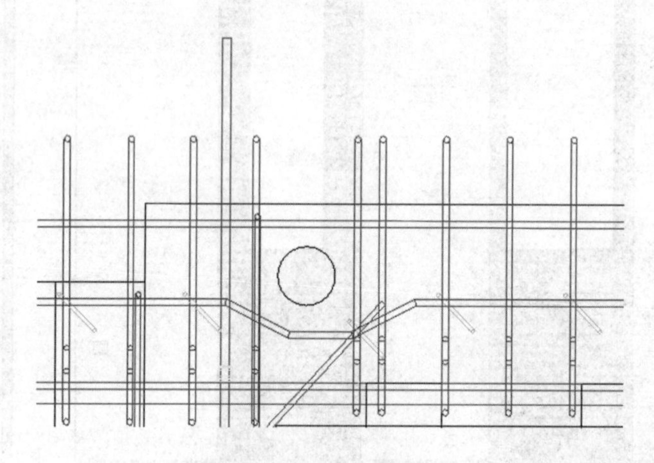

图 8–55 钢筋布置优化后

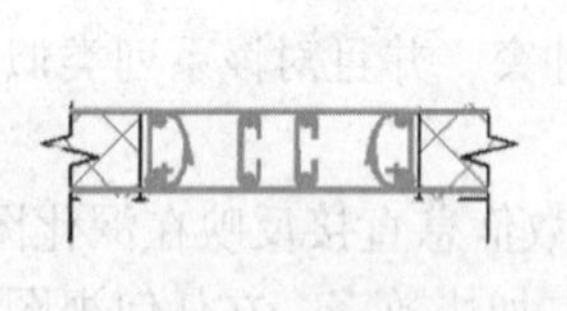

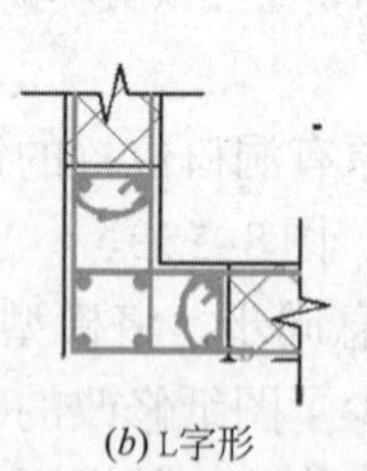

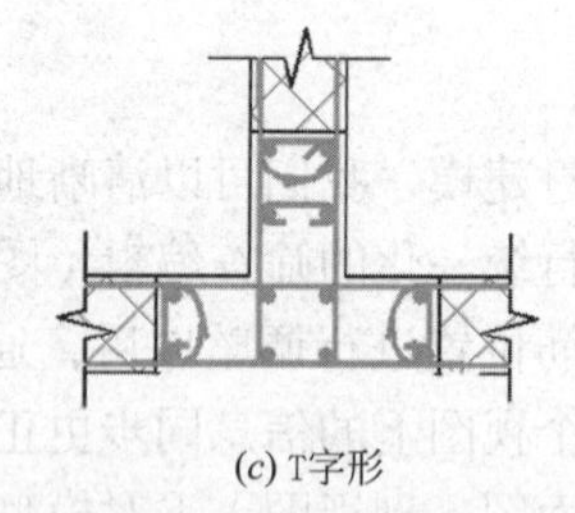

(*a*) 一字形 (*b*) L字形 (*c*) T字形

图 8–56 墙体钢筋形式

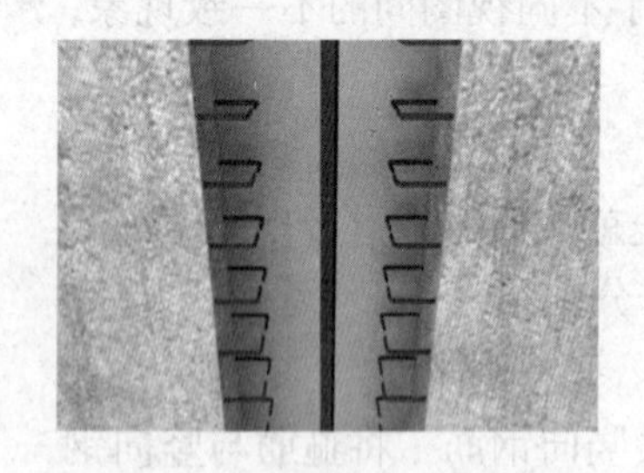

图 8–57 一字形节点

2）L字形：将双向封闭箍筋依次置于两侧外伸钢筋上；连接竖向钢筋；将箍筋与竖向钢筋按照图纸要求绑扎（图8–58）。

3）T字形：放置平行于外墙方向的开口箍筋；连接纵向钢筋；放置垂直于外墙方向的封闭箍筋；将箍筋与竖向钢筋按照图纸要求绑扎（图8–59）。

通过在建模过程中对钢筋节点的优化，我们可以将构件节点进行标准化的批量设计，有效地减少构件种类及节点施工难度。另外通过可视化的三维模型，可以更加直观地发现现场构件安装的技术隐患，大大降低现场安装过程出现问题，尽最大可能将现场安装问题消灭在设计阶段。

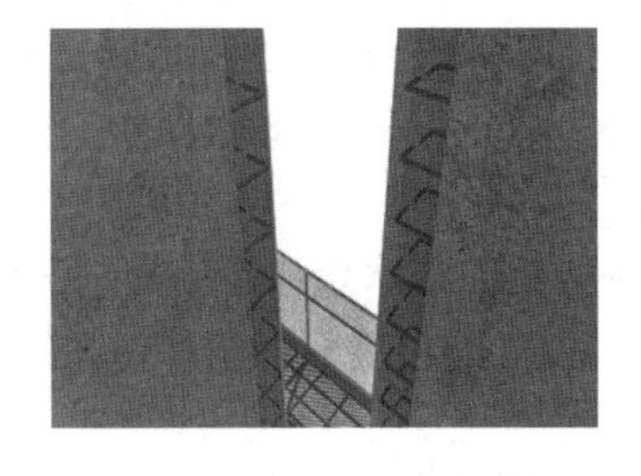

图8–58 L字形节点

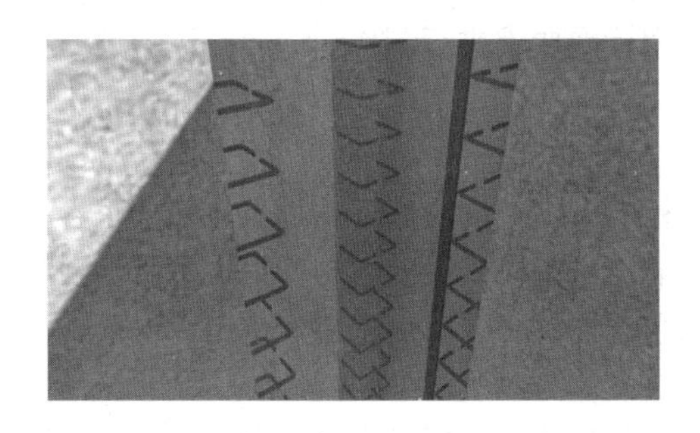
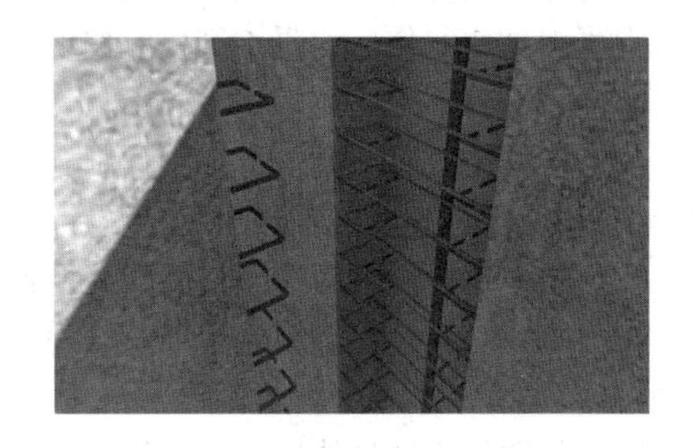
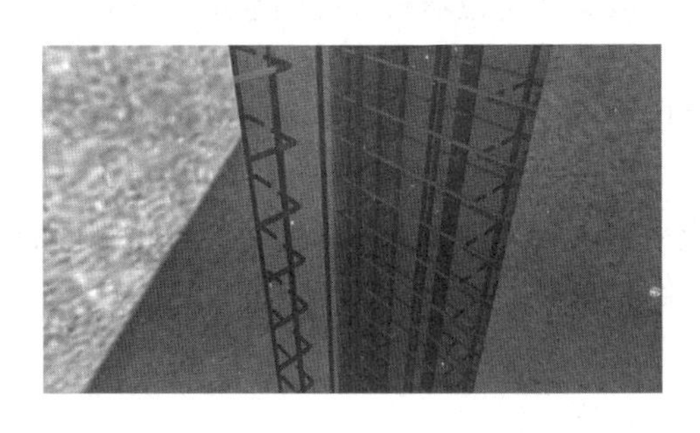
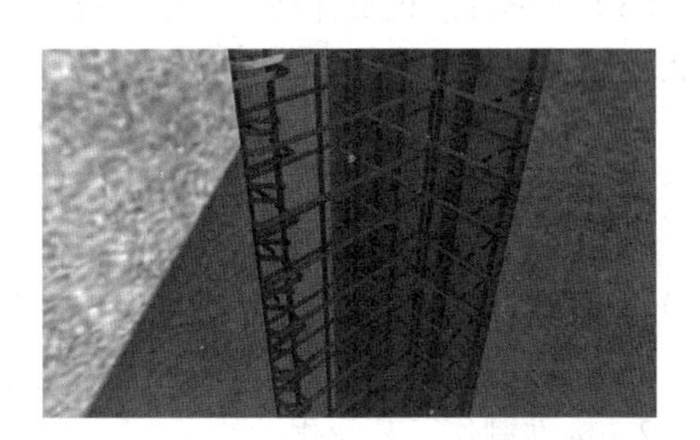

图8–59 T字形节点

8.3.4 标准化部品部件的生产与施工

1. 加工制作准备

1）主要材料选择及准备

水泥：应采用优质42.5或52.5普通硅酸盐水泥，水泥厂应设备先进、产品质量稳定、管理严格，产品质量满足现行国家标准的要求。

钢筋：选用国内大型钢材厂家生产的钢筋，产品质量应满足现行国家标准的要求。

骨料：细骨料采用普通河砂，细度模数3.0 ~ 2.3，连续级配，砂中含泥量≤3%，泥块含量≤1%。粗骨料采用碎石，粒径5 ~ 20mm，连续级配，石中的含泥量≤1%，泥块含量≤0.5%。

外加剂：采用高效减水剂，外加剂质量应满足现行国家标准的要求。

2）混凝土配合比设计和混凝土制备

混凝土配合比设计：预制构件加工厂应按照设计强度进行多次混凝土试配，配合比设计应充分考虑混凝土的早强要求，选择满足要求的外加剂。

混凝土制备：水泥、砂、石应由全自动配料机上料，水的计量用带刻度的电子阀控制。为保证外加剂掺量的准确性，可根据每罐混凝土的应掺量，事先将外加剂定量分装在小塑料袋内，由专人负责添加。

混凝土搅拌应采用强制式搅拌机，用水量应严格控制，搅拌前润湿搅拌机，保证水灰比不变。除日常保养设备外，每周对配料机的电子计量系统进行检测，并及时调整偏差，保证上料的准确性。

冬季混凝土拌制：冬季混凝土搅拌应首先将水加热，水温在40~60℃，砂、石不应有冻块，防止混凝土受冻。混凝土的搅拌时间比常温延长50%。

混凝土试块制作：混凝土试块应按现行国家标准要求进行制作。

3）模板准备

预制构件精度要求高。本工程预制构件包括预制外墙板、叠合板、叠合阳台、预制楼梯，模板宽度按照构件实际尺寸进行设计，模板的加工精度应高于构件。一般要求：

（1）制作钢模用钢板应平整光洁，平整度能满足钢模质量要求，型钢应平直无缺陷；

（2）侧模与底模，侧模之间的连接均应采用螺栓，必要时可采用定位销以保证支模尺寸的准确；

（3）预埋件应视具体情况用定位板、固定杆或其他定位器材准确固定定位，其设置应考虑混凝土浇捣及抹面方便；

（4）必须具有足够的刚度，满足相应的强度和整体稳定性要求，便于支拆脱模，附件应坚固不易变形；

（5）与混凝土、装饰材料接触的工作面应平整，无锈蚀斑点、麻坑；窗模、侧模的线型符合设计要求，线型条应平顺光滑无毛刺、倒茬；

（6）预埋件固定装置、连接紧固件完好齐全。

2. 构件制作工艺流程

1）预制夹心外墙板生产工艺流程：

模具清理→刷隔离剂、缓凝剂→模具组装→安装钢筋网片→浇筑饰面层混凝土→安装挤塑聚苯及配套连接件→钢筋、预埋件安装→浇筑结构层混凝土→养护→脱模→起吊翻转→修整→码放（图8-60）。

2）预制外墙板、内墙板生产工艺流程（与预制夹心外墙生产工艺相似）：

模具清理→刷隔离剂、缓凝剂→模具组装→钢筋骨架、预埋件安装→浇筑混凝土→养护→脱模→起吊翻转→修整→码放。

模具清理

刷隔离剂、缓凝剂

模具组装

安装钢筋网片

浇筑饰面层混凝土

安装挤塑板及连接件

钢筋及预埋件安装

浇筑结构层混凝土

养护

脱模

起吊翻转

修整

码放

图8-60　预制夹心外墙板生产工艺流程

3）预制楼梯、叠合板、阳台（叠合类）生产工艺流程：

模板清理→刷隔离剂→组装模板→安放钢筋骨架及埋件→浇筑成型→养护→构件脱模→修整→码放（图8-61）。

模板清理

刷隔离剂

组装模板

安放钢筋骨架及埋件

混凝土浇筑

养护

构件脱模

修整

码放

图8-61　预制楼梯、叠合板、阳台（叠合类）生产工艺流程

3．预制构件吊装和安装

1）预制墙类工艺流程

测量放线→预制墙板起吊→预制墙板就位→安装斜支撑→塞缝灌浆→节点内墙钢筋绑扎→模板安装→浇筑竖向混凝土（图8-62）。

2）预制叠合板类工艺流程

测量放线→起吊→就位→机电线管铺设→钢筋绑扎→混凝土浇筑（图8-63）。

3）装配式结构的施工重点

（1）预制吊装时，为保证构件吊装时构件的平衡，在起吊墙板采用专用钢扁担，用卸扣将钢丝绳与外墙板上端的预埋吊环相连接，并确认连接紧固后，方可吊装（图8-64）。

（2）预制楼梯梯段采用水平吊装，吊装时，应使踏步平面呈水平状态，便于就位。将吊装连接件用螺栓与楼梯板预埋的内螺纹连接，以便钢丝绳吊具及倒链连接吊装。板起吊

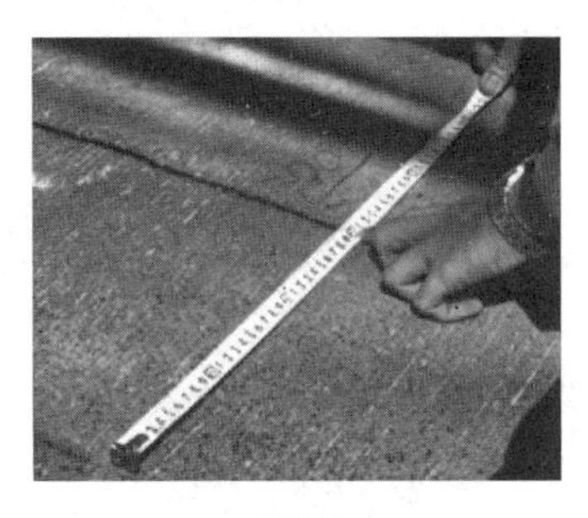
测量放线

预制墙板起吊

预制墙板就位

安装斜支撑

塞缝灌浆

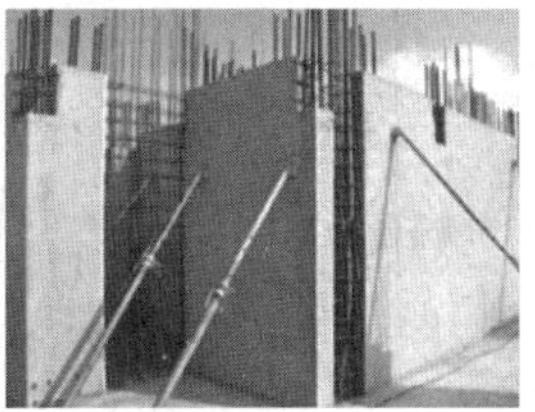
节点钢筋绑扎

模板安装

图 8-62 预制墙类工艺流程

测量放线

安装独立支撑

起吊

就位

钢筋绑扎

混凝土浇筑

图 8-63 预制叠合板类工艺流程

前，检查吊环，用卡环销紧。

（3）预制采用专用吊耳，起吊前，检查吊耳，用卡环销紧。

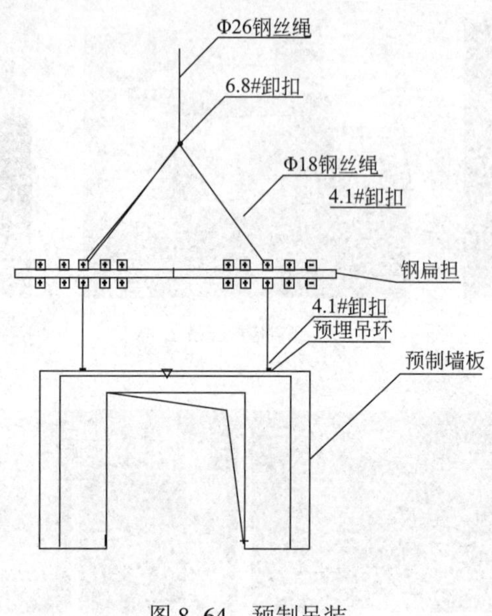

图 8-64　预制吊装

（4）预制板、预制叠合板吊装直接将钢丝绳与预制板、叠合板上的吊环连接，起吊是必须检查吊环与钢丝绳的锁具是否牢固，保证在卡环销紧后起吊。

8.3.5　专家点评

工程位于北京市顺义区顺义新城，包括3栋公租房、2个地下车库及配套服务用房，总建筑面积为63072.14m^2，其中地上39822m^2，地下23250.14m^2。住宅单体全部采用装配整体式剪力墙结构，地下部分现浇，地上1～3层采用预制叠合楼板、空调板等预制构件，墙、梁为现浇钢筋混凝土；地上4层至顶层，竖向、水平均采用预制构件。

示范工程3栋楼采用同一种户型，单元结构相同，方案设计阶段为实现标准化奠定基础。通过采用BIM建模实现建筑的立体可视化，除了可展示效果图、生成报表外，实现了项目在设计、建造、运营过程中的沟通、讨论、决策在可视化状态下进行，有助对建筑物及构件的直观判断。对于预制构件设计，如外墙板，在BIM立体三维模型中对其节点处钢筋进行统一的标准化设置，从最大限度上减少了构件种类，化繁为简，有效地减少构件了种类及节点施工难度；通过BIM三维模拟吊装，可避免吊装过程中的技术安全隐患。

该工程对基于BIM的预制混凝土构件进行了标准化深化设计，并对加工制作和施工安装技术进行示范应用，选用的标准化部品部件包括预制外（内）墙、预制叠合楼板、PCF板、预制空调板、预制楼梯、预制楼梯，应用比例达到92.5%，满足示范项目考核指标要求。

本示范工程有关技术，已在北京、西安等地区装配式建筑建设中得到大量推广应用，并取得了很好的社会、经济与环境效益。

8.4 禄口街道肖家山及省道340拆迁安置房部品库应用

8.4.1 工程概况

1. 项目概况

禄口街道肖家山及省道340拆迁安置房（经济适用房）项目，位于南京市江宁区禄口街道禄口大街东侧，永欣大道南侧，湖泰路西侧，肖山路北侧。实施单位为南京市江宁区建筑工程局和江苏龙腾工程设计股份有限公司。项目用地性质为二类居住用地，用地面积76332.4m^2，总建筑面积151961.46m^2；其中地上建筑面积106336.25m^2，共有21栋10层住宅，1栋3层辅助用房，容积率1.39。

本示范项目主要示范内容为EPC模式的预制装配式混凝土结构标准化部品部件库应用，标准化部品部件设计应用比例达到80%以上。项目住宅建筑采用装配整体式剪力墙结构、成品住房交付；辅助用房采用装配整体式框架结构。住宅建筑竖向受力构件采用双面叠合剪力墙，水平构件采用混凝土叠合板，楼梯采用预制楼梯板，室内采用装配式吊顶，楼地面采用干式铺装等；商业建筑竖向受力构件采用预制柱，水平构件采用混凝土叠合梁、混凝土叠合板，外墙采用预制混凝土外挂墙板，室内采用装配式吊顶，楼地面采用干式铺装（图8-65）。

2. 工程承包模式

本项目采用EPC模式，经招标确认江苏龙腾工程设计股份有限公司为本项目的工程总承包单位。由设计院负责的工程总承包组织模式能确保“工程勘察设计、工程采购（部品部件、设备、材料）、工程施工”的深度融合；因建设责任主体的减少，进而提高工作效率、缩短建设周期；工程安全、质量、投资得到有效控制；项目经济效益、社会效益与企业效益得到显著的提高。

图8-65 项目鸟瞰图

8.4.2　基于标准化的策划与设计

1. 项目策划

本项目为采用EPC模式的装配式建筑，如何通过标准化设计、工厂化生产、装配化施工、一体化装修、信息化管理和智能化应用，并结合EPC模式以设计为主导的优势，真正达到材料的充分利用，使工程项目整体效益最大化，是本项目设计之初即要考虑的问题。在项目策划阶段，除设计外，由施工、采购、造价、项目管理组成的项目团队即加强沟通协作，对许多问题进行探讨、论证。

本项目为保障房项目，户型套用重复率较高，符合装配式建筑的模数化、标准化要求。考虑成本的经济性与合理性，遵循构件“少规格、多组合”的原则，在方案阶段充分考虑装配式建造方式，与各专业进行协同设计，细化和落实装配式技术方案的可行性，为下一阶段工作奠定基础。

2. 建筑设计

依据设计要点，本项目限高35m，容积率<1.4，在满足建筑密度、绿地率的情况下，经测算有多层、中高层、多层搭配中高层三种规划方案，其中多层搭配中高层方案不利于装配模块的精简和最小化，而多层方案建筑密度大、景观空间差，故整体规划最终采用中高层户型排布总图（图8-66）。

(a) 多层　　(b) 多层搭配中高层　　(c) 中高层

图 8-66　户型排布总图

1）建筑标准化设计

（1）标准化把控的总体原则

依托部品部件库，项目在设计中遵守模数协调的原则，做到建筑与部品模数协调、部品之间模数协调以实现建筑与部品的模块化设计，各类模块在模数协调原则下做到一体化。项目采用标准化设计，将建筑部品部件模块按功能属性组合成标准单元，部品部件之间采用标准化接口，形成多层级的功能模块组合系统。

（2）户型标准化设计

本项目户型设计采用唯一性原则，即户型要求为120m^2、90m^{2}以及60m^{2}三种，每一种面积段仅做一种户型，既符合装配式模块最少化原则，也减少了安置房同面积多户型带来的分配和选择困扰。

在众多成熟的、利于装配式的户型选择中，如何选择出这唯一的户型，各方持不同意见，一时间无法达成共识。在这个问题上，最有话语权的是使用者，故最终以问卷形式提供利于装配式的多户型选择，对待安置居民进行为期两周的调研，经数据整理最终选择出三种面积段的唯一户型。

同时以问卷形式对使用者进行户型、建筑立面、内装、景观活动空间等内容的调查，在设计前期考虑集成化设计，将主体结构系统、外围护系统、设备与管线系统和内装系统进行集约整合，做到一次性设计完成，达到装配式建筑的设计要求。最终结合调研数据结果，选择图8-67中三种户型。

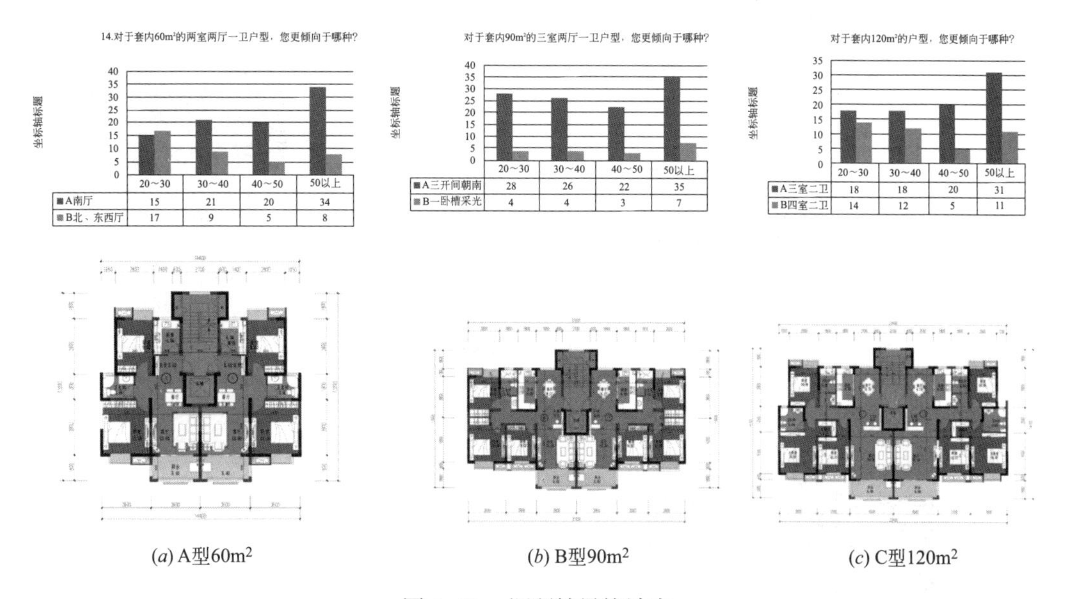

(a) A型60m²　　(b) B型90m²　　(c) C型120m²

图8-67　调研结果统计表

本项目一梯二户，户型选择对称布置，侧向无开窗，利于户型拼接端户与中间户墙体一致性，进一步精简户型单元的细微差别，如卫生间无论端户还是中间户都统一开槽，北向开窗（图8-68）。

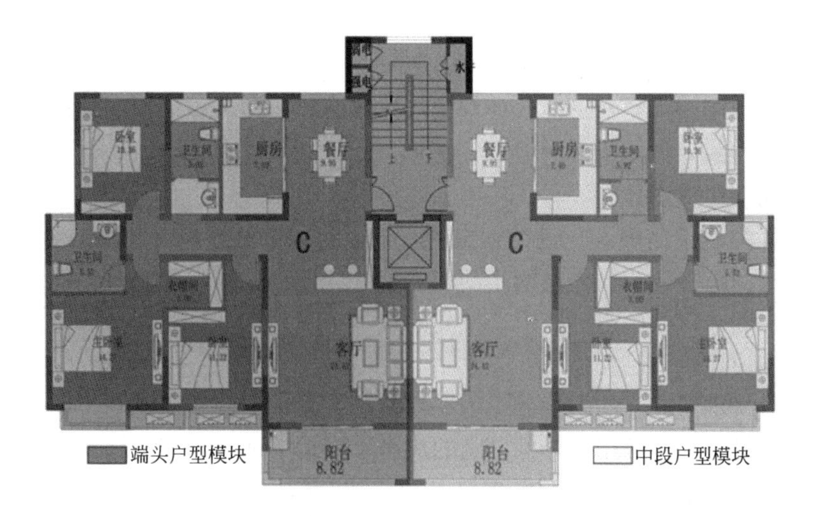

图8-68　户型布置图

（3）核心筒模块化设计

本示范项目所有楼层的公共楼梯间、电梯间、管井都采用集成化、模块化设计（图8-69）。

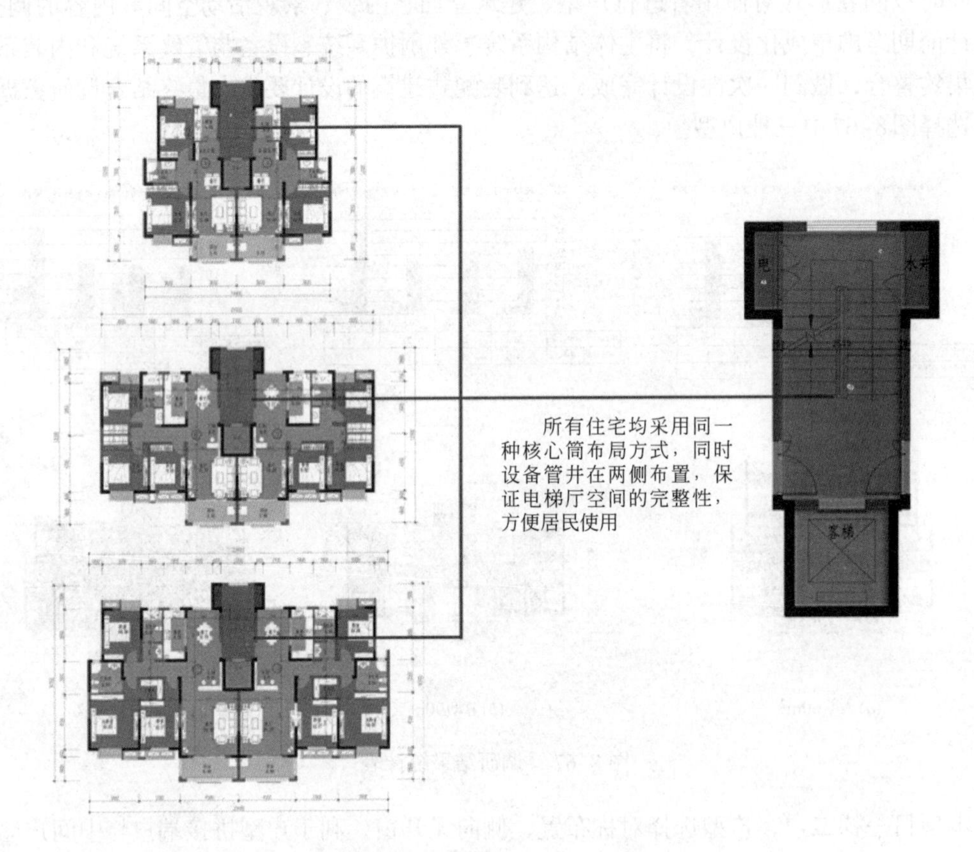
所有住宅均采用同一种核心筒布局方式，同时设备管井在两侧布置，保证电梯厅空间的完整性，方便居民使用
电
水井

图8-69 标准化核心筒布置

（4）厨房模块化设计

厨房强调采用模块化设计，有利于厨房的部品化生产与安装。B型与C型户型整体布局相近，统一两户型厨房长宽尺寸，使厨房的规格归并成一种模块；提高部品部件的标准化程度，降低生产不同模块模具的成本（图8-70）。

（5）卫生间模块化设计

卫生间同样强调采用模块化设计，有利于卫生间的部品化生产与安装。B型与C型户型整体布局相近，统一两户型公共卫生间长宽尺寸，使卫生间归并成一种模块；提高部品部件的标准化程度，降低生产不同模块模具的成本（图8-71）。

（6）阳台模块化设计

本示范项目将镜像关系的阳台调整为平移复制关系；阳台平移复制关系相较于镜像关系，能够减少一部分开模费用，降低一定的成本（图8-72）。

（7）凸窗模块化设计

在满足各房间窗地比和采光要求下，尽可能统一凸窗的开间尺寸，归并制作模具，有

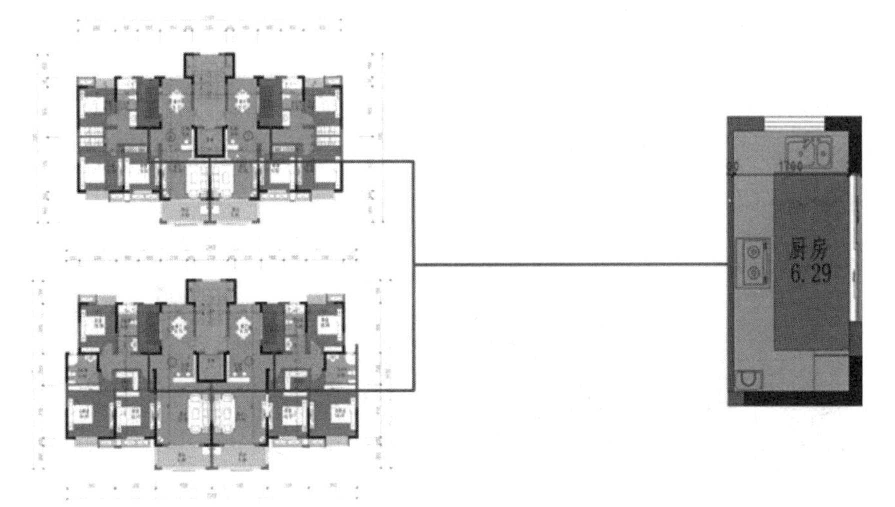

图 8-70 标准化厨房布置

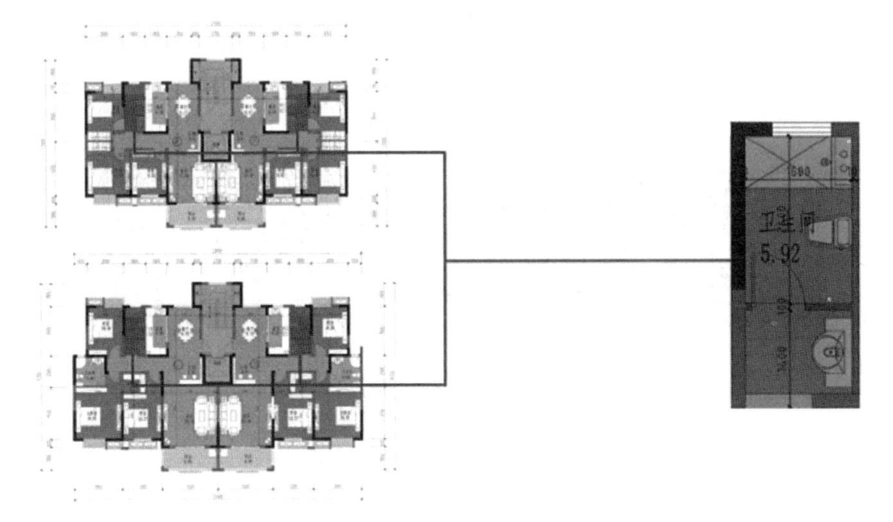

图 8-71 标准化卫生间布置

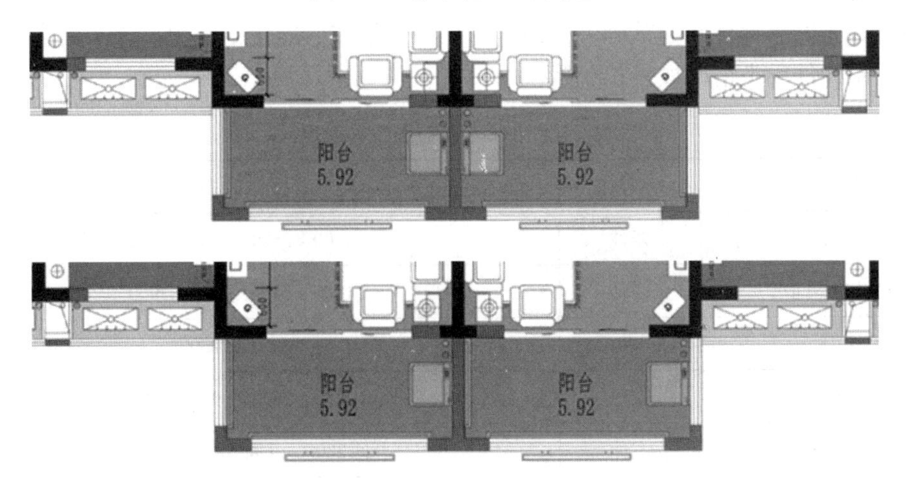

图 8-72 标准化阳台布置

利于降低成本（图8–73）。

（8）门窗洞模块化设计

在满足各房间窗地比和采光要求下，统一所有户型厨房和卫生间窗洞尺寸、所有户型卧室窗洞尺寸、所有户型客厅移门尺寸，归并制作模具，有利于降低成本（图8–74）。

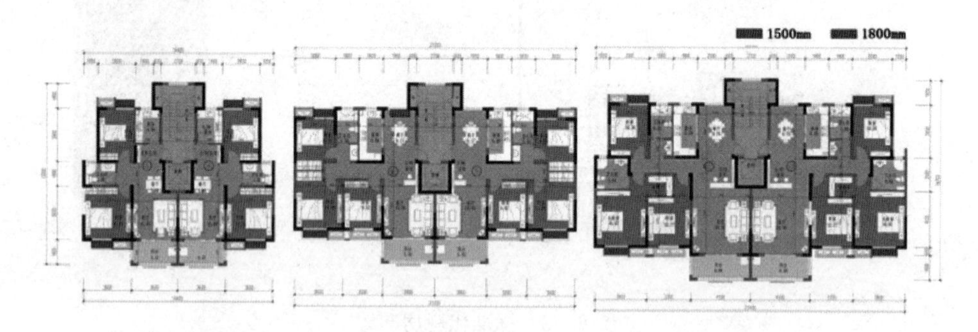

图 8–73　标准化凸窗布置

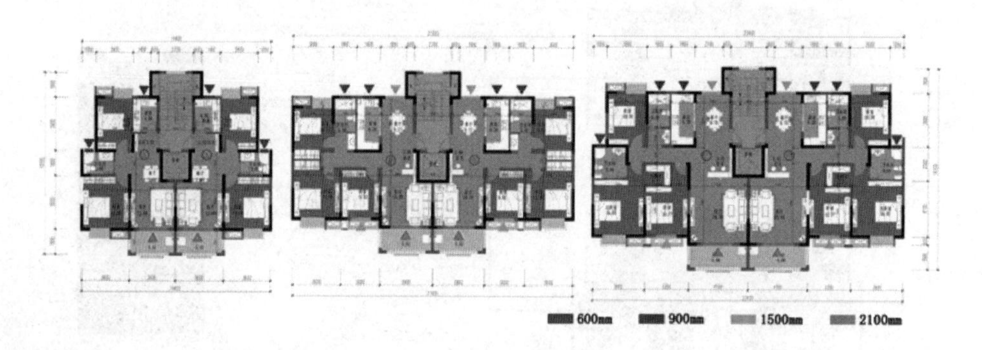

图 8–74　标准化凸窗布置

2）优化汇总

项目基于部品部件库的基础上，通过对户型和细节标准化的优化整理，最终标准户型及标准预制构件种类情况如表8–9所示。

标准化户型与预制构件类型表　　表 8-9

户型功能	类型数量	尺寸（mm）
厨房	两种	2000 × 2500，1800 × 3900
公共卫生间	两种	1800 × 2400，1800 × 3900
主卫	一种	2550 × 2400
主卧	三种	3900 × 4200，3600 × 3900，3600 × 3600
次卧	三种	开间2800，开间3000，开间3300
客厅	三种	开间3600，开间3900，开间4500

续表

户型功能	类型数量	尺寸（mm）
餐厅	两种	开间2700，开间2500
阳台	三种	3600×1800，3900×1800，4500×1800
核心筒	一种	2700×7900
飘窗	两种	开间1800，开间1500
客厅移门（开洞）	一种	开间2400
平窗	三种	开间600，开间900，开间1500

3. 施工图设计阶段

1）装配式实施方案

依据相关规范、甲方需求和政策要求，确定采用的部品部件（表8-10、表8-11）。

1号商业预制部品部件一览表 **表8-10**

阶段	技术配置选项	本项目实施情况
部品部件类型	叠合板预制底板	●
	预制柱	●
	预制梁	●
	混凝土外挂墙板	●
	蒸压轻质加气混凝土内隔墙板	●
	装配式吊顶	●
	楼地面干式铺装	●
	装配式栏杆	●

2号~21号住宅预制部品部件一览表 **表8-11**

阶段	技术配置选项	本项目实施情况
部品部件类型	叠合板预制底板	●
	预制剪力墙板	●
	预制外围护墙	●
	预制楼梯板	●
	预制女儿墙	●
	蒸压轻质加气混凝土内隔墙板	●
	装配式吊顶	●

续表

阶段	技术配置选项	本项目实施情况
部品部件类型	楼地面干式铺装	●
	装配式栏杆	●

（1）主体结构和外围护结构预制构件

住宅建筑主要预制构件为叠合板预制底板、预制楼梯、预制外墙、预制内剪力墙、预制女儿墙等，商业建筑主要预制构件为叠合板预制底板、预制柱、预制梁、预制外挂墙板（图8–75）。

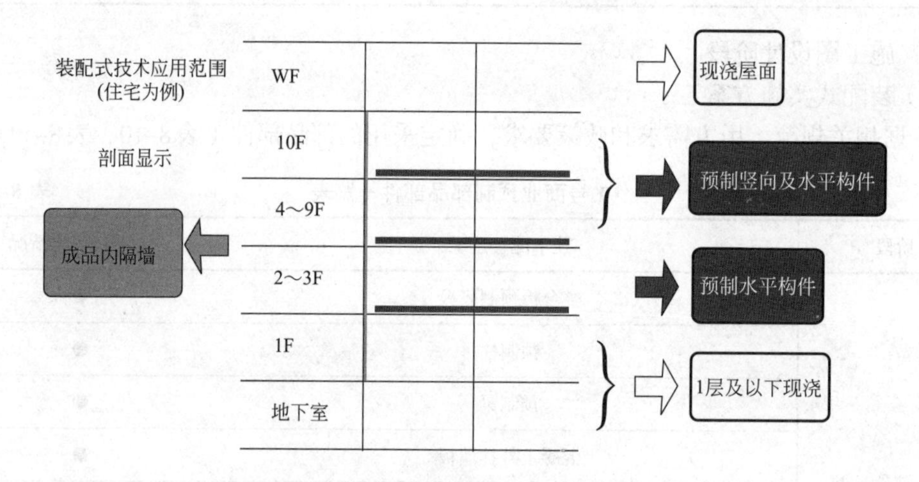

图8–75　住宅装配式部品部件实施楼层

（2）装配式内外围护构件

住宅内墙除电梯间、卫生间和厨房隔墙外其余采用蒸压轻质加气混凝土墙板，具有轻质、防火性能及隔声性能好、绿色环保、经济、施工便捷等优势，容重是普通混凝土的1/4，大大降低了墙体的自重，减少了建筑物基础造价。

（3）工业化内装部品为工厂生产、现场装配的部品构件

本项目积极推广装配化装修，采用装配式吊顶、楼地面干式铺装（成品地板干式铺装、架空地板）及装配式栏杆。

（4）集成应用加分项

结合具体实施情况，本项目可加分项为标准化的居住户型单元和公共建筑基本功能单元、标准化门窗、绿色建筑二星、以BIM为核心的信息化技术集成应用。

2）协同设计

项目大部分结构构件采用预制形式，水电暖专业原先在现场施工的管线、洞口就必须要构件生产时预先设置在预制构件上。因此就要求水电暖各专业在施工图设计时就准确地在图纸上表达所有的管线、洞口，包括内装、智能化或其他需要在结构部分预埋预设的管

线、洞口、预埋件。

采用BIM技术，建筑、结构、水电暖各个专业之间，设计、生产和施工之间共享同一个模型信息，检查和解决各专业各环节间存在的冲突更加直观。不仅有效避免或减少碰撞、疏漏的现象，而且可以提前对生产和施工进行准确的模拟和优化，减少工期和降低成本（图8-76）。

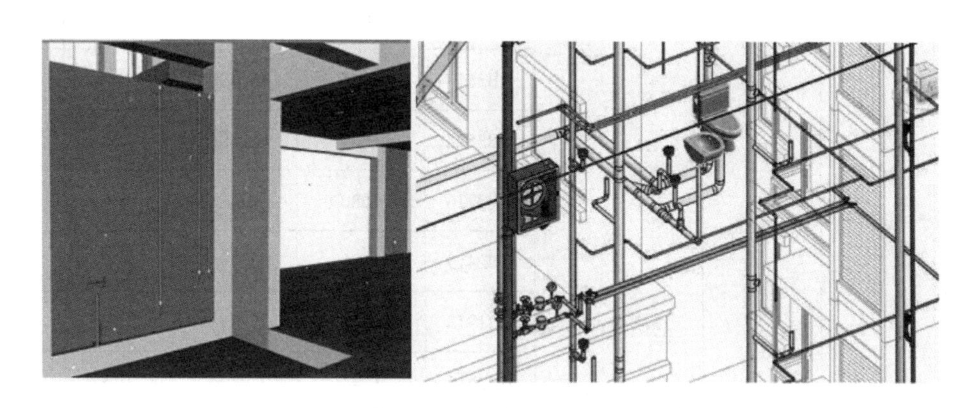

图8-76　各专业间协同设计

8.4.3　标准化部品部件的选用与优化

本项目根据部品部件库中的构件尺寸和形式调整建筑和拆分方案，对相似构件进行归并，实现标准化部品部件设计应用比例达到80%以上。主体结构中，预制叠合板的标准化部品部件应用比例为95.68%；预制剪力墙的应用比例96.69%；预制楼梯的标准化部品部件应用比例均为 100%。围护结构中，内隔墙采用预制钢筋陶粒混凝土板，其标准化部品部件应用比例为100%（表8-12）。

标准化部品统计表　表8-12

楼号	结构体系	部品分类	部品分类	部品规格	数量	部品总数量	应用占比（%）	备注
1号~22号	装配整体式框架结构体系；装配整体式剪力墙结构	主体结构部品部件	预制叠合板	DB3518	10752	62496	17.20	
				DB1216	8064	62496	12.90	
				DB3818	7392	62496	11.83	
				DB2922	4704	62496	7.53	
				DB2916	4704	62496	7.53	
				DB2722	3696	62496	5.91	
				DB3321	2688	62496	4.30	

续表

楼号	结构体系	部品分类	部品分类	部品规格	数量	部品总数量	应用占比（%）	备注
1号~22号	装配整体式框架结构体系；装配整体式剪力墙结构	主体结构部品部件	预制叠合板	DB2422	2352	62496	3.76	
				DB2416	2016	62496	3.23	
				DB4416	2016	62496	3.23	
				DB3813	2016	62496	3.23	
				DB3522	1680	62496	2.69	
				DB2716	1680	62496	2.69	
				DB2419	1680	62496	2.69	
				DB1913	1680	62496	2.69	
				DB2616	1344	62496	2.15	
				DB2417	1344	62496	2.15	
				DB4512	672	62496	1.08	非标准
				DB4417	672	62496	1.08	非标准
				DB3822	672	62496	1.08	非标准
				DB2622	672	62496	1.08	非标准
				总数	62496		100.00	
			预制剪力墙	QB2714	9555	26607	35.91	
				QB2710	4557	26607	17.13	
				QB2718	3822	26607	14.36	
				QB2715	2352	26607	8.84	
				QB2712	1617	26607	6.08	
				QB2707	1470	26607	5.52	
				QB2719	1323	26607	4.97	
				QB2725	1029	26607	3.87	
				QB2731	735	26607	2.76	非标准
				QB2732	147	26607	0.55	非标准

续表

楼号	结构体系	部品分类	部品分类	部品规格	数量	部品总数量	应用占比（%）	备注
1号~22号	装配整体式框架结构体系；装配整体式剪力墙结构	主体结构部品部件	预制剪力墙	总数	26607		100	
			预制楼梯	ST-29-25	900	900	100.00	
		围护结构部品部件	钢筋陶粒混凝土轻质墙板	NQ2306	68055.35m^2	80065.11m^2	85.00	
				NQ2303	12099.77m^2	80065.11m^2	15.00	
		装修及管线	干式铺装楼地面		64114.8m^2		100.00	
			成品吊顶		11857.43m^2		100.00	

1．标准化部品部件应用

项目确定采用装配式建筑后，在项目方案阶段即介入装配式策划，根据装配式建筑的特点提供建议，并在建筑的全生命周期跟进。如建筑方案策划后，根据模数协调原则整合开间、进深尺寸，通过对基本空间模块的组合形成多样化的建筑平面。设计阶段，遵循标准化设计“少规格、多组合”的原则，使建筑基本单元、连接构造、构配件、建筑部品及设备管线等尽可能满足重复率高、规格少、组合多的要求。

本项目根据部品部件库中梁、女儿墙、空调板、阳台、楼梯、柱、墙板、外墙、内墙等标准化部品部件，在施工图开始阶段，对于结构形式、使用功能、外形、尺寸相近或相似的构件，进行整理归纳，选用库中基本构件，经过参数的调整，延伸拓展出其他规格构件，以便于工厂设计模板和加工生产（表8-13、表8-14、图8-77）。

标准化部品部件优化 **表8-13**

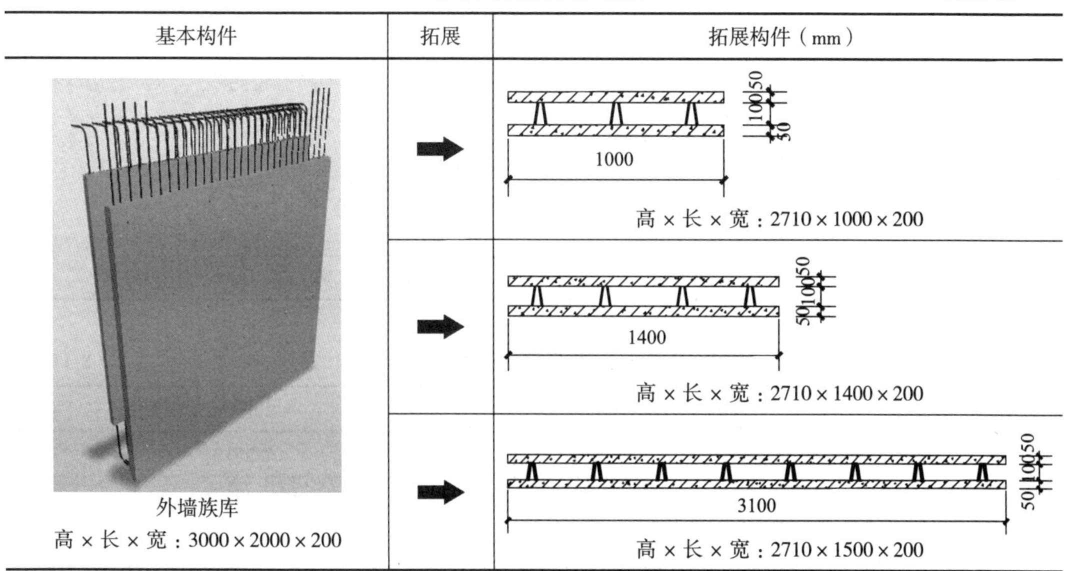

基本构件	拓展	拓展构件（mm）
外墙族库 高×长×宽：3000×2000×200	→	1000；50，100，50 高×长×宽：2710×1000×200
	→	1400；50，100，50 高×长×宽：2710×1400×200
	→	3100；50，100，50 高×长×宽：2710×1500×200

续表

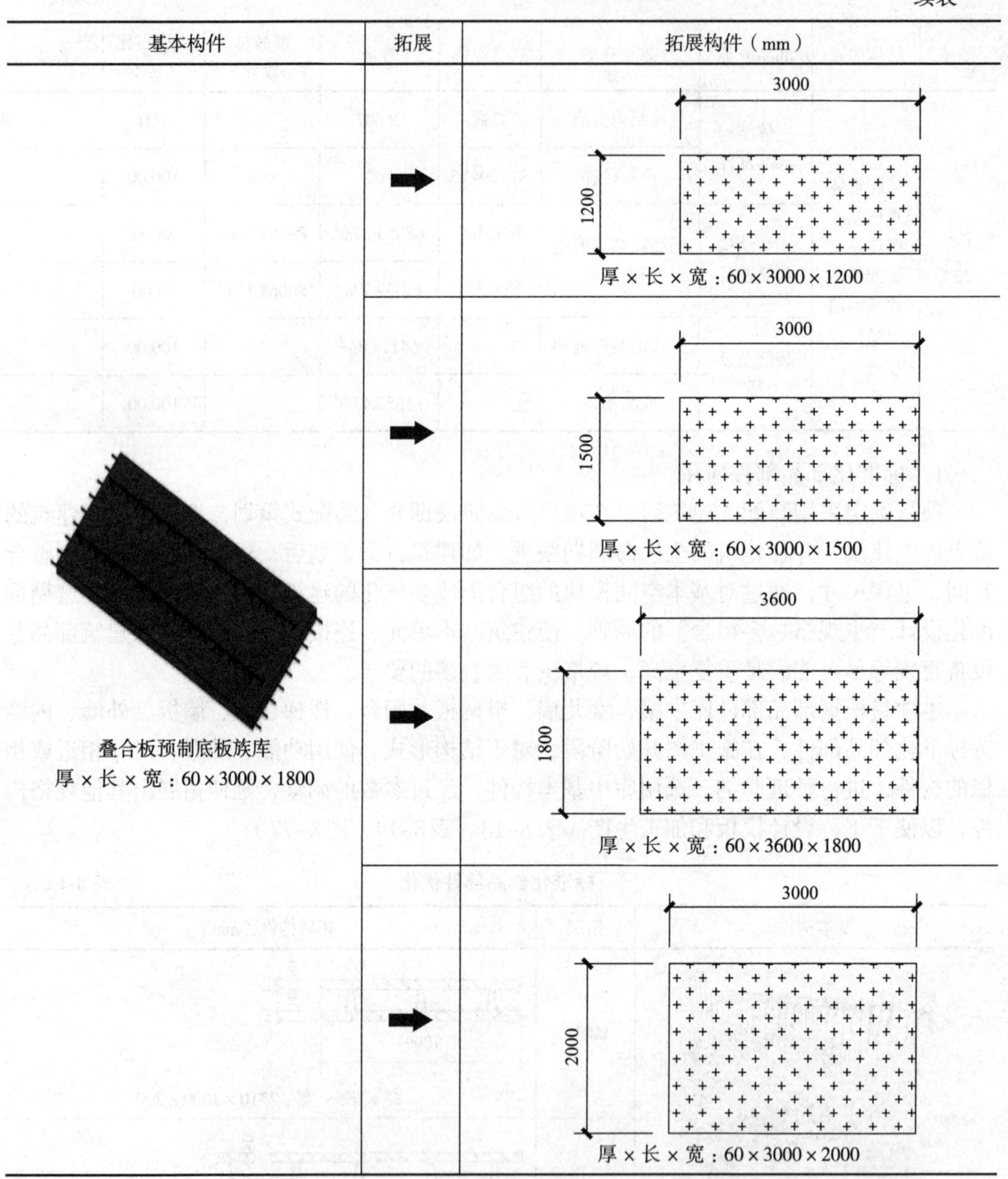

基本构件
拓展
拓展构件（mm）
3000
1200
厚×长×宽：60×3000×1200
3000
1500
厚×长×宽：60×3000×1500
3600
1800
厚×长×宽：60×3600×1800
3000
2000
厚×长×宽：60×3000×2000
叠合板预制底板族库
厚×长×宽：60×3000×1800

标准化户型与预制构件类型表　　表8-14

构件种类	类型数量	尺寸（mm）
预制剪力墙	一种墙高	2710
	四种墙长	1000/1400/3100
预制内墙	一种墙高	2710
	四种墙长	1000/1400/3100
预制叠合楼板	一种厚度	60

续表

构件种类	类型数量	尺寸（mm）
预制梯段板	一种	双跑楼梯
预制女儿墙	一种	200×1500

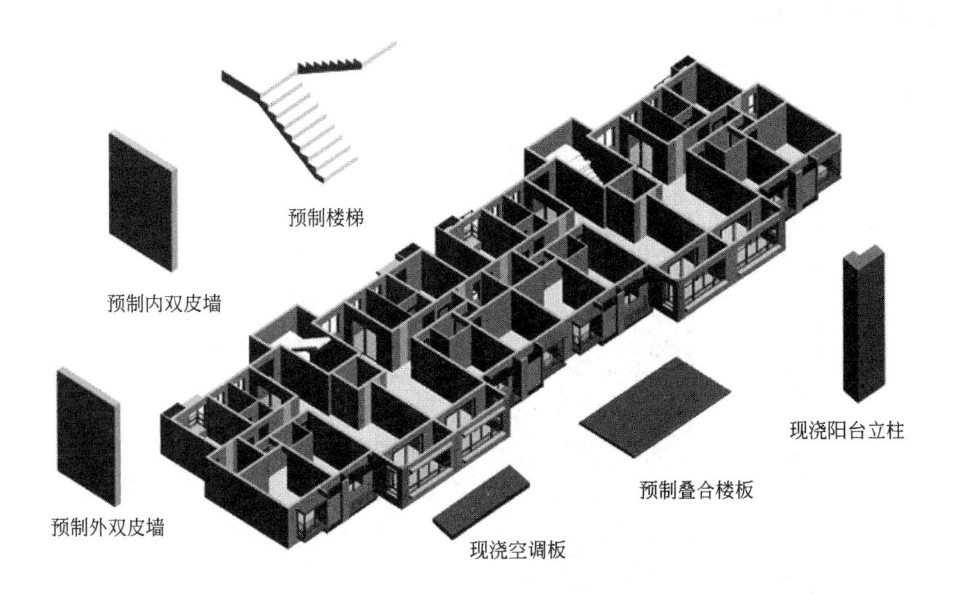

图8-77 标准化部品部件布置图

1）叠合板预制底板采用钢筋桁架叠合板（单向板），厚60mm，预制底板安装后绑扎叠合层钢筋，浇筑混凝土，形成整体受弯楼盖（图8-78）。

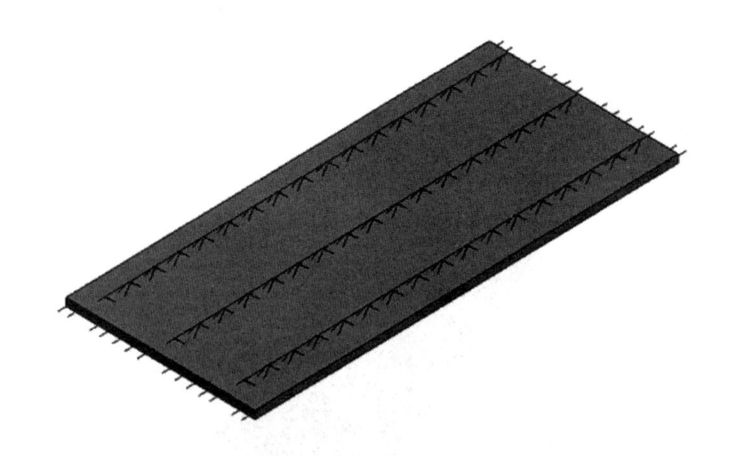

图8-78 钢筋桁架叠合板预制底板三维图

2）预制剪力墙构件竖向连接方式常用的有灌浆连接方式、后浇筑混凝土连接和型钢焊接（或螺栓连接）、机械连接等方式，本项目采用双面叠合剪力墙，后浇筑混凝土连接。预制墙板是两层50mm厚的桁架钢筋混凝土板，用桁架筋连接，板之间为100mm空心，现场安装后，上下构件的竖向钢筋在空心内布置、搭接，然后整体浇筑混凝土形成整体（图 8–79）。

3）预制楼梯最能体现装配式建筑的优势，预制楼梯比现浇楼梯更加美观，安装好后马上可以使用，提升了施工的效率、减少对环境的污染，采用蒸养的方式，保证了混凝土的强度，提升了工程的质量，能够有效降低因为人工的素质参差不齐而造成的质量达不到标准等隐患（图 8–80）。

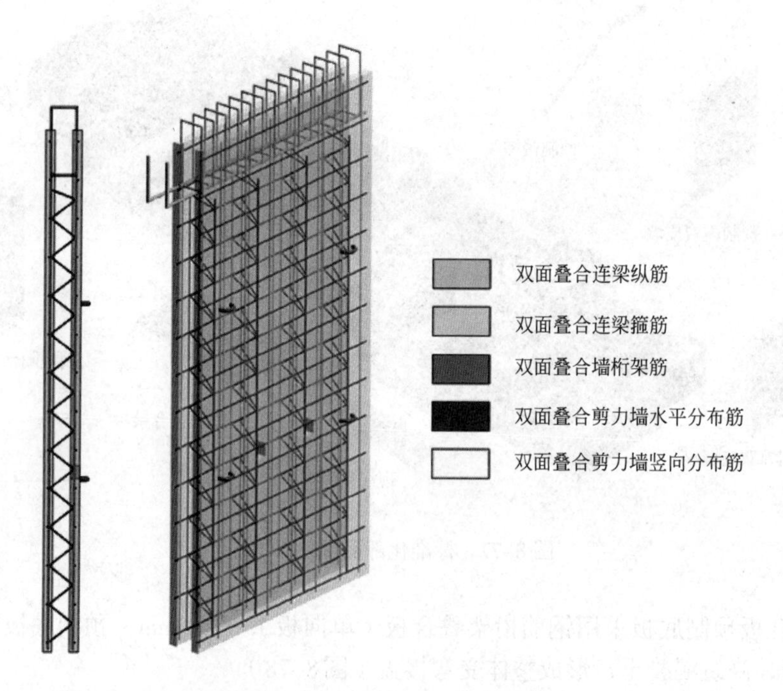

图 8–79　双面叠合剪力墙三维图

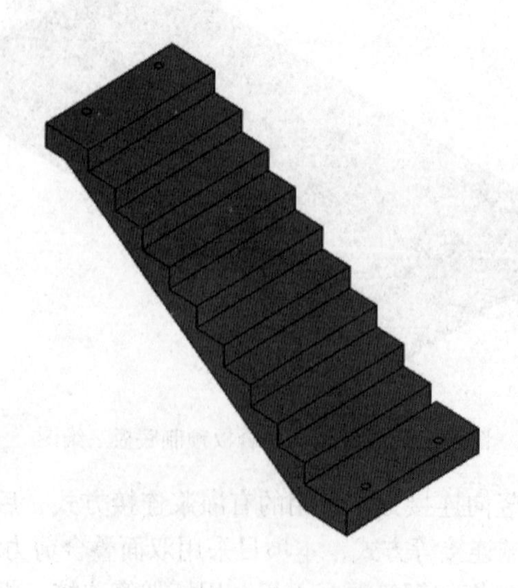

图 8–80　预制楼梯三维图

2．标准化部品接口及其连接节点

1）构件深化设计

传统设计是各专业分割模式，图纸上出现的问题一般现场解决，一定程度上影响施工质量和进度。本项目为了减少误差和错误，通过BIM模型对建筑构件的信息化表达，构件加工图在BIM模型上直接完成和生成，能清楚地传达传统图纸的二维关系，同时还能够将离散的二维图纸信息集中到一个模型当中，通过接口与预制工厂生产。作为以设计牵头的总承包单位，采用BIM信息技术作为辅助对整个项目的统筹规划和协同运作，更加保障了设计图纸的准确性和可实施性。

构件深化设计的主要工作包括：

（1）根据各专业设计要求，结合构件生产和施工安装条件，采用标准化定型技术对构件进行详细尺寸及钢筋放样、预留预埋等设计；

（2）将各专业和各个环节所有对PC构件的要求汇集到构件深化图纸上；

（3）对构件在制作、运输、堆放、安装各个环节荷载作用下的承载能力和变形进行验算；

（4）设计吊点、堆放支撑点、制作安装环节需要的预埋件等；

（5）设计过程中构件厂和总包单位密切配合，及时解决设计与生产施工的冲突。

2）主要构件及节点设计

根据行业标准《装配式混凝土结构技术规程》JGJ 1—2014的定义，装配整体式混凝土结构是指由预制混凝土构件通过可靠的方式进行连接并与现场后浇混凝土、水泥基灌浆料形成整体的装配式混凝土结构。装配式整体式混凝土结构想要具有较好的整体性和抗震性能，其最重要的就是构件的连接方式。本项目主要采用以下连接节点形式。

（1）水平构件钢筋连接节点

本项目叠合板预制底板采用单向板，预制底板厚度为60mm，叠合层现浇混凝土厚度为80mm，总厚度140mm。叠合板预制底板连接节点形式参见《桁架钢筋混凝土叠合板预制底板（60mm厚底板）》15G366-1，图8-81为叠合板预制底板板端与梁（墙）连接节点。

图8-81 叠合板预制底板板端与梁（墙）连接节点三维图

（2）竖向构件钢筋连接节点

双面叠合剪力墙从厚度方向划分为三层，内外两侧预制，通过桁架钢筋连接，中间是空腔，现场浇筑自密实混凝土。现场安装后，上下构件的竖向钢筋和左右构件的水平钢筋在空腔内布置、搭接，然后浇筑混凝土形成实心墙体。

叠合剪力墙上下、左右连接均为利用现浇层和现浇边缘构件等，采用插筋连接，施工便捷，无钢筋与套筒精准定位的困难，施工质量便于保证；同时也规避了专用套筒和灌浆料的高额成本。叠合剪力墙综合了预制结构施工进度快及现浇结构整体性好的优点，预制部分不仅大范围的取代了现浇部分的模板，而且还为剪力墙结构提供了一定的结构强度，还能为结构施工提供了操作平台，减轻支撑体系的压力。连接节点形式参考《装配式混凝土建筑技术标准》GB/T 51231—2016中附录A（图8-82）。

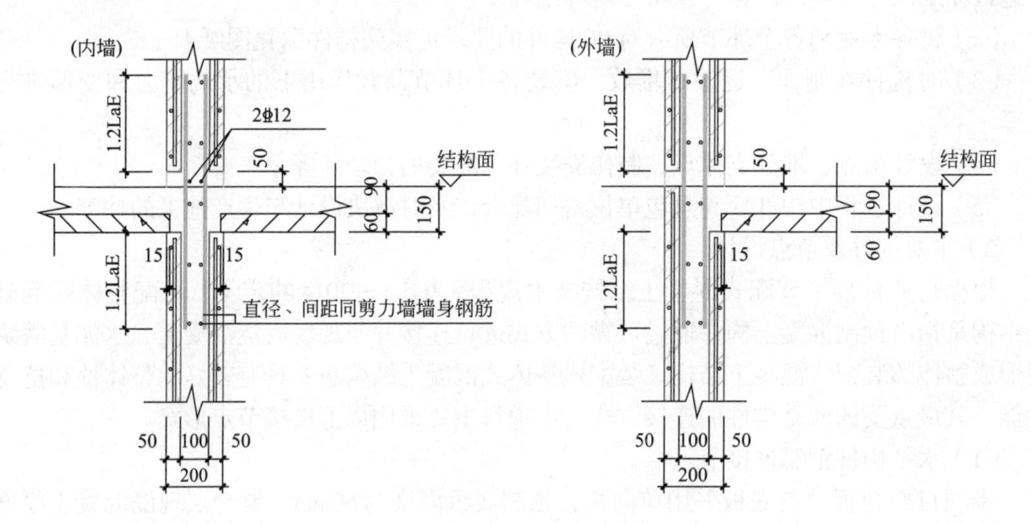

图8-82　双面叠合剪力墙竖向连接节点

（3）外挂墙板连接节点

1号商业南侧及东侧外墙采用预制钢筋混凝土墙板，通过组合连接件与框架梁水平向连接。施工过程中结构主体框架可先施工，后吊预制墙板，待板片吊装定位，再对墙板缝隙进行封堵。在墙板分割时，水平搭接处呈折线形（内高外低），拼缝处节点见图8-83，防水效果更佳；二层局部上人屋面区域设有结构找坡，该区域外墙底部360mm高采用现浇（与女儿墙等高），既利于墙板底部防水又便于施工；外墙窗框上侧设置滴水线、下侧设置折线形窗台防水，能大幅降低外窗进水的可能性。

（4）梁柱连接节点

1号商业装配整体式框架结构，梁柱连接节点采用YK钢筋接头连接，预制梁钢筋预留连接长度，在节点区域统一由一根短钢筋连接，解决了在节点区域钢筋过多，钢筋碰撞问题，吊装方便，现场可操作空间大，容错率高（图8-84、图8-85）。

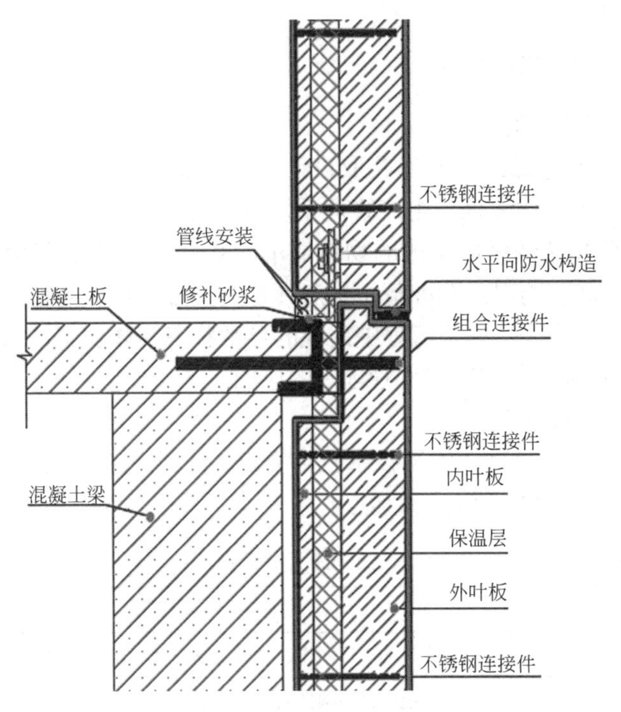

图 8-83　外挂墙板拼接处节点图

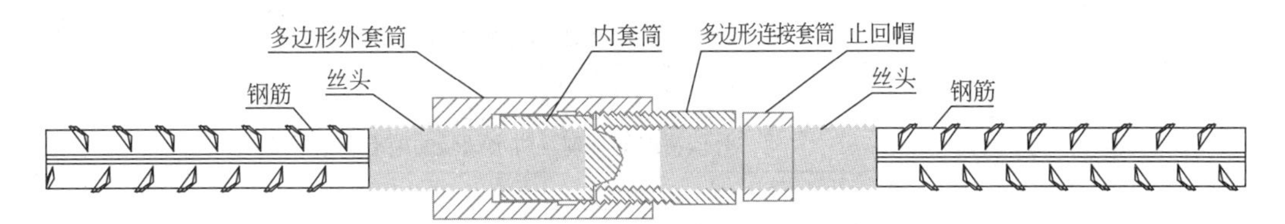

图 8-84　YK 钢筋接头

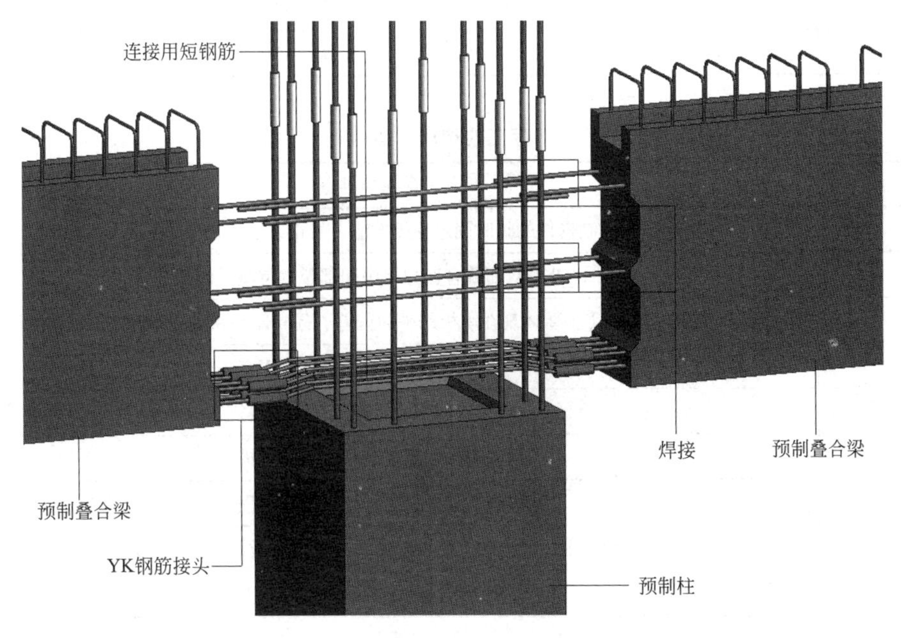

图 8-85　主次梁中间节点连接构造大样图

8.4.4 标准化部品部件的生产与施工

1. 标准化部品部件的生产

本项目预制构件通过部品部件库获取设计图纸及需要加工的部品构件。利用BIM技术，设计数据直接传递生产数据，生产管理系统直接接收设计数据，构件设计信息即是生产任务信息。运用信息化的手段生成的物料清单，3D的图纸以及其他数据能有效帮助预制件在生产的技术交底，物料采购准备，生产计划的安排，堆放场地的管理与成品物流的计划。提前解决和避免在生产整个流程中出现的异常状态，体现了计划、执行、检查、纠偏的（PCDA）循环管理方法在预制件管理中的应用。

2. 标准化部品部件的施工

本项目综合水平要求较高，施工技术较为复杂，工期约8天/层。本项目施工中需注意如表8-15、表8-16所示的关键点和难点。

PC结构施工关键点 **表8-15**

序号	施工关键点
1	预制构件的工厂制作、过程质量控制、运输和现场吊装
2	现场预制构件的吊装及临时固定连接措施
3	施工配套机械的选用
4	预制结构之间及其和现浇结构的连接节点施工
5	连接节点防水设计施工措施
6	外墙拼缝的处理及防水试验的施工
7	现浇转换层部位预留插筋
8	坐浆施工
9	双面叠合剪力墙施工
10	楼面平整度、板缝的控制

存在的难点分析 **表8-16**

序号	存在的难点
1	预制构件的临时固定连接方法、校正方法主要应用工具
2	外墙双面叠合剪力墙中间部位的混凝土浇筑
3	施工时的误差控制（主要体现在墙板的平面偏差、标高偏差和垂直度偏差的控制和调节）
4	现浇连接节点的钢筋施工
5	转换层的钢筋定位及混凝土浇筑
6	预制构件连接控制与节点防水措施
7	施工工序控制与施工技术流程
8	阳台、卫生间混凝土反坎的施工与装配墙板吊装的节点处理
9	成品的保护

根据本项目结构特点，以楼栋划分为2个区，分别为一区和二区。各区内每栋楼根据施工进度及塔吊对PC构件的吊装能力进行流水作业。

一区内先进行1号、5号、6号楼及相关地库施工，再进行2号、3号、7号、10号、11号及相关地库施工，最后进行4号、8号、9号及相关地库施工。

二区先进行16号、17号、18号楼、20号、21号、22号楼及中间地库施工，再进行12号、13号楼及南侧地库施工，最后进行14号、15号、20号楼及相关地库施工。

3. BIM协同应用

装配式建筑是设计、生产、施工、装修和管理“五位一体”的体系化和集成化的建筑，装配式建筑的核心是“集成”，BIM技术是“集成”的主线。在施工图设计阶段本项目已采用BIM技术建立三维信息模型，实时跟踪维护模型信息，在施工阶段运用该三维信息模型。

本项目在施工阶段主要应用BIM技术进行以下工作：

1）施工现场组织及工序模拟

将施工进度计划写入BIM信息模型，将空间信息与时间信息整合在一个可视的4D模型中，就可以直观、精确地反映整个建筑的施工过程。提前预知本项目主要施工的控制方法、施工安排是否均衡，总体计划、场地布置是否合理，工序是否正确，并可以进行及时优化。

2）施工过程模拟

通过虚拟建造，安装和施工管理人员可以非常清晰地获知装配式建筑的组装构成，避免二维图纸造成的理解偏差，保证项目的如期进行。

3）施工模拟碰撞检测

通过碰撞检测分析，可以对传统二维模式下不易察觉的“错漏碰缺”进行收集更正。如预制构件内部各组成部分的碰撞检测，地暖管与电器管线潜在的交错碰撞问题。

4）复杂节点的施工模拟

通过施工模拟对复杂部位和关键施工节点进行提前预演，增加工人对施工环境和施工措施的熟悉度，提高施工效率。

5）协同管理

通过BIM数字化项目管理云平台，设计师可现场检查或远程参与现场质量安全工作，在线协同工作（图8-86）。

图8-86 BIM数字化管理云平台

8.4.5　专家点评

禄口街道肖家山及省道340拆迁安置房（经济适用房）项目位于南京市江宁区，该示范项目总建筑面积151961.46m^2，其中地上建筑面积106336.25m^2，地下建筑面积45536.65m^2。本项目共包含22栋楼，其中住宅部分21栋，层数为10层，采用装配整体式剪力墙结构；商业部分1栋，层数为3层，采用装配整体式框架结构。

示范项目住宅建筑采用装配整体式剪力墙结构体系，其中墙体为双面叠合板式剪力墙，楼板为预制叠合楼板，楼梯为预制楼梯。商业建筑采用装配整体式框架结构体系，竖向受力构件采用预制柱，水平构件采用混凝土叠合梁、混凝土叠合板，外墙采用预制混凝土外挂墙板。并积极采用装配式吊顶、干式铺装楼地面等装配化装修技术。

示范项目所应用的技术为基于EPC模式的协同化部品设计技术、基于BIM的土建和装配化装修一体化设计技术等，示范技术与国家重点研发计划项目“建筑工业化技术标准体系与标准化关键技术”项目研究内容紧密结合，工程按照实施方案的要求完成了相关工作，标准化部品部件设计应用比例达到80%以上，满足示范工程考核指标要求。

采用EPC模式与信息化技术结合的方式，围绕“标准化设计、工厂化生产、装配化施工、一体化装修和信息化管理”的要求，在标准化设计理念和方法方面有一定创新，有关技术在南京地区装配式建筑设计中得到推广应用。

8.5　南京市江宁金茂小学部品库应用

8.5.1　工程概况

南京市江宁区金茂小学项目位于南京市江宁区上坊天赐路以南、学前路以西，上坊组团南侧的居住组团内，用地面积23702m^2。设计单位为江苏省建筑设计研究院有限公司，建设单位为南京兴拓投资有限公司。建设内容为一栋教辅楼（1号）、两栋教学楼（2号、3号）及一栋综合楼（4号），均为地上4层的多层建筑。根据规划设计条件指标及要求，结构方案采用了框架结构体系，总建筑面积25018m^2，其中地上建筑面积20816m^2（图8–87）。

图 8–87　项目鸟瞰图

本示范项目采用装配式建筑建造方式、全装修成品交付。项目设计过程中利用BIM技术从部品部件库调用标准化部品部件建模，完成了构件组装，部分生成构件深化图，并对标准化部品部件库做了补充。标准化部品部件应用比例达到75%以上。本项目为小学公建项目，为了给孩子们提供更好的学习环境，要求达到绿色三星的建筑设计标准，室内采用装配式吊顶、楼地面采用干式铺装等技术。

8.5.2　基于标准化的策划与设计

1. 项目策划

本示范项目是在已有传统建造方案后，修改采用装配式建造方式。作为装配式混凝土公共建筑，标准化难度较大，项目由4幢多层框架教学（辅）楼及综合楼组成，各幢之间通过连廊连接。项目调整阶段，在符合相关国家及地方规范，满足建筑使用功能要求的前提下，采用模数化、标准化、集成化的设计方法，依据“少规格、多组合”的原则，建立合理、可行的建筑技术体系，以便于实现装配式建造方式。2号和3号教学楼单体建筑各楼层平面功能布局完全一致，和1号教辅楼的建筑布局也基本相近，且3幢楼的竖向楼层总高、层高及建筑立面也基本一致。标准化的建筑设计目的就是保证结构构件类型及截面的统一及较高的可复制性，降低开模成本，具备设计标准化、生产工厂化和施工装配化等条件，满足建筑工业化的基本要求。

本示范项目根据相关文件，制订以下设计目标：

1）项目各单体（4幢）均采用装配式建筑；

2）成品住房交付；

3）采用标准化、模块化设计形式，借助BIM信息技术完成装配式建筑设计；

4）发展绿色建筑，要求达到绿色建筑三星标准。

2. 建筑设计

本项目在满足建筑功能要求和建筑风格选定的基础上实现标准化设计，依托部品部件库，以基本构成单元或功能空间为模块，采用基本模数实现建筑主体、建筑内装及部件部品等相互间的尺寸协调。

本项目为小学功能的公建项目，教室作为建筑设计的基本单元模块，当各年级学员数量基本固定的情况下能做到单间教室的标准化设计，配合以标准化设计的卫生间、走廊、楼梯间等基本单元，从而实现2号、3号教学楼的标准化平面设计。1号教辅楼因建筑功能上以办公、教辅为主，同教学楼有所不同，但在建筑平面柱网布置上也尽量采用了相同的开间及进深，以保证相同的柱网，做到标准化平面布置（图8–88）。

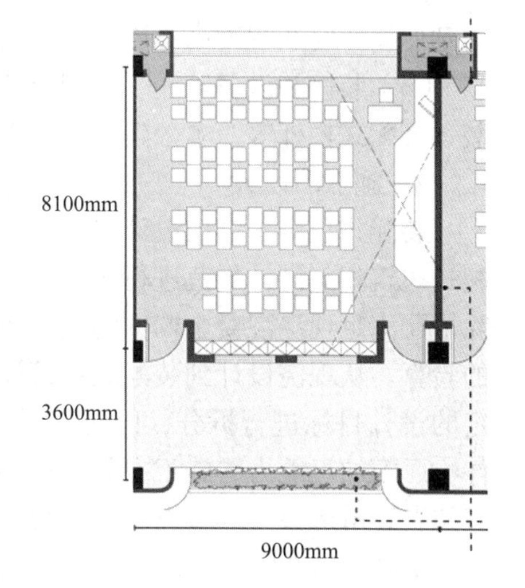

图8–88　教室基本平面设计单元

建筑立面设计上，1号教辅楼及2号、3号幢教学楼相同的高度及立面效果设计保证了门、窗及外围护构件等部件部品的标准化、模数化，达到了装配式建筑设计的基本要求（图8–89）。

图8-89　标准化立面设计

3．结构设计

本项目单体各楼层功能布局一致，层间构件类型及截面统一，各类构件（预制叠合板、梁、楼梯、内隔墙等）可复制性较高，有效控制生产成本，具备高度的设计标准化、生产工厂化和施工装配化特点，适合采用装配式建造方式。

1）预制方案

从经济性以及施工方便性来看，装配式建筑主体结构预制方案首先应选择水平受力构件，如楼板、楼梯和梁等，而后才是墙、柱等竖向受力构件。就本项目而言，各单体建筑均为4层框架结构，每层层高有所不同，导致楼梯规格较多，从经济性来考虑，不适宜做预制楼梯；同时考虑到预制梁柱节点的复杂性，选择了梁预制、柱现浇的方案；最后结合预制率的计算，板跨大小，采用预制钢筋桁架叠合楼板。

最终预制方案如下：

（1）主体结构预制构件为：2层～屋面层做预制叠合梁，2～4层做预制叠合楼板，屋面板及卫生间等位置采用现浇结构。

（2）内外围护预制构件为：内隔墙预制，采用钢筋陶粒混凝土轻质墙板；外围护墙考虑到外立面复杂程度高等因素，未采用预制外围护墙。

（3）装修和设备管线：采用全装修方案，工业化内装部品主要考虑采用楼地面干式铺装、装配式栏杆等，本公建项目未设置厨房。

2）施工图设计

装配式混凝土结构设计时采用等同现浇的设计方法，当整体分析结束后，依据现行装配式建筑相关设计规范进行预制梁、板等构件的拆分、设计和计算。预制混凝土构件设计除了要满足现浇混凝土构件的设计要求外，还要考虑构件在生产、制作、运输与安装阶段的验算。从现浇设计到装配式建筑设计的构件拆分是关键环节，依据装配方案策划阶段确定的设计目标进行拆分，同时要考虑项目定位、结构合理性及经济性、周边运输场地条件、厂家加工能力、施工方起吊安装能力等因素。拆分应由建筑、结构、预算、工程、物流和安装吊运各个环节技术人员协作完成，以方便后期的构件深化设计、制作。

本项目以2号、3号教学楼为例，结构拆分图以及拆分后的预制梁、预制板平面布置图如图8-90～图8-92所示。

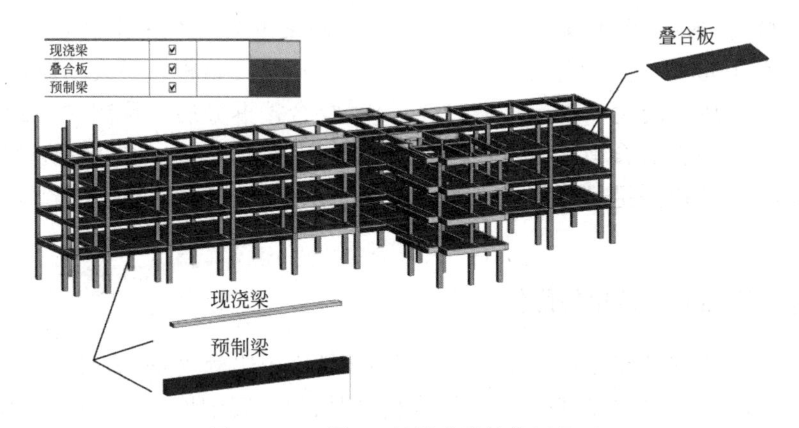

图 8-90 2 号、3 号教学楼结构拆分图

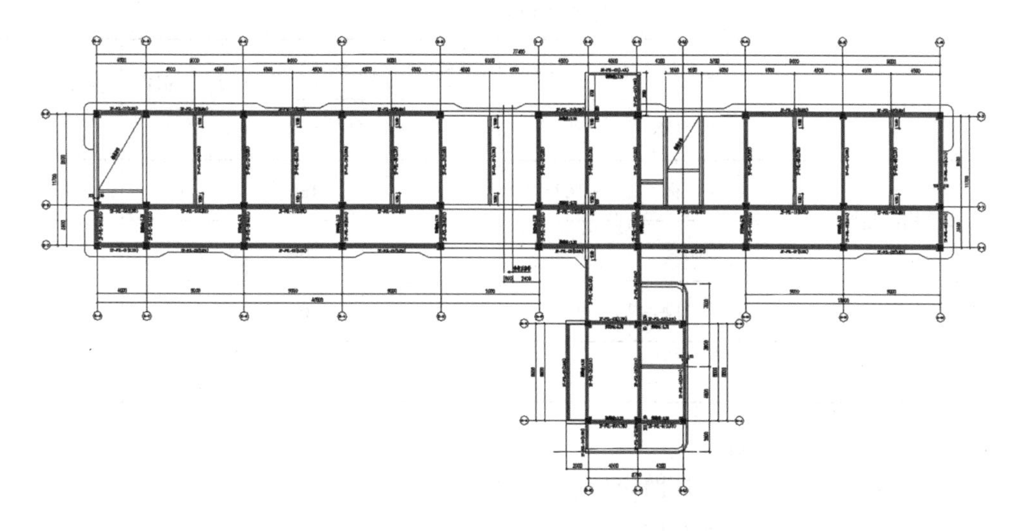

图 8-91 2 号、3 号教学楼预制梁平面布置图

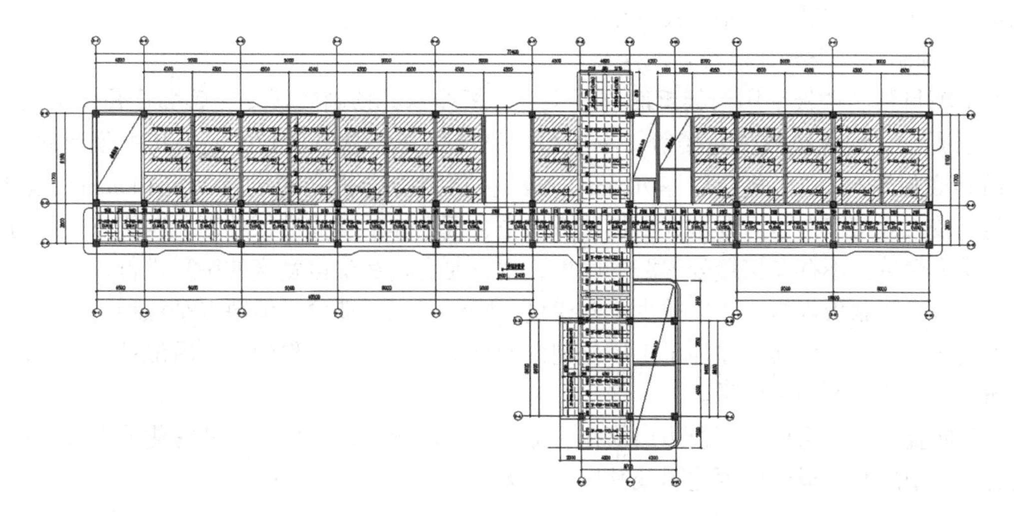

图 8-92 2 号、3 号教学楼预制叠合板平面布置图

1号教辅楼拆分后，预制梁共302根，最大单根梁重为5.59t；预制叠合板共321块，最大单块板重为1.58t；2号、3号教学楼拆分后，预制梁共243根，最大单根梁重为5.59t；预制叠合板共261块，最大单块板重为1.63t。4号综合楼拆分后，预制梁共277根，最大单根梁重为8.95t；预制叠合板共295块，最大单块板重为1.75t。本项目建筑单体单根梁重量较大，普通塔吊难以满足吊装需求。考虑到本建筑仅为4层，高度较低，可考虑采用汽车吊进行吊装。

8.5.3　标准化部品部件的选用与优化

本示范项目基于部品部件库，标准化的部品部件应用比例较高，标准化部品部件应用比例达到75%以上。其中预制叠合板的标准化部品部件应用比例达到90%；预制梁的应用比例达到80%（表8-17）。

标准化部品统计表　　表8-17

部品分类	标准化部品部件类型		非标准化部品部件类型		部品部件总量	标准化部品部件占比
	部品名称	数量	部品名称	数量		
主体结构部品部件	叠合板	1675	叠合板	186	1861	90%
	预制梁	856	预制梁	208	1064	80%
围护结构部品部件	ALC板	3520	ALC板	0	3520	100%
标准化部品部件应用比例	94%					

1. 主要构件及节点设计

装配式结构构件及节点设计即构件深化设计，是装配式结构设计的重要组成部分，深化设计补充并完善了方案设计对构件生产和施工实施方案考虑的不足，有效解决了生产和施工中因方案设计与实际现场产生的诸多冲突，最终保障了方案设计的有效实施，因此预制构件深化设计在装配式结构设计中必不可少。

1）预制混凝土叠合板及其连接节点

本项目预制楼板采用桁架钢筋混凝土叠合板技术，预制底板安装后绑扎叠合层钢筋，浇注混凝土，形成整体受弯楼盖。本项目中设计叠合板总厚度130mm，其中预制钢筋桁架预制底板厚60mm，叠合层厚70mm。本项目预制叠合板之间设置300~400mm后浇带，以满足较大板跨双向传力要求，即按照双向叠合板整体式接缝进行处理，其优点是传力明确、受力简单，不存在接缝处渗漏的隐患，也方便通过后浇段宽度的调整进行预制板宽的调剂，减少预制板规格，相应减少了开模量，降低了工程造价；但缺点是该种拼接方式要求预制叠合板四面出筋，增加了工厂化制作的难度，在施工工程中需在后浇带支模，也略增加了施工的难度和工作量。

双向叠合板为避免相邻板边出筋在后浇带内的碰撞，可直接在构件深化图中放样布置钢筋。典型的叠合板构件深化图及其接节点大样图见图8-93 ~图8-95。

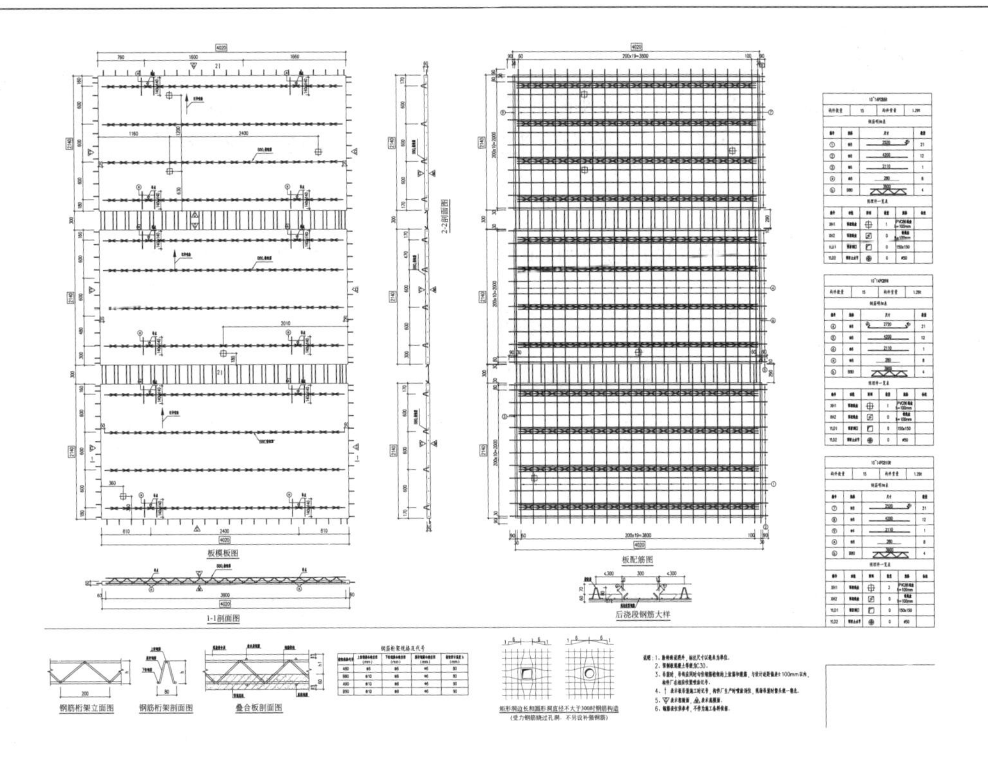

图 8–93 叠合板构件深化图

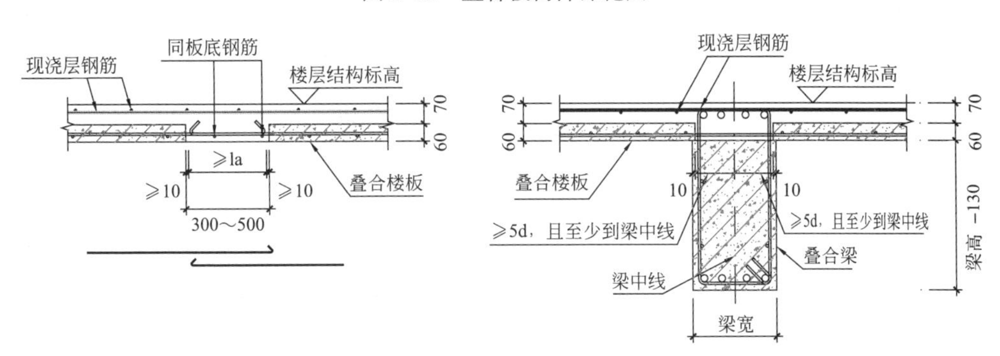

图 8–94 双向叠合板节点大样

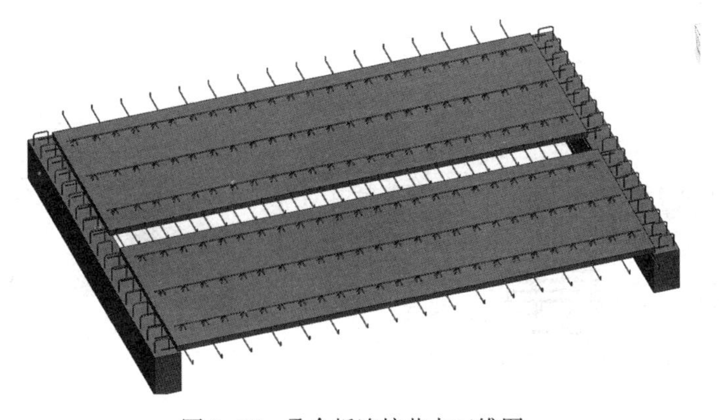

图 8–95 叠合板连接节点三维图

2）预制混凝土梁及梁柱连接节点

本项目框架梁及次梁均采用了预制叠合梁，即将工厂制作的预制梁在现场吊装后，再和叠合板现浇层整体浇捣混凝土，使梁板成为整体。典型的预制叠合梁构件深化图见图8-96。

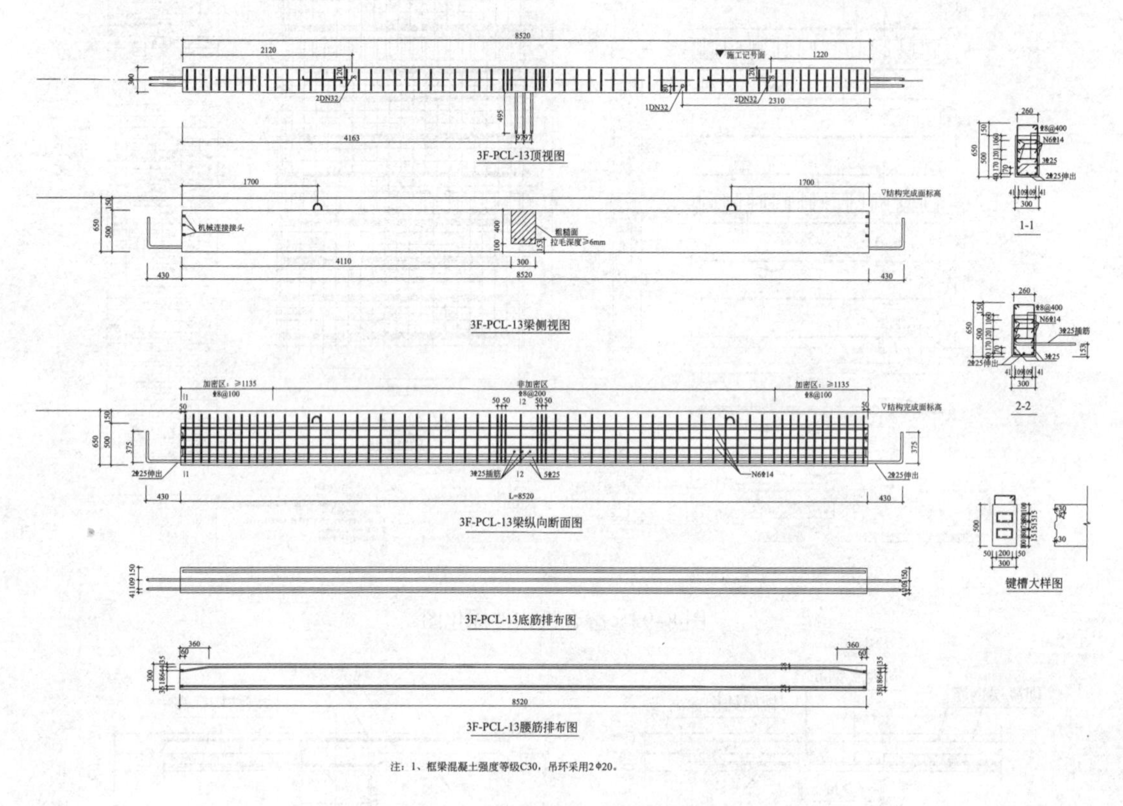

图8-96　预制叠合梁构件深化图

本项目预制主次梁连接采用了主梁贯通，次梁在主梁外侧通过后浇段连接的连接方式，主梁在与次梁连接处的梁底预留钢筋与次梁下部纵筋通过套筒连接，次梁上部钢筋在叠合层内贯通锚固（图8-97）。

梁柱节点连接，本项目因采用了现浇柱，缓解了节点区预制构件外伸钢筋的碰撞问题，大大降低了节点区的施工难度（图8-98）。

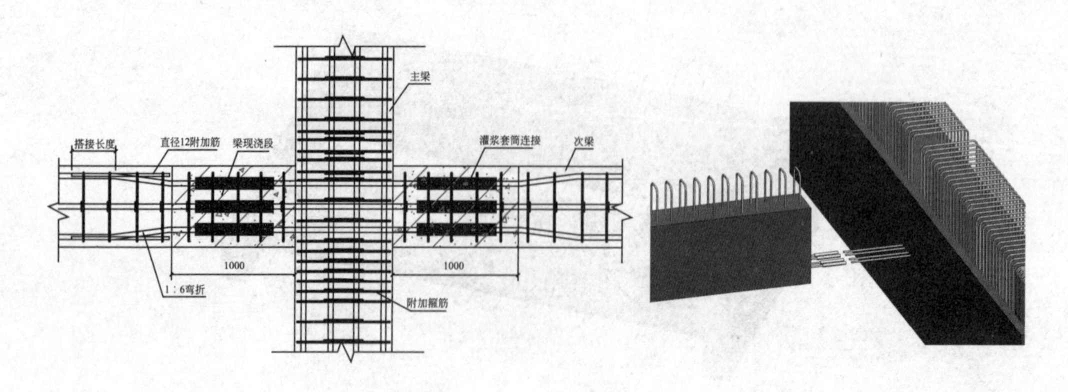

图8-97　主次梁连接节点

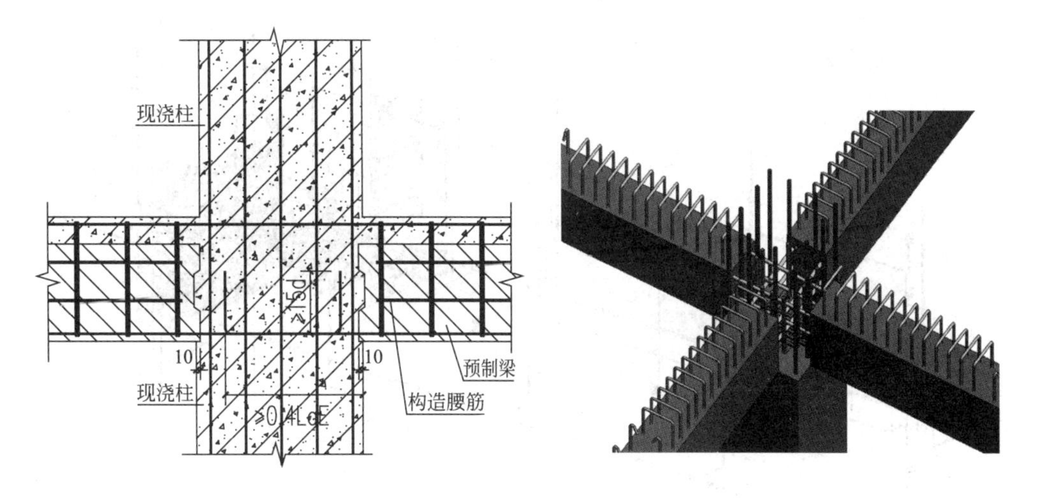

图 8-98　梁柱连接节点

2. BIM信息技术应用

BIM信息技术应用也是本项目示范的重要内容，借助BIM信息技术完成装配式建筑设计。在施工图设计阶段，利用BIM技术进行了构件拆分及优化，整体结构和各预制构件的模型、节点连接模型等，同时机电专业根据建筑模型建立了机电设备模型，将建筑专业与机电专业的模型进行冲突检测、三维管线综合、竖向净空优化、三维管线优化排布等基本BIM应用，创建建筑专业施工图设计模型与机电施工图设计模型，并交付至施工准备阶段。以2号教学楼为例，机电设备BIM模型及机电管线设备与结构构件碰撞结果如图8-99 ~ 图8-102所示。

3. 标准化部品部件应用

本项目采用的标准化预制部品部件包括预制钢筋桁架叠合板、预制叠合梁等。预制板的厚度均为60mm；预制梁的截面宽度均为300mm，梁截面高度根据不同跨度限制在550mm、650mm和750mm三种梁高范围以内，预制构件标准化设计减少了开模数量，降

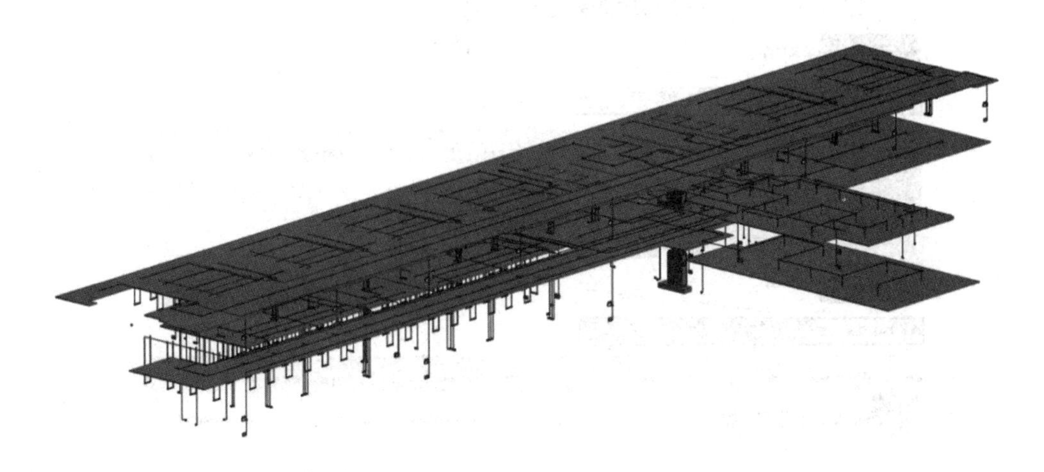

图 8-99　2 号教学楼电气 BIM 模型

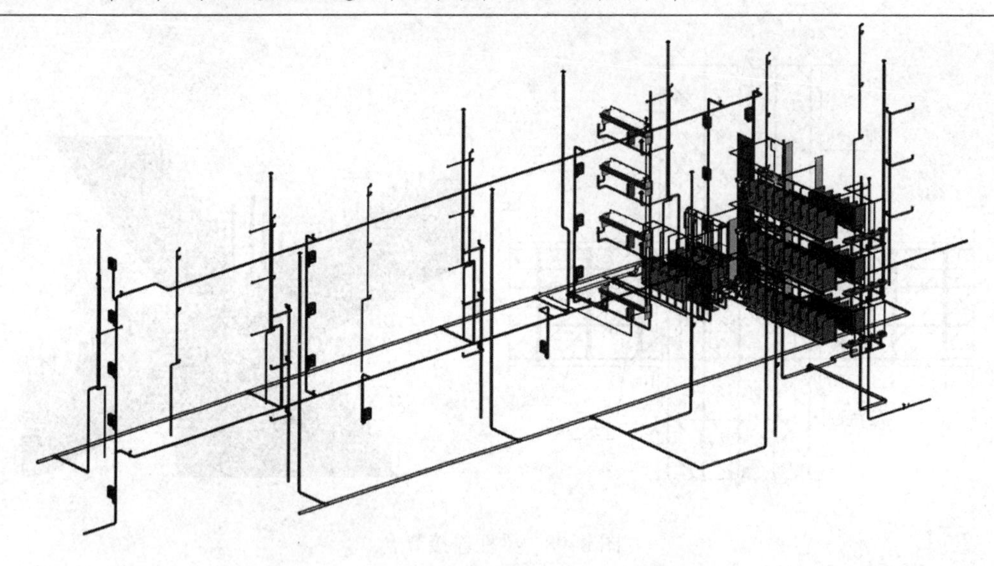

图 8-100　2 号教学楼给水排水 BIM 模型

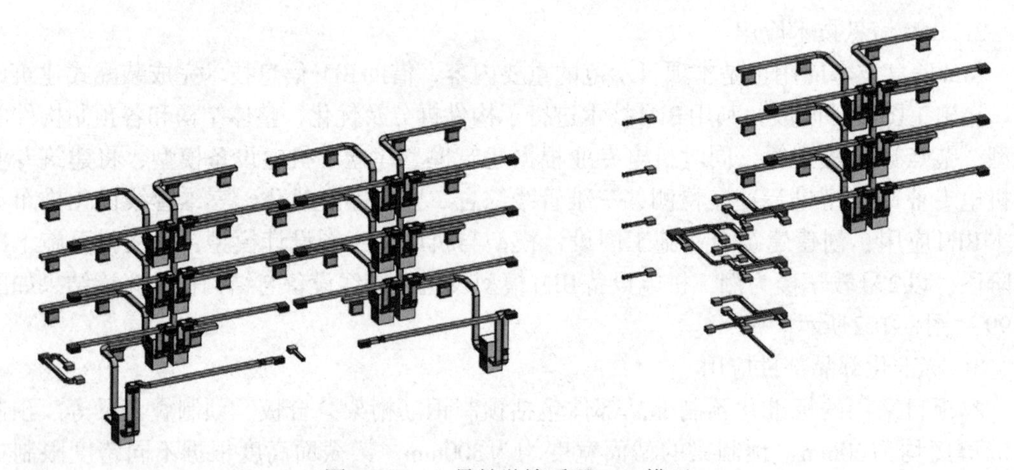

图 8-101　2 号教学楼暖通 BIM 模型

设备与结构专业碰撞报告

碰撞报告

980

设备专业间碰撞报告

碰撞报告

1829

图 8-102　2 号教学楼 BIM 模型机电设备与结构碰撞报告

低了工程造价。各种构件类型数量及尺寸如表8-18所示，标准化部品部件的布置图如图8-103所示。

标准化户型与预制构件类型表　**表 8-18**

构件种类	类型数量	尺寸（mm）
预制叠合梁	三种梁尺寸	750×300、650×300、550×300
预制叠合楼板	一种厚度	60mm

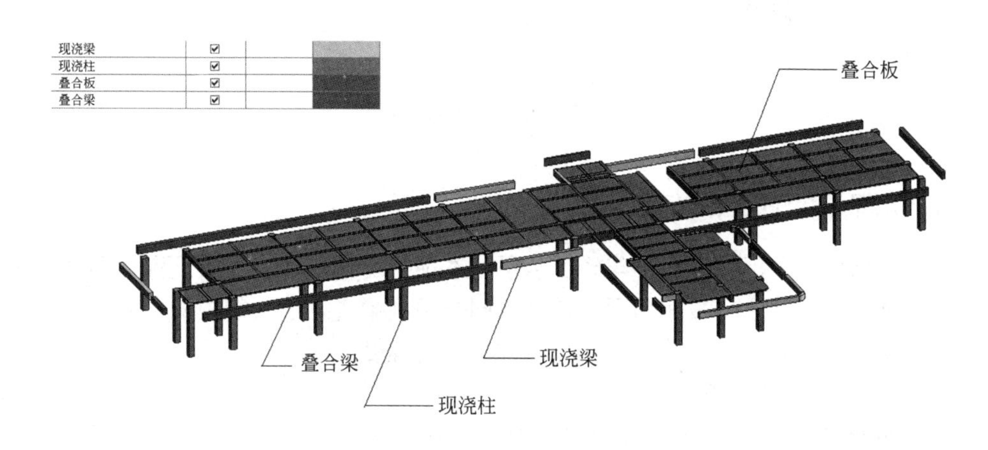

图 8-103　标准化部品部件布置图

本项目采用钢筋桁架叠合板，通过采用预留后浇带的方式拼接以实现双向板传力，两块双向预制板标准化部品三维图如图8-104所示。

预制叠合梁标准化部品三维图如图8-105所示。

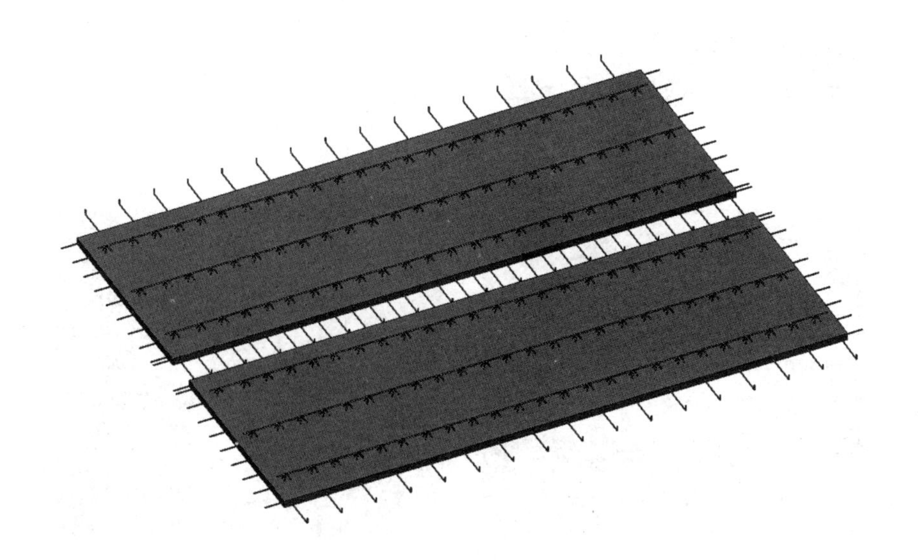

图 8-104　预制钢筋桁架叠合板三维图

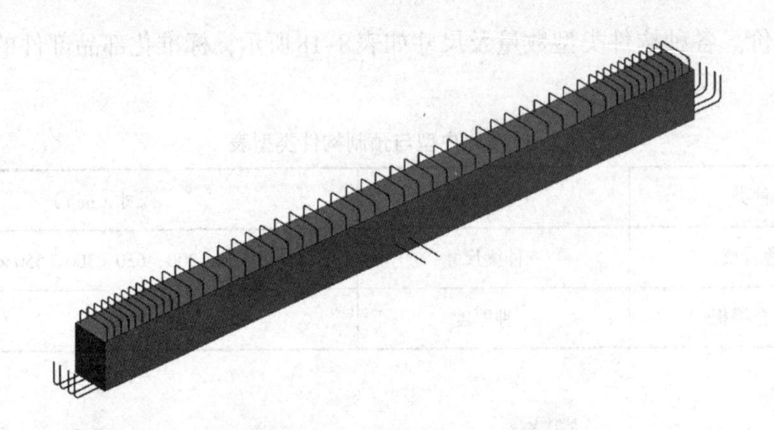

图8-105　预制叠合梁三维图

8.5.4　标准化部品部件的生产与施工

为提高部品部件的标准化生产与施工水平，本项目与构件厂及模具厂深入沟通，采用了端板位置可调的模具，将截面相同、长度不同的预制梁进行了大规模的归并，大大减少了预制构件模具的损耗，以实现提高部品部件标准化程度。

1. 预制钢筋桁架叠合板施工

预制钢筋桁架叠合板施工如图8-106～图8-108所示。

图8-106　预制板吊装施工图

图8-107　板钢筋绑扎

图8-108　线管铺设

2．预制叠合梁施工

预制叠合梁施工的现场照片如图8-109 ~图8-112所示。

图8-109 预制梁进场

图8-110 预制梁安装

图8-111 梁柱节点施工

图 8-112 主次梁节点施工

8.5.5 专家点评

南京市江宁金茂小学项目位于南京市江宁区，该工程地上总建筑面积20816m²，为4栋多层建筑，包括1号教辅楼、2号和3号教学楼及4号综合楼组成，采用装配整体式框架结构体系。

本示范项目在方案阶段未考虑装配式建筑的前提下，进行装配式建筑深化设计，归纳分析建筑平面布局，首先做到了标准化平面布置，在此基础上保证门、窗和围护构件等部品部件的标准化、模数化。

本项目所采用预制叠合板和预制叠合梁等主要预制构件，构件模型和信息均选自部品部件库，通过复杂构件模型的下载运用，大大简化了深化设计的工作量，提高项目的设计效率，通过模型数据参数化的调整，更加高效、准确地完成了装配式深化设计。

本项目设计过程中利用BIM技术从部品库调用标准化部品部件建模，采用BIM技术完成了预制构件间的组装，并生成构件深化图，且对标准化部品库做了补充。本项目所预制构件复制性较高，降低了开模数量，降低成本，取得了较好的经济效益。

示范项目作为建筑工业化技术标准体系与标准化关键技术示范工程，按照实施方案的要求完成了相关工作，标准化部品部件占所有部品部件应用比例达到75%以上，满足示范工程考核指标要求。对前期未考虑装配式建造方式的项目，通过深化设计和标准部品部件库的应用，实现建造方式的转型升级起到了示范作用。

8.6 南京安居·仁恒公园世纪（和燕路560E地块项目）部品库应用

8.6.1 工程概况

南京安居·仁恒公园世纪（和燕路560E地块项目）部品库应用规划地块位于南京栖霞区，用地性质为二类居住用地，用地面积52784m²，容积率1.01~1.6。设计单位为江苏省建筑设计研究院有限公司，建设单位为南京颐燕置业有限公司。建设内容为住宅及相关配套设施。根据规划设计条件指标及要求，方案采用剪力墙结构，全板式布局模式，共设计12栋建筑，其中9栋为中高层住宅，总建筑面积126677m²，其中地上建筑面积84455m²。

本示范项目采用装配式建造方式、成品住房交付。项目采用预制叠合板、预制夹心保温外墙板、预制楼梯板等预制部品部件，室内采用装配式吊顶、楼地面采用干式铺装等装配化装修技术，标准化部品应用比例达到75%以上（图8–113）。

图8–113　工程总平面效果图

8.6.2　基于标准化的策划与设计

1. 项目策划

本示范项目是在已有传统建造方案后，在施工图阶段加入装配式建造要求。主要示范内容包括：装配式建筑深化设计和BIM技术的应用。工程中所用部品有不少于75%取自标准化部品部件库3个方面。项目由9栋11层剪力墙住宅和层数为1~2层的配套用房组成。住宅单体各楼层功能布局一致，层间构件类型及截面统一，各类构件（预制叠合板、楼梯、剪力墙、阳台、凸窗等）可复制性较高，生产成本较低，具备高度的生产工厂化和施工装配化。配套用房由各类功能用房及会所组成，为框架结构，且各单体之间差异性较大，可复制性较低，不适宜采用装配式建造方式。

项目采用标准化设计理念，构件拆分标准化，构件重复使用率高，满足“少规格、多组合”的原则。构件拆分合理，适于工厂化生产、装配化施工，提高施工效率。在保证品牌定位的前提下，寻求高品质、高质量、高标准的建筑产品，提高建筑工业化程度。

根据南京市政府下发的相关文件规定及《江苏省装配式建筑预制装配率计算细则》的要求，制订以下设计目标：

1）地块中中高层住宅（9幢）均采用装配式建筑；

2）100%实行成品住房交付此项可申请获得2%容积率奖励；

3）预制外墙截面积不小于地上部分规划允许建筑面积的2%，此项可申请获得最多2%的建筑面积不计容；

4）发展绿色建筑，采用标准化、模块化设计形式，借助BIM信息技术完成装配式建筑设计，并推动绿色施工，增强可持续性发展。

2. 建筑设计

项目模数化设计符合现行国家标准《建筑模数协调标准》GB/T 50002的规定，依托部品部件库，优化各功能模块的尺寸和种类，使建筑部品实现通用性和互换性，保证房屋在建设过程中，在功能、质量、技术和经济等方面获得最优的方案。

项目在建筑方案设计阶段即考虑了户型优化，参与建筑方案设计，做好平面设计、立面及剖面设计，提出符合装配式混凝土建筑特点的优化建议。在满足建筑功能前提下，实现基本单元（户型）模块通过标准化的接口，按照功能要求进行多样化组合，建立多层级的建筑组合模块，以提高建筑构件重复使用率，降低建造成本。居住建筑宜选用大开间、大进深的平面布置，增加建筑布局的灵活性。建筑楼梯、阳台、空调板宜采用标准化产品，厨房和卫生间的平面尺寸宜满足标准化整体橱柜及整体卫浴的要求。

1）原建筑设计方案

本项目最初提供的建筑方案有：A、B、C、D、E五大类主力户型，在此基础上进行户型微调细分，共有A1、A2、B1、B2、B2S、C1、C2、C3、D1、RC1、RC2等。户型种类繁多，建筑层数较低，各种功能区间尺寸零碎且尺寸梯度不大，较不适宜采用装配式建造方式（图8–114）。

(a) A户型　(b) B户型　(c) C户型

(d) D户型　(e) E户型

图 8–114　原建筑方案户型图

2）户型优化建议

（1）各户型中南阳台较多是镜像关系（图8-115），可考虑调整为平移复制关系；阳台平移复制关系相较于镜像关系，能够减少一部分开模费用，降低一定的成本。

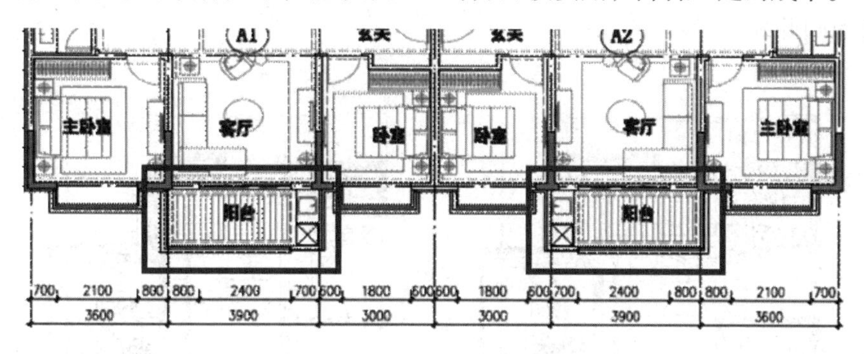

图 8-115 阳台布置优化

（2）凸窗的尺寸有1700、1800、2000、2100、2300等，如图8-116所列举，可在一定范围内进行归并。

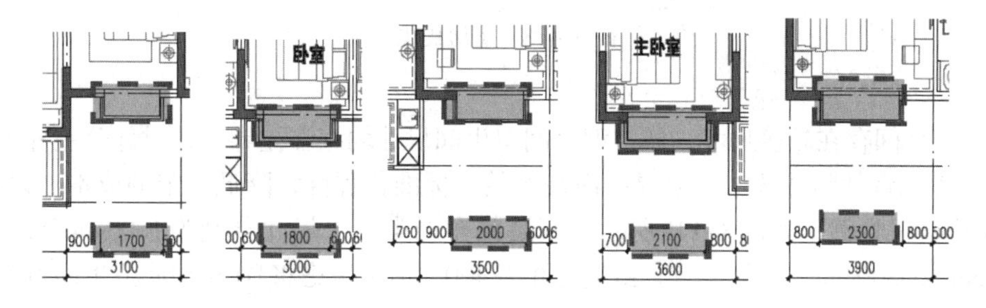

图 8-116 阳台尺寸优化

（3）凸窗的位置宜居中（以图8-117为例，凸窗两侧尺寸600mm、900mm两种，可考虑居中布置），以归并制作模具，有利于降低成本。

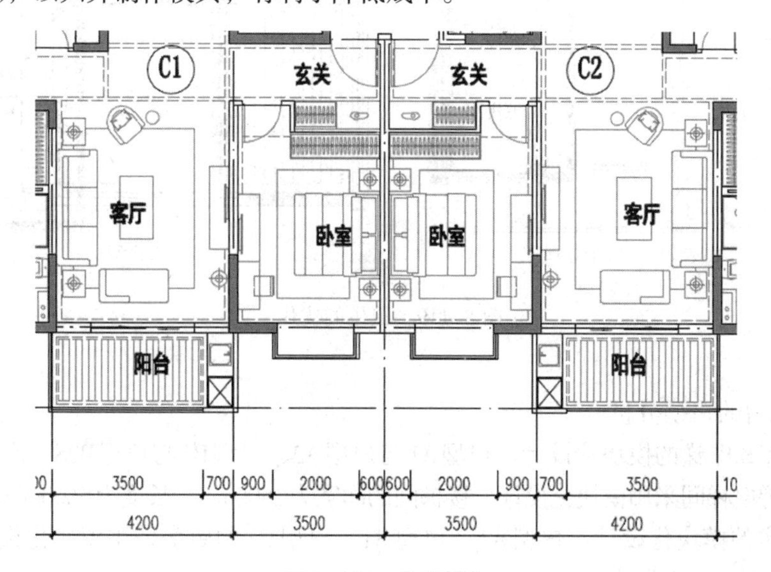

图 8-117 凸窗优化

（4）厨房存在较多尺寸规格相近，内部布置亦相近的情况，可以考虑将厨房的规格归并统一；可提高内装部品的标准化程度，降低一定的成本。以B2S与C2户型厨房为例，如图8-118所示，两个厨房尺寸分别为1950mm×3400mm与1950mm×3500mm，差距微小，可考虑归并统一。

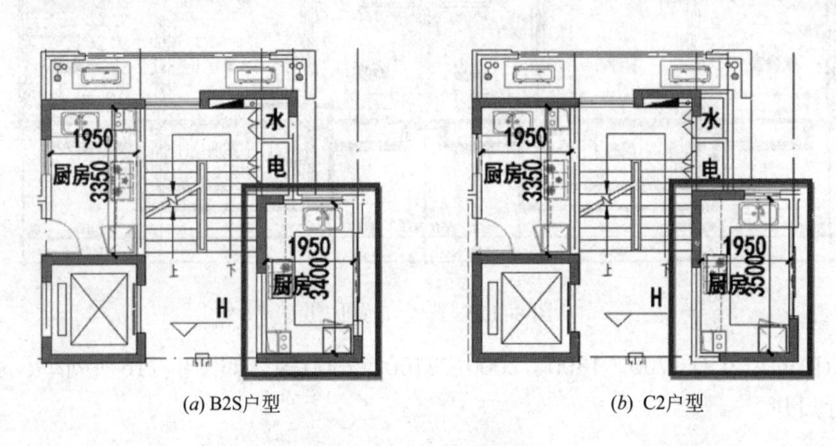

(*a*) B2S户型　　(*b*) C2户型

图8-118　厨房优化

（5）卫生间存在较多尺寸，各户型之间卫生间尺寸均存在差异。针对部分差异不大的区域，可考虑将其归并统一，以提高内装部品的标准化程度，降低一定的成本。以D1与C3户型卫生间为例，如图8-119所示，其装修布局类似，尺寸分别为1600mm×2900mm与1600mm×3300mm，开间一致，虽进深相差400，但可考虑将D1户型此卫生间调整为干湿分区，以统筹其卫生间内部尺寸与C3户型一致。

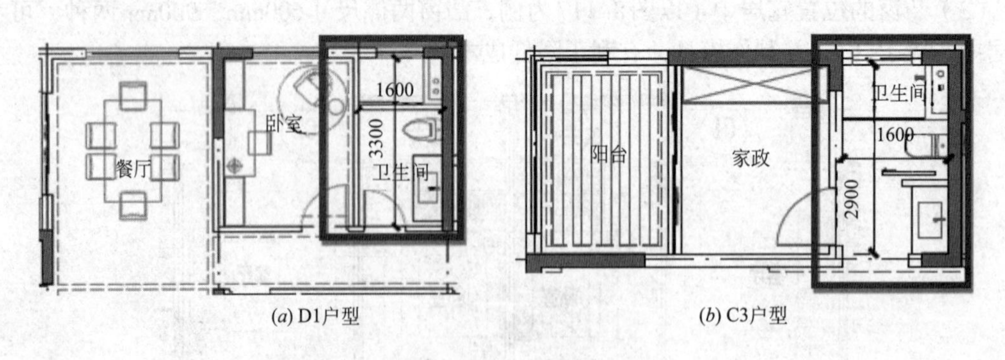

(*a*) D1户型　　(*b*) C3户型

图8-119　卫生间优化

3）优化后的户型分析

（1）楼梯和电梯的模块化设计。户型A1与户型A2、户型B1与户型B2S、户型C1与户型C2的公共楼梯电梯间采用模块化设计，楼梯间的净宽为2500mm，长度为5600mm（图8-120）。

（2）厨房的模块化设计。户型A1、户型B1、户型C1的厨房采用模块化设计，楼梯间的开间为1950mm，进深为3350mm（图8-121）。

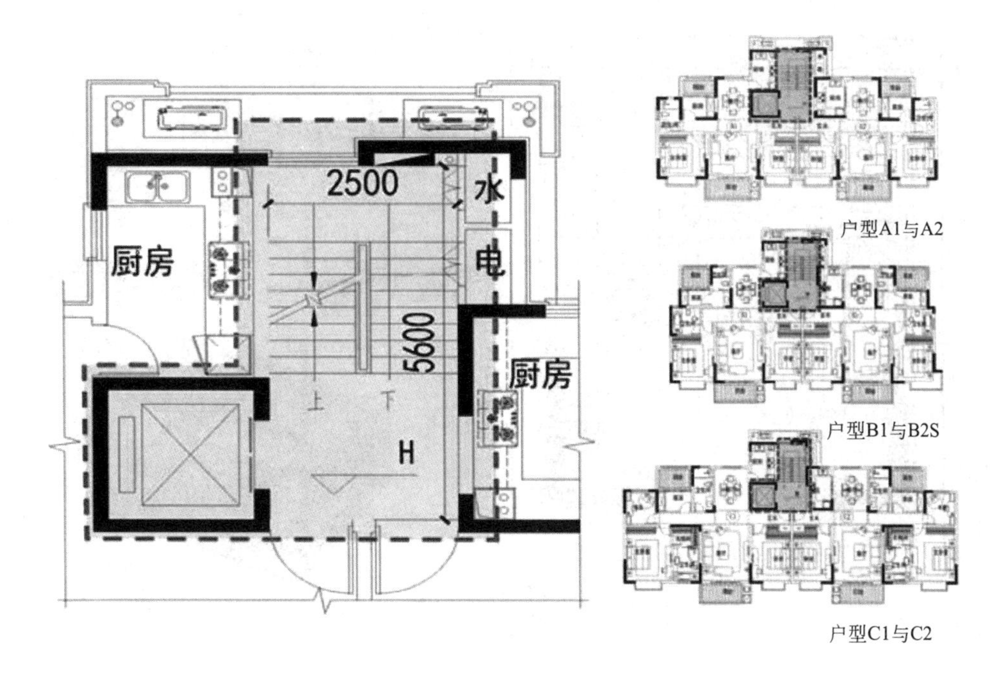

图 8-120 楼梯和电梯的模块化设计

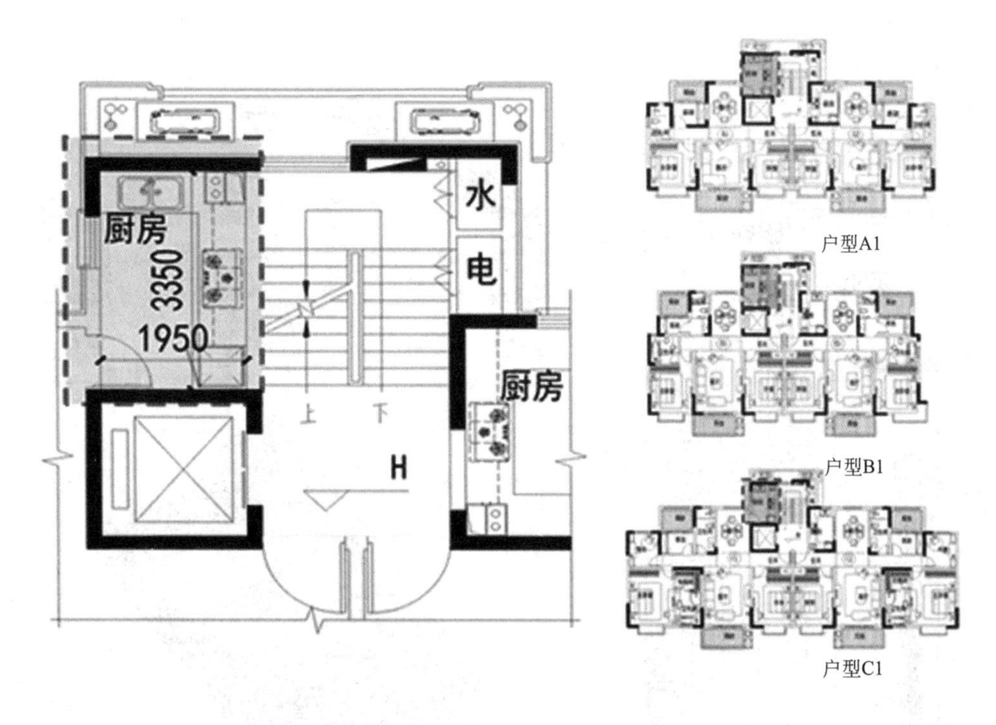

图 8-121 厨房的模块化设计

（3）主卧的模块化设计。户型A1与A2主卧采用模块化设计，其模数为3400mm×3700mm（图8-122）。

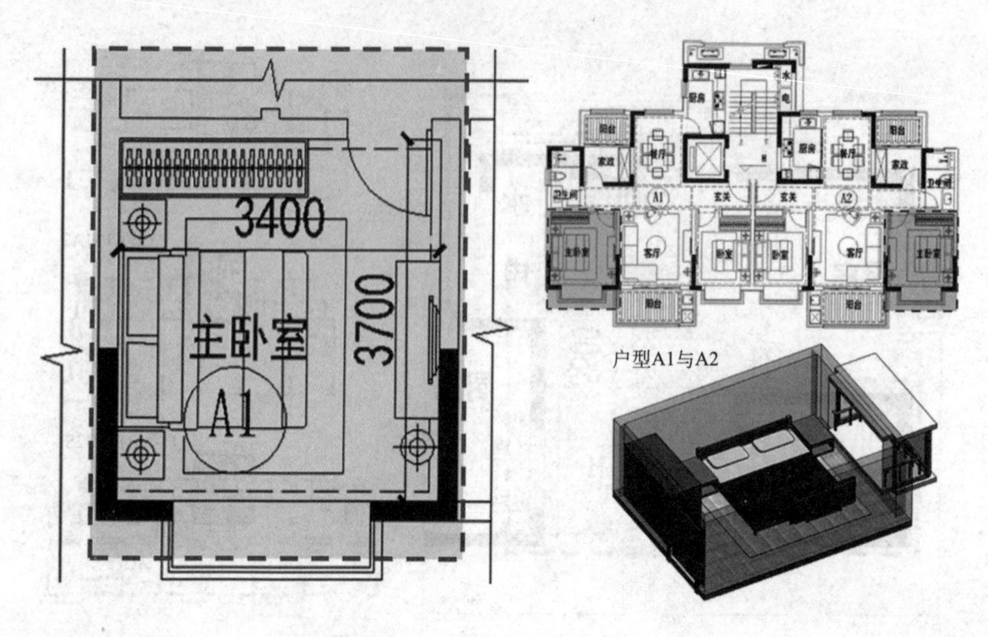

图8-122　主卧的模块化设计

（4）卫生间的模块化设计。户型A1与A2的公共卫生间采用模块化设计，模数尺寸为1500mm×2900mm（图8-123）。

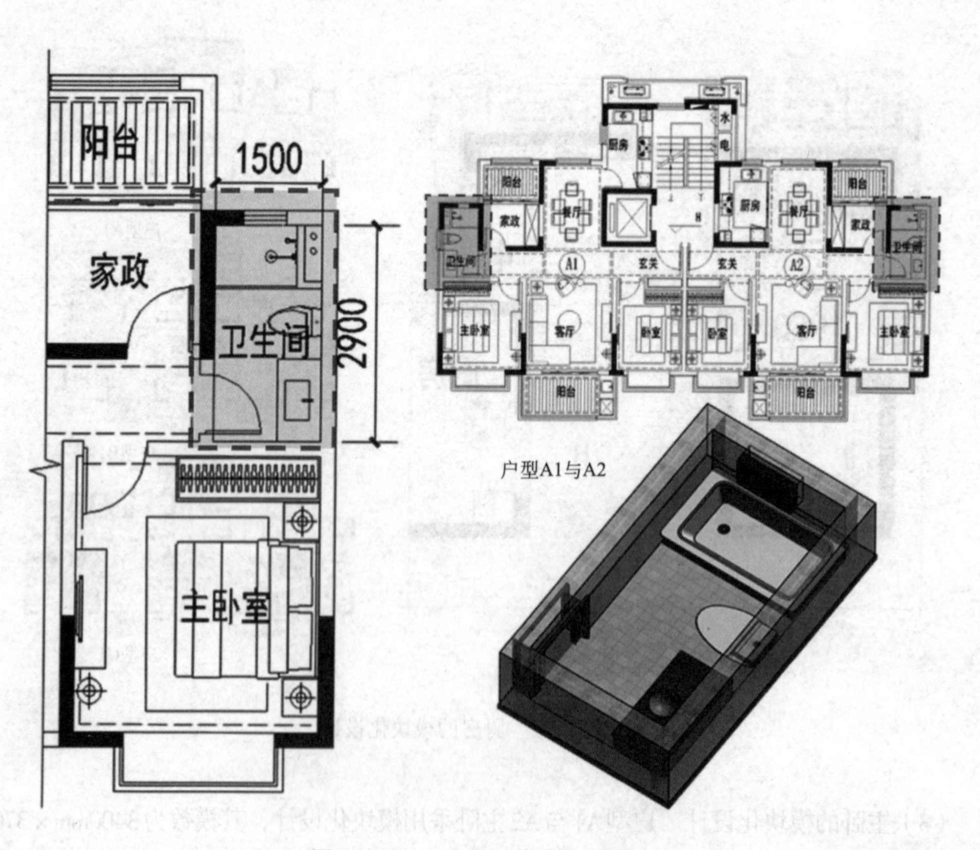

图8-123　卫生间的模块化设计

（5）客厅和阳台的模块化设计。户型A1与A2、户型RC1与RC2的客厅和阳台采用模块化设计，阳台的面宽为3900mm，外挑尺寸为1800mm。客厅的开间为3700mm（图8–124）。

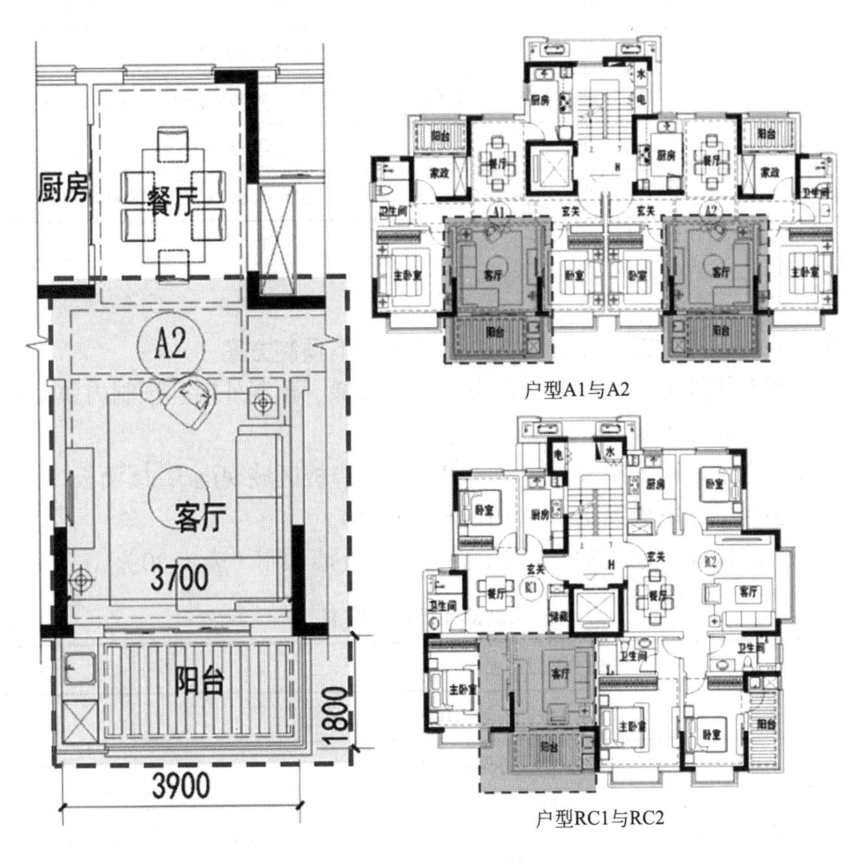

图8–124　客厅和阳台的模块化设计

4）优化结果汇总

基于部品部件库，通过对原建筑方案采用标准化的原则进行优化后，标准户型种类得到合理归并，其结果就是标准化的构件类型大为减少，从而大大减少了预制构件的开模数量，降低了PC构件的成本，取得了较好的经济效益。优化后的标准户型及标准预制构件种类汇总如表8–19。

标准化户型与预制构件类型表　　**表8-19**

户型功能	类型数量	尺寸（mm）
厨房	两种	1950×3350，1950×3500
公共卫生间	三种	1500×2900，1500×3500，1600×3800
主卫	两种	2400×2400，2200×2900
主卧	三种	3400×3700，3600×4000，3800×4800
次卧	两种	开间2900，开间3300

续表

户型功能	类型数量	尺寸（mm）
客厅	两种	两种类型：开间3700，开间4000
餐厅	两种	两种类型：进深3600，进深3800
阳台	两种	两种类型：3900×1700，4200×1700
楼梯间	一种	2500×5600
飘窗（开洞）	两种	两种类型：2100×800，1800×800

3．结构设计

1）预制方案

根据优化后的建筑方案及设计目标，制订了以下预制方案：

（1）主要预制构件为：预制叠合楼板、预制楼梯、预制外墙、预制内剪力墙、预制叠合阳台、凸窗、女儿墙等；

（2）标准层考虑采用预制叠合楼板（卫生间等降板区域现浇），屋面板现浇；

（3）标准层楼梯梯段板预制（带中间休息平台）；

（4）约束边缘构件（地上3层）以上剪力墙及外墙预制（表8-20）。

预制部品部件一览表 **表8-20**

技术配置选项		项目实施情况
主体结构和外围护结构预制构件Z1	预制外剪力墙板	
	预制夹心保温外墙板	√
	预制双层叠合剪力墙板	
	预制内剪力墙板	√
	预制梁	
	预制叠合板	√
	预制楼梯板	√
	预制阳台板	√
	预制空调板	
	PCF混凝土外墙模板	
	混凝土外挂墙板	
	预制混凝土飘窗墙板	√
	预制女儿墙	√
装配式内外围护构件Z2	蒸压轻质加气混凝土外墙系统	
	轻钢龙骨石膏板隔墙	
	蒸压轻质加气混凝土墙板	√
	钢筋陶粒混凝土轻质墙板	√

续表

技术配置选项			项目实施情况
内装建筑部品Z3	集成式厨房		
	集成式卫生间		
	装配式吊顶		√
	楼地面干式铺装		√
	装配式墙板（带饰面）		
	装配式栏杆		√
	标准化、模块化、集约化设计	标准化门窗	√
		设备管线与结构相分离	
	绿色建筑技术集成应用	绿色建筑二星	√
		绿色建筑三星	
	被动式超低能耗技术集成应用		
	隔震减震技术集成应用		
	以BIM为核心的信息化技术集成应用		√
创新加分项S	工业化施工技术集成应用	装配式铝合金组合模板	√
		组合成型钢筋制品	
		工地预制围墙（道路板）	√
预制装配率			≥50%

2）容积率奖励计算

以1号及9号楼为例，图8-125为应用预制外墙体范围，单体建筑应用预制外墙体层数为地上4~11层（共计8层）。应用预制外墙体截面积共计为180.58m^2（已扣除需要现浇部分，如边缘构件等）。单体地面以上部分总面积为8508.23m^2。此单体根据《南京市关于进一步推进装配式建筑发展的实施意见》，不计入容积率核算的建筑面积不应超过相对应地面以上规划总建筑面积的2%，即8508.23×2%=170.16m^2。本项目可申请“第二个”2%奖励“不计入容积率核算的建筑面积不超过相对应地面以上规划总建筑面积的2%”，即本项目预制外墙共有170.16m^{2}不计入外墙面积核算，为甲方争取了利益最大化，也意味着降低了装配式建筑的建安成本（图8-125）。

4）施工图设计

完成施工图设计阶段的设计说明、图纸、计算书，除总体设计阶段的图纸正式出图外，本阶段新增：

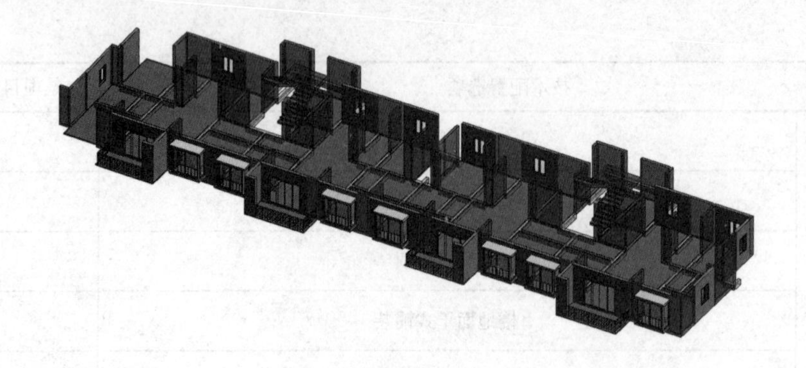

图 8-125　预制外墙布置图

（1）装配式混凝土结构设计总说明；

（2）配合建筑专业设计PC构件平、立、剖面分布图；

（3）配合建筑专业设计PC构件在大样图中的分布及节点构造详图；

（4）配合结构专业设计PC构件结构布置图；

（5）配合结构专业设计装配式节点钢筋排布及节点构造详图；

（6）典型PC构件制作、运输、吊装工况计算书、与主体结构节点连接计算书。

装配式施工图设计应和构件深化设计单位及构件生产厂家充分沟通，保证施工图拆分设计的可行性、合理性等。出图时间上，应和主体现浇部分同时完成并一起报审。若装配式设计由不同于主体结构设计的其他部门或人员完成，装配式结构部分的设计出图宜在主体现浇部分出图后一周左右出图，以便在最终版现浇施工图基础上，完成各专业的闭合。

本示范项目的叠合板、预制剪力墙平面布置图如图 8-126、图 8-127 所示。

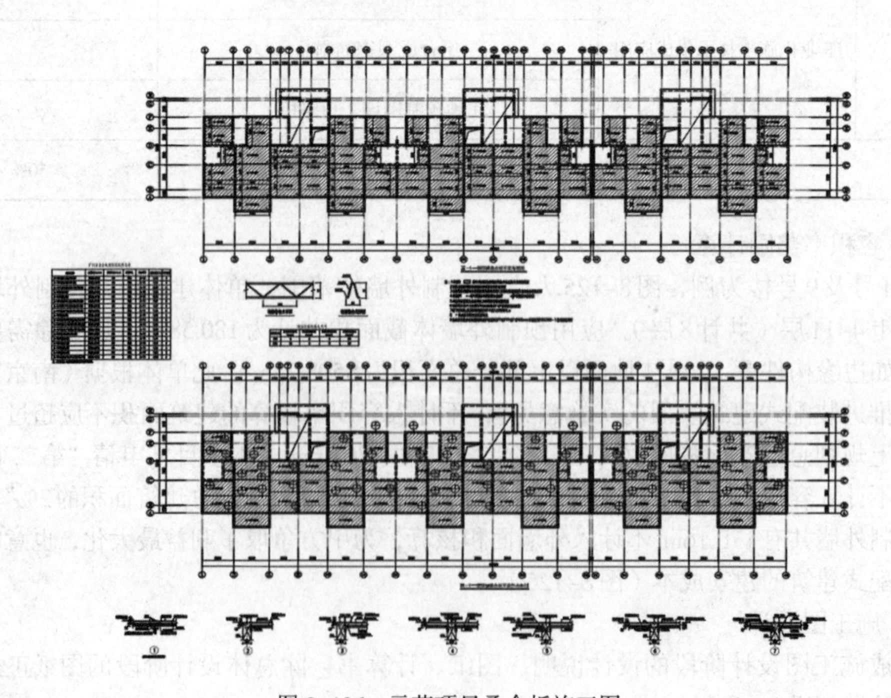

图 8-126　示范项目叠合板施工图

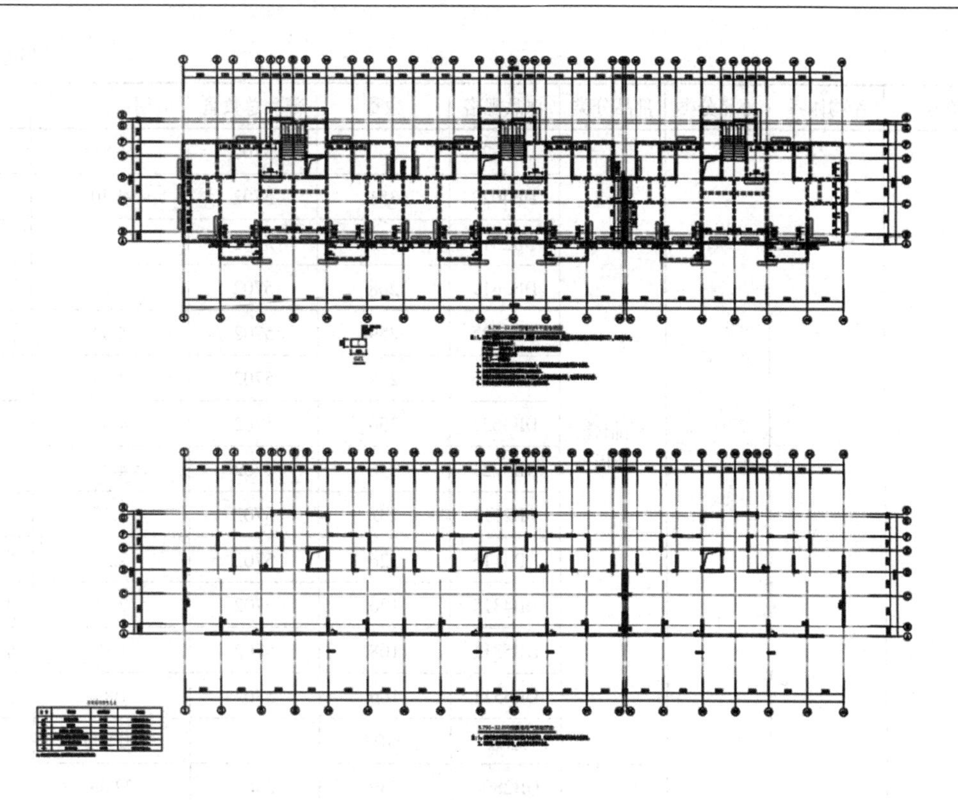

图 8-127 示范项目预制剪力墙施工图

8.6.3 标准化部品部件的选用与优化

本示范项目标准化部品部件应用比例较高，标准化部品应用比例达到75%以上。主体结构中，预制叠合板的标准化部品部件应用比例为91.8%；预制剪力墙的应用比例80.7%；预制楼梯和阳台板的标准化部品部件应用比例均为100%。围护结构中，预制外填充墙的标准化部品部件应用比例为78.4%；内隔墙采用预制钢筋陶粒混凝土板，其标准化部品部件应用比例为100%（表8-21）。

标准化部品统计表 **表 8-21**

楼号	结构体系	部品分类	部品分类	部品规格	数量	部品总数量	应用占比（%）	备注
1~22号	装配整体式框架结构体系；装配整体式剪力墙结构	主体结构部品部件	预制叠合板	DB4021	997	5702	10.47	
				DB3313	592	5702	6.87	
				DB3324	522	5702	5.65	
				DB3621	486	5702	6.77	
				DB3321	459	5702	4.54	
				DB2921	450	5702	6.14	
				DB2821	439	5702	5.95	
				DB2536	378	5702	4.88	

续表

楼号	结构体系	部品分类	部品分类	部品规格	数量	部品总数量	应用占比（%）	备注
1~22号	装配整体式框架结构体系；装配整体式剪力墙结构	主体结构部品部件	预制叠合板	DB3326	360	5702	6.31	
				DB4023	351	5702	4.40	
				DB2311	306	5702	3.61	
				DB3619	268	5702	4.70	
				DB3327	259	5702	4.54	
				DB4016	259	5702	4.54	
				DB3623	250	5702	4.38	
				DB3721	246	5702	4.31	
				DB2117	232	5702	3.75	
				DB4115	126	5702	2.21	非标准
				DB4315	126	5702	2.21	非标准
				DB5311	108	5702	1.89	非标准
				DB5511	106	5702	1.89	非标准
				总数	5702		100.00	
			预制剪力墙	QB2808	536	2363	22.68	
				QB2812	468	2363	19.81	
				QB2817	342	2363	14.47	
				QB2810	288	2363	12.19	
				QB2815	164	2363	6.94	
				QB2818	108	2363	4.57	
				QB2806	282	2363	11.93	非标准
				QB2805	175	2363	7.41	非标准
			预制外填充墙	WQ2815	426	2276	18.72	
				WQ2812	358	2276	15.73	
				WQ2818	282	2276	12.39	
				WQ2824	242	2276	10.63	
				WQ2821	233	2276	10.24	
				WQ2827	132	2276	5.80	
				WQ2830	112	2276	4.92	
				WQ2811	186	2276	8.17	非标准
				WQ2814	118	2276	5.18	非标准
				WQ2832	108	2276	4.75	非标准
				WQ2835	79	2276	3.47	非标准
				总数	2363	2276	100.00	

续表

楼号	结构体系	部品分类	部品分类	部品规格	数量	部品总数量	应用占比（%）	备注
1~22号	装配整体式框架结构体系；装配整体式剪力墙结构	主体结构部品部件	预制阳台板	YTB1	648	648	100.00	
			预制楼梯	ST-29-25	412	412	100.00	
		围护结构部品部件	钢筋陶粒混凝土轻质墙板	NQ2306	34970块	34970块	100.00	
		装修及管线	干式铺装楼地面		28317.94m^2		100.00	
			成品吊顶		31344.31m^2		100.00	
				总数	2363		100.00	

1．主要构件及节点设计

装配式结构构件及节点设计即构件深化设计，是装配式结构设计的重要组成部分，深化设计补充并完善了方案设计对构件生产和施工实施方案考虑的不足，有效解决了生产和施工中因方案设计与实际现场产生的诸多冲突，最终保障了方案设计的有效实施，因此预制构件深化设计在装配式结构设计中必不可少，其设计要点主要有以下几点：

1）根据施工图审查合格的设计文件（包括建筑、结构和机电、精装修等各专业）及构件制作和施工各环节的综合要求进行PC构件深化设计，协调各专业和各阶段所用预埋件，其内容和深度应满足构件加工、运输和安装的要求。

2）对构件在制作、运输、堆放、安装各个环节荷载作用下的承载能力和变形能力进行验算，确保深化设计图纸的精确可行性。

3）需要明确各专业的相关变更，各专业及相关单位需要避免不必要的变更再次出现。

4）采用信息化软件对预制构件进行模拟拼装，确保预制构件的准确性。将BIM与产业化住宅体系结合，既能提升项目的精细化管理和集约化经营，又能提高资源使用效率、降低成本、提升工程设计与施工质量水平。

（1）预制混凝土叠合板及其连接节点

本项目预制楼板采用桁架钢筋混凝土叠合板技术，设计叠合板厚度140mm，其中预制钢筋桁架叠合板厚60mm，叠合层厚80mm。预制板内设置的桁架筋可增加预制板的整体刚度和与现浇层水平界面的抗剪性能。传统的现浇楼板存在现场钢筋绑扎工作量大、湿作业多、模板及脚手架等材料用量大等问题。钢筋桁架叠合板采用部分预制、部分现浇的方式，预制板在预制构件厂生产，现场吊装，支撑脚手架及模板应用大为减少，工程量仅为现浇板的30%~40%，现场钢筋绑扎工作量及混凝土浇筑量也仅为现浇混凝土楼板的60%左右。

本项目叠合板间连接，拟采用单向板密拼处理；板端预留10mm与梁或者墙连接，可防止施工误差导致现场节点处缝隙过大，同时起到堵浆的作用（图8-128 ~图8-131）。

（2）预制混凝土剪力墙及其连接节点

本项目除了底部加强层及标准层的楼梯、电梯间等公共区域剪力墙外，内、外剪力墙均采用200mm厚预制剪力墙，设置水平现浇带，现浇带宽度取剪力墙厚度。现浇带与叠

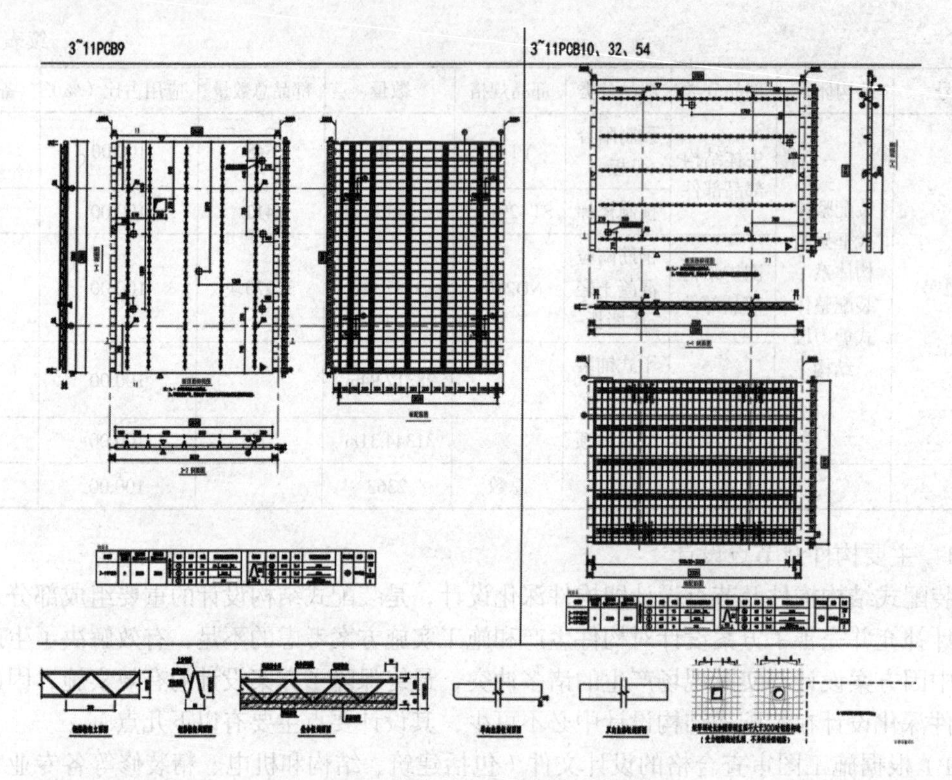

图 8-128　示范项目叠合板构件深化图

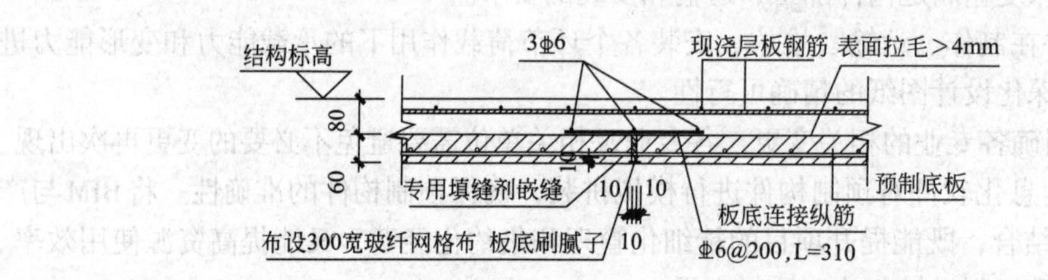

图 8-129　叠合板密拼节点大样

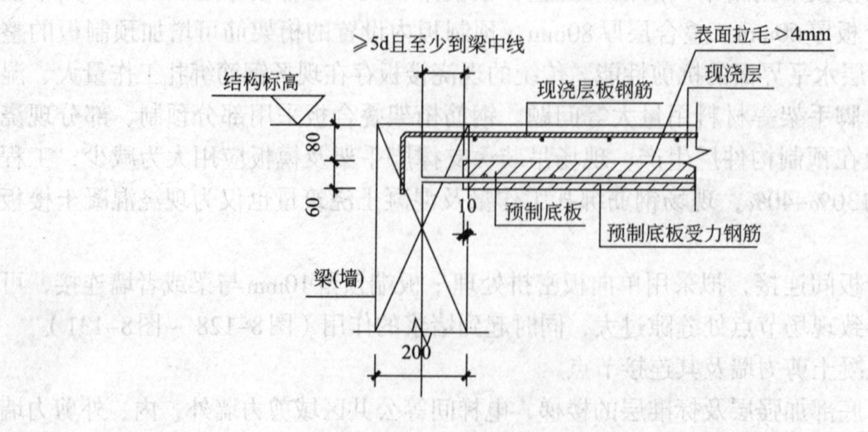

图 8-130　叠合板板端与梁（墙）连接节点大样

图 8-131 叠合板板端与梁（墙）连接节点三维图

合板后浇层整体浇注，以增强结构的整体性，剪力墙边缘构件及梁采用现浇，从而对预制剪力墙板形成约束框架。

内、外预制剪力墙体在工厂制作完成后运输至现场，通过钢筋套筒灌浆及浇筑预留后浇区进行连接，套筒位于预制墙底部。灌浆套筒的钢筋连接方式相对于传统的浆锚搭接方式，具有连接长度大大减少、构件吊装就位方便等优势，但目前也存在灌浆充盈度不足等问题，需要加强现场安装施工的监管力度（图8-132 ~图8-134）。

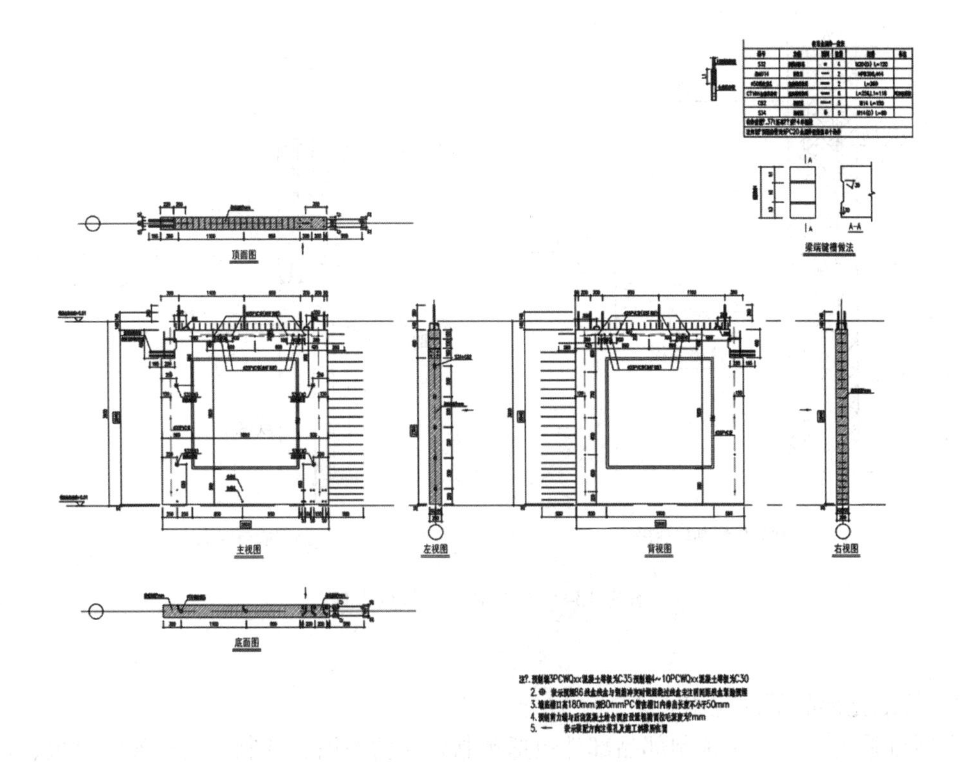

图 8-132 示范项目预制剪力墙模板图

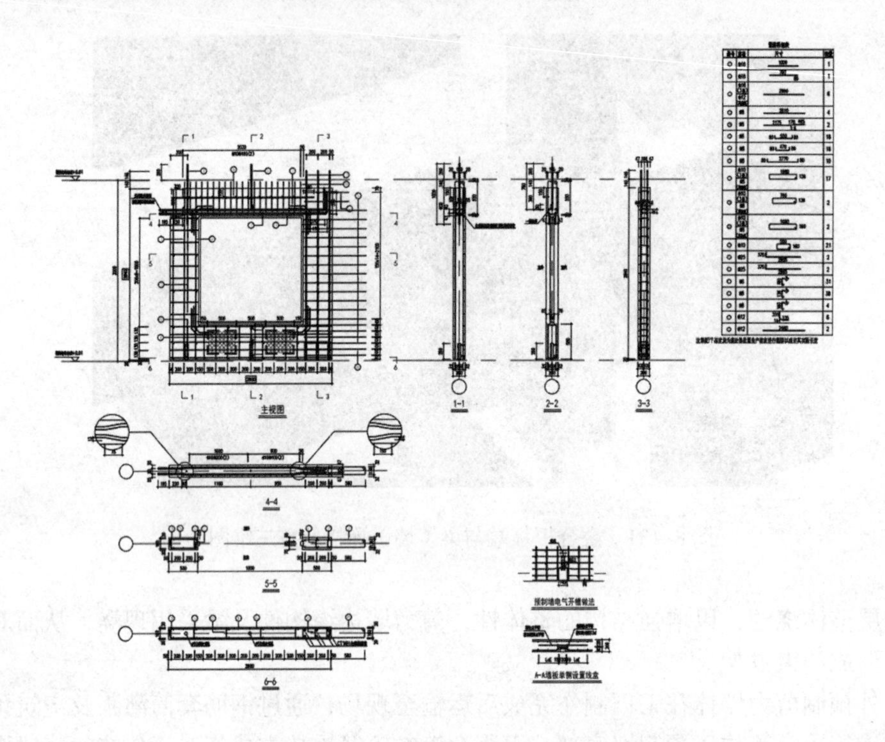

图 8-133　示范项目预制剪力墙配筋图

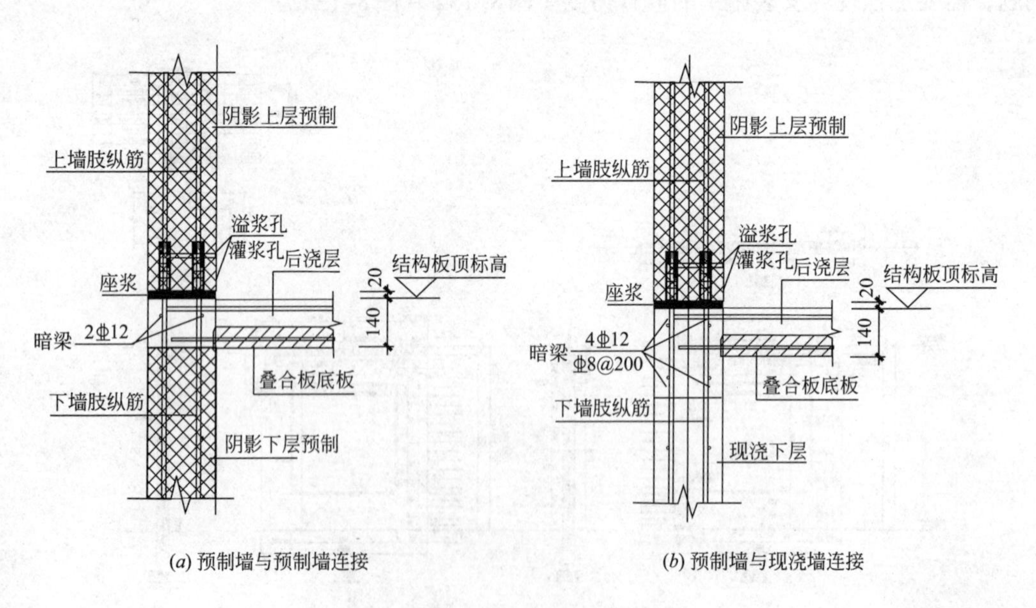

(*a*) 预制墙与预制墙连接　(*b*) 预制墙与现浇墙连接

图 8-134　剪力墙连接节点大样

2．标准化部品部件应用

本项目采用的标准化预制部品部件包括预制内外剪力墙、预制钢筋桁架叠合板、预制阳台、预制楼梯、预制女儿墙等（表8-22、图8-135）。

标准化户型与预制构件类型表 表 8-22

构件种类	类型数量	尺寸（mm）
预制剪力墙	两种墙高	2840、2780
预制叠合楼板	一种厚度	60
预制凸窗	两种	2600 × 2840（1800 × 1800）、2900 × 2840（2100 × 1800）
预制阳台	两种	两种类型：4400 × 1800、4100 × 1800
预制楼梯梯段板	一种	双跑楼梯
预制女儿墙	一种	120 × 1200

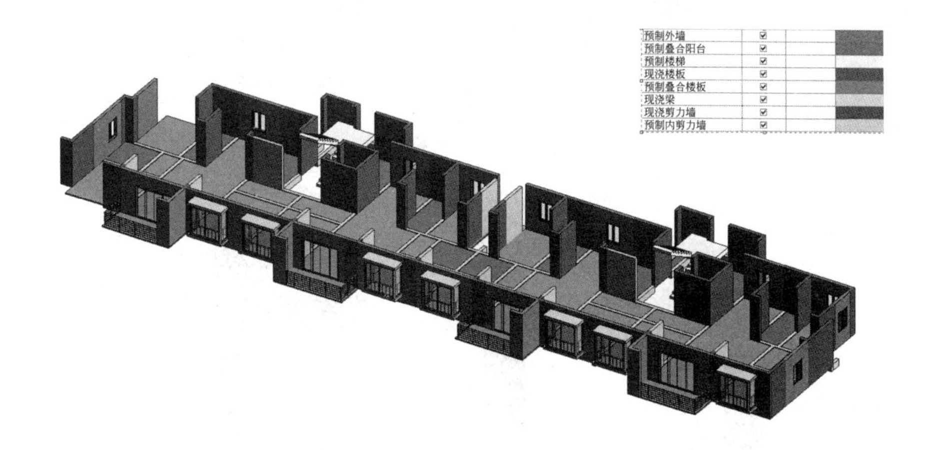

图 8–135　标准化部品部件布置图

预制叠合板采用钢筋桁架叠合板，标准化部品三维图如图 8–136 所示。

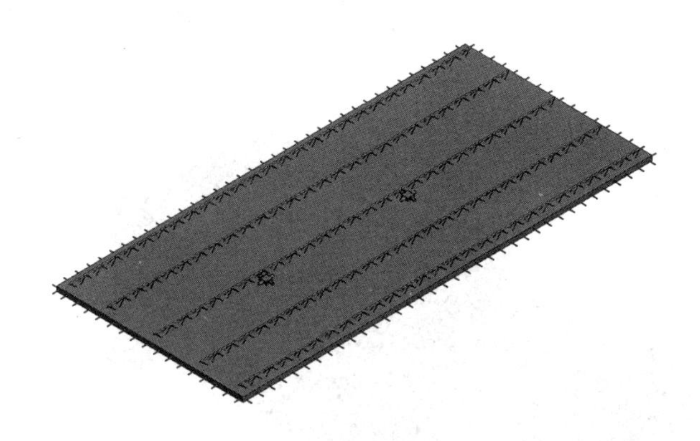

图 8–136　钢筋桁架叠合板三维图

预制内剪力墙标准化部品三维图如图 8–137 所示。

带门框及窗框的预制外剪力墙标准化部品三维图如图 8–138 所示。

本项目预制阳台采用预制叠合阳台板。阳台板连同周围翻边一同预制，现场连同预制阳台隔板共同拼装成阳台整体。

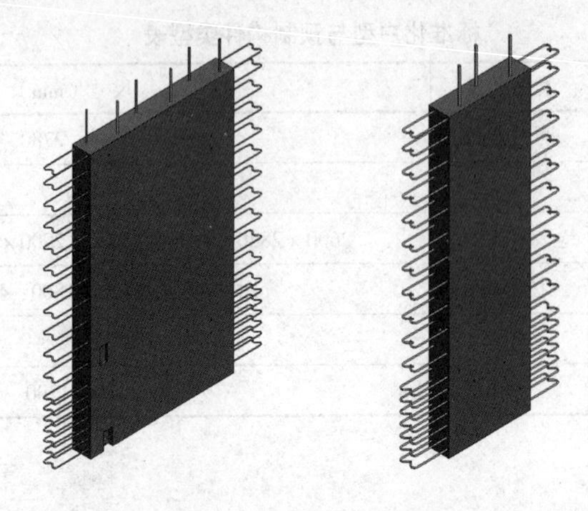

图 8-137　预制内剪力墙板三维图

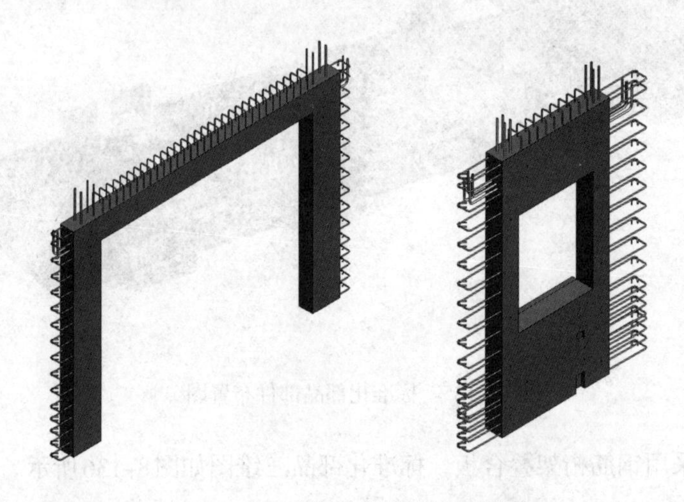

图 8-138　预制外剪力墙板三维图

图 8-139　预制阳台三维图

本项目标准层楼梯采用预制混凝土梯段板。传统现浇楼梯模板工作量大、湿作业多、钢筋绑扎工作量大。采用预制楼梯可大大减少现场工作量，且提高了楼梯施工质量、节省工期。预制楼梯安装时，梯段直接搁置在楼梯梁挑耳上，一端铰接、一端滑动连接，减少了楼梯对主体结构地震时的影响。预制楼梯在工厂制作，采用清水混凝土而无需再做饰面（图8-140）。

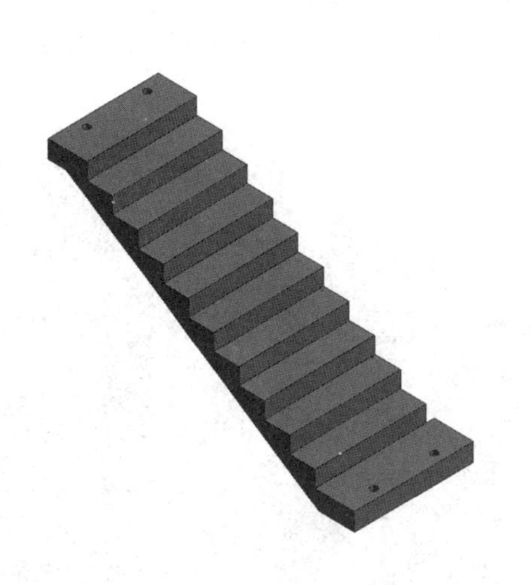

图8-140　预制楼梯三维图

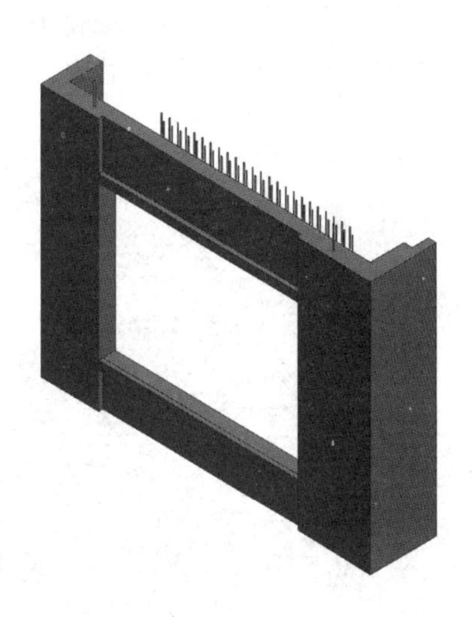

图8-141　预制飘窗三维图

8.6.4　标准化部品部件的生产与施工

1. 预制钢筋桁架叠合板施工（图8-142、图8-143）

图8-142　预制叠合板进场

图8-143　预制叠合板施工

2. 预制剪力墙施工（图8-144 ~图8-146）
3. 预制阳台施工（图8-147）
4. 预制楼梯施工（图8-148）

8.6.5 专家点评

安居·仁恒公园世纪（和燕路560E地块项目）位于南京市栖霞区，由9幢中高层住宅（11层）及少量配套用房组成，用地面积52784.7m^2，容积率1.60，地上建筑面积

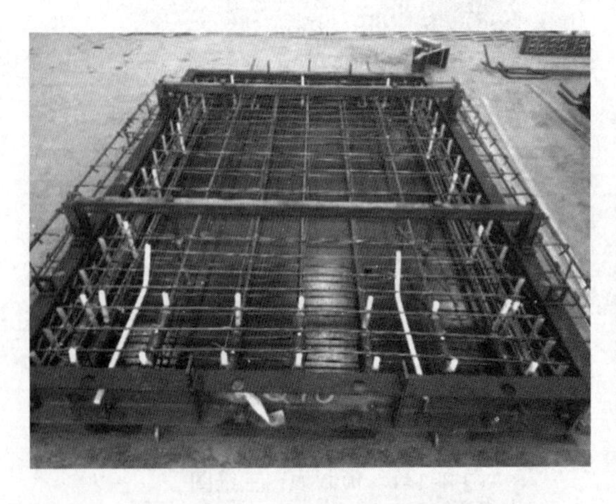

图8-144　预制内剪力墙模具

图8-145　预制外剪力墙进场

图8-146　预制剪力墙现场施工

图 8-147　预制阳台进场

图 8-148　预制楼梯现场施工图

84495.65m^2，采用装配整体式剪力墙结构体系，主要预制构件包括预制叠合楼板，预制楼梯，预制外墙、预制内剪力墙、预制叠合阳台、凸窗等。

本项目重视装配式建筑模块化、标准化设计，以基本构成单元或功能空间为模块采用优先模数系列实现建筑主体、建筑内装及部件部品等相互间的尺寸协调。模数化设计符合现行国家标准《建筑模数协调标准》GB/T 50002的规定。设计中通过优化各功能模块的尺寸和种类，使建筑部品实现通用性和互换性，保证房屋建设过程中，在功能、质量、技术和经济等方面获得较优的方案。

本项目构件选用自部品部件库，通过复杂构件模型的下载及应用，减小了深化设计的工作量，提高了设计效率，通过模型数据参数化的调整，在标准化设计方面进行了优化，实现建筑主体、建筑内装及部件部品等相互间的尺寸协调，减少了构件类型，降低开模数量，降低PC成本，取得了较好的经济效益。

示范工程按照实施方案的要求完成了相关工作，标准化部品部件占所有部品部件应用比例达到75%以上，满足示范工程考核指标要求，达到了国家重点研发计划“建筑工业化技术标准体系与标准化关键技术”项目的预期目标。

8.7　深汕实验办公楼部品库应用

8.7.1　工程概况

深汕实验办公楼位于中建绿色产业园内，为产业园配套办公设施。建设单位为中建科技有限公司深圳分公司。项目用地共分为A、B两个区，用地面积分别为246047m^{2}和75564m^2，容积率为1.01和1.03。办公楼位于A区地块，建筑面积5150m^2，建筑高度20.8m。

根据《深圳市装配式建筑发展专项规划（2017-2020）》等文件要求，深汕实验办公楼拟采用装配式建造模式，办公楼结构体系采用装配式混凝土框架结构（主结构）+装配式钢框架结构（子结构）。主结构所用预制构件包括预制钢筋混凝土柱、预制钢筋混凝土梁、预制钢筋混凝土叠合板、预制预应力双T板和预制混凝土外墙，楼梯采用钢楼梯。子结构所用预制构件包括钢柱、钢梁和预制叠合楼板，内墙采用ALC条板（图8-149）。

图8-149　深汕实验办公楼效果图

8.7.2　基于标准化的策划与设计

1. 项目策划

基于系统集成设计理念，采用一体化、标准化设计方法。办公楼主体结构采用全装配式大跨度框架结构体系，有利于构件减少种类和工厂生产及现场施工；子结构采用模块化钢结构体系，做到“少规格、多组合”。

办公楼主体结构形式简单，构件种类少，预制柱、预制梁和预制板的重复使用率较高，能够有效地降低生产成本。大跨度结构形成的大空间，能为模块化子结构的布置提供多样化的选择，形成丰富的立面造型和效果，也可实现子结构在使用年限内的调整布置，实现“不变主体，动态模块”的设计效果。子结构采用模块化钢结构，用两到三种模块实现多变的平面布置和丰富的立面效果。

2. 建筑设计

一体化、标准化设计是装配式建筑的核心，标准化设计的基础是模数化。将构成建筑的基本单元模块化，以较少的规格，实现多样的平面组合，达到丰富的立面效果。深汕实验办公楼无论是主体结构还是模块化子结构，在项目策划之初，便注入模块化设计理念，将预制柱、预制梁和预制板等构件的规格种类最小化，达到质量、功能和效益的最优化。

主体结构分为3层，标高分别为7.0m、15.0m和21.0m，每层均有4个标准楼、电梯间，平面尺寸均为6m×12m，楼、电梯间提供疏散通道。大平台平面尺寸均为18m×12m，大平台形成大空间，提供子模块布置空间。走廊平面尺寸均为6m×18m，走廊提供公共交通空间（图8-150 ~ 图8-156）。

通过对办公楼标准单元的梳理，最终得到三种主体结构标准单元类型，如表8-23所示。标准单元类型少，有利于优化预制构件类型和数量，使得用于生产构件的模具费用大为减少。现阶段模具费用占预制构件成本的比例较高，因此，标准单元的类型的优化对成本的降低有明显的作用，可取得较好的经济效益。

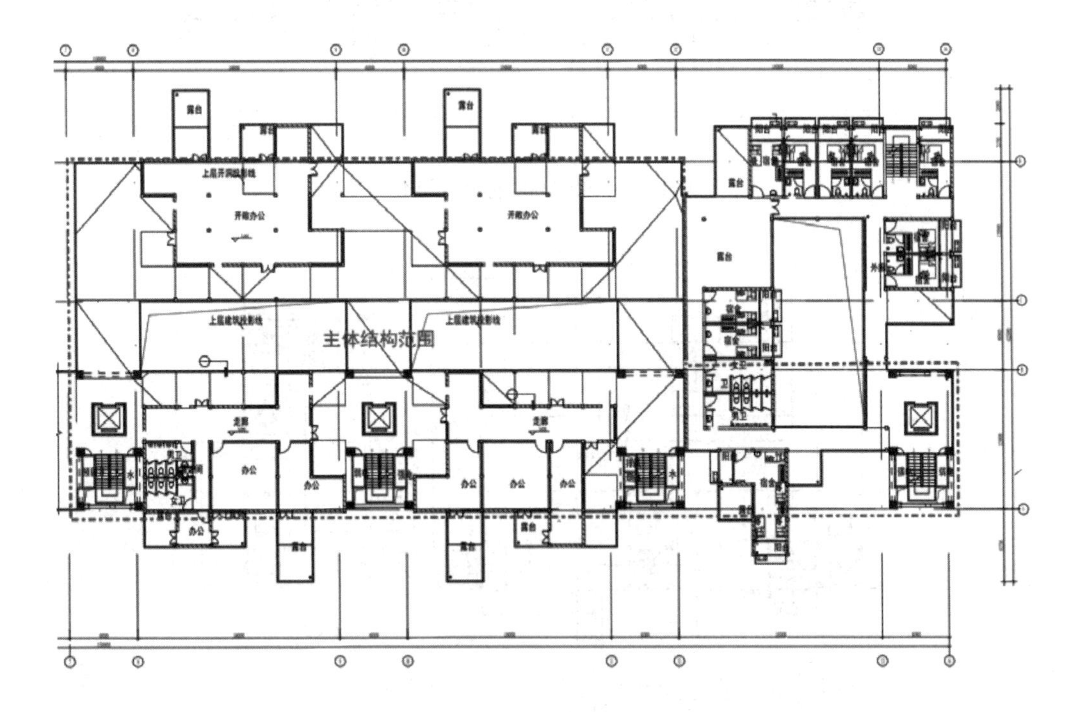

图 8-150 办公楼 7.000 标高建筑图

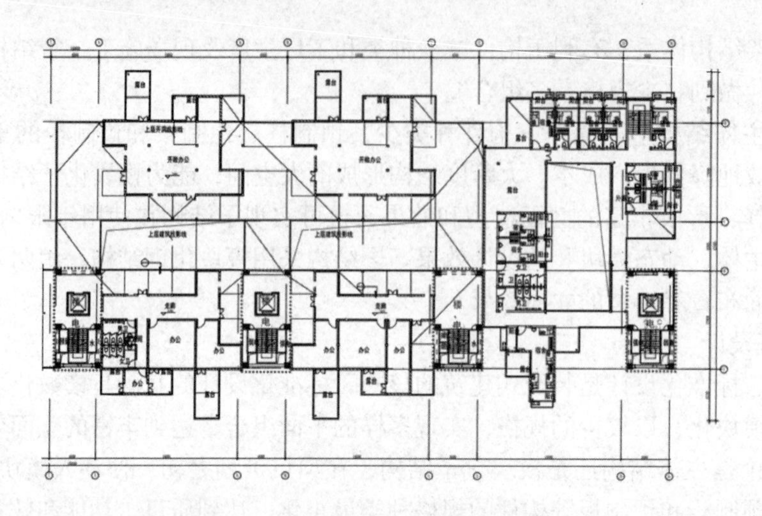

图 8-151　办公楼 7.000 标高标准化楼、电梯间

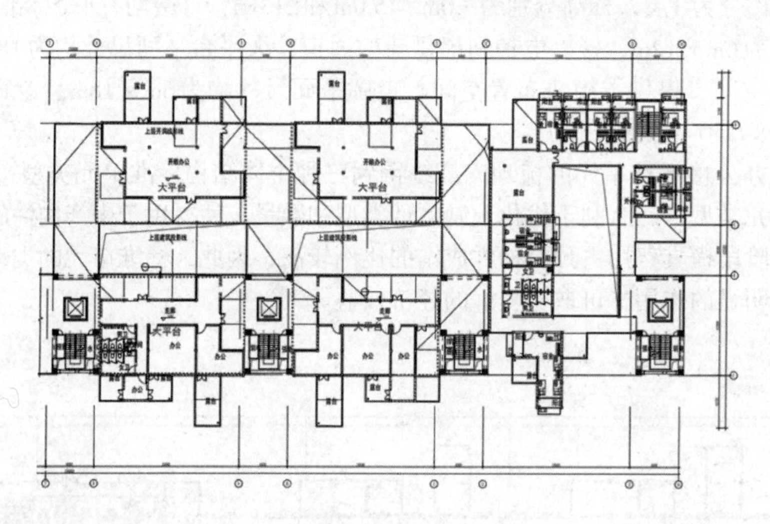

图 8-152　办公楼 7.000 标高标准化大平台

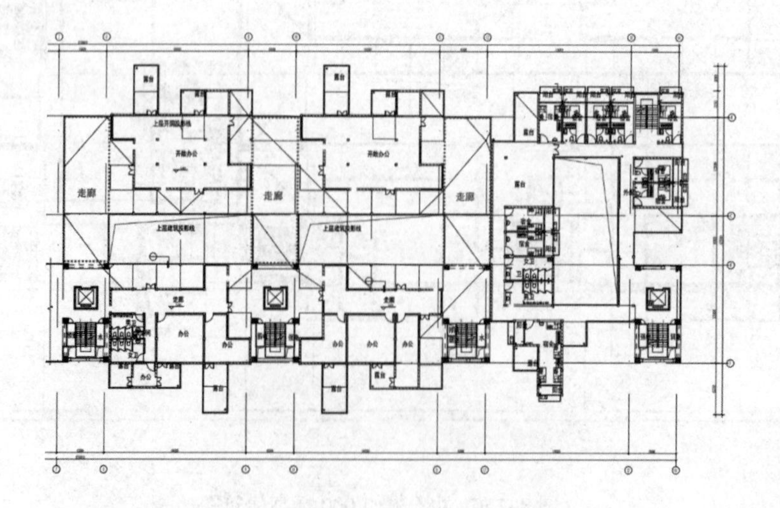

图 8-153　办公楼 7.000 标高标准化走廊

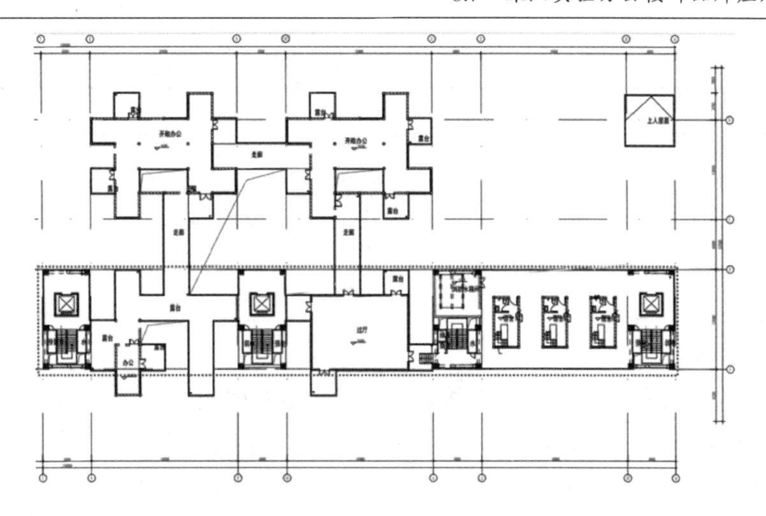

图 8-154 办公楼 15.000 标高建筑图

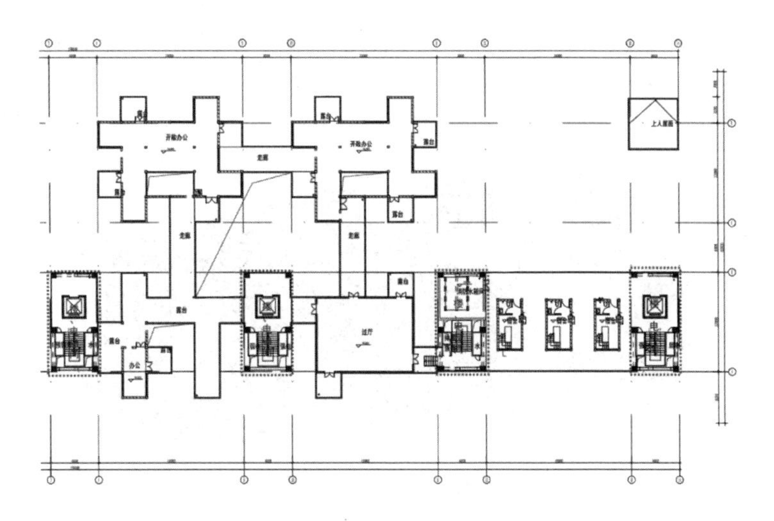

图 8-155 办公楼 15.000 标高标准化楼、电梯间

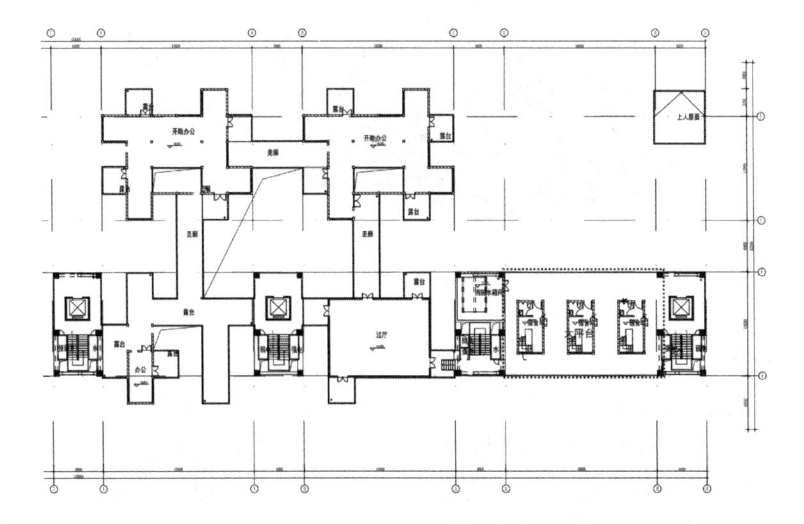

图 8-156 办公楼 15.000 标高标准化大平台

主结构标准单元类型表　**表8-23**

标准单元	类型数量	平面尺寸
楼、电梯间	一种	6m × 12m
大平台	一种	12m × 18m
走廊	一种	6m × 12m

3. 结构设计

1）结构设计概述

本项目主体结构采用全干式连接预制装配式混凝土框架+高性能屈曲约束支撑结构体系，楼（屋）面体系采用重载预制预应力双T板（主结构）+叠合板（次结构）。二层办公平台以上及住宿区的结构体系（次结构）采用的是钢结构体系。由于采用了预应力双T板和高性能耗能支撑，可实现大跨度、重荷载和抗震的需求，主次结构得以灵活布置，实现装配式大型框架支撑体+空间填充体建筑体系灵动的组合体系。

在项目的整个设计研发过程中，遵循模数化、标准化原则；考虑到混凝土与钢结构材质差异及变形协调，以尽量减少二者受力关联为原则（图8-157）。

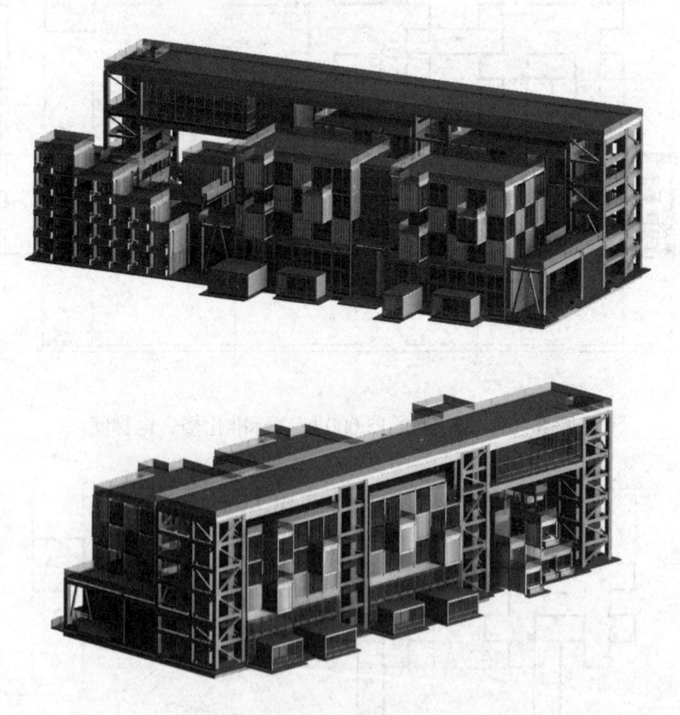

图8-157　深汕实验办公楼项目工程BIM模型

2）施工图设计

本项目按主结构和次结构分别绘制施工图，施工图包括总说明、主结构施工图（装配式混凝土框架）、次结构施工图（装配式钢结构）、主结构预制混凝土构件深化图（含预制混凝土柱、预制混凝土叠合板、预制楼梯、预应力双T板等构件图）、主结构节点深化图（含主结构梁柱连接节点、主结构支撑与框架连接节点、主结构与次结构连接节点、楼梯节点等)，次结构节点深化图(含钢梁与钢柱节点等)。

本项目主结构与次结构施工图、构件深化图、节点详图等见图8-158 ~图8-160。

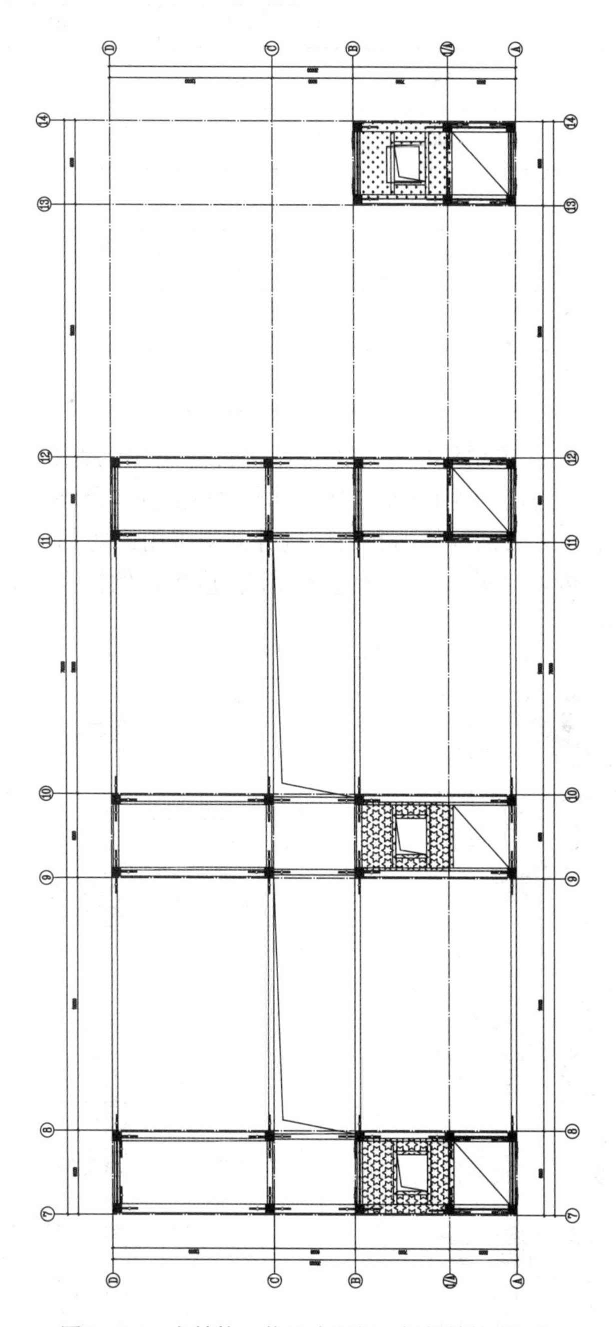

图 8-158 主结构—装配式混凝土框架结构布置图

8.7.3 标准化部品部件的选用与优化

本项目主体结构中，预制构件标准化部品部件应用比例见表8-24，可知本项目预制构件标准化部品部件应用比例为86%，满足了课题对标准部品部件应用比例的要求。

主体结构标准化部品部件应用比例 表 8-24

构件种类	数量（件）	标准化部品部件库构件		应用比例（%）
		采用	不采用	
预制柱	78	√		100
预制梁	220	√		100
预制双T板	44	√		100
预制叠合板	55		√	—
构件总数量	397			
标准化部品部件应用比例	86%			

本项目围护结构中，预制外填充墙的部品部件应用比例为100%；内隔墙采用预制ALC板，其部品部件应用比例为100%，但由于本项目的预制外墙和内墙主要布置在子结构-模块化钢结构上，所以预制外墙和内墙构件并未采用课题部品部件库里面的部品部件，故未在统计范围内。该示项目标准化部品部件应用比例较高，取得较好的示范效果（图8-159 ~图8-164）。

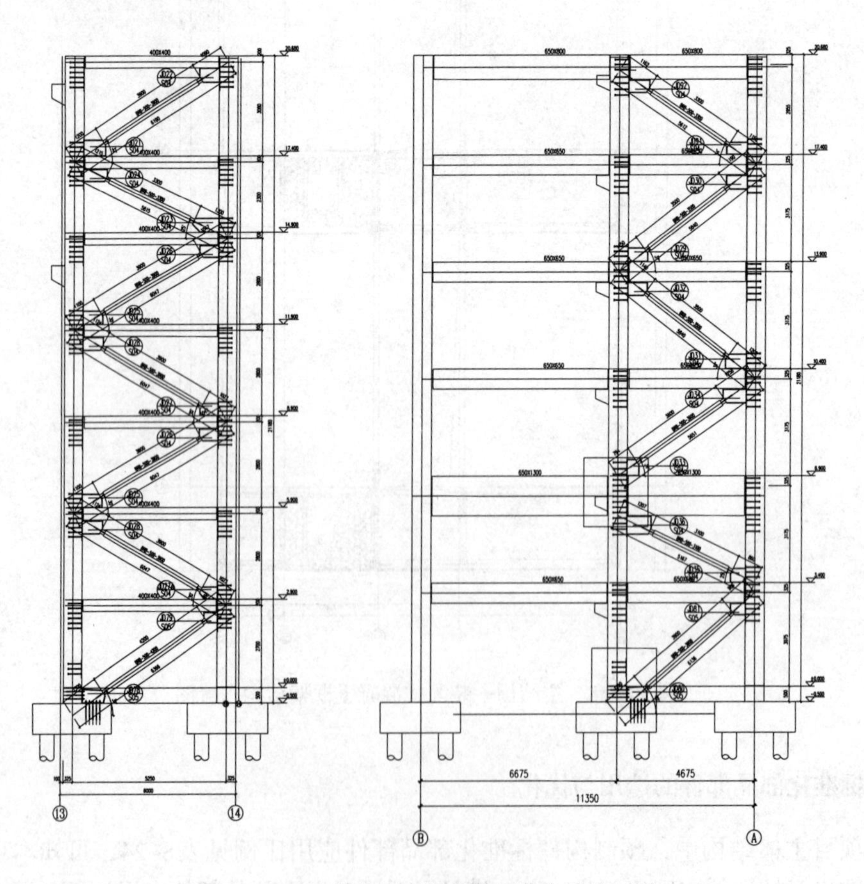

图 8-159 主结构-高性能防屈曲支撑施工图

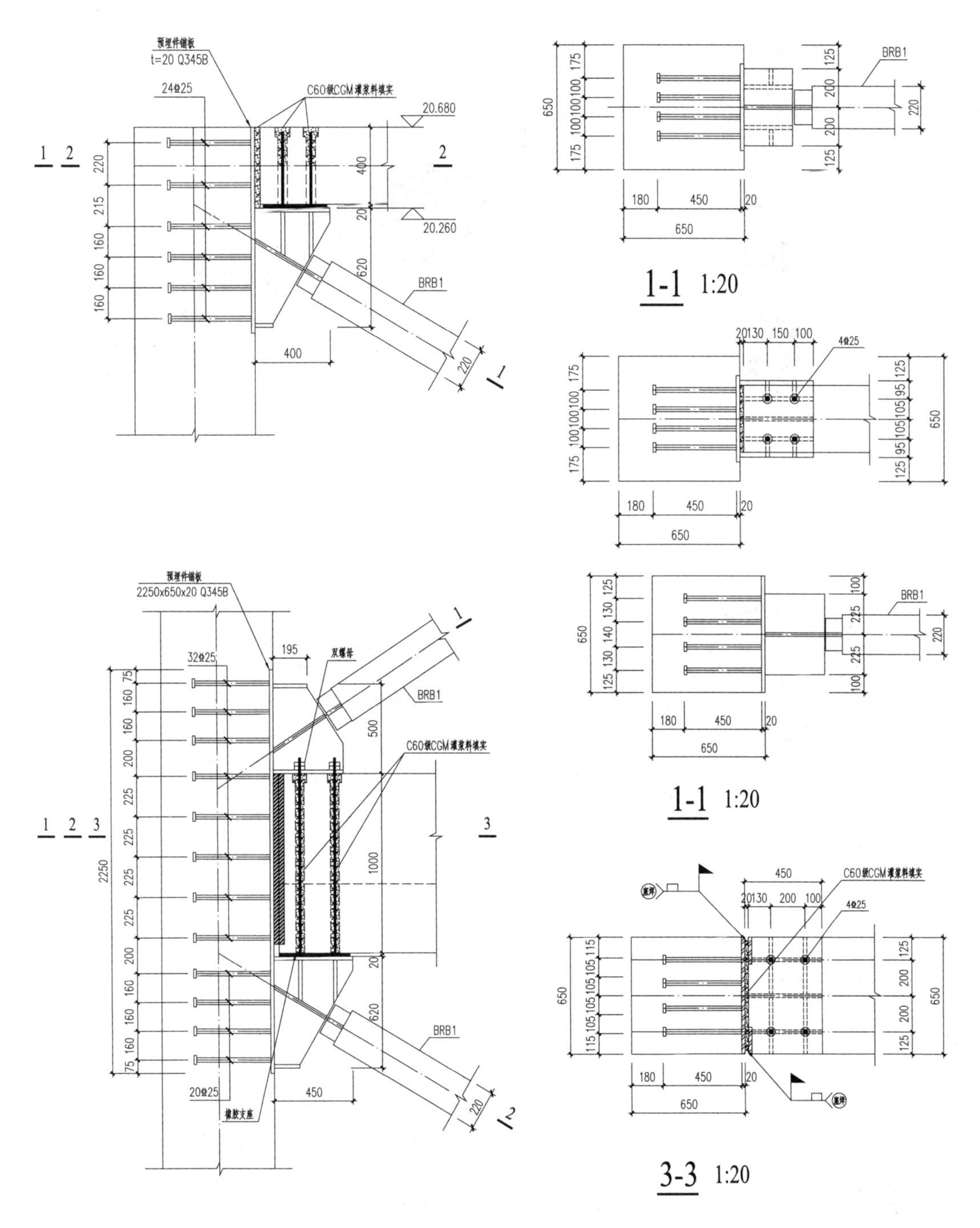

图 8-160 主结构装配式混凝土框架节点详图

1. 标准化部品部件应用

主体结构采用的标准化预制部品部件包括预制柱、预制梁、预制预应力双T板、预制钢筋桁架叠合板等，各种构件类型数量及尺寸如表8-25中所示。

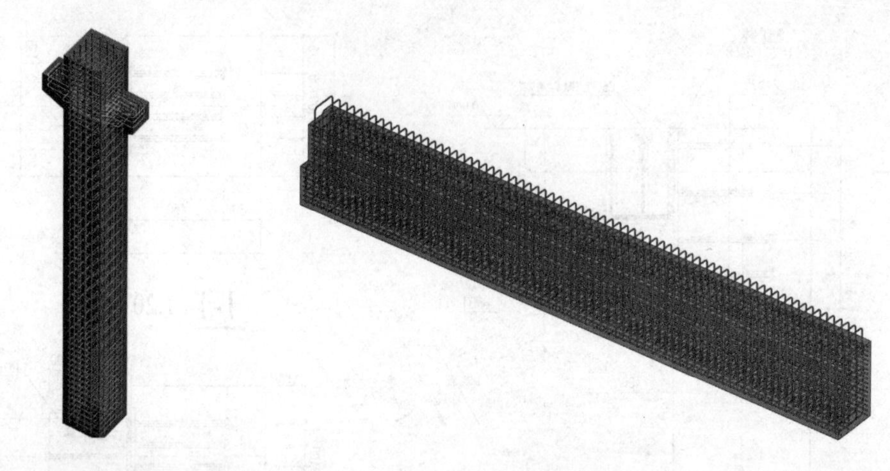

图 8-161　预制混凝土柱三维图　　图 8-162　预制混凝土梁三维图

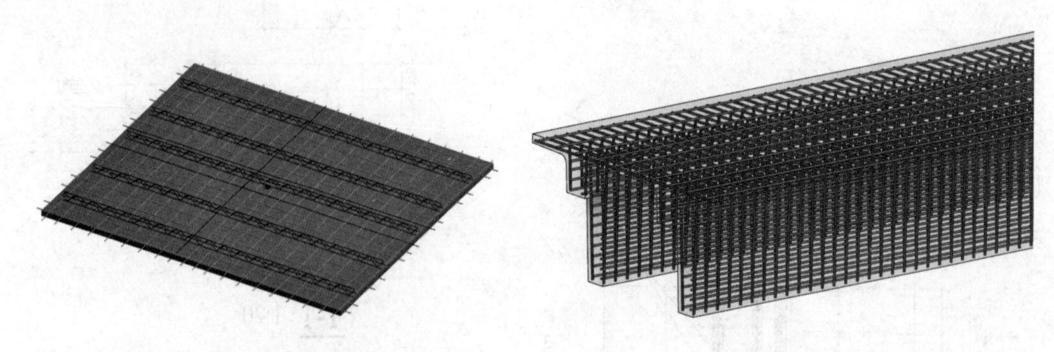

图 8-163　预制桁架叠合板三维图　　图 8-164　预制预应力双 T 板三维图

主结构预制构件类型表　　表 8-25

构件种类	类型数量	截面尺寸（mm）
预制柱	1种	650×650
预制梁	7种	650×1600、650×1300、650×1000、650×650、400×400、400×1200、400×900
预制预应力双T板	2种	肋高1300、预制板厚70；肋高950、预制板厚50
预制钢筋桁架叠合板	3种厚度	60、70、100

整个项目标准化部品部件布置如图 8-165 所示。

2．标准化部品接口

1）钢筋混凝土叠合板

本项目采用的钢筋混凝土叠合板有两种不同类型：一类为钢筋桁架叠合板；另一类为不出筋无桁架叠合板。钢筋桁架叠合板预制厚度有60mm、70mm和100mm三种，不出筋无桁架叠合板预制厚度为60mm一种。预制叠合板的应用能有效地降低施工现场模板和支撑的使用比例。经初步计算，模板用量为传统现浇方式的10%，支撑用量为传统现浇方式的50%，现场钢筋绑扎量也仅为现浇方式的60%。钢筋混凝土叠合板深化图见图8-166、图8-167。

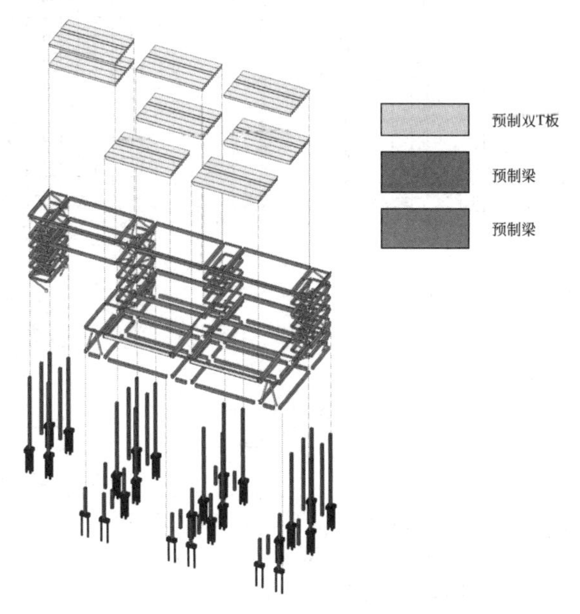

图 8-165 标准化部品部件布置图

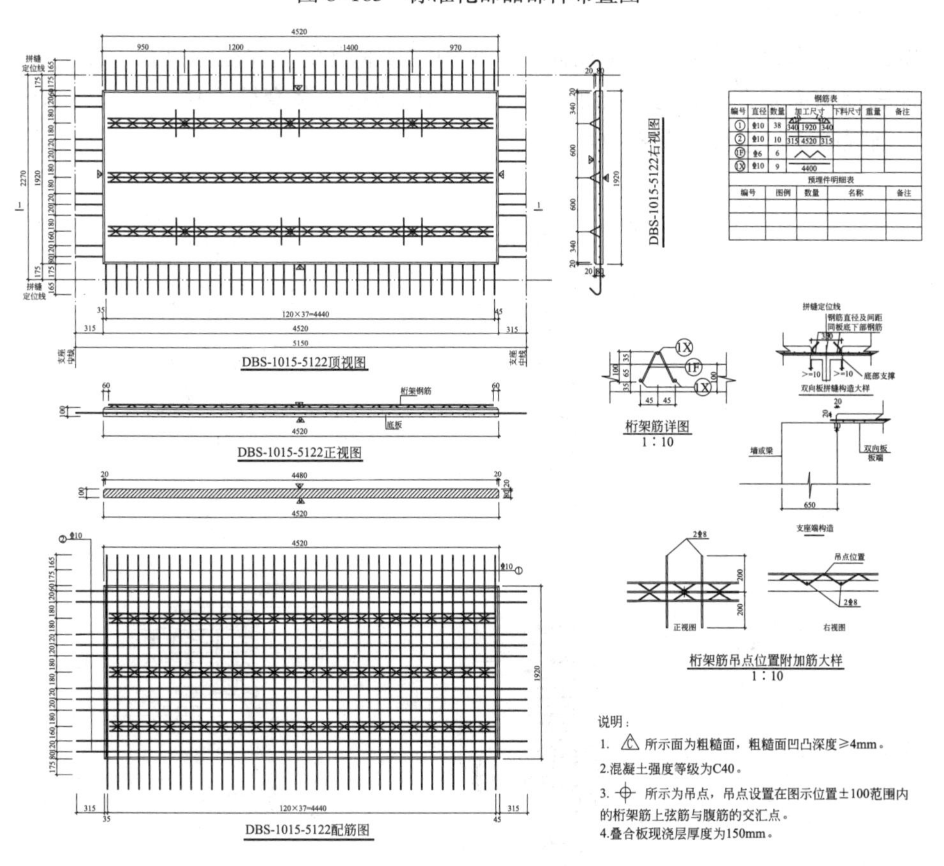

图 8-166 预制桁架叠合板深化图

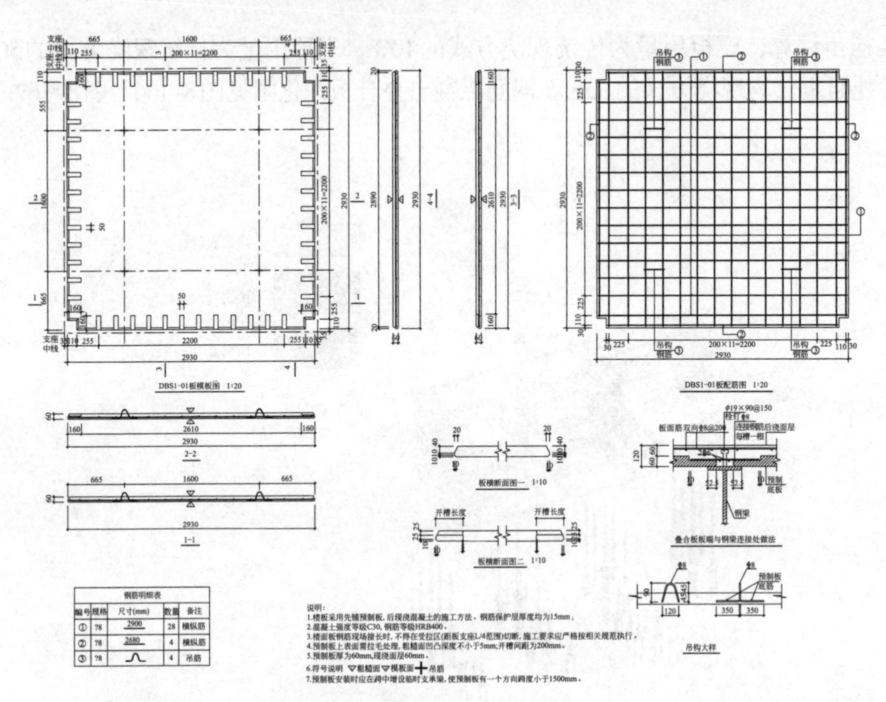

钢筋明细表

编号	规格	尺寸(mm)	数量	备注
①	?8	2900	28	横纵筋
②	?8	2680	4	横纵筋
③	?8	⌒	4	吊筋

图 8-167　预制不出筋叠合板深化图

2）预制混凝土柱

本项目主结构为装配式框架结构体系，采用的预制混凝土柱截面只有一种类型。预制混凝土柱底预留灌浆套筒，柱顶出筋与上节预制柱通过灌浆套筒连接。预制柱侧出牛腿，用来与预制混凝土梁连接（图8-168）。

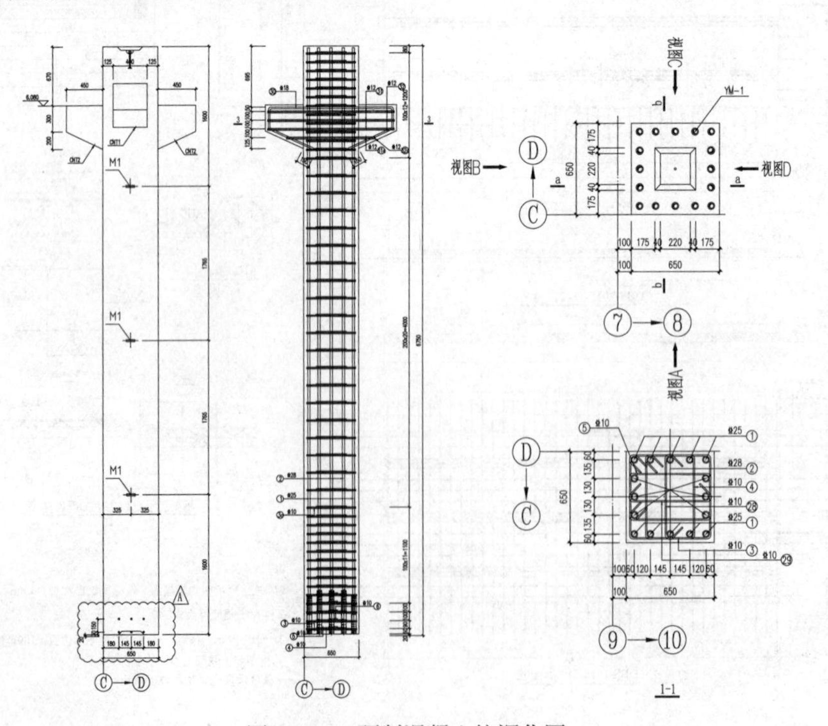

图 8-168　预制混凝土柱深化图

3）预制混凝土梁

本项目预制混凝土梁按梁端是否出筋可分为两种类型：一种为不出筋全截面预制（或叠合）混凝土梁；另一种为预制出筋叠合混凝土梁。预制不出筋混凝土深化图、预制出筋混凝土梁如图8-169、图8-170所示。

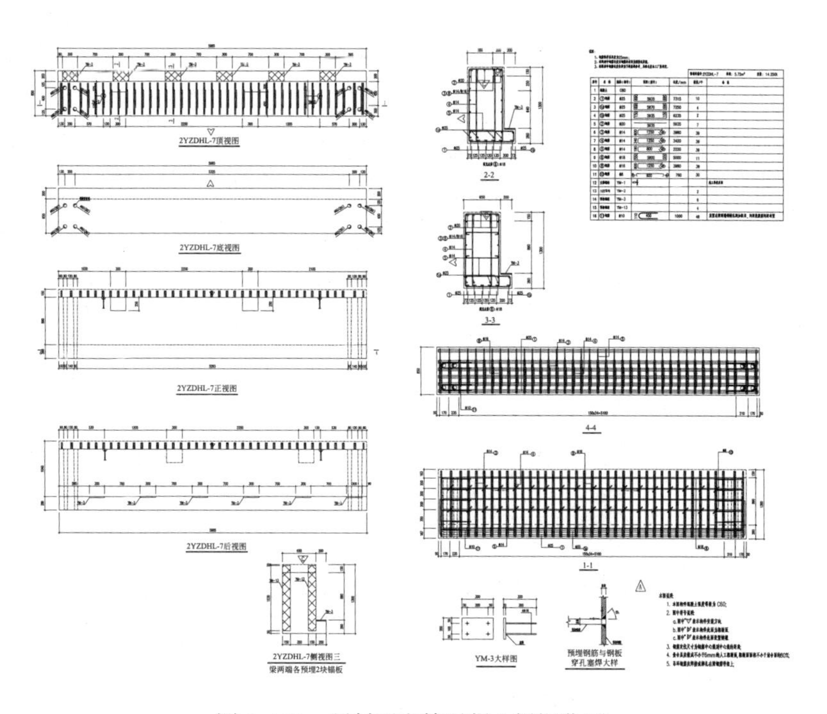

图8-169　预制不出筋混凝土梁深化图

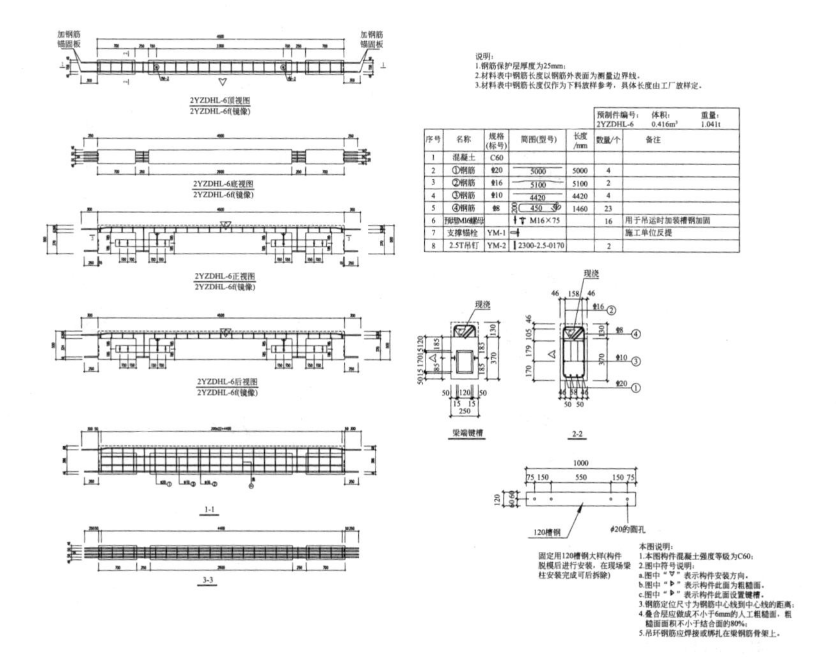

预制件编号：2YZDHL-6　体积：0.416m³　重量：1.041t

序号	名称	规格(标号)	简图(型号)	长度/mm	数量/个	备注
1	混凝土	C60				
2	①钢筋	ϕ20	5000	5000	4	
3	②钢筋	ϕ16	5100	5100	2	
4	③钢筋	ϕ10	4420	4420	4	
5	④钢筋	ϕ8	200 450	1460	23	
6	预埋M16螺母		M16×75		16	用于吊运时加装槽钢加固
7	支撑锚栓	YM-1				施工单位反提
8	2.5T吊钉	YM-2	2300-2.5-0170		2	

图8-170　预制出筋混凝土梁深化图

4）预制预应力双T板

本项目预制预应力双T板截面分为两种类型，跨度统一。预制预应力双T板用于大平台楼板，形成大跨度空间，板上有200~250mm厚度现浇面层，与预应力双T板形成整体后承受模块化子结构荷载（图8-171、图8-172）。

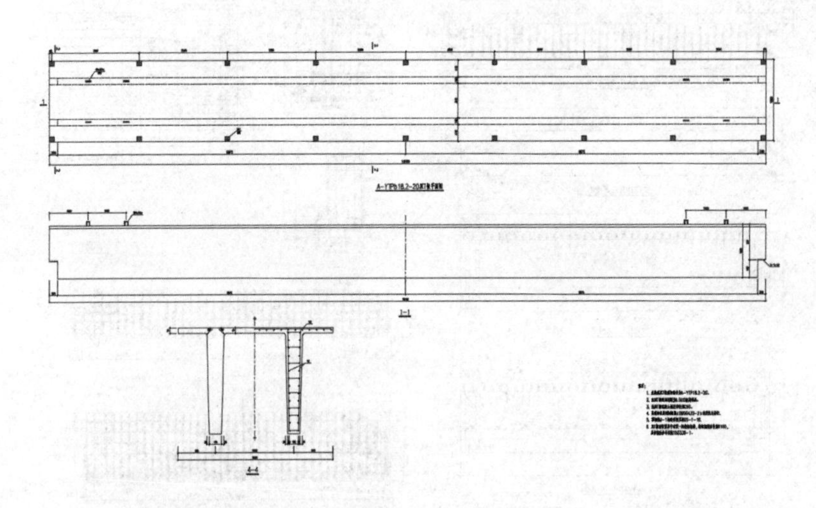

图8-171　预制预应力双T板深化图（一）

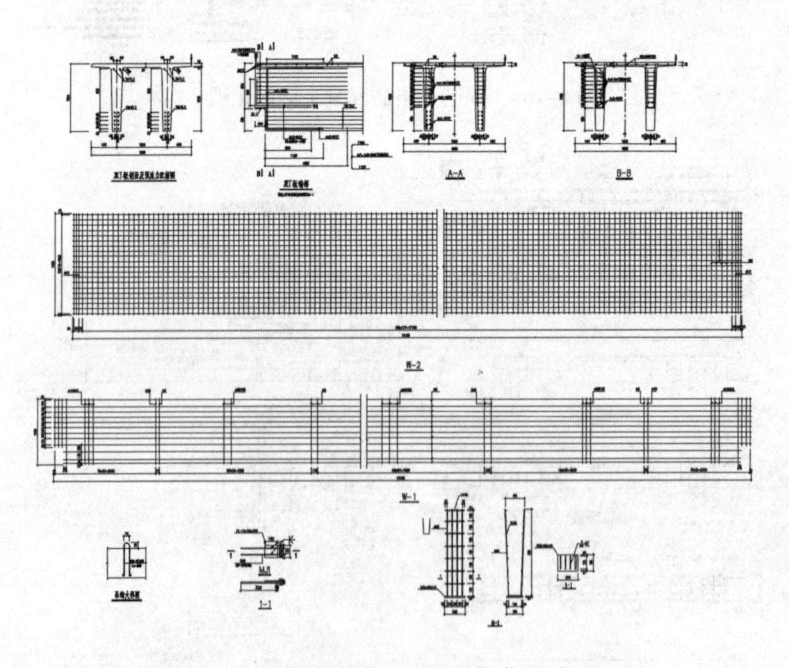

图8-172　预制预应力双T板深化图（二）

3. BIM技术的应用

本项目在前期方案策划阶段、施工图设计阶段及构件深化设计阶段实现全设计周期运用BIM技术，进行管线碰撞检测，实时漫游等，帮助业主实现对项目的质量、进度和成本的全方位、实时控制，BIM技术应用情况如表8–26所示。

BIM技术应用汇总表　　表8-26

阶段	工作内容
准备阶段	明确BIM技术应用的具体目标，各专业工作内容及职责； 制定工作模式、工作标准及各专业负责人和工作人员； 收集各专业图纸资料
实施阶段	依据各专业图纸搭建模型； 根据规范进行管线碰撞及净高等检测、检查； 各专业根据搭建好的模型生成施工图； 根据碰撞检测及漫游结果，形成优化方案并报业主审核

8.7.4　标准化部品部件的生产与施工

1．标准化部品部件的生产

预制混凝土柱生产如图8–173～图8–175所示。

图8–173　预制柱模具准备

图8–174　预制柱钢筋笼制作

图8–175　预制柱构件

预制混凝土梁生产构件如图8-176、图8-177所示。

图8-176　预制混凝土叠合梁构件

图8-177　全预制混凝土梁构件

预制混凝土叠合板生产构件如图8-178、图8-179所示。

图8-178　预制混凝土叠合板构件

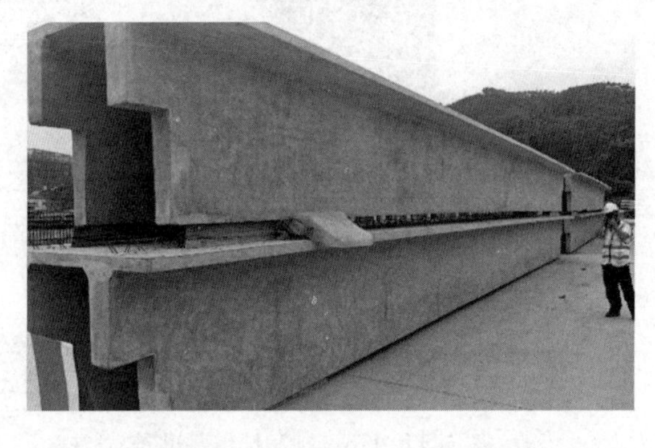

图8-179　预制预应力双T板构件

2．标准化部品部件的施工

预制混凝土柱安装如图8-180所示。

图8-180　预制柱吊装现场

预制预应力双T板安装如图8-181所示。

图 8-181 预制预应力双 T 板吊装现场

预制桁架钢筋混凝土叠合板安装如图8-182所示。

图 8-182 预制桁架钢筋混凝土叠合板吊装现场

防屈曲约束支撑安装如图8-183所示。

图 8-183 防屈曲约束支撑安装现场

8.7.5 专家点评

示范项目为实验办公楼，位于中建绿色产业园内，建设单位为中建科技有限公司深圳分公司，建筑面积5150m^2，建筑高度20.8m。办公楼采用混合结构，主结构为装配式混凝土框架结构，填充结构（子结构）为装配式钢框架结构。主结构所用预制构件包括预制钢筋混凝土柱、预制钢筋混凝土梁、预制钢筋混凝土叠合板、预制预应力双T板和预制混凝土外墙、钢楼梯，子结构所用预制构件包括钢柱、钢梁和预制叠合楼板，内墙采用ALC条板。

主体结构采用全装配式大跨度框架结构体系，结构形式简单，基于系统集成设计理念，遵循模数化、标准化、一体化设计原则，采用BIM技术进行建筑、结构设计。构件大型化有利于构件减少种类，有利于提高工厂生产及现场施工效率；预应力双T板和高性能耗能支撑的采用，满足了大跨度、重荷载和抗震的需求；子结构采用的模块化钢结构体系，仅有三种规格，做到了“少规格、多组合”，通过多样化的布置，形成了丰富的立面造型和效果，可满足建筑运营期对改造便利、快捷的需求，对主结构影响也非常小。

示范工程采用的四种主体结构预制混凝土构件中，预制柱、预制梁、预制双T板三种通过标准化部品库选型确定，标准化部品部件应用比例达到86%，满足了示范工程考核指标要求。

本工程采用的相关技术，具有较好的社会、经济与环境效益，已在深圳地区多个装配式公共建筑建设中得到应用，也可向全国适宜地区推广应用。

8.8　示范工程部品部件库应用总结

通过示范工程应用，装配式混凝土建筑部品部件库体现了很好的经济和社会效益，应用情况和效果主要体现在以下几个方面：

1. 涵盖了多种结构体系和多种类型建筑

装配式混凝土建筑部品部件库的7项工程项目示范包含了保障性住房、商品住宅、办公楼、学校等类型的装配式混凝土建筑，技术体系涵盖了装配式混凝土剪力墙结构体系、装配式框架结构体系、装配式混合结构体系、密肋复合板结构体系等，建筑高度包括低多层、中高层和高层建筑（表8-27）。

装配式混凝土建筑部品部件库示范工程项目汇总表　　表8-27

序号	示范工程	功能分类	所在地	建筑高度	结构体系
1	合肥经开区锦绣蔡岗棚户区改造工程项目	保障性住房	安徽省合肥市	多层、高层	装配式混凝土剪力墙结构体系
2	顺义新城第4街区保障性住房	保障性住房	北京市	高层	装配式混凝土剪力墙结构体系
3	禄口街道肖家山及省道340拆迁安置房	保障性住房	江苏省南京市	中高层	装配整体式剪力墙结构（住宅） 装配整体式框架结构（附属用房）
4	南京市江宁金茂小学	公共建筑（学校）	江苏省南京市	多层	装配式框架结构
5	南京安居·仁恒公园世纪（和燕路560E地块项目）	商业住宅	江苏省南京市	高层	装配整体式剪力墙结构

续表

序号	示范工程	功能分类	所在地	建筑高度	结构体系
6	玉林市福绵区2015年扶贫生态移民工程项目	保障性住房	广西壮族自治区玉林市	多层	密肋复合板结构体系
7	深汕实验办公楼项目	公共建筑（办公楼）	广东省深圳市	低层	装配式混凝土框架结构（主结构）+装配式钢框架结构（子结构）

2．选用了部品库中多种类型的预制构件BIM模型

采用的预制构件包括预制混凝土楼板、预制混凝土墙板、预制PCF板、预制混凝土楼梯、预制混凝土空调板、预制混凝土女儿墙、预制柱、预制梁、预制预应力双T板、预制密肋复合板等，具有较为广泛的代表性。

3．提升了项目设计水平和预制构件生产效率

示范工程所采用的预制构件大部分直接从库中调用，装配形成项目BIM模型，实现了正向设计，快速完成深化设计、各专业协同和施工碰撞检查等设计任务，提高了设计工效和整体设计水平。通过选用标准化部品部件优化了模具设计加工、生产下料与工艺布置、算量与成本控制、构件质量控制等预制构件生产管理环节，提高了生产效率。

4．实现了项目全过程信息互联互通和质量追溯

基于部品部件库建立的全专业协同平台，实现了现场施工的工艺流程、质量控制与质量追溯的信息化，结合无线射频（RFID）芯片和二维码技术的应用，可以实时采集构件生产、检验、入库、装车运输等数据，实现对构件生产及运输全过程质量的追踪，有利于推动实现装配式建筑设计、生产、施工、验收等各阶段信息互通，充分发挥了BIM等信息化技术在提高装配式建筑实施效率和效益方面的作用。

第9章　钢结构建筑部品部件库示范工程案例分析

9.1　太原市小店区山钢“龙城一品”项目部品库应用

9.1.1　工程概况

山钢“龙城一品”项目规划地块位于太原市小店区红寺村、嘉节村，长治路以东、红寺街以南、体育南路以西、南环北街以北。用地性质为二类居住用地，用地面积106999.36m^2，住宅区容积率3.45，幼儿园容积率0.75，住宅区容积率0.74，建设内容为住宅及相关配套设施。根据规划设计条件指标及要求，方案拟采用钢框架-支撑形式，全板式布局模式。项目共18栋建筑，其中1号楼是商住一体楼，总建筑面积27311.31m^2，地下1层，地上1～3层为商业；8号楼也是商住一体楼，总建筑面积24482.73m^2，地下1层，地上1～2层为商业，其余为住宅。本示范项目为钢结构建筑，采用成品住房交付模式，计划每栋建筑楼板采用钢筋桁架楼承板，外墙采用AAC板作为基层板、外侧干挂保温装饰一体板，内墙采用AAC板，楼梯采用预制楼梯，室内采用装配化装修等。

9.1.2　基于标准化的策划与设计

1．项目策划

本示范项目由18幢住宅、4幢单独商业、2幢教学楼组成，住宅单体、单独商业各楼层功能布局一致，层间构件类型及截面统一，各类构件（预制钢筋桁架楼承板、楼梯、AAC内外墙板等）可复制性较高，生产成本较低，具备工厂化生产和装配化施工的特性，符合装配式建筑的基本要求。

本示范项目采用标准化设计理念，构件拆分合理，重复使用率高，满足“少规格、多组合”的原则，适于工厂化生产，装配化施工。在保证高品质、高质量、高标准的建筑产品的前提下，提高工业化程度。

根据太原市政府下发的相关文件规定及太原市人民政府办公厅关于印发太原市《加快推动装配式建筑发展实施方案的通知》的要求，制订以下设计目标：

1）建筑单体均为钢结构建筑。

2）预制装配率不低于91%，住宅100%实行成品住房交付，商业配套及学校实行毛坯交付。

3）发展绿色建筑，采用标准化、模块化设计形式，借助BIM信息技术完成装配式建筑设计，并推动绿色施工，增强可持续性发展，达到国家绿色建筑设计及运营三星标准。

4）创新装配式建筑设计，优化部品部件生产，提升装配施工水平，达到装配率AAA标准。

5）创新装配式装修设计、施工技术。

2．建筑设计

在建筑方案设计阶段即考虑装配式建筑相关要求，做好平面、立面及剖面设计，提出符合钢结构建筑特点的优化建议。在满足建筑使用功能前提下，实现基本单元（户型）模块通过标准化的接口，按照功能要求进行多样化组合，建立多层级的建筑组合模块，以提高建筑构件重复使用率，降低建造成本。住宅宜选用大开间、大进深的平面布置，增加建筑布局的灵活性。建筑预制楼梯、墙板宜采用标准化产品，厨房和卫生间的平面尺寸宜满足标准化整体橱柜及整体卫浴的要求。

1）建筑方案设计

本项目户型方案有：A、B、C三大类主力户型，在此基础上进行户型微调细分，共有A2–1、B1–1、B1–2、B1–3、B1–4、B2–1，B3–1，B4–1，B5–1，B7–1，B8–1，C1–1正反户型等。如图9–1所示。

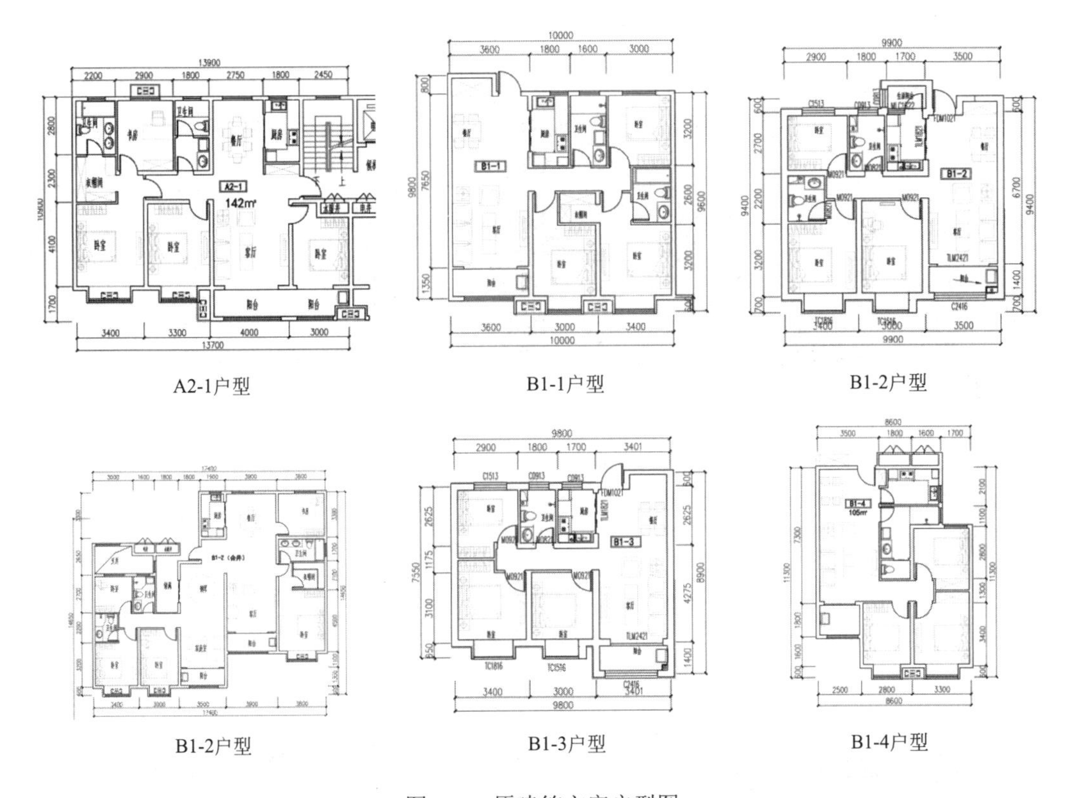

A2-1户型 B1-1户型 B1-2户型

B1-2户型 B1-3户型 B1-4户型

图9–1 原建筑方案户型图

2）户型优化建议

（1）各户型的南向阳台优化后尺寸统一，基本都是相同尺寸的复制或者互为镜像关系，实现模块化、标准化，提升装配化施工效率。

（2）凸窗的尺寸有2200、2100、1900、1500等，可在一定范围内进行归并。

（3）凸窗（凸窗两侧尺寸750mm、850mm两种）的位置居中，规格统一，有利于归并制作模具，降低成本（图9–2 ~图9–4）。

3）优化后的户型分析

（1）楼梯和电梯的模块化设计。楼梯间的轴线尺寸为5000mm×2700mm，图9–5以1号、8号楼为例。

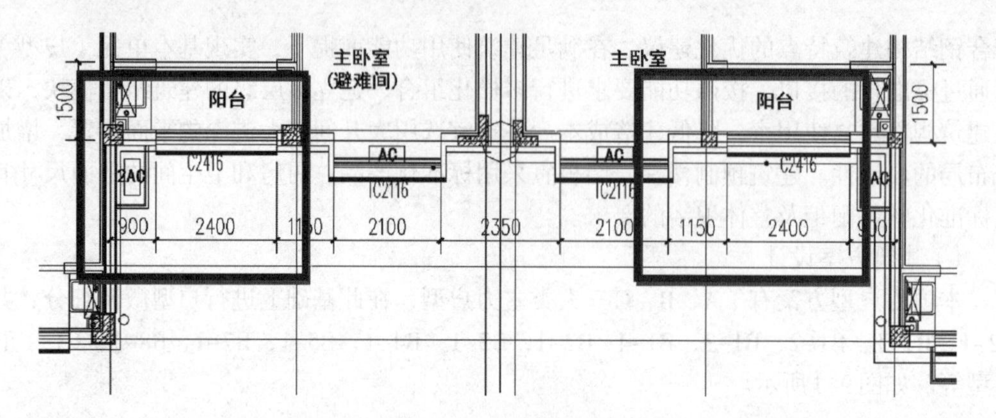

图 9-2　阳台布置优化

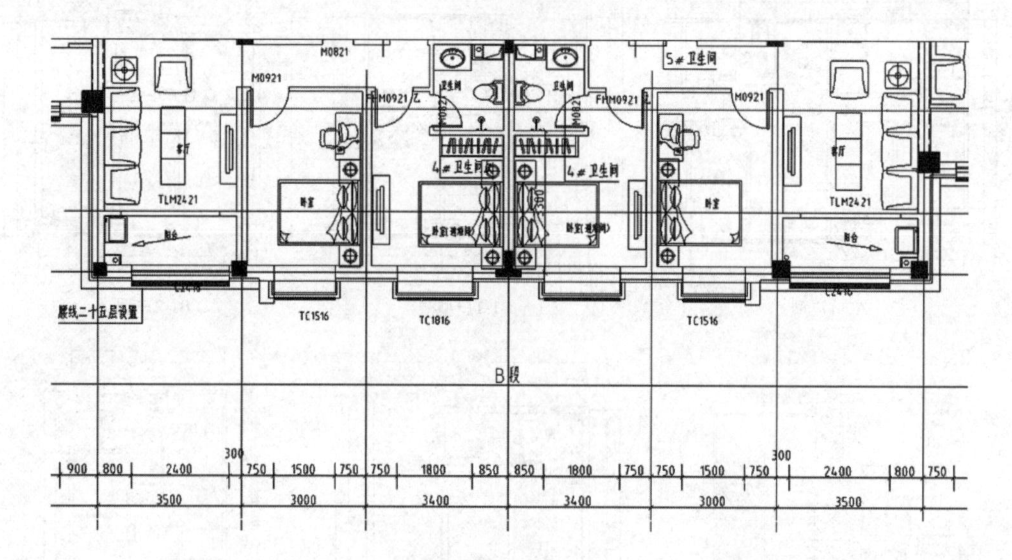

图 9-3　阳台尺寸优化

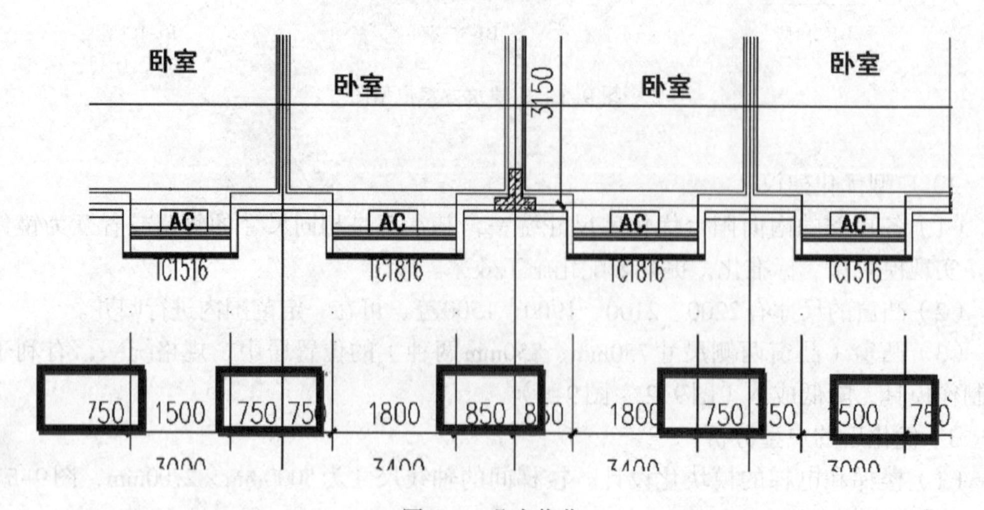

图 9-4　凸窗优化

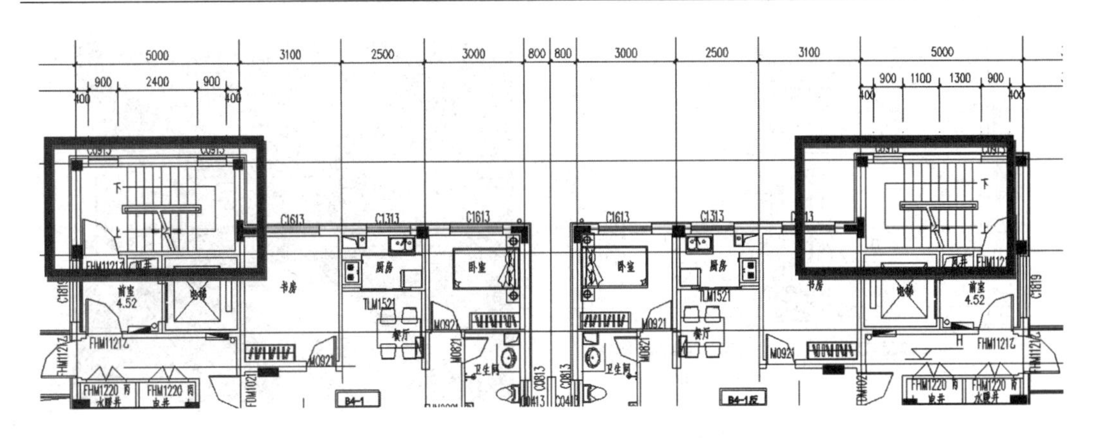

图 9–5 楼梯和电梯的模块化设计

（2）厨房的模块化设计。户型B1–1的厨房采用模块化设计，合理化布局，实用性强，厨房的开间尺寸为2100mm，进深为3300mm（图9–6）。

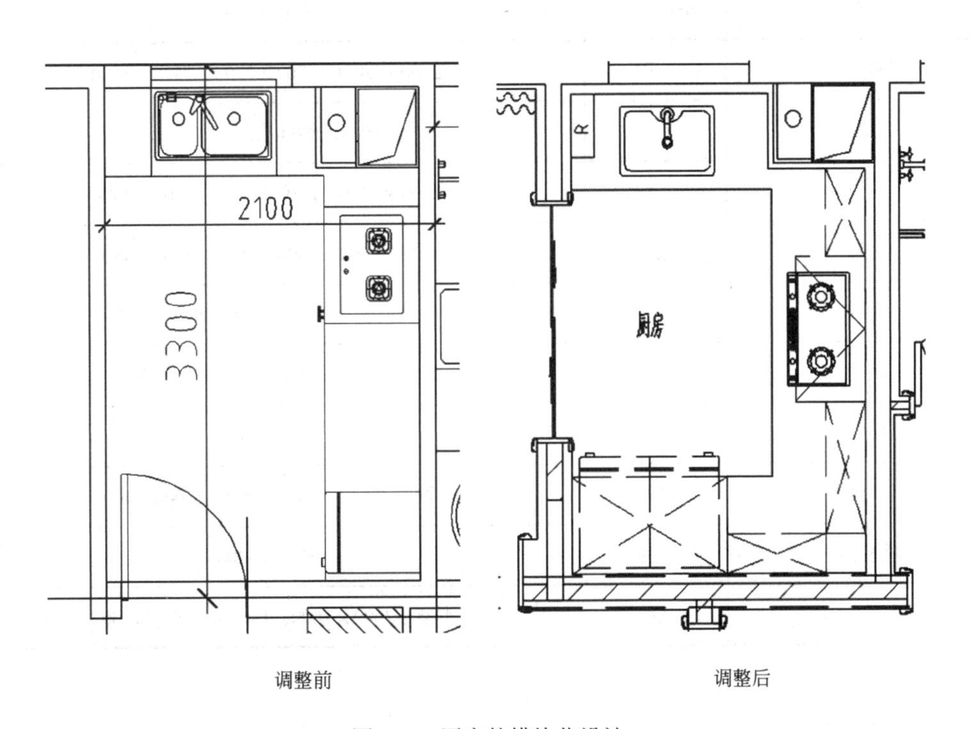

图 9–6 厨房的模块化设计

（3）主卧的模块化设计。户型B1–2可镜像成正反户型，主卧采用模块化设计，其模数为3400 × 3300（图9–7）。

4）优化结果汇总

通过采用标准化设计的原则，对原建筑方案进行优化后，户型种类得到合理归并，构件类型大幅度降低，从而大大减少了预制构件的开模数量，降低了钢结构高层住宅的成

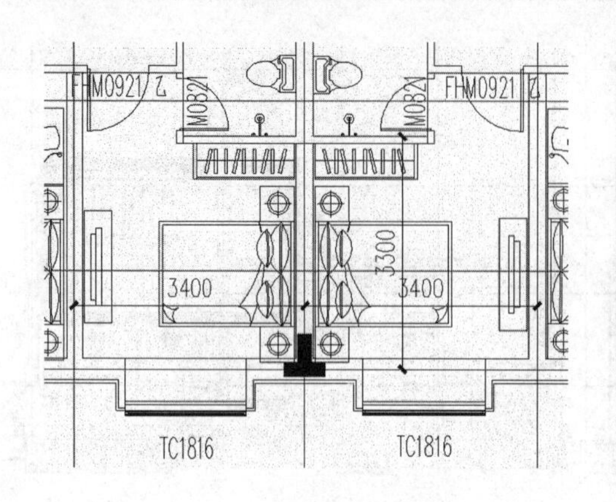

图9–7　主卧的模块化设计

本，取得了较好的经济效益。优化后的标准户型及标准预制构件种类汇总如表9–1所示。

标准化户型与预制构件类型表　　**表9-1**

户型功能	类型数量	尺寸（mm）
厨房	三种	2300×2400，1700×2700，2400×1800
公共卫生间	三种	2500×1800，2300×1900，
主卫	三种	2400×2400，2200×2900，2100×1900
主卧	三种	3400×3700，3600×4000，3800×4800
次卧	三种	开间3500，开间3000，开间3300
客厅	三种	开间3900，开间3700，开间3500
餐厅	一种	进深3300，
阳台	两种	两种类型：3700×1200，3500×1400
楼梯间	一种	2700×5000
飘窗（开洞）	三种	三种类型：2000×1600，1800×1600，1500×1600

3. 结构设计

1）预制方案

根据优化后的建筑方案及设计目标，制订了以下预制方案，详见表9–2。

（1）主要预制构件为：钢桁架楼承板，钢楼梯（商业），预制混凝土楼梯（住宅），AAC外墙板、AAC内墙板等；

（2）标准层钢桁架楼承板，屋面板现浇；

（3）标准层楼梯梯段板预制（带中间休息平台）；

（4）钢梁、钢柱。

预制部品部件一览表 **表 9-2**

技术配置选项			项目实施情况
主体结构和外围护结构预制构件Z1	钢柱		√
	斜支撑		√
	钢梁		√
	钢结构楼梯		√
	钢筋桁架楼承板		√
	钢柱		√
装配式内外围护构件Z2	保温装饰一体板		√
	AAC外墙板		√
	AAC内墙板		
内装建筑部品Z3	集成式厨房		√
	集成式卫生间		√
	装配式吊顶		√
	楼地面干式铺装		√
	装配式墙板（带饰面）		√
	装配式栏杆		√
	标准化、模块化、集约化设计	标准化门窗	
		设备管线与结构相分离	√
	绿色建筑技术集成应用	绿色建筑二星	
		绿色建筑三星	√
	被动式超低能耗技术集成应用		
	隔震减震技术集成应用		
	以BIM为核心的信息化技术集成应用		√
创新加分项S	工业化施工技术集成应用	装配式铝合金组合模板	√
		组合成型钢筋制品	√
		工地预制围墙（道路板）	√
预制装配率			≥91%

2）预制装配率计算

按照《装配式建筑评价标准》GB/T 51269计算本项目的预制装配率。本项目1号及8号楼的预制装配率计算统计表如表9–3所示。根据计算结果可知，本项目1号及8号楼的预制装配率完成了既定设计目标。

1号、8号单体预制装配率计算统计表　　　　**表9-3**

技术配置选项	评价项	评价标准	本工程比例	满分	评价得分	装配率
主体结构和外围护结构预制构件Z1	钢柱	35%≤比例≤80%	100%	30	30	91%
	斜支撑	35%≤比例≤80%	100%			
	钢梁	35%≤比例≤80%	100%	20	20	
	钢结构楼梯	35%≤比例≤80%	100%			
	钢筋桁架楼承板	70%≤比例≤80%	98%			
装配式内外围护构件Z2	保温装饰一体板	50%≤比例≤80%	100%	5	5	
	AAC外墙板	比例≥50%	100%	5	5	
	AAC内墙板	比例≥50%	100%	5	5	
	内墙与管线装修一体化	50%≤比例≤80%	100%	5	5	
内装建筑部品Z3	全装修			6	6	
	干式工法楼面地面	比例≥70%	75%	6	6	
	集成式厨房	70%≤比例≤90%	87%	6	5	
	集成式卫生间	70%≤比例≤90%	12%	6	0	
	管线分离		50%	6	4	
	合计			100	91	
创新加分项S	绿色建筑三星					
	以BIM为核心的信息化技术集成应用					
	工业化施工技术集成应用	装配式铝合金组合模板				
		工地预制围墙（道路板）				

3）施工图设计

钢结构建筑施工图设计应和二次深化设计单位及生产厂家充分沟通，保证施工图拆分设计的可行性、合理性。出图时间上，应和主体现浇部分同时完成并一起报审。若二次深化设计由不同于主体结构设计单位的其他部门或人员完成，地上结构部分的设计出图宜在主体地下现浇部分出图后1周左右出图，以便在最终版现浇施工图基础上，完成各专业的闭合。

9.1.3　标准化部品部件的选用与优化

本示范项目标准化部品部件应用比例较高，标准化部品应用比例达到75%以上。主体结构中矩形柱的标准化部品部件应用比例为91%；钢梁的应用比例为79%；预制楼梯的标准化部品部件应用比例为100%。围护结构中，外墙板的标准化部品部件的应用比例为90%；内墙板的标准化部品部件的应用比例为86%（表9–4）。

标准化部品部件应用比例　表9-4

部品分类	标准化部品部件类型		非标准化部品部件类型		部品部件总量	标准化部品部件占比
	部品名称	数量	部品名称	数量		
主体结构部品部件	矩形柱	1160	矩形柱	116	1276	91%
	异形柱	170	异形柱	17	187	91%
	钢梁	4039	钢梁	1099	5138	79%
	支撑	432	支撑	0	432	100%
	预制楼梯	232	预制楼梯	0	232	100%
	商业钢梯	15	商业钢梯	0	15	100%
	楼板	404	楼板	56	460	88%
围护结构部品部件	保温装饰一体板	2075	保温装饰一体板	667	2752	75.%
	内墙板	24930	内墙板	3960	28890	86%
	外墙板	9960	外墙板	1110	11070	90%
	门	2263	门	23	2286	99%
	窗	1022	窗	56	1078	95%
标准化部品部件应用比例	86.8%					

1．标准化部品部件应用

本项目采用的标准化预制部品部件包括：保温装饰一体外外墙板、内外墙AAC板材、钢筋桁架楼板、钢结构楼梯等。各种构件类型数量及尺寸如表9–5所示，标准化部品部件的布置图如图9–8所示。

标准化户型与预制构件类型表　表9-5

构件种类	类型数量	尺寸（mm）
保温装饰一体板	一种墙高	2880
钢筋桁架楼承板	一种厚度	120
内外墙AAC板材	三种规格	$600 \times 300 \times L$　$600 \times 200 \times L$　$600 \times 100 \times L$
楼梯	一种规格	层高2900

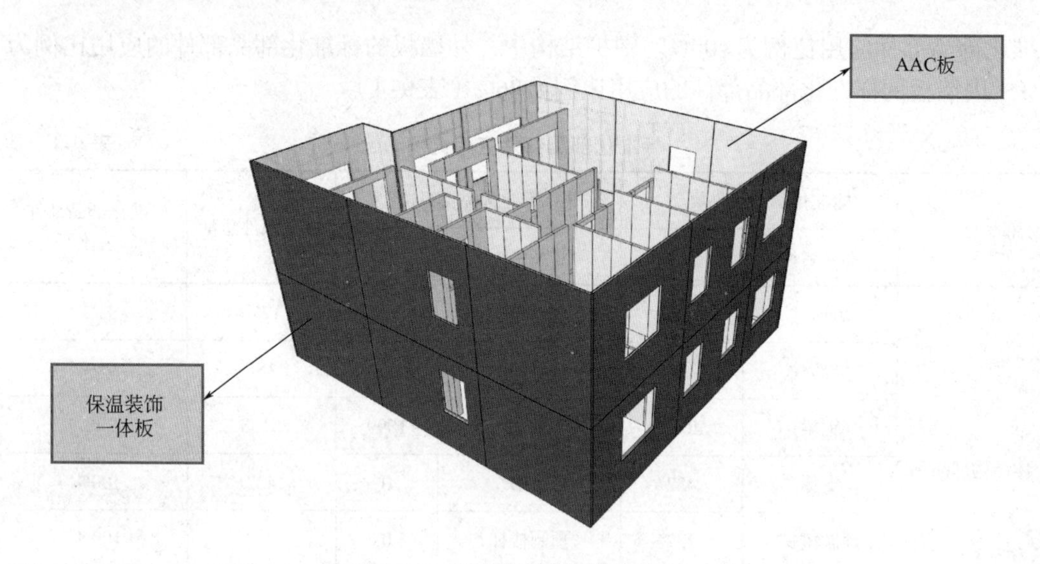

图9-8　标准化部品部件布置图

传统现浇楼梯模板工作量大、湿作业多、钢筋绑扎工作量大。本项目标准层楼梯采用钢结构楼梯，钢结构楼梯可大大减少现场工作量，且提高了楼梯施工质量、节省工期，减少了楼梯对主体结构地震时的影响。楼梯踏步梯梁在工厂制作，现场安装简单，后期采用50mm厚混凝土踏步板作为装饰面（图9-9、图9-10）。

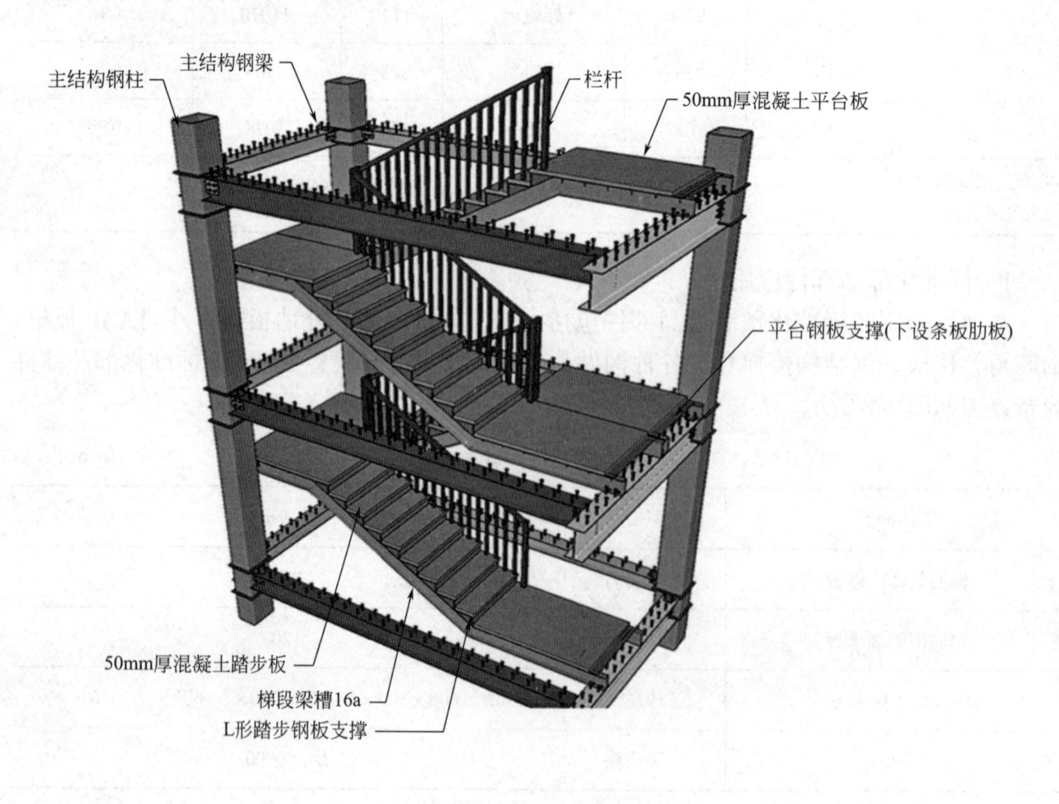

图9-9　钢结构楼梯BIM模型

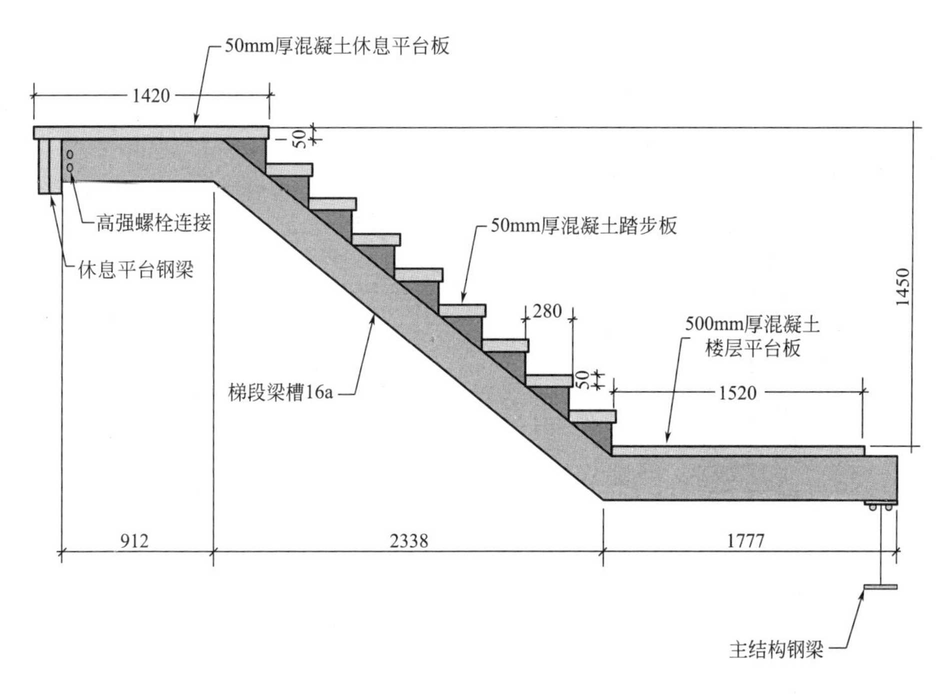

图 9-10 钢结构楼梯剖面模型

2. 标准化部品接口及其连接节点

1）钢结构深化设计

钢结构深化设计是装配式结构设计的重要组成部分，深化设计补充并完善了构件生产和施工方案考虑的不足，有效解决了生产和施工的方案设计与实际现场产生的诸多冲突，最终保障了方案设计的有效实施，其设计要点主要有以下几点：

（1）根据施工图审查合格的设计文件（包括建筑、结构和机电、装修等各专业）及钢结构构件制作和施工各环节的综合要求进行构件深化设计，协调各专业和各阶段所用预埋件及预留洞口，其内容和深度应满足构件加工、运输和安装的要求。

（2）对构件在制作、运输、堆放、安装各个环节荷载作用下的承载能力和变形能力进行验算，确保深化设计图纸的精确可行性。

（3）明确各专业的相关变更，避免不必要的变更再次出现。

（4）采用信息化软件对预制构件进行模拟拼装，确保预制构件的准确性。将BIM与装配式建筑结合，既能提升项目的精细化管理和集约化经营，又能提高资源使用效率、降低成本、提升工程设计与施工质量水平。

2）钢筋桁架楼承板

本项目预制楼板采用钢筋桁架楼承板技术，钢筋桁架在后台加工场定型加工。现场施工需要先将压型板用栓钉固定在钢梁上，再放置钢筋桁架进行绑扎，验收后浇筑混凝土。机械化生产有利于钢筋排列间距均匀、混凝土保护层厚度一致，提高楼板的施工质量。装配式钢筋桁架楼承板可显著减少现场钢筋绑扎工程量，加快施工进度，增加施工安全保证，实现文明施工。装配式模板和连接件拆装方便，可多次重复利用，节约钢材，符合国家节能环保的要求（图9-11）。

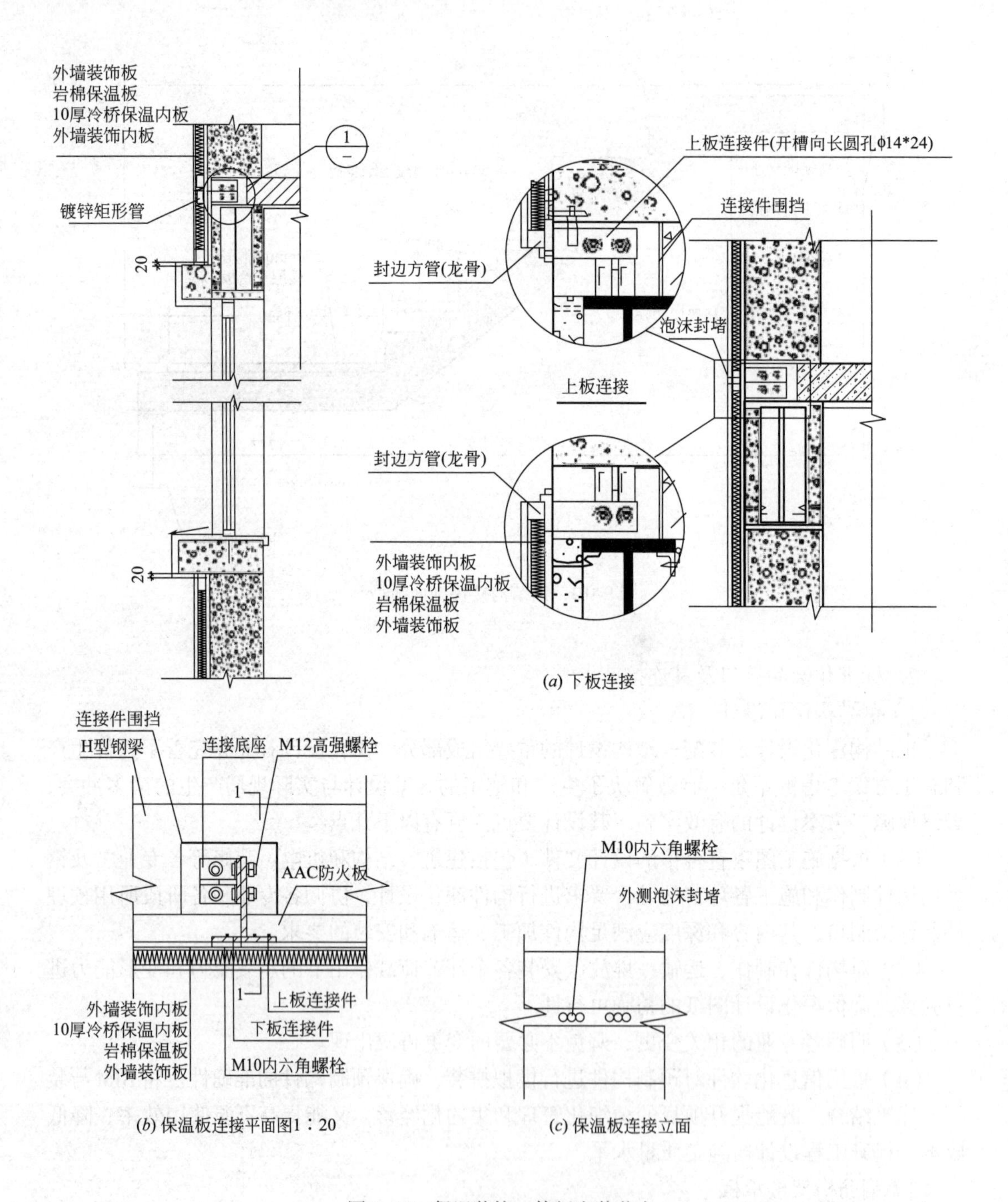

(*a*) 下板连接

(*b*) 保温板连接平面图1：20

(*c*) 保温板连接立面

图 9-11 保温装饰一体板安装节点

钢构自主研发的产品配套自动化生产设备，大大提高了劳动生产率，有效降低了产品成本，并编制了产品生产企业标准、设计手册和节点构造图集以及施工手册。该产品通过浙江大学土木工程测试中心检测，并经过多项工程应用，各项性能可以满足现浇钢筋混凝土楼板承载力和变形的要求（图9-12 ~图9-14）。

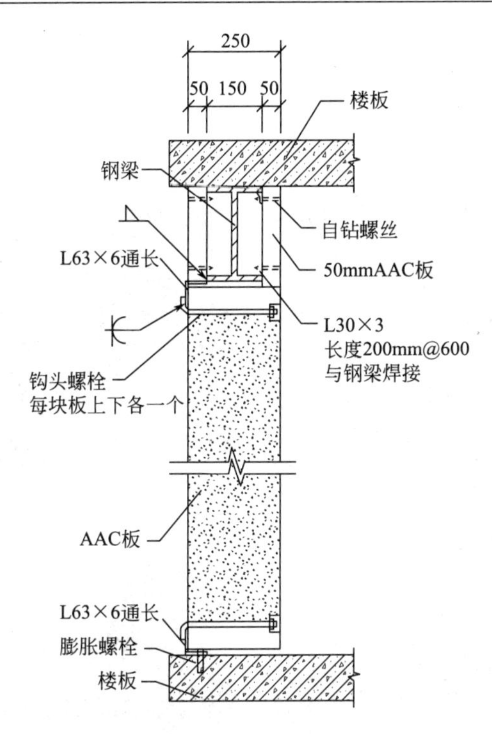

图 9-12 外墙 AAC 板安装节点

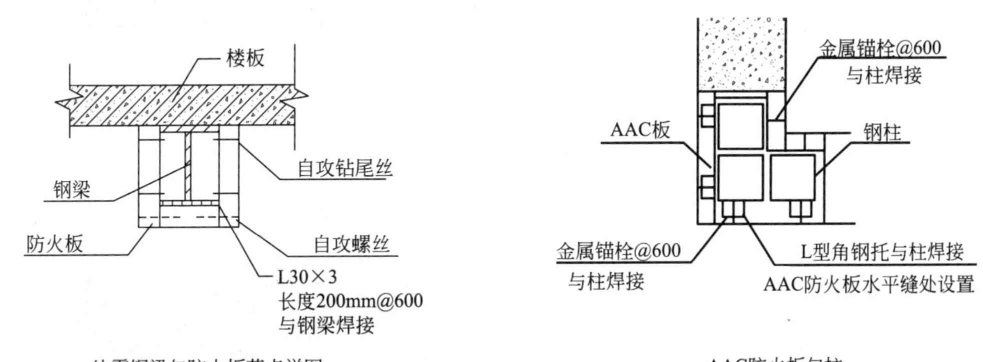

图 9-13 AAC 板包梁包柱安装节点

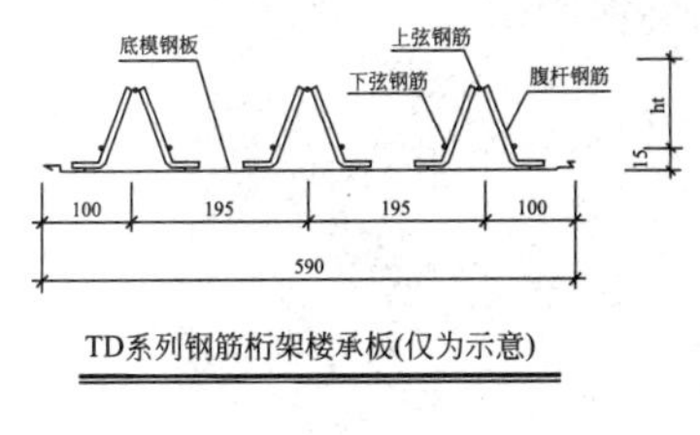

楼板材料表一

楼层号	楼层区域	楼板厚度	楼承板型号	钢筋桁架组合楼板钢筋		
				①号钢筋	②号钢筋	③号钢筋
——	——	120mm	TD4-90	⌀8@195	⌀8@200	⌀8@200

②　①　③　钢筋桁架楼承板

钢筋桁架组合楼板配筋详图

楼板材料表二

楼承板型号	楼承厚度/(mm)	钢板厚t/(mm)	ht(mm)	上弦钢筋	下弦钢筋	腹杆钢筋	施工阶段最大无支撑跨度	
							简支板	连续板
TD4-90	120	0.5	90	⌀10	⌀10	$\phi^{R}4.5$	3.1m	3.6m

注：1. 上、下弦钢筋采用热轧钢筋HRB400级，腹杆钢筋采用冷轧光圆钢筋。
2. 底楼板屈服强度不低于260N/mm^2，镀锌层两面总计不小于120g/m^2。
3. 当板跨超过楼承板施工阶段最大无支撑跨度时，需在跨中加设一道临时支撑。

图 9-14 钢筋桁架楼承板节点大样

9.1.4 标准化部品部件的生产与施工

1. 标准化部品部件的生产（图9-15）

图9-15　钢构件生产

2. 标准化部品部件的施工

钢筋桁架楼承板施工如图9-16所示。

图9-16　钢筋桁架楼承板施工（一）

图 9-16　钢筋桁架楼承板施工（二）

9.1.5　专家点评

本示范工程的示范内容以钢结构构件与内装标准化部品库应用为主，主要技术为：钢结构标准化部品智能化制造、外围护保温装饰一体化部品应用技术、基于BIM的标准化设计与施工应用技术等。每栋建筑楼板采用钢筋桁架楼承板，外墙采用AAC板作为基层板、外侧干挂保温装饰一体板，内墙采用AAC板，楼梯采用预制楼梯，室内采用装配化装修。标准化部品部件应用比例达到86.8%，应用效果显著。

示范工程采用的示范技术与“工业化建筑标准化部品库研究”研究内容紧密结合，采用了标准化、模数化设计理念，住宅单体、单独商业各楼层功能布局一致，层间构件类型及截面统一，使构件种类、节点类型大大减少，工业化建造优势得以体现。

示范工程选用大开间、大进深的平面布置，增加了建筑布局的灵活性，厨房和卫生间的平面尺寸满足整体橱柜及整体卫浴的要求。此外，预制楼梯、墙板均采用标准化产品。

本示范工程有关技术已在太原地区钢结构高层住宅建设中得到推广应用，取得了较好的社会、经济与环境效益，起到了很好的钢结构建筑示范效果。

9.2　兰州新区保障房项目部品库应用

9.2.1　工程概况

兰州新区保障性住房建设项目（二期）位于兰州新区，西邻经十一路，南邻纬十二路，占地面积84.306亩，总建筑面积为101316m^2，容积率1.96，绿地率超过30%，由10栋住宅楼及附属地下车库、临街商铺组成，是目前西北地区规模最大的钢结构住宅项目（表9-6）。

主楼基础为夯扩桩筏板基础，地下车库基础为夯扩桩承台基础，地下室结构为钢筋混凝土框剪结构，地下一层（局部两层）。住宅楼共10栋，5栋10层、5栋11层，10栋住宅可安排600余户入住。其中，1号、2号、3号、4号、5号、8号、10号楼地上结构采用钢管混凝土框架（支撑）体系，户型为两室两厅，建筑面积约90㎡；所有地下室及6号、7号、9号楼地上结构采用H型钢框架－板剪力墙结构体系，户型为三室两厅，建筑面积约120m²。楼板均为预制带肋底板混凝土叠合楼板，内墙板为水泥基夹芯条板，外墙为砂加气条板，外墙保温板为挤塑保温装饰一体板。

建筑设计有关参数　**表9-6**

楼号	设计使用年限	耐火等级	结构形式	抗震设防烈度	屋面防水等级	层数		类型	建筑高度（m）	建筑面积（m²）
						地上	地下			
1号楼	50年	地下一级，地上二级	钢管混凝土框架	7度	I级	10	1	住宅4+4	29.7	8052.7
2号楼	50年	地下一级，地上二级	钢管混凝土框架	7度	I级	10	1	住宅3+4	29.7	7155.4
3号楼	50年	二级	钢管混凝土框架	7度	I级	10	0	住宅3+4	29.7	6442.4
4号楼	50年	二级	钢管混凝土框架	7度	I级	11	0	住宅3+4	32.6	7257.6
5号楼	50年	二级	钢管混凝土框架	7度	I级	11	0	住宅4+4	32.6	8155.2
6号楼	50年	地下一级，地上二级	H型钢框架－钢板剪力墙结构体系	7度	I级	10	1	住宅2+2+2	29.3	8116.1
7号楼	50年	地下一级，地上二级	H型钢框架－钢板剪力墙结构体系	7度	I级	10	1	住宅2+2+2	29.3	8071.6
8号楼	50年	二级	钢管混凝土框架	7度	I级	11	0	住宅3+3	31.9	5822.6
9号楼	50年	地下一级地上二级	H型钢框架－钢板剪力墙结构体系	7度	I级	11	1	住宅2+2	32.2	5580.5
10号楼	50年	二级	钢管混凝土框架	7度	I级	11	0	住宅3+4	32.6	7416.4

本项目主体结构为钢框架结构，其中钢梁、钢柱、钢梯及钢平台等钢构件应用实践了钢结构建筑标准化部品部件库。具体应用情况如下：楼板采用钢桁架预应力混凝土叠合板，应用比例达到76%，其余楼板为现浇钢筋混凝土楼板；外围护墙体采用轻质蒸压砂加气混凝土条板，应用比例达到84%，楼梯间及电梯间墙体为轻质蒸压砂加气混凝土砌块。

9.2.2　基于标准化的策划与设计

1. 建筑设计

1）方案设计

平面设计在满足使用功能的基础上，遵循“少规格、多组合”的设计原则，实现住宅套型设计的标准化与系列化。平面设计选用大空间的布局方式，合理布置竖向受力构件及设备管井、管线位置，实现住宅建筑全寿命周期的空间适应性及可变性。

本项目采用装配化部品部件，如楼板采用叠合板，外墙采用砂加气条板，外墙保温采用保温装饰一体板，内墙板采用水泥基夹芯条板，优先采用集成厨卫。

户型设计以简洁不简单为原则，平面最终确定采用90m^{2}两室两厅和120m^{2}三室两厅两类户型。两种户型采用不同的结构形式，一为H型钢—钢板剪力墙框架结构、一为钢管柱框架结构。各户型优化后尺寸统一，基本都是相同尺寸的复制或者互为镜像关系，实现模块化、标准化，提升装配化施工效率（图9–17、图9–18）。

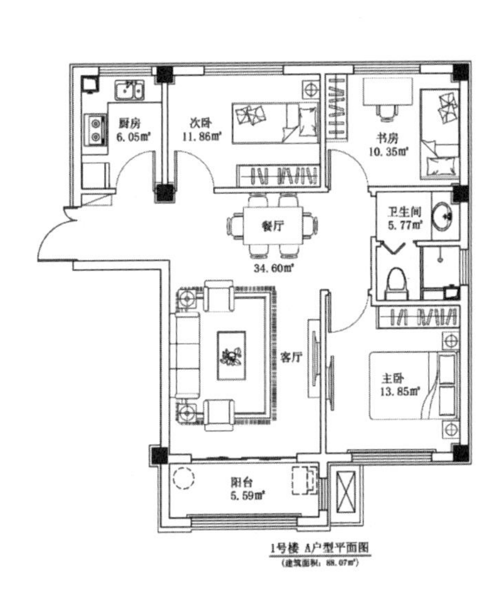

图9–17　户型一（建筑面积89.07㎡，使用面积64.23㎡）

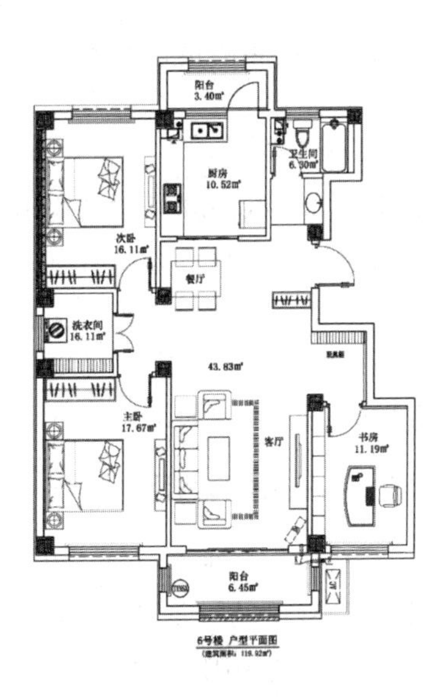

图9–18　户型二（建筑面积119.92m^2，使用面积91.8m^2）

以9号楼为例：

9号楼共有11层，层高均为2.9m，由两个相同单元拼接而成，每个单元为两个120m^{2}户型，户型间为镜像关系。每个单元设置一部电梯、一部楼梯，两个单元的楼、电梯开间、进深及布置方式均一致，模块化程度较高，大大提升了装配施工水平。由于建筑布局较为规整，结构梁柱及叠合楼板也较容易布置；外墙板均为200厚、600宽的砂加气条板，外保温为挤塑聚苯板芯材的装饰一体板，构件重复率较高（图9–19）。

2）施工图设计

高层钢结构建筑的防火、抗裂、隔声、防水防渗、抗风、抗震、抗撞击性能等问题较常规混凝土结构建筑更为突出，钢结构建筑如何解决内部空间见梁见柱的问题也是本项目

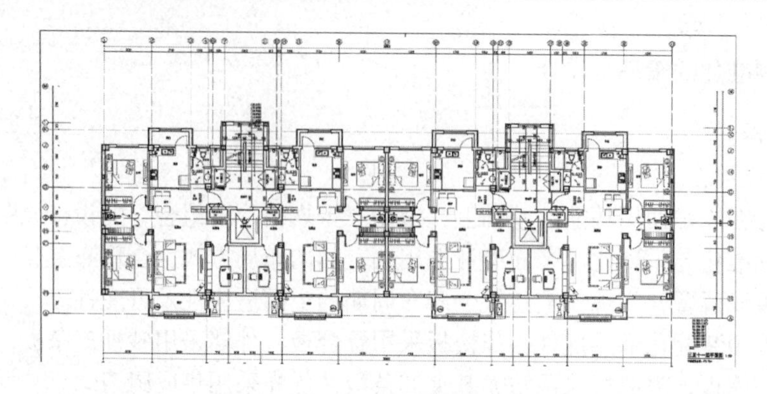

图9-19　9号楼标准层平面图

的难点之一。

施工图以标准化、模数化设计为主导，充分发挥钢结构优势，通过优化户型布局、推敲房间的开间和进深尺寸，尽可能减少异形板的使用量和现场板材裁截量。此外，根据不同的结构形式，结合建筑室内隔墙的精心布置，把柱脚梁线布置在卫生间、厨房等辅助空间，从而主要功能房间内尽量不露梁线柱脚；实现了大空间的居住体验，充分发挥钢结构体系的优势。

2. 结构设计

结构设计方面，框架柱采用矩形钢管混凝土柱或H型钢柱，框架梁均为H型钢梁，钢板剪力墙采用加劲钢板墙。梁柱节点采用高强螺栓连接加焊接相结合的固定方式，楼板采用钢桁架预应力混凝土叠合楼板，内墙板采用120mm水泥基复合夹芯墙板，通过U型抗震卡件分别与钢梁及楼板固定，外墙板采用200mm轻质蒸压砂加气混凝土墙板，通过L型连接件用螺栓固定，墙板与主体构件连接采用柔性连接。

9.2.3　标准化部品部件的选用与优化

本示范项目标准化部品部件应用比例较高，标准化部品应用比例达到75%以上。主体结构中钢柱、钢梁的标准化部品部件应用比例为100%；钢梯的标准化部品部件应用比例为100%。围护结构中，外墙蒸压砂加气混凝土条板的标准化部品部件的应用比例为84%；外墙蒸压砂加气混凝土条板的标准化部品部件的应用比例为75%（表9-7）。

标准化部品部件应用比例　　表9-7

部品分类	标准化部品部件类型		非标准化部品部件类型		部品部件总量	标准化部品部件占比
	部品名称	数量	部品名称	数量		
主体结构部品部件	钢柱（根）	168			344	100%
	钢梁（根）	1661			1938	100%
	钢梯（件）	40			60	100%
	钢平台（件）	20			30	100%
	预应力钢筋桁架混凝土叠合板	1149块（$4983.3m^2$）	现浇钢筋混凝土楼板	$1608.6\ m^2$	$6591.9\ m^2$	76%

续表

部品分类	标准化部品部件类型		非标准化部品部件类型		部品部件总量	标准化部品部件占比
	部品名称	数量	部品名称	数量		
围护结构部品部件	外墙蒸压砂加气混凝土条板	1750块（3627.8 m^2）	外墙蒸压砂加气砌块	678.48 m^2	4306.28 m^2	84%
	内墙水泥基复合夹芯板	3526块（5289.6 m^2）	分户墙、公共部分砂加气砌块	1769.2 m^2	7052.5 m^2	75%
装修及管线	楼、地面装修部品部件					
	墙面装修部品部件（外墙保温装饰一体板）	6072 m^2			6072 m^2	100%
标准化部品部件应用比例	81%					

1．主要构件

本项目中框架柱采用矩形钢管混凝土柱或H型钢柱，框架梁均为H型钢梁，钢板剪力墙采用加劲钢板墙。项目实施前，通过BIM技术对图纸进行深化设计，包括钢梁、钢柱、钢楼梯的构件细化，墙板的安装排版及预埋线管定位。针对钢结构的特点，编制施工方案和典型质量问题整改措施，钢构件采用塔吊自动改脱钩吊装方式，附着连接采用专用箱型连接件固定于结构楼板，墙板安装采用项目自主研发的辅助安装设备，连接部位全部采用柔性处理，外挂耐碱玻纤网格布消除缝隙隐患。

2．节点设计

本项目H型钢梁柱节点采用腹板高强螺栓，翼缘焊接连接的形式（图9–20）。

方钢管混凝土柱–H型钢梁采用隔板贯通节点，如图9–21所示。

柱脚采用外包式柱脚，如图9–22所示。

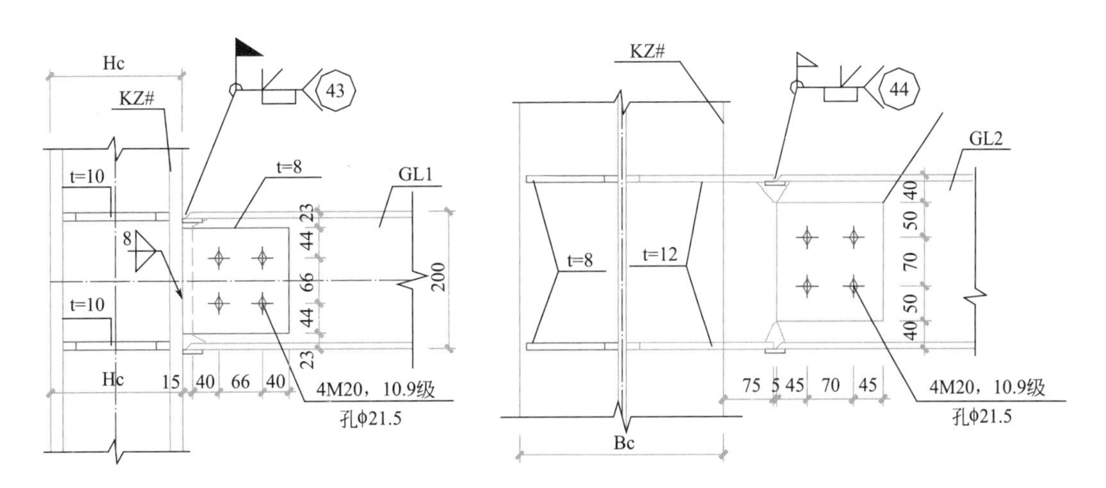

图9–20　H型钢梁柱节点翼缘焊接连接

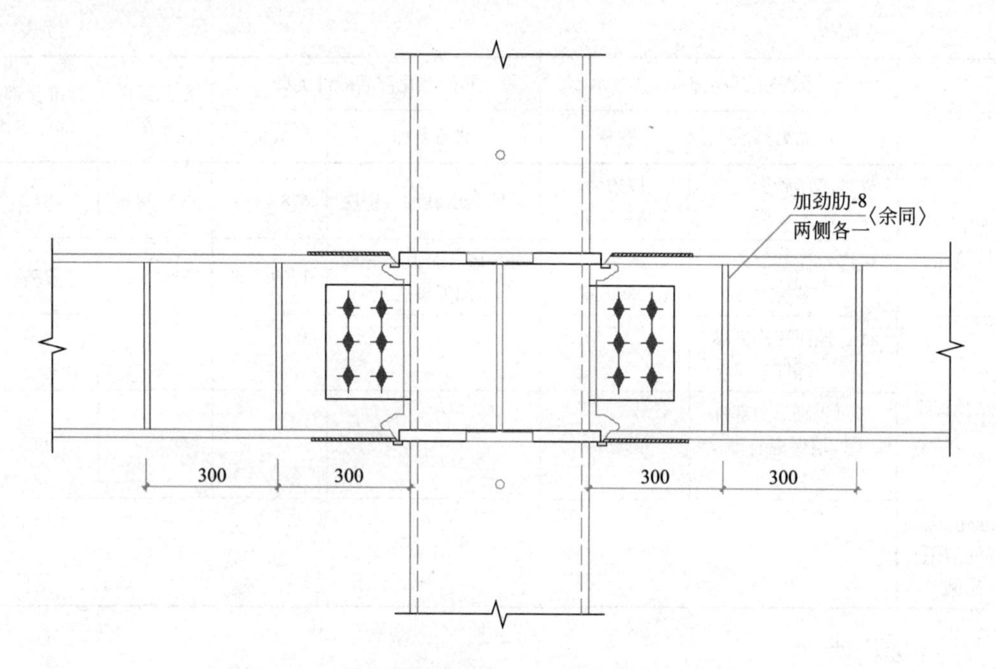

图 9-21　方钢管混凝土柱 -H 型钢梁隔板贯通节点

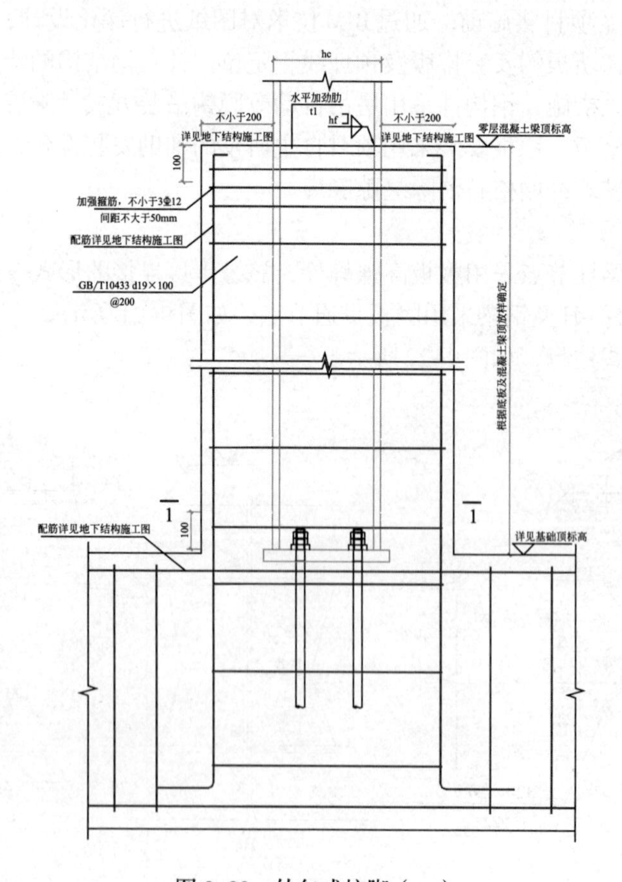

图 9-22　外包式柱脚（一）

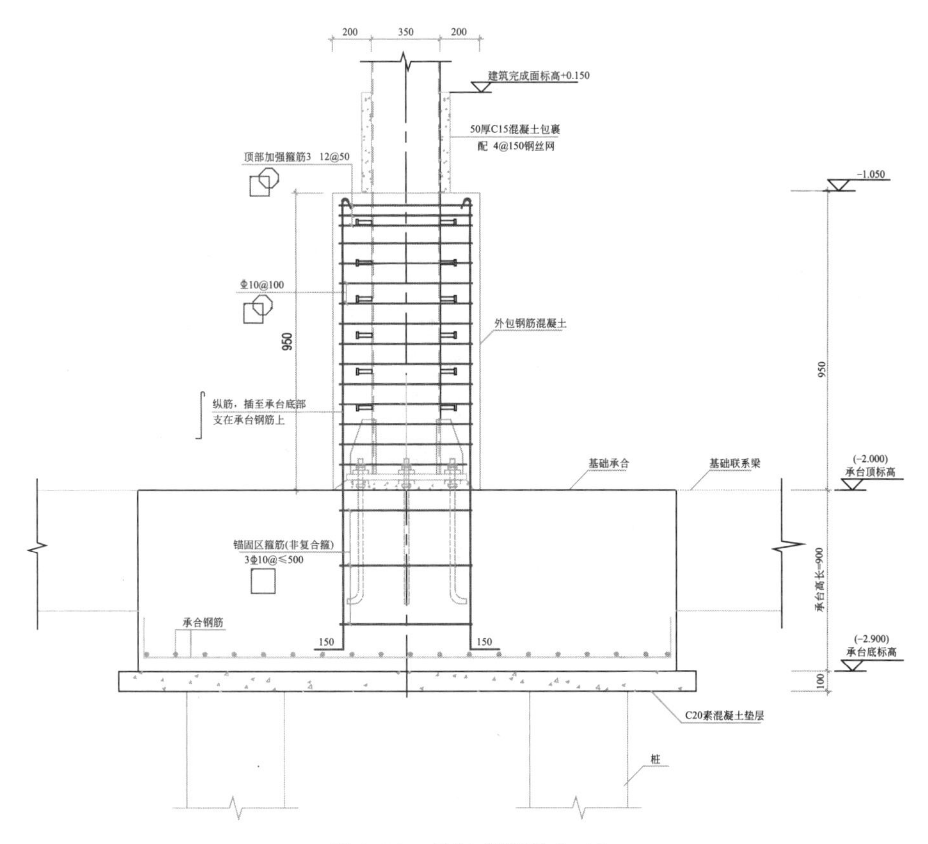

图 9–22 外包式柱脚（二）

3．标准化部品部件应用

1）柱、梁、支撑、钢板剪力墙等竖向承重构件全部采用金属材料，钢柱、钢梁、钢楼梯等钢构件均在甘肃建投钢结构公司加工制作，采用工厂化流水线生产，通过现场吊装形成钢框架体系，参照国家标准《装配式建筑评价标准》GB/T 51129，框架竖向承重构件应用比例100%。

2）楼板原设计采用现浇楼板，现变更为采用预应力钢筋混凝土叠合板，优化后采用甘肃安居新科建材公司生产的预应力钢筋桁架叠合板，楼板构件中预制叠合板的应用比例为75%。

3）内隔墙采用非砌筑类120mm厚水泥基复合夹芯墙板，墙板构件在甘肃建投住宅产业新型材料有限公司预制，生产及施工效率高、成本低，内隔墙采用水泥基复合夹芯墙板墙体的应用比例为53%。

4）外围护墙原设计采用蒸压砂加气砌块，现变更为200厚砂加气条板，强度等级A5.0，干密度级别为B06，优化后采用甘肃亿安环保建材有限公司生产的砂加气墙板，砂加气墙板的应用比例为100%。

5）外墙保温装饰采用保温装饰一体板，在甘肃建投钢结构公司工厂预制成型，保温一体板应用比例为100%。

6）内隔墙水泥基夹芯条板的研制生产中，通过施工班组反复的试验，改进了传统现场开槽预埋电气管盒的施工工艺，实现墙板现场不开槽的建造效果，满足装配式建筑内墙板装配要求，应用比例占53%。

7）项目落实全装修，全面提升住房品质和性能，实现节能减排、减少环境污染、提升劳动生产效率和质量安全水平。

9.2.4　标准化部品部件的生产与施工

图9-23　内墙采用水泥基复合夹芯板并使用预埋管线技术

图9-24　外墙采用蒸压砂加气条板

图9-25　楼板采用钢筋桁架楼承板

图9-26　集成厨房、集成卫生间施工技术

图9–27 保温装饰一体板外立面效果图

9.2.5 专家点评

本示范工程的示范内容为钢结构构件标准化部品库应用技术，项目主体结构为钢框架结构，其中钢梁、钢柱、钢梯及钢平台等钢构件应用实践了钢结构建筑标准化部品部件库，标准化部品部件应用比例达到81%。

示范工程完成了项目各项计划内容，项目实施过程中应用了物联网技术、BIM技术、完善了钢结构部品部件库。项目设计过程中，选用大空间的布局方式，合理布置竖向受力构件及设备管井、管线位置，实现住宅建筑全寿命周期的空间适应性及可变性。各户型优化后尺寸统一，基本都是相同尺寸的复制或者互为镜像关系，模块化、标准化的设计理念提升了装配化施工效率。

本示范工程对于细节考虑周到，把柱脚梁线布置在卫生间、厨房等辅助空间，解决了钢结构建筑内部空间见梁见柱的问题。项目实施过程中，不断研发完善装配式建筑施工工艺和安全质量保证措施。

另外，建议进一步研究保温装饰一体板与ALC墙板的连接方式及维护措施。

9.3 安徽阜阳抱龙项目部品库应用

9.3.1 工程概况

项目位于安徽省阜阳市循环经济园区内，抱龙路南侧，济东路西侧，规划用地面积117684m^2。一期建筑共有3栋18层住宅，6栋26层住宅，2栋28层住宅，均为钢结构建筑，单体装配率均达到70%。住宅建筑面积265280.86m^2，商业面积15297.16m^2，配套设施面积91540.74m^2，地上建筑面积287969.76m^2，地下建筑面积84150m^2。整体规划图如图9–28所示。

9.3.2 基于标准化的策划与设计

1. 项目策划

本项目实施采用钢结构框架支撑+外挂复合墙板+ALC内墙条板、预制叠合板、预制楼梯等部品部件，户型设计模数化、标准化、精细化，标准化户型应用比例达75%，装配

图9–28　规划鸟瞰图

率达72%。在项目实施过程中，应用了钢结构建筑标准化部品库，并取得了良好的社会与经济效益（表9–8）。

部分部品部件列表　表9-8

建筑结构项目	产品名称
标准化户型	标准化户型库、协同设计
结构体系	薄壁钢管混凝土柱—框架支撑结构体系
外墙围护	富煌装配式复合节能保温外挂墙板（简称“PC幕墙”）
关键节点构造设计	包梁包柱配件及其他配件
内墙	ALC轻质条板
楼板 楼面	预制叠合板施工
楼梯	预制PC楼梯
门窗	定型产品
水电	定型产品
全屋定制设计全装修	定型产品
信息化	基于BIM技术的全过程信息化管理平台

2．建筑设计

钢结构住宅户型特点如下：

市场性——结合市场畅销户型产品，筛选优质户型，作为户型设计的基本框架；

标准化拼接组合——所有房型均可任意拼接。利用通用性的交通联系模块，实现结构少规格、户型多组合；

户型定位清晰——根据户型面积定位房型结构，强调户型级差；

空间的可变性——强调空间的灵活组合，空间的多用途性；

空间的实用性与心理感受——从空间形状、比例、门厅、储藏空间等细节去考虑住户的实际感受。

采用建筑户型标准化、系列化设计方法，平面布置可灵活分隔，能满足多样化使用功能要求。从提质增效的角度来看，节约设计、施工周期，显现出装配式建筑的成本优势（图9-29～图9-32、表9-9、表9-10）。

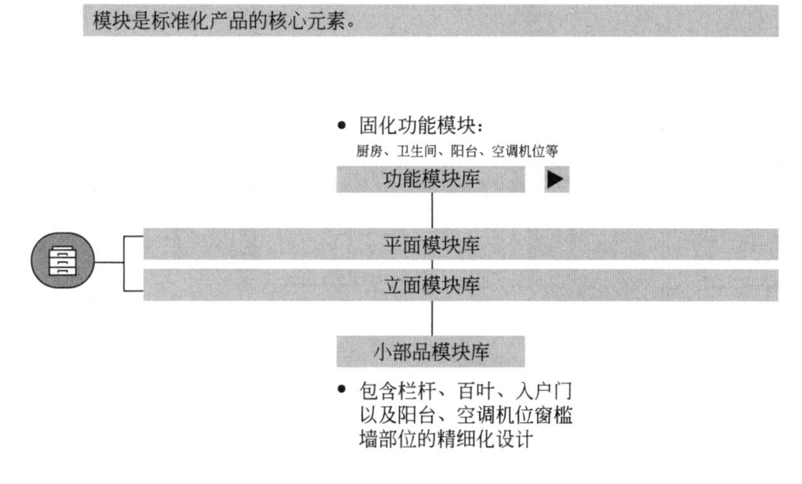

图9-29　模块库类型

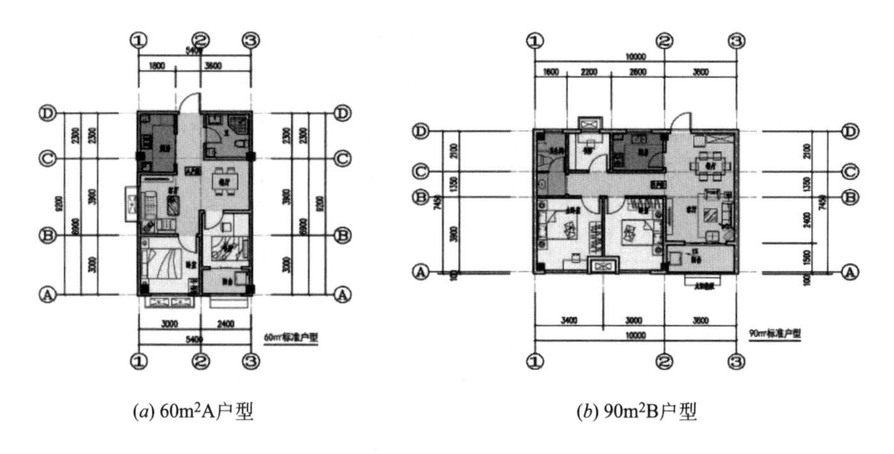

(a) 60m²A户型　(b) 90m²B户型

图9-30　标准化户型

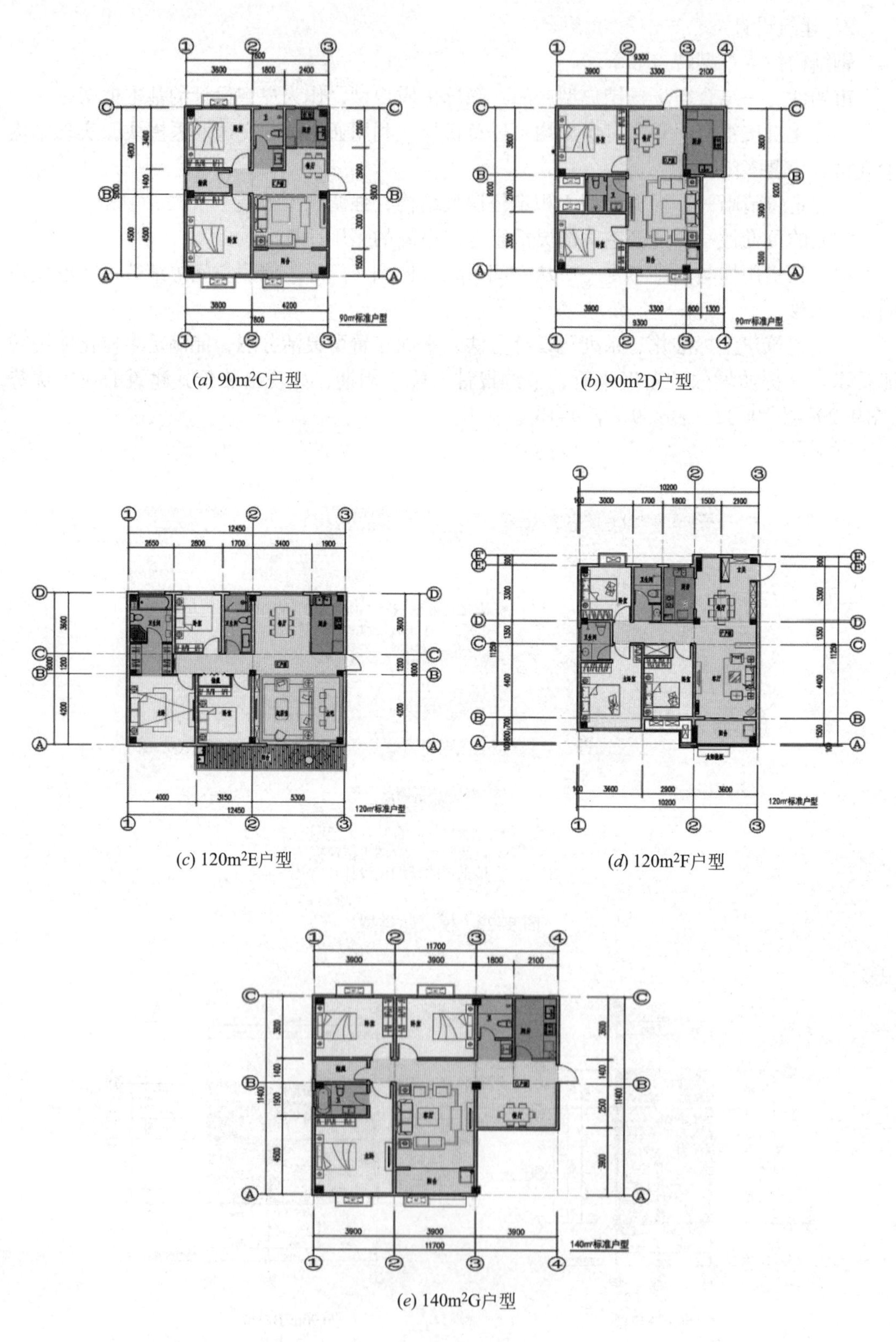

(*a*) 90m²C户型

(*b*) 90m²D户型

(*c*) 120m²E户型

(*d*) 120m²F户型

(*e*) 140m²G户型

图 9-31 标准化户型

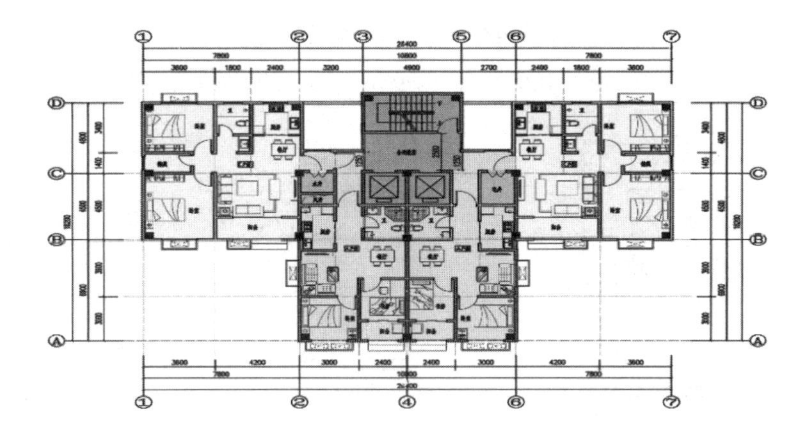

(*a*) 90+60+60+90

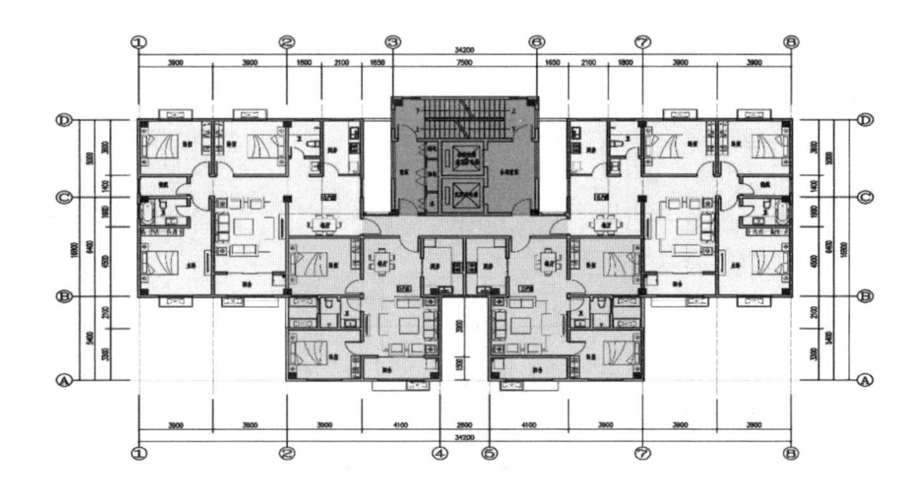

(*b*) 140+90+90+140

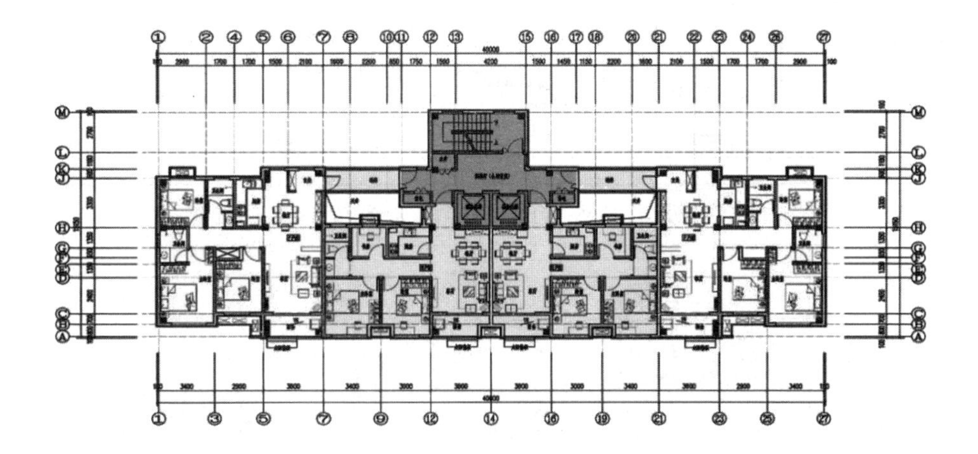

(*c*) 120+90+90+120

图 9–32 标准层平面图

厨卫模块化、精细化设计 **表 9-9**

厨卫尺寸可沿用已有项目中的模块，模块高效多频运用是标准化最为重要的工作	
卫生间	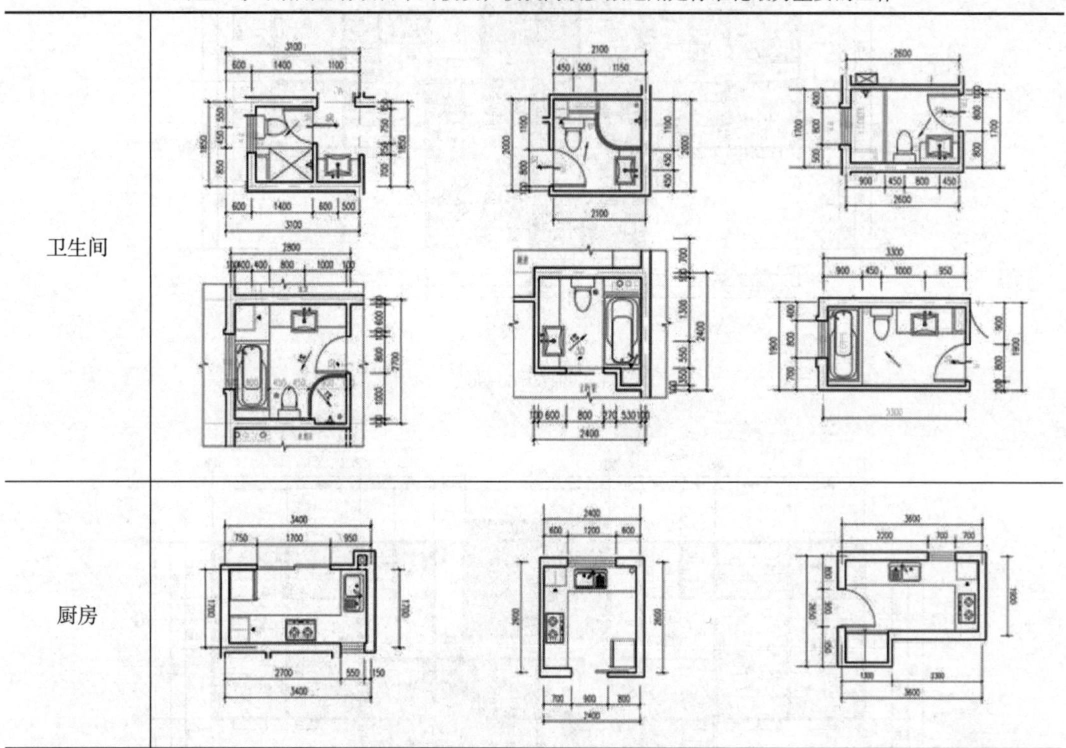
厨房	

门窗模块精细设计 **表 9-10**

梳理门窗尺寸

定位较高端，门窗洞口以300模数，住宅南侧窗洞口2400宽，北侧不大于1500，厨房、卫生间窗台高度为900

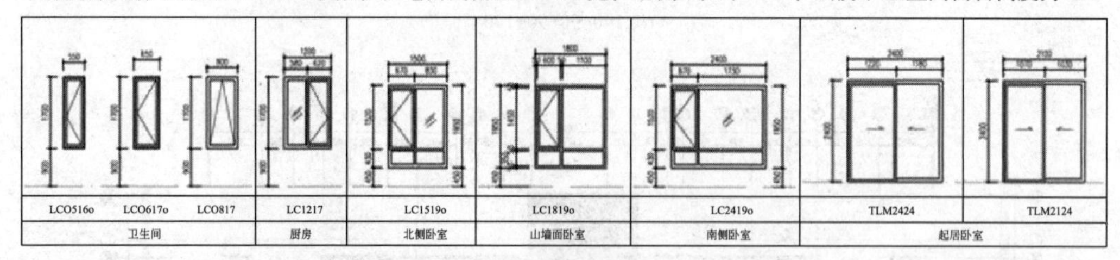

LCO516o LCO617o LCO817
LC1217
LC1519o
LC1819o
LC2419o
TLM2424
TLM2124
卫生间
厨房
北侧卧室
山墙面卧室
南侧卧室
起居卧室

定位刚需，门窗洞口以经济性作为考虑因素，洞口以300模数，住宅南侧窗洞口1800宽，北侧不大于1500

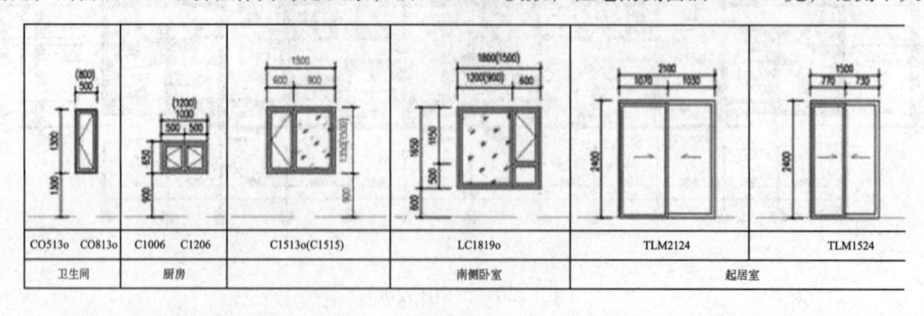

CO513o CO813o
C1006 C1206
C1513o(C1515)
LC1819o
TLM2124
TLM1524
卫生间
厨房
南侧卧室
起居室

3．结构设计

薄壁钢管混凝土柱框架–支撑结构体系在高层钢结构住宅中优势明显，常用于11~33层的住宅建筑，建筑高度一般不大于100m。

1）钢柱

钢柱一般采用焊接薄壁箱型柱，也可采用成品箱型柱，内灌高强混凝土。钢柱隔板采用电渣焊时壁厚不小于12mm。为减小凸柱尺寸，保证装修效果，柱截面尺寸应严格控制一般不小于300mm，不大于600mm。采用叠合板时钢柱仅调整壁厚，截面尺寸宜上下一致，减少叠合板模具规格，提高标准化程度。

2）钢梁

钢梁一般优先选用热轧型钢，虽然用钢量高于焊接H型钢，但加工制作简单，精度高。钢梁截面宜等高度，宽度不宜大于200mm，跨度大的梁可以加厚翼缘。

3）支撑

支撑截面一般可采用H型或矩形（方管）支撑，截面尺寸稳定应力或长细比控制，宽度尺寸要尽量小，减少支撑外包后隔墙厚度。

4）叠合板

结构设计需要进行叠合板拆分，为减少加工运输吊装安装过程中叠合板开裂的现象，拆分尺寸一般长边不大于5米。钢结构住宅内叠合板一般采用双向板，较少不均匀变形引起的板底拼接裂缝。

9.3.3 标准化部品部件的选用与优化

本示范项目标准化部品部件应用比例较高，标准化部品应用比例达到75%以上。主体结构中钢柱、钢梁的标准化部品部件应用比例为100%；钢梯的标准化部品部件应用比例为100%。围护结构中，预制混凝土夹心保温外墙挂板的标准化部品部件的应用比例为88%；内墙蒸压砂加气混凝土条板的标准化部品部件的应用比例为95%（表9–11）。

标准化部品部件应用比例 表9-11

部品分类	标准化部品部件类型		非标准化部品部件类型		部品部件总量	标准化部品部件占比
	部品名称	数量	部品名称	数量		
主体结构部品部件	钢柱（根）	260			260	100%
	钢梁（根）	2526			2526	100%
	钢梯（件）	58			58	100%
	钢平台（件）	56			56	100%
	预应力钢筋桁架混凝土叠合板	1624（6532.3 m^2）	现浇钢筋混凝土楼板	243 m^2	6775.3m^2	96%
围护结构部品部件	预制混凝土夹心保温外墙挂板	785（5635.5 m^2）	外墙蒸压砂加气砌块	750 m^2	6385.5 ㎡	88%
	内墙蒸压砂加气混凝土条板	3600（7289.6m^2）	分户墙、公共部分砂加气砌块	340 m^2	7629.6 m^2	95%

续表

部品分类	标准化部品部件类型		非标准化部品部件类型		部品部件总量	标准化部品部件占比
	部品名称	数量	部品名称	数量		
装修及管线	楼、地面装修部品部件					
	墙面装修部品部件（真石漆）	6190 m^2			6190 m^2	100%
	吊顶部品部件	1190 m^2			1190m^2	100%
标准化部品部件应用比例	95%					

1．标准化部品部件应用

标准化部品部件应用列表　　表9-12

外墙	内隔墙	楼板	楼梯	空调板
夹心符合外挂板	ALC条板	叠合板	预制楼梯	预制空调板

部品部件采用建筑、结构、机电设备、装饰等一体化设计，部品部件使用年限应与主体结构的使用年限相适应。

外挂板及叠合板外轮廓尺寸设计采用基本模数，扩大模数或分模数的设计方法，基本模数为1M（1M=300mm）。在模数协调的基础上，采用标准化设计，提高预制楼梯、阳台板、空调板的利用率，减少部品件种类，降低材料损耗。

部品部件进行集成设计时，部品部件结合建筑、结构、机电设备、装饰、制作工艺、运输、施工安装以及运营维护等多方面的因素综合确定，符合标准化要求，以少规格、多组合的方式实现多样化的建筑外围护体系（图9-12）。

2．标准化部品接口及其连接节点

外墙与主体结构应采用柔性连接，连接节点具有足够的承载力和适应主体结构变形的能力。ALC采用T形卡扣件；楼梯采用上端固定铰接，下端滑动铰接。

9.3.4　标准化部品部件的生产与施工

1．标准化部品部件的生产（图9-33）

墙板制作之前，设计人员组织产业化工人熟悉图纸与墙板信息模型，并对墙板制作中可能存在的技术难点和技术要点进行技术交底。结合外挂墙板的尺寸特点及工艺要求确定外挂墙板的生产工艺方案，根据生产工艺进一步确定外挂墙板生产的模具制作方案。

2．标准化部品部件的施工

1）应遵守专项施工方案中确定的各项要求。

2）外挂墙板起吊时，应保证构件重心位于合力作用线上，吊索水平夹角不宜小于60°，不应小于45°，对于特别构件应适当选用平衡梁或者平衡桁架辅助吊装。

3）当外挂墙板的安装与上部楼层主体结构施工交叉作业时，在主体结构的施工层下

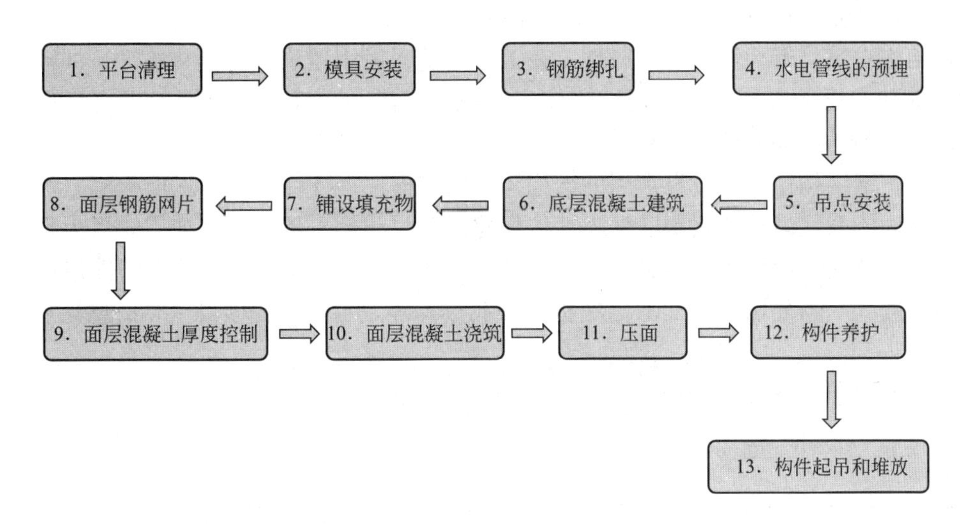

图 9-33 生产工艺流程图

方应设置可靠的防护设施。

4）外挂墙板起吊和就位过程中宜设置缆风绳，通过缆风绳引导墙板安装就位。

5）外挂墙板安装过程中应设置可靠的临时固定和支撑系统，外挂墙板与吊具的分离应在校准定位及临时支撑安装完成后进行，安装临时支撑时，吊钩不得下落或松弛，严禁构件长时间悬挂空中。

6）外挂墙板调整、校正后，应及时安装防松脱、防滑移和防倾覆装置。

7）遇到雨、雪、雾天气，或者风力大于5级时，不得进行吊装作业。

9.3.5 专家点评

本示范工程的示范内容为基于BIM技术的钢结构部品部件库信息交换应用示范，项目采用钢结构框架支撑+外挂复合墙板+ALC内墙条板、预制叠合板、预制楼梯等部品部件，标准化部品部件应用比例达到95%。

示范工程平面布置采用模块化组合设计，空间可灵活分隔，能满足多样化使用功能要求。户型设计采用标准化、系列化设计方法，节约设计、施工周期，显现出装配式建筑的成本优势。

示范工程项目实施过程中应用了物联网技术、BIM技术、完善了钢结构部品部件库，发挥了示范工程在科技创新中的技术性验证、经济性检验的载体作用，取得了良好的社会与经济效益。

建议进一步研究外围护墙板的连接节点和节能保障措施。

9.4 示范工程部品部件库应用总结

通过示范工程的应用，钢结构建筑部品部件库体现了很好的经济和社会效益，应用情况和效果主要体现在以下几个方面：

1．钢结构示范工程涵盖了多种结构体系

钢结构建筑具有天然的装配属性，在工业建筑、民用建筑中的公共建筑等领域已经有较为成熟和广泛的应用，但在钢结构住宅领域尚需进一步优化解决围护、装修等诸多问题。因此，钢结构部品部件库的三项工程项目示范应用集中在住宅领域。

当前，钢结构住宅领域最常用的结构体系为钢框架—支撑结构，三项示范工程均包含了此类结构体系。另外兰州新区保障性住房建设项目的部分单体，其结构体系为H型钢框架—钢板剪力墙结构体系，也是较为成熟的结构体系。示范工程应用的钢构件包括：钢筋桁架楼承板、AAC外墙板、AAC内墙板、预制楼梯等。示范工程项目主要信息见表9-13。

钢结构建筑部品部件库示范工程项目汇总表　　**表9-13**

序号	示范工程	功能分类	所在地	多层/高层	结构体系	标准化部品（含围护）
1	太原市小店区山钢“龙城一品”项目	住宅及相关配套设施	山西太原	高层	钢框架–支撑	主体结构采用钢构件。其他部品包括：钢筋桁架楼承板、AAC外墙板、AAC内墙板、预制楼梯
2	兰州新区保障性住房建设项目	住宅及相关配套设施	甘肃兰州	高层	钢管混凝土框架（支撑）体系 H型钢框架–钢板剪力墙结构体系	主体结构采用钢构件。其他部品包括：钢桁架预应力混凝土叠合板、外围护墙体采用轻质蒸压砂加气混凝土条板
3	安徽阜阳抱龙项目	住宅及相关配套设施	安徽阜阳	高层	钢框架–支撑	主体结构采用钢构件。其他部品包括：外挂复合墙板、ALC内墙条板、预制叠合板、预制楼梯

2．钢结构示范工程注重标准化、模块化设计

示范工程的建筑设计充分发挥钢结构建筑优势，柱网布置简洁，户型布局标准化程度较高；主要空间不露梁不露柱，柱角梁线设置在卫生间、厨房等次要空间；同时优化墙体厚度，提高得房率。在此原则上做到钢结构部品部件规格尽量少、重复使用率尽量高。

3．钢结构示范工程提升了设计协同效率和构件生产效率

设计过程中应用部品部件库中的参数化构件，通过调整参数即可进行建模工作，工作效率高且不易出错，降低图纸和材料统计错误带来的成本提高和工期损失。下表为基于Revit的参数化出图与传统CAD出图效率对比，采用部品库中的参数化模型进行设计，可节省总设计时间25%，若扣除沟通协调等占用的时间，参数化设计可提高工作效率31%（表9-14）。

BIM模型具有较好的直观表现力，添加预留预埋和调整钢筋位置时，若发生错漏碰缺便于及时发现。各专业提交模型并整合后，修改并审核整体模型，通过碰撞检查找出模型中的碰撞点，消除可能发生的错误。设计完成后，BIM模型可自动生成项目的部品部件统计表，降低了人工统计出现错误的概率。

参数化与传统 CAD 设计时间对比 表 9-14

所属步骤	工作描述	设计时间	
		传统设计	参数化设计
建模	建立构件三维模型	—	3d
标注	绘图/标注、标记、材料统计等	22d	12d
出图	生成图纸目录导出dwg和pdf格式	0.5d	0.5d
其他	沟通、协调等	5d	5d
合计	—	27.5d	20.5d

4. 钢结构示范工程提高了装配式建筑综合效益

采用基于BIM技术的部品部件库进行钢结构建筑项目实施与管理，将生产、施工所遇到的工程质量、施工速度、成本控制及技术管理等问题前置到设计阶段协同设计，有效地提高了工程质量、施工速度，并达到降本增效的目的。

示范工程充分发挥科技创新中的技术性验证、经济性检验的载体作用，促进标准化施工专项技术成果的宣传展示和转移转化。后期随着装配式建筑发展，钢构件标准化、模数化的逐步完善，部品部件应用比例的逐步提高，从而形成规模化生产，从而降低装配式建筑的建安成本，其综合效益也将日益突出。

第10章　木结构建筑部品部件库示范工程案例分析

10.1　南昌装配式建筑产业园国金绿建生产基地项目部品库应用

10.1.1　工程概况

南昌装配式建筑产业园国金绿建生产基地项目，位于南昌武阳装配式建筑产业园，占地120亩，是江西国金绿建建筑科技有限公司打造的装配式木结构生产基地。该基地建设联合了同济大学、北京林业大学、中国中建设计集团等多个单位，可提供大型公共木结构建筑、旅游小镇、别墅、会所、室内整装木饰面产品以及园建产品的规划、设计、生产、安装、施工一站式服务（图10–1）。

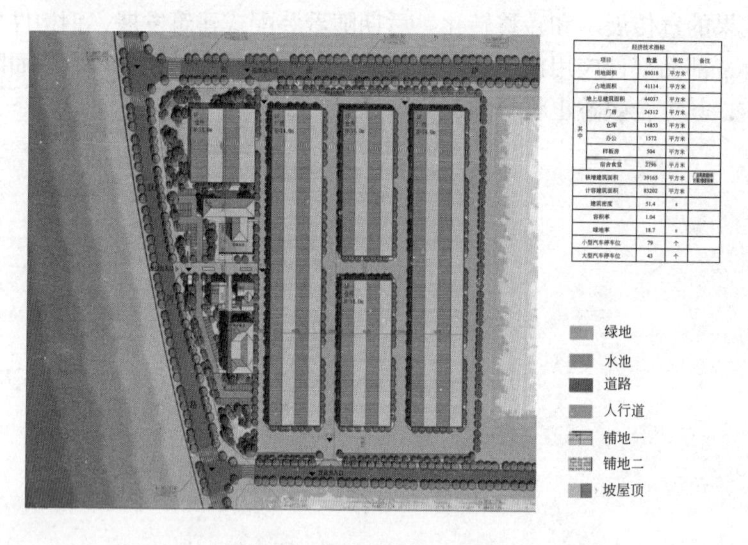

图10–1　项目总平面图

10.1.2　基于标准化的策划与设计

1．项目策划

本示范项目有生产工厂、办公楼、高管宿舍、宿舍食堂楼6栋建筑单体，其中1栋办公楼与2栋高管宿舍楼为木结构建筑。项目采用了标准化设计理念，构件拆分标准化程度高，构件重复使用率高，满足“少规格、多组合”的原则。构件拆分合理，适于工厂化生产。采用装配化施工方式，明显提升了施工效率。基地内还建有一栋宿舍食堂楼，为传统结构建筑，外立面采用木装饰，融合传统与现代元素，丰富建筑外立面效果。

2．建筑设计

设计标准化是装配式建筑的核心关键，模数化设计是标准化设计的基础。通过采用基本模数，以基本构成单元或功能空间为模块，实现建筑主体、建筑内装及部件部品等相互间的尺寸协调。模数化设计应符合现行国家标准《建筑模数协调标准》GB/T 50002的规定。设计中据此优化各功能模块的规格尺寸和类型，提高建筑部品的通用性和互换性。

1）办公楼建筑主体结构为重型木结构，以现代主义清新、高雅的建筑风格为主，建筑细部和景观环境等借用了中式文化和历史符号提升建筑的文化内涵，重型木办公楼平面图、立面图和效果图如图10–2和图10–3所示。

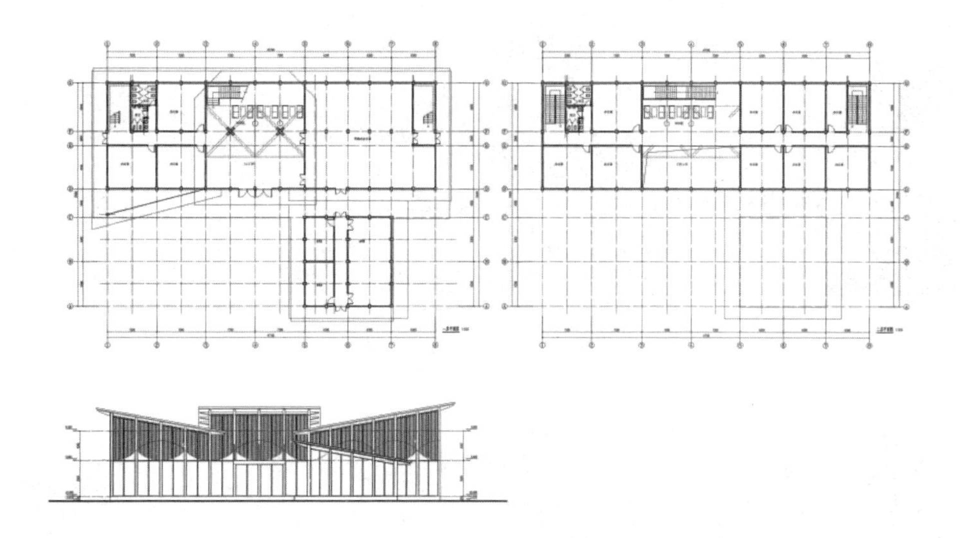

图 10–2　装配式重木结构办公室平面图和立面图

图 10–3　装配式重木结构办公楼效果图

2）高管宿舍建筑共2栋，其中1栋以中式建筑风格为主，采用装配式混凝土—木组合结构，一层为装配式混凝土结构，二层为纯木结构，以打造极具特色的装配式混凝土—木组合结构建筑示范工程为目标进行设计；另外1栋以欧式建筑风格为主，外观造型新颖，采用轻型木结构。欧式风格轻木结构建筑效果图如图10–5所示。

图10–4 中式风格混凝土—木组合结构建筑效果图

图10–5 木结构生产基地效果图

10.1.3 标准化部品部件的选用与优化

本项目采用的标准化预制部品部件包括主体结构部品部件、围护结构部品部件、装修和管线等。主体和围护结构部品部件主要有预制木柱、预制木梁、板、格栅、预制阳台等，详见表10–1。本项目三种技术体系方案中的部品选用都具有高度标准化的特征，标准化部品应用比例不低于75%。所采用的标准部品类型及应用比例见表10–1。

标准化部品类型及应用比例 **表 10-1**

建筑用途	结构体系	部品分类	标准化部品部件类型		标准化部品部件占比
			部品名称	数量	
办公楼	重木梁柱结构	主体结构部品部件	胶合木柱（350×350）	54根	80%
			胶合木梁（420×270/350×225/180×70）	178根	
			屋盖板（2440×1220）	316片	
			墙体板	360片	
			楼面板	182片	
		围护结构部品部件	外墙装饰板	480 m^2	75%
			内墙、楼面、屋顶装饰板	1630 m^2	
		装修及管线	楼面地面地板	650 m^2	75%
			吊顶装饰格栅	1960 m	
			整体卫浴	3套	
			整体厨柜	1套	
		设备设施	污水处理设备	1套	80%
中式宿舍楼	装配式混木结构	主体结构部品部件	原木柱（250×250）	30根	80%
			原木梁（250×250/200×140/180×120）	92根	
			屋盖板（2440×1220）	36片	
			墙体板	47片	
			楼面板	26片	
		围护结构部品部件	外墙装饰板	290 m^2	75%
			内墙、楼面、屋顶装饰板	320 m^2	
	装配式混木结构	装修及管线	楼面地面地板	90 m^2	75%
			吊顶装饰搁栅	370 m	
			整体卫浴	3套	
			整体厨柜	1套	
		设备设施	污水处理设备	1套	80%

续表

建筑用途	结构体系	部品分类	标准化部品部件类型		标准化部品部件占比
			部品名称	数量	
欧式宿舍楼	轻型木结构	主体结构部品部件	胶合木墙体（140×250）	322根	90%
			胶合木梁（225×105/180×70）	78根	
			屋盖板（2440×1220）	110片	
			PC墙面板	28片	
			PC楼面叠合板	22片	
		围护结构部品部件	外墙装饰板	130 m^2	75%
			内墙、楼面、屋顶装饰板	280 m^2	
		装修及管线	楼面地面地板	85 m^2	75%
			吊顶装饰搁栅	320 m	
			整体卫浴	3套	
			整体厨柜	1套	
		设备设施	污水处理设备	1套	80%

10.1.4 标准化部品部件的生产与施工

本项目采用三维设计软件与设备联机，模块化设计智能化加工，软件自动生成图形和加工编码，设备加工12m构件精度可达1mm以内。智能化加工工厂与设备如图10–6所示。木结构部品如图10–7所示。

在预制木构件的工业化生产中，对每个构件进行统一编码，以实现对构件进行实时跟踪和可追溯，项目施工现场如图10–8所示。通过施工现场扫描可查看对应的构件信息、图纸、设计变更等，实现数字化施工管理。

图10–6 智能化加工工厂与设备

图 10–7 木结构部品

图 10–8 项目施工现场

10.1.5　专家点评

该项目示范内容以木结构建筑标准化部品部件库为主，采用了现代重型梁柱结构、装配式混凝土–木结构和轻型木结构三种现代木结构技术体系，预制部品部件有预制木柱、预制木梁、板、预制阳台等，从木结构建筑标准化部品部件库中选用的标准化部品部件占所有部品部件应用比例达到75%以上。根据《装配式建筑评价标准》GB/T 51129–2017，项目综合装配率达到50%以上。

该项目的创新点有：一是采用了标准化设计理念，构件标准化程度高、重复使用率高，满足“少规格、多组合”的要求。构件拆分设计较为合理，适于工厂化生产和装配化施工。二是研发了结构构件装配式连接技术，针对不同的技术体系特点，开发了具有不同使用功能、不同安装条件的标准连接件。三是使用了基于BIM模型的装配式建筑部品部件计算机辅助加工（CAM）技术，辅以构件生产管理系统，实现了设计信息与加工信息的共享，使详图深化更准确、更快速。生产时结合BIM技术和数控加工技术，使构件的尺寸控制更加精准。通过部品信息与配套信息的统一，降低了错误加工复杂和异形构件的风险，可节约生产成本和生产时间。该项目作为2019年南昌市（县）重大重点项目，建议在后续施工过程中，加强木结构建筑梁柱的防火和防护措施。

10.2　张家界颐园国际生态康养中心项目部品库应用

10.2.1　工程概况

张家界颐园国际生态康养中心项目位于张家界市桑植县，距离贺龙故居约3.5km，茅岩河九天洞景区15km，武陵源景区约40km，距张家界市区及机场约70km，距在建高铁站5km。本项目为高端康养样板项目，采用了装配式井干式重型木结构，规划总用地面积15080.1m^2,总建筑面积8851.1m^2。其中多功能商务接待区1104.5m^2，高端康养服务区1000m^2，康养木屋别墅区（22栋）约6138.6m^2，配套1个草坪广场和1个露天游泳池。本项目依托张家界独特的自然山水和气候条件，挖掘张家界悠久的历史文化，植入互联物联、智能智慧等先进的科技理念，旨在建设一个“山、水、文、道、医、养、游”的国际美丽康养产业园。项目规划总平面图和典型沿江透视如图10–9、图10–10所示。

10.2.2　基于标准化的策划与设计

张家界颐园国际生态康养中心项目有2个户型。户型A建筑面积189m^2，户型B建筑面积280m^2。户型A和B的透视图和平面图如图10–11 ~图10–14所示。

10.2.3　标准化部品部件的选用与优化

本示范项目标准化部品部件应用比例较高，且均取自木结构建筑标准化部品部件库，满足了“工程中所用部品有不少于75%取自标准化部品部件库”的要求。主体结构标准

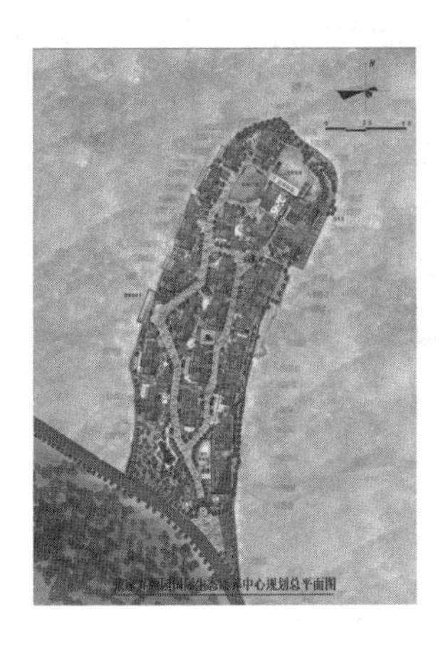

图 10–9 项目概念性规划总平面图

图 10–10 项目沿江透视图（西边）

图 10–11 户型 A 透视图

图 10–12 户型 B 透视图

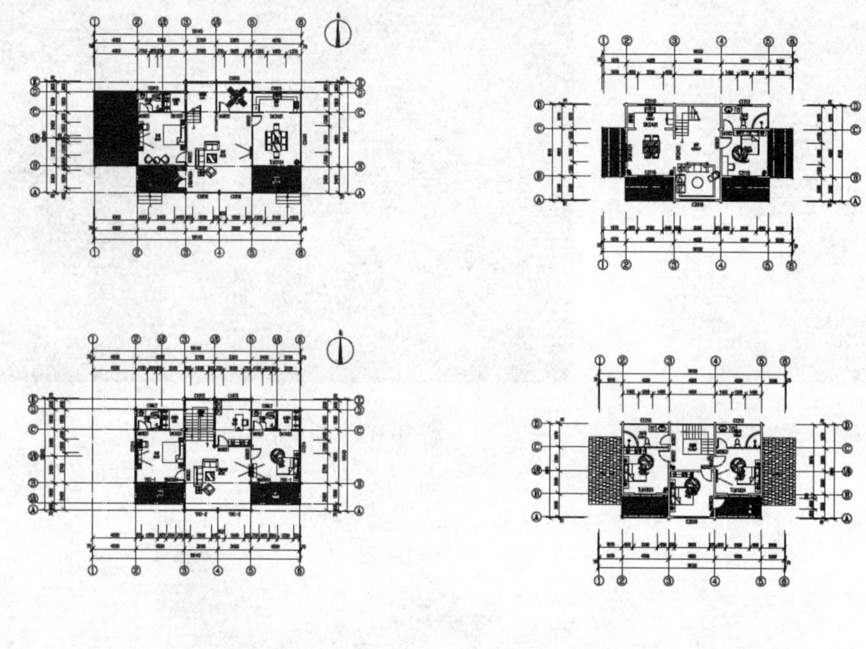

图 10-13 户型 A 平面图 图 10-14 户型 B 平面图

化部品部件应用比例为95%；围护结构标准化部品部件应用比例90%；装修及管线标准化部品部件应用比例为75%。设备设施标准化部品部件应用比例为80%，具体见表10-2。项目所用标准化部品部件如图10-15所示。

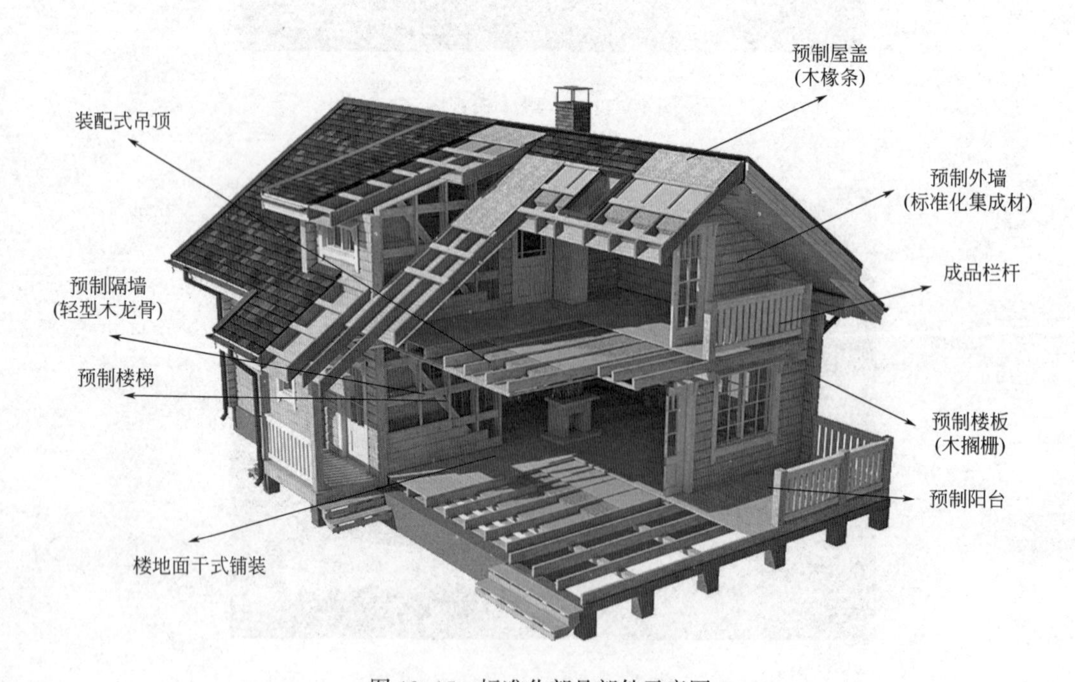

图 10-15 标准化部品部件示意图

标准化部品类型及应用比例 **表 10-2**

楼号	结构体系	部品分类	标准化部品部件类型		标准化部品部件占比
			部品名标	数量	
户型A	井干式木结构	主体结构部品部件	胶合木柱（200×200）	6根	95%
			胶合木梁（140×200）	10根	
			实木墙体（140×160）	60 m^3	
			楼板搁栅（38×185/235）	3 m^3	
			屋顶椽条（38×140）	2 m^3	
			屋盖板（2440×1220）	60片	
			楼面板	70片	
		围护结构部品部件	外墙面、檐口装饰板	50 m^2	90%
			内墙面、顶棚装饰板	400 m^2	
		装修及管线	楼面地面地板	200 m^2	75%
			整体卫浴	3套	
			整体厨柜	2套	
		设备设施	污水处理设备	1套	80%
户型B	唐式梁柱榫卯结构	主体结构部品部件	原木柱（200×200）	6根	95%
			原木梁（140×200）	14根	
			实木墙体（140×160）	80 m^3	
			楼板搁栅（38×185/235）	6 m^3	
			屋顶椽条（38×140）	5 m^3	
			屋盖板（2440×1220）	100片	
			楼面板（2440×1220）	80片	
		围护结构部品部件	外墙面、檐口装饰板	80m^2	90%
			内墙面、顶棚装饰板	450 m^2	
		装修及管线	楼面地面地板	300 m^2	75%
			整体卫浴	3套	
			整体厨柜	3套	
		设备设施	污水处理设备	1套	80%

本项目应用的BIM软件与设备专用软件WETO开发接口实现了联机，每个部件都有一个特定的编码，可实现个性化、多样化定制。利用Revit建模，实现预制构件的模拟拼装，避免现场构件碰撞。基于BIM建模如图10–16所示。

10.2.4 标准化部品部件的生产与施工

该项目预制率较高，标准化墙体材料、楼板等都采用工厂预制，标准化程度高，生产快捷、尺寸精准。在施工过程中，采用钉木销、调节螺栓、抗风螺栓等进行连接，连接安

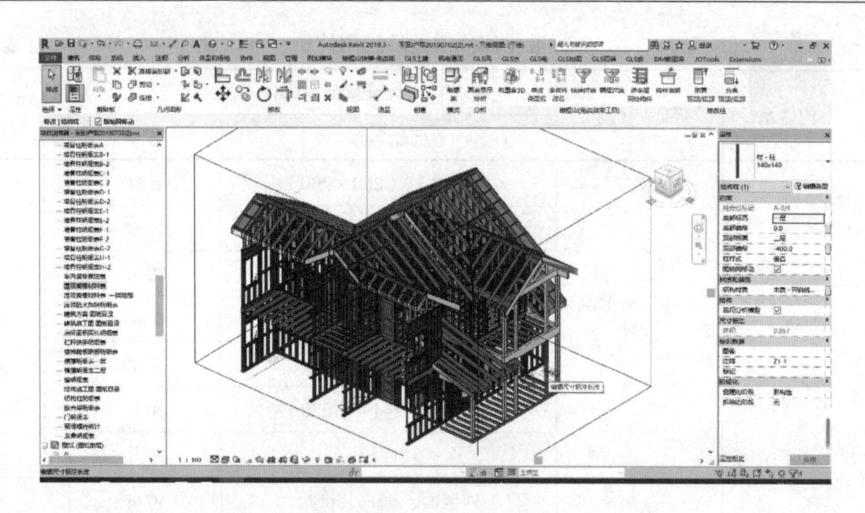

图 10–16　BIM 建模过程

全有效。

1. 标准化部品部件的生产

本项目的典型部品部件——墙体的工业化生产过程如图 10–17、图 10–18 所示。

图 10–17　墙体标准件制作过程图

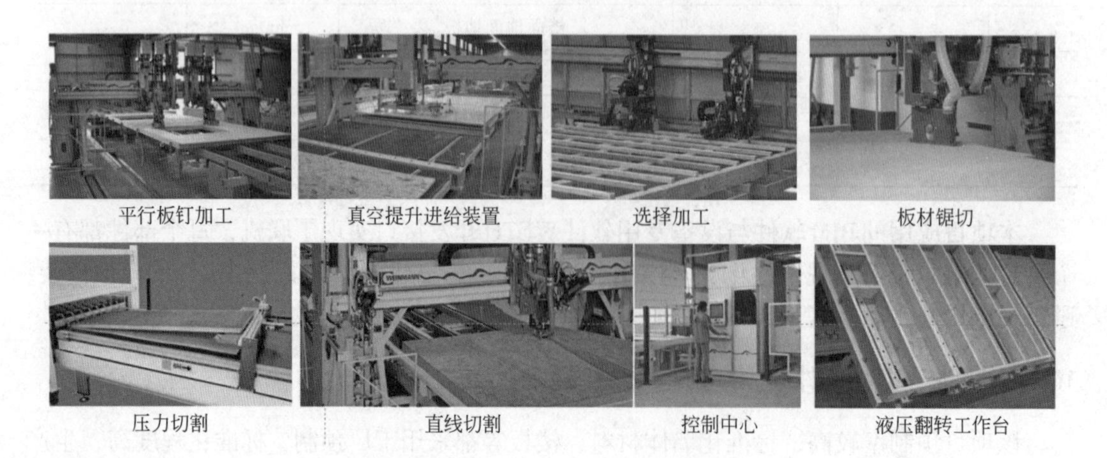

图 10–18　轻质墙板加工成型过程图

2．标准化部品部件的施工

本项目的典型部品部件——墙体、楼板和屋面的施工现场如图10–19所示。

基础垫木施工
一层楼板施工
安装首层墙体
墙体安装
钉木销
墙体外观
楼板格栅
立柱调节螺栓
墙体端头抗风螺栓
屋顶椽条
屋面板安装
屋面卷材
屋面瓦
窗户安装

图10–19　部品部件现场施工图

10.2.5　专家点评

张家界颐园国际生态康养中心木结构建筑项目作为一个高端康养样板项目，现代木结构建筑舒适性高、运行阶段能效较低等特点可以很好地契合项目康养服务方面的需求。该项目作为“工业化建筑标准化部品库研究”课题的示范项目，采用了装配式井干式重型木结构和唐式梁柱榫卯结构，预制部品部件有预制木柱、预制木梁、预制木墙板等。基于BIM技术，项目实现了模数化木结构部品部件标准化设计和生产、安装一体化，标准化部品部件占所有部品部件应用比例达到90%以上。

木结构建筑部品部件库内产品种类丰富，标准化程度高，涵盖了常用的木柱、木梁、木屋架等BIM模型，大大提升了BIM建模效率，能够满足低多层木结构建筑工程项目的需要。该项目通过从木结构建筑标准化部品部件库中选用部品部件，实现了项目全寿命周期信息化管理和质量追溯，未来还可实时实地采集数据、进行数据统计，为全产业链数据动态管理奠定基础。该示范工程有关技术在满洲里、张家界等地区装配式木结构建设中得到推广应用，取得了较好的社会、经济与环境效益，建议进一步完善技术，增加推广应用价值。

10.3 第十届江苏省园艺博览会博览园主展馆项目部品库应用

10.3.1 工程概况

第十届江苏省园艺博览会博览园主展馆项目位于江苏省园艺博览会园区位于扬州市仪征枣林湾生态园内，建设单位为扬州园博投资发展有限公司，由南京工业大学建筑设计研究院和东南大学建筑设计研究院有限公司联合设计。木结构部分面积为4750m²，地上1层，局部2层，建筑总高度为23.850m（屋面至室外地面）。

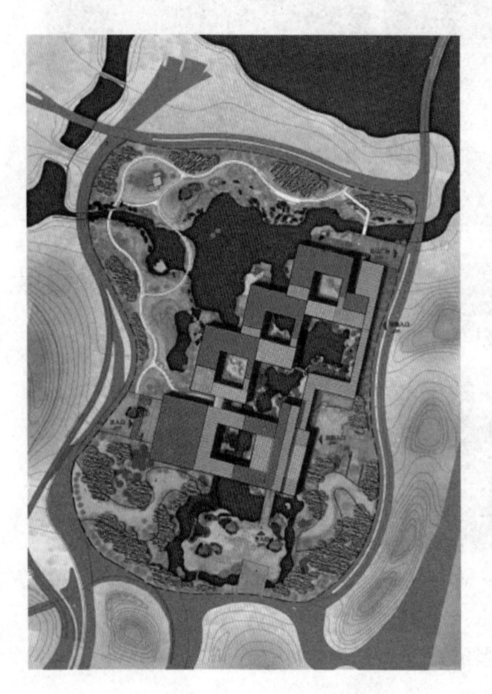

图10–20 项目总平面图

该项目由东南大学王建国院士团队设计，将中国传统古建筑中楼阁、厅堂、桥梁结合在一起，通过现代装配式胶合木结构体系，充分体现木建筑结构之美、材料之美、意蕴之美。项目木结构部分分为三个部分：科技展厅跨度37.8m，屋面主体采用张弦交叉木梁结构，该体系可最大限度地发挥木材的受压性能并大幅降低变形，同时交叉梁可提高屋面整体平面内刚度。凤凰阁是整个主展馆的核心区域，横向结构体系依据建筑外形，采用桁架顶接异形刚架结构，两侧带浮跨刚架，刚架跨度13.6m，高度近26m，为国内层高最大木结构。纵向结构体系为排架+内凹交叉支撑。拱桥是连接凤凰阁与科技展厅之间的交通枢纽，跨度29.4m，宽8.4m，采用下承式的吊杆木拱形式的廊桥结构，主拱矢高6.7m，采用变截面胶合木（图10–20）。

10.3.2 基于标准化的策划与设计

主展馆为整个园博会木结构配套建筑的核心，主要包括凤凰阁、科技展厅以及连接拱桥等三个部分，各部分根据建筑功能及外形要求选择不同的技术体系，采用了包括顶接异形桁架的多跨刚架结构、交叉张弦胶合木结构以及拱结构等多种新颖的技术体系，更好地体现了木结构优越的力学特性和宏伟的建筑外观（图10–21 ~图10–24）。

凤凰阁部分单层层高近26m，是目前国内单层层高最大的木结构楼阁建筑。科技展厅部分根据功能要求采用了混凝土—木组合结构体系，体系中两者既有竖向混合，又有水平向的混合，为国内木结构建筑中首次采用。两座相互平行的拱桥是连接凤凰阁与科技展厅之间的交通枢纽，跨度29.4m，宽8.4m，采用下承式的吊杆木拱体系，主要受力构件为变截面胶合木拱，矢高6.7m，通过吊杆悬挂桥面。拱结构可以有效发挥木材的受压性能，从而提升结构性能，节约木材。

图 10–21　项目鸟瞰图

图 10–22　项目效果图

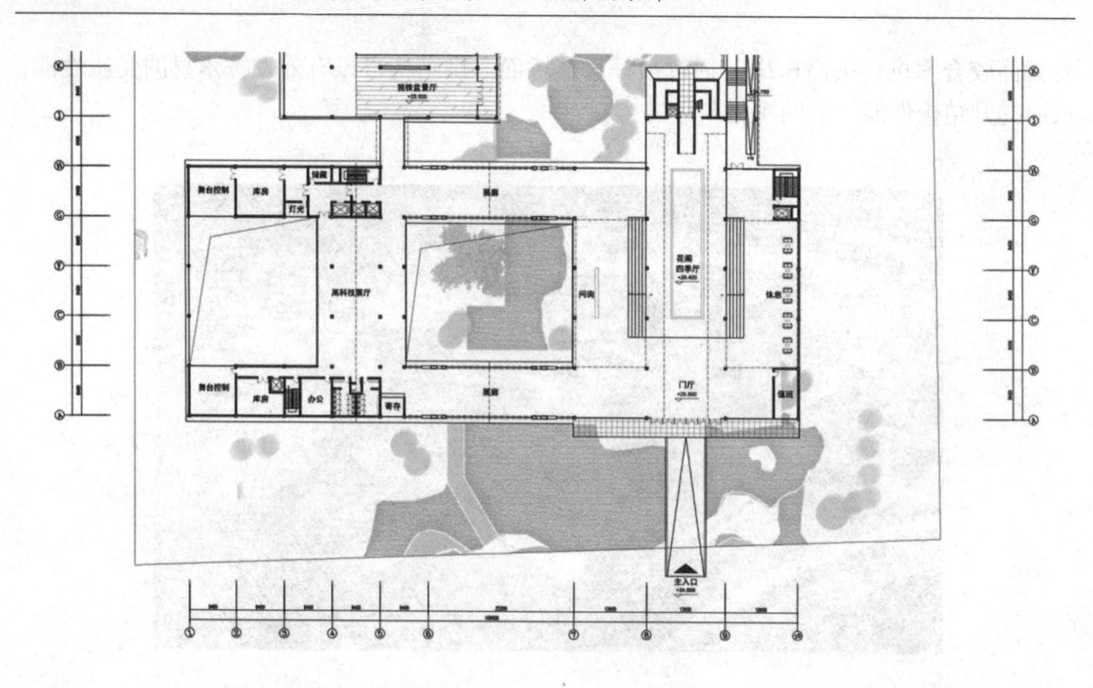

图 10–23　项目平面布置图

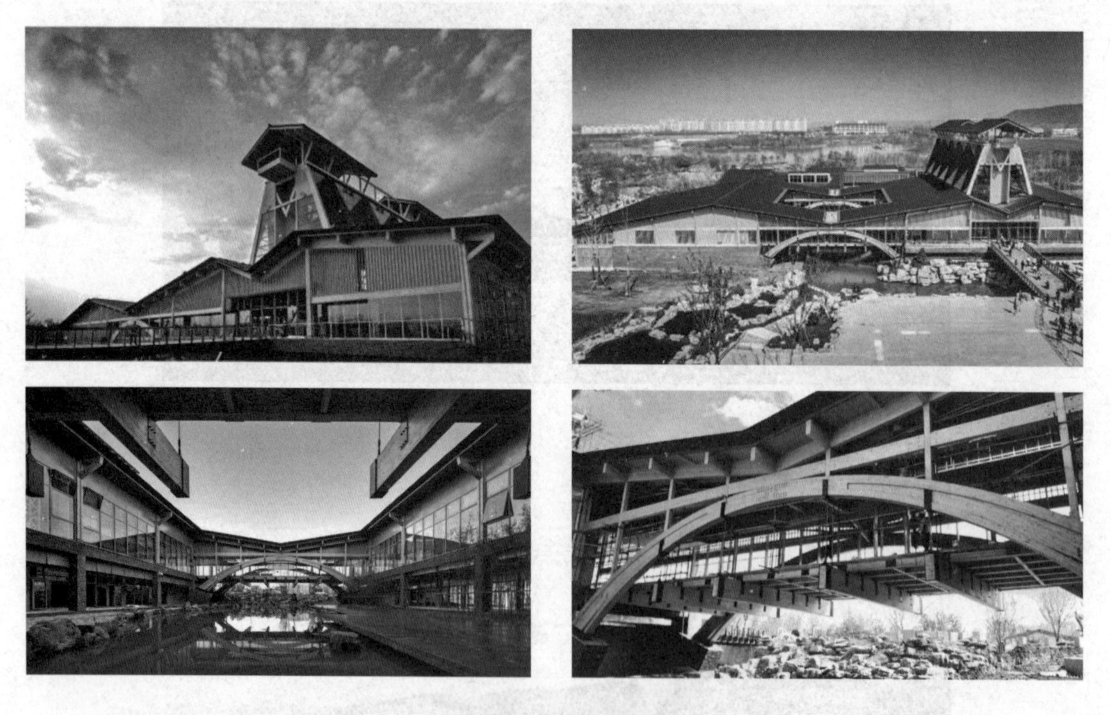

图 10–24　项目实景图

10.3.3　标准化部品部件的选用与优化

本项目采用的标准化预制部品部件包括预制木柱、预制木梁、搁栅、预制阳台等。本项目三种不同技术体系方案中部品选用具有高度标准化特征，标准化部品应用比例不低于75%。所采用的标准部品类型及应用比例见表10–3。

标准化部品类型及应用比例 表10-3

楼号	结构体系	部品分类	标准化部品部件类型		标准化部品部件占比
			部品名称	数量	
主展馆	胶合木梁柱结构	主体结构部品部件	胶合木柱（150×150）	332根	100%
			胶合木梁（130×200/130×300/170×400/170×600/210×500/250×300/300×800等）	1080根	
			屋盖板（2440×1220）	1280片	
			墙体板	390片	
			楼面板	210片	
		围护结构部品部件	外墙玻璃幕墙	2155m²	100%
			轻钢龙骨外墙	223m²	
		装修及管线	楼面地面地板	2350m²	75%
			吊顶装饰格栅	1570m	
		设备设施	污水处理设备	1套	80%

屋盖跨度近37.8m，局部跨度约25m的位置采用了交叉张弦木梁结构，本项目可最大程度地发挥木材的受压性能，同时位于张弦梁受压区的胶合木采用交叉的布置形式，可有效提高整体屋面的侧向刚度，而无需额外设置侧向支撑杆件，让整个屋盖的结构构件与建筑构件完美融合。张弦梁支座一侧为铰接，一侧为滑移支座，施工中待屋面构件安装完毕并张紧拉索后，将滑动一侧支座限位锁死，从而最大限度地减少前期施工过程荷载对胶合木柱的推力作用（图10–25、图10–26）。

主展馆项目除了在技术体系方面有创新性的应用外，还综合应用了格构型木柱、装配式螺栓隐式节点、植筋装配式节点以及自攻螺钉增强等性能提升技术。无论在提高装配效率，减小安装误差方面，还是在提升结构性能品质方面均取得了良好的效果。为了减小柱

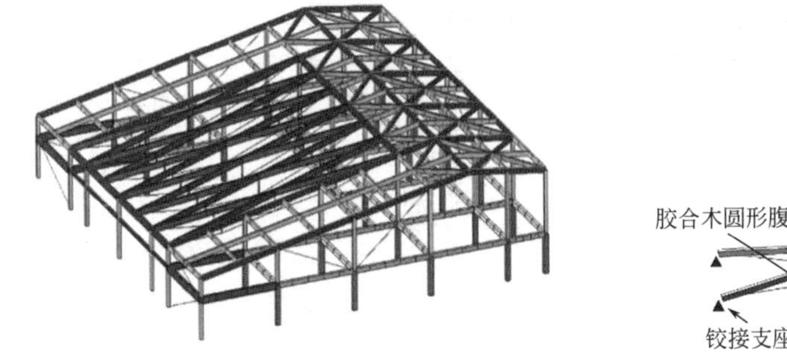

图10–25 科技厅结构体系（一）

图 10-25　科技厅结构体系（二）

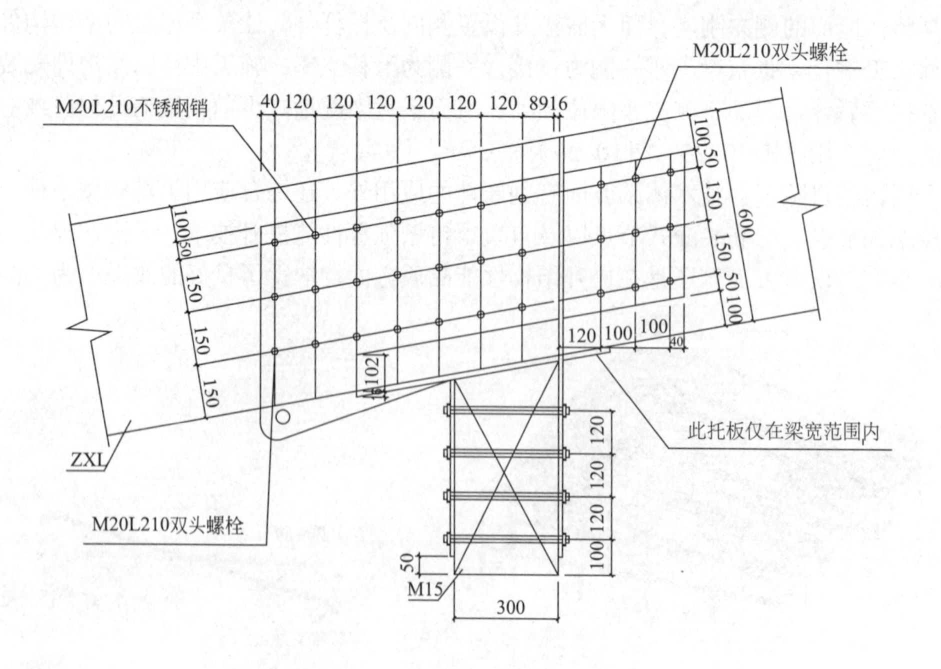

图 10-26　张弦节点详图（一）

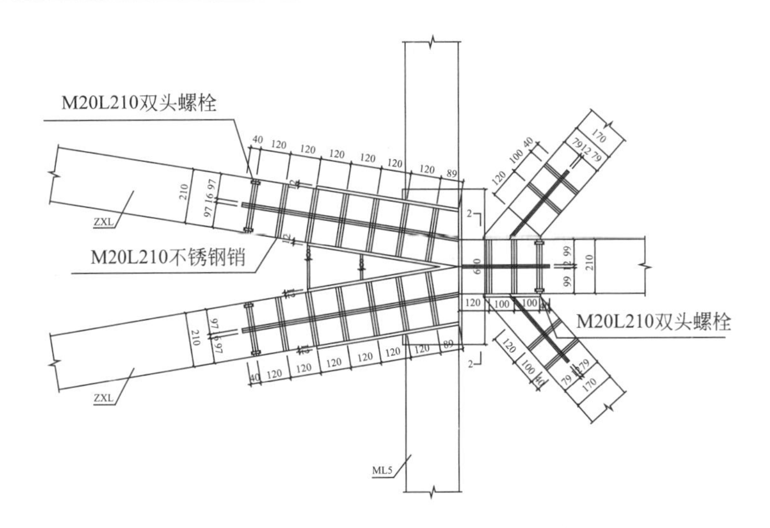

图 10–26 张弦节点详图（二）

截面构件尺寸，主体结构胶合木柱采用了格构式的组合柱，木柱统一采用150mm宽度的分肢柱与薄壁核心钢管组合而成。钢管在结构中并不起直接受力的作用，但高效解决了分肢木柱的连接问题，同时可用于照明、水电等线路的隐藏，减少了线路露明的情况（图10–27、图10–28）。

梁、柱连接采用隐藏的螺栓（销栓）节点，此类节点可提升木结构节点延性，同时隐藏的钢连接件可提升钢连接件防火的问题，同时隐式的连接满足了建筑对纯木外观的需求。

木柱柱脚采用植筋装配式节点，部分连接件在木结构加工厂完成固定，施工现场仅仅需安装柱脚螺栓与基础预埋件的连接，减少了安装难度与误差，在确保节点安全可靠的情况下，提高了装配效率。

本项目主要胶合木柱脚节点、梁柱节点均按标准化要求进行设计。胶合木梁端开槽打孔形式仅与梁高有关，且所有柱脚

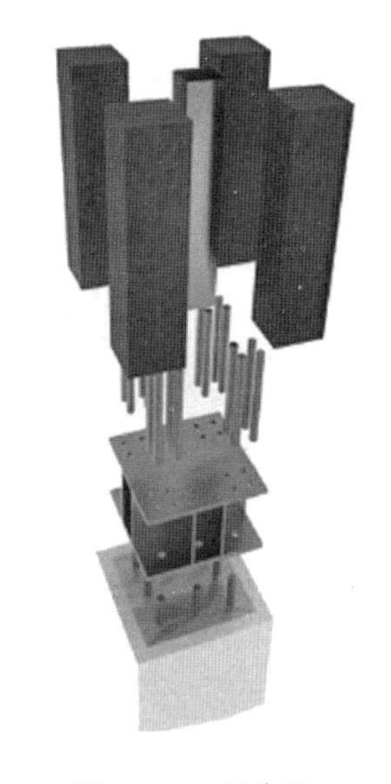

图 10–27 组合柱

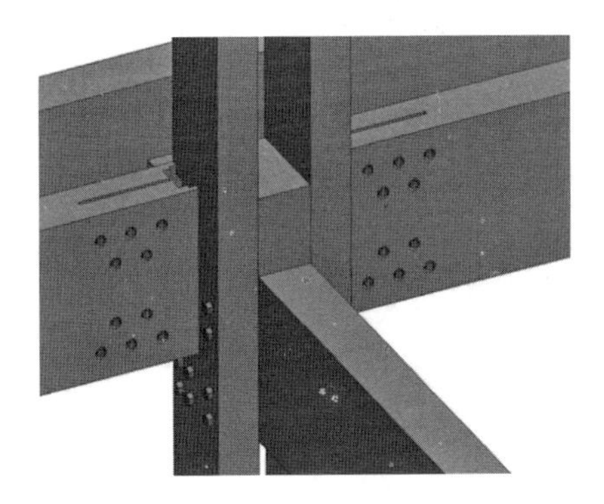

图 10–28 隐藏式梁柱标准节点

采用基本铁件单元相互组合形成不同的节点连接，大大减少了节点形式（图10-29、图10-30）。

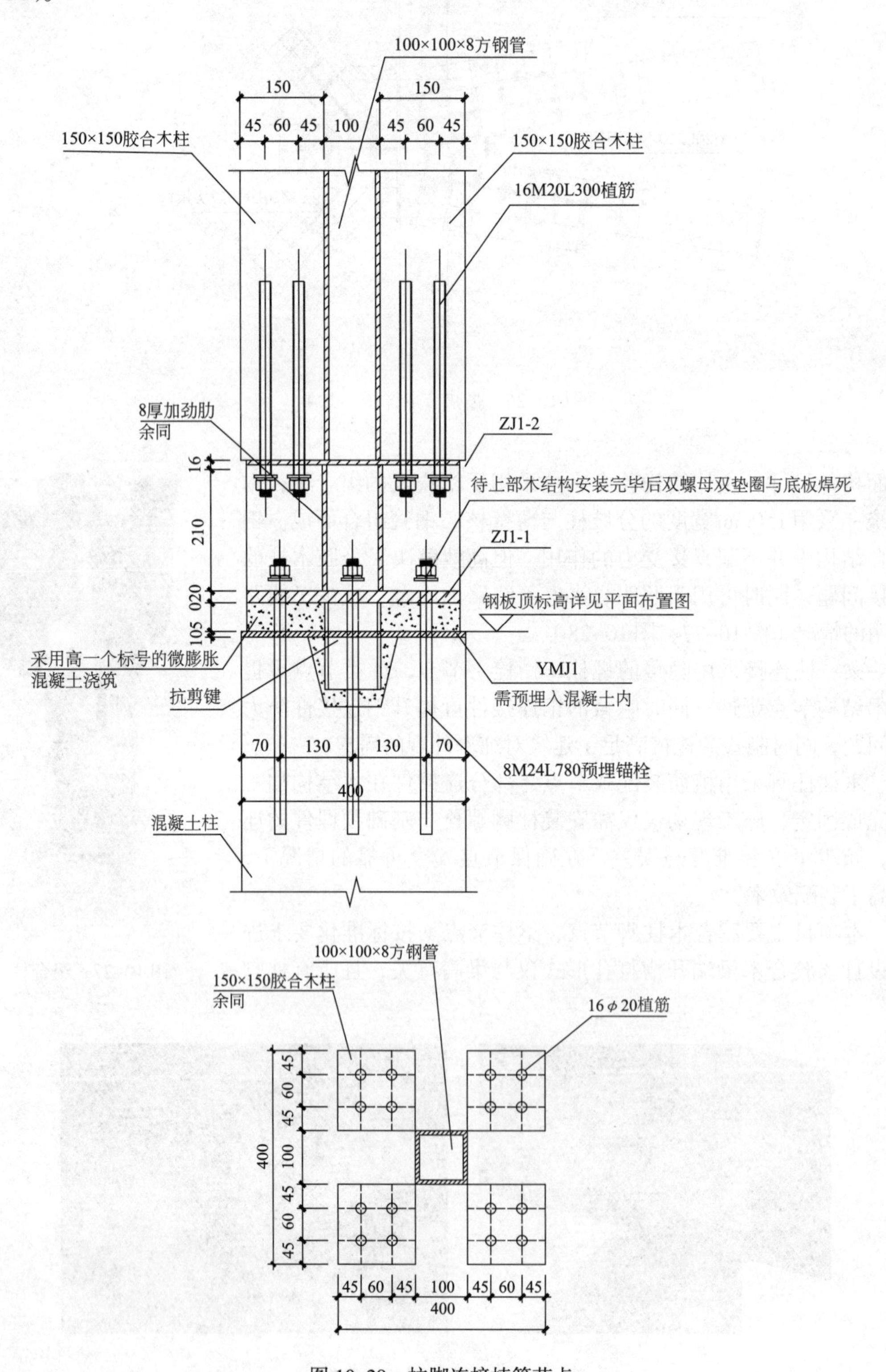

图10-29　柱脚连接植筋节点

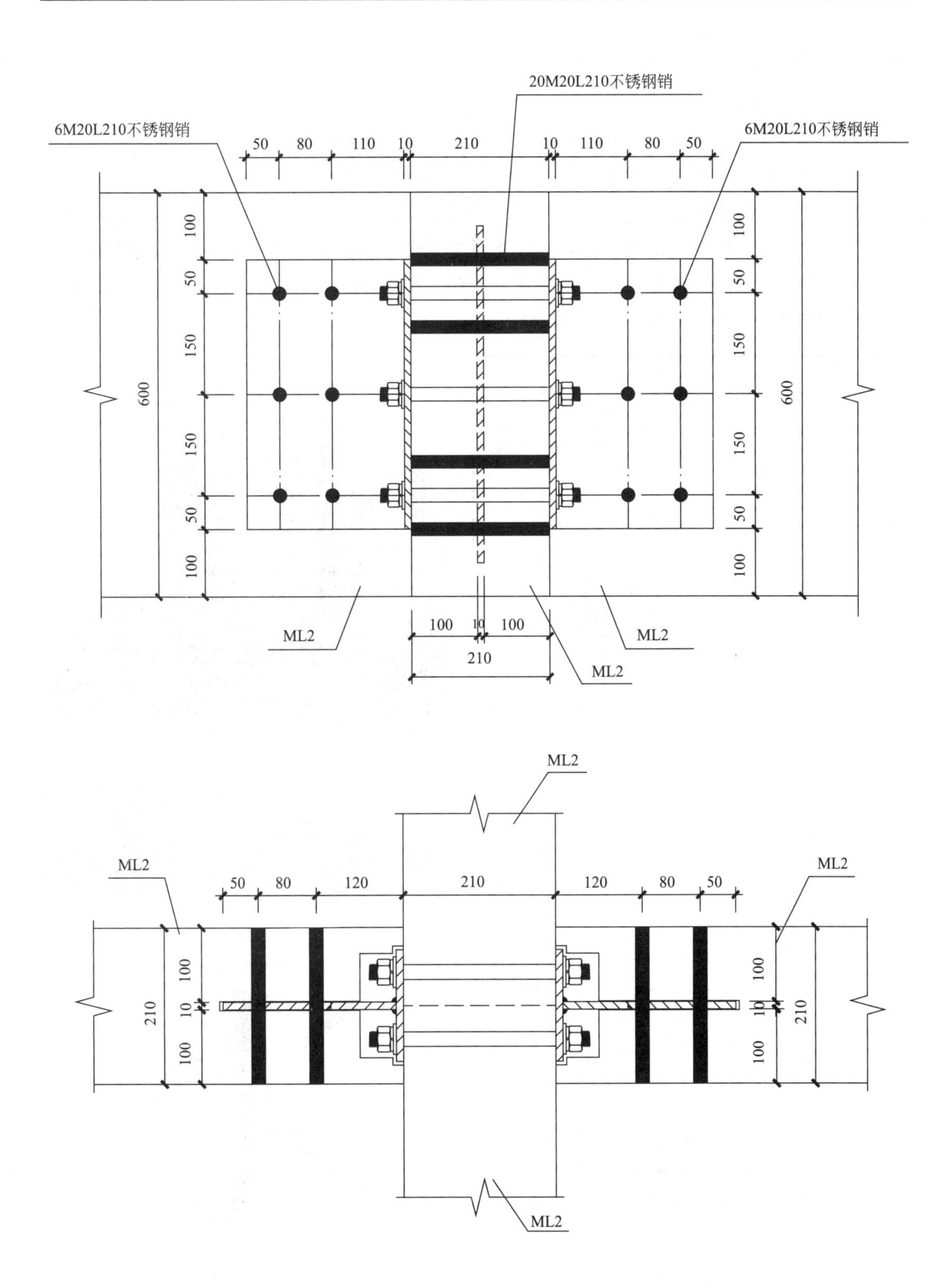

图 10-30 梁柱标准连接节点

10.3.4　标准化部品部件的生产与施工

1. 信息化技术应用

本项目运用BIM技术进行精细化设计，在构件数量统计、碰撞检测以及构件展示等方面体现了较大优势，提高了设计质量及后期施工效率。在构件数量统计方面，项目应用BIM技术中的“构件与图纸实时同步”功能统计算量，提高了效率。同时避免了以往对照二维图纸进行构件统计带来的工作量大、统计复杂以及校核难度大等问题。在碰撞检测方面，利用BIM技术尽早将碰撞点反馈给设计人员，显著减少由此产生的后期变更，提高了现场施工的效率，避免了返工（图10-31）。

<结构框架明细表>

A	B	C	D
长度	体积	结构材质	合计
3700	0.67	木质 - 木料	30
5799	1.42	木质 - 木料	12
5800	1.07	木质 - 木料	4
7899	1.42	木质 - 木料	8
7900		木质 - 木料	28
7902	1.80	木质 - 木料	6
10000		木质 - 木料	73
12100		木质 - 木料	28
13300	1.48	木质 - 木料	1
16300		木质 - 木料	79
16600	1.48	木质 - 木料	23
20500		木质 - 木料	133
22600		木质 - 木料	21

构件算量统计

管道碰撞检查

施工图输出

构件整体装配图

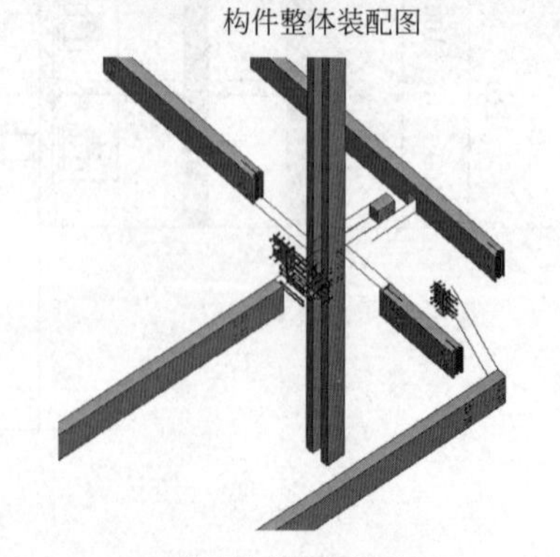

装配式节点连接爆炸图

图10-31　BIM软件应用示意图（构件加工、安装施工技术应用情况）

2. 木构件加工制作与运输管理

1）木构件加工制作

本项目木构件的加工通过建立木构件、连接件的整体三维模型来进行拆分设计，根据拆分图纸安排木构件、连接件生产。复杂构件借助于CADWORK/SEMA等软件生成加工文件后，由CNC加工中心设备自动选择刀头完成构件的切削、开槽、打孔等精加工。

2）木构件运输管理

本项目胶合木木构件尺寸较大，最长的梁达到了16m，工厂在加工过程中提前确定好制造方案，确保各工序工种按图精确作业，同时与有大件运输经验的物流公司合作，确保木构件安全准时运达施工现场。

3）木构件堆放管理

材料进场后要安排专门场地放置，木构件要垫高，外保护膜防止破损。构件涂装后进行临时围护隔离，防止踏踩，损伤涂层；在4h之内遇有大风或下雨时，则加以覆盖，防止粘染尘土和水汽，影响涂层的附着力；构件需要运输时，要注意防止磕碰，防止在地面拖拉，防止涂层损坏；涂层后的木构件勿接触酸类液体，防止损伤涂层。

3. 装配施工组织与质量控制

本项目木结构主体部分按照装配式施工要求和程序进行，现场项目经理、质量员同监理一道对每个安装过程和节点进行严格把控。根据图纸，确定胶合木立柱与混凝土基础连接的预埋件位置。根据放线标志，安装柱脚连接件，要求柱脚中心线对准柱列轴线，偏差不超过 ±20mm，高度误差不超过 ±10mm（柱高≤15m）、±15mm（柱高>15m）。并对胶合木构件根据图纸进行复核，对构件的外形尺寸、拼接角度、预留孔位置、表面处理等进行全面检查，在符合图纸设计文件及相关标准要求后方能进行吊装，柱全高误差不超过 ±2mm（$L \leqslant 2$m）、±0.01Lmm（2m$<L \leqslant 20$m）、±20mm（$L>20$m）（图10–32）。

胶合木构件在现场需要集中堆放，按施工顺序将构件运到施工区域组装施工。木构件采用软绳进行吊装，以避免破坏木材，绳索应满足起吊高度、吊点、重量要求。局部吊机施工不到的区域，搭设活动脚手架人工安装胶合木构件。

图10–32　施工现场（一）

图 10–32　施工现场（二）

10.3.5　专家点评

第十届江苏省园艺博览会博览园主展馆项目采用了顶接异形桁架的多跨刚架结构、交叉张弦胶合木结构以及拱结构等多种新颖的结构体系。通过现代装配式胶合木结构体系，充分体现了木建筑结构之美、材料之美、意蕴之美。该项目采用的标准化预制部品部件包括预制木柱、预制木梁、搁栅、预制阳台等，从木结构建筑标准化部品部件库中选用的标准化部品部件占所有部品部件应用比例达到75%以上。

由于采用了标准化设计，使构件、节点类型大大减少，体现了工业化建造优势。项目运用BIM技术进行精细化设计，有效地进行了数量统计、碰撞检测以及构件展示，体现了应用BIM技术在提高设计质量和施工效率方面的优势。除了在结构体系上有所创新之外，项目在性能提升方面采取了很多措施，如格构型木柱、装配式螺栓隐式节点、植筋装配式节点以及自攻螺钉增强等，取得了很好效果。由于建筑造型的特殊性，相比造型规则的建筑，其成本会有一定增加。相信后期随着装配式建筑不断发展，预制构件标准化、模数化的逐步完善，通用产品应用比例的逐步提高，通过规模化生产可以大幅降低建安成本，其综合效益也将日益突出。项目荣获了2018年度江苏省建筑产业现代化创新联盟设计创新奖，具有较大的社会影响力，起到了很好的现代木结构建筑示范作用。

10.4　示范工程部品部件库应用总结

1．示范工程涵盖多种现代木结构技术体系

木结构建筑部品部件库的3项工程项目包含了住宅、办公楼、展览馆等类型的木结构建筑，技术体系涵盖了现代重型梁柱结构、装配式混凝土－木结构、轻型木结构、装配式井干式重型木结构、唐式梁柱榫卯结构、装配式胶合木结构体系。装配式木结构建筑示范应用信息汇总见表10–4。

装配式木结构建筑示范应用信息汇总表　　**表10-4**

序号	项目名称	功能分类	所在地	多层/高层	结构体系	标准化部品
1	南昌装配式建筑产业园国金绿建生产基地项目	住宅、公共建筑（办公楼）	江西南昌	低多层	现代重型梁柱结构；装配式混凝土—木结构；轻型木结构	预制木柱、预制木梁、预制墙板、预制阳台等
2	张家界颐园国际生态康养中心	住宅、公共建筑	湖南张家界	低多层	装配式井干式重型木结构；唐式梁柱榫卯结构	预制木柱、预制木梁、预制墙板等
3	第十届江苏省园艺博览会博览园主展馆	公共建筑	江苏扬州	低层	装配式胶合木结构体系	预制木柱、预制木梁、搁栅、预制阳台等

2．预制构件类型具有较为广泛的代表性

采用的预制构件包括预制木柱、预制木梁、预制墙板、预制阳台等，基本涵盖了木结构建筑绝大多数的部品部件，具有较为广泛的代表性。

3．解决了木结构建筑面临的部分难点问题

木结构建筑标准化标准化部品部件库的应用有助于解决目前木结构建筑设计、生产、施工过程的难点问题。木结构建筑在设计阶段有两个难点：一是由于预制化程度高，构件现场修改难度大，返工成本高，需要高水平的协同设计；二是需要将木结构建筑设计拆分为可加工的构件，这些构件需要完整准确的信息用以指导工厂预制。通过研发木结构建筑部品部件库，能够实现设计、生产、施工、验收无缝衔接，打通木结构全产业链。木结构建筑设计采用BIM三维建模，调用木结构建筑标准化部品部件库直接进行材料计算，然后基于计算结果对构件详图进行拆分。详图拆分时，优先选用标准化部品库中的部品部件，然后通过数控加工中心加工后匹配，协同平台在拆分环节需要人为或者二次开发进行补充。这种计算方式以木结构建筑的计算模型为基础，能够方便地实现整体计算与构件详图之间的无缝衔接。

第11章　装配化装修部品部件库示范工程案例分析

11.1　北京市垡头地区焦化厂公租房9号、12号、21号楼项目部品库应用

11.1.1　工程概况

北京市垡头地区焦化厂公租房项目位于北京市朝阳区东南部垡头区域内，紧邻地铁7号线焦化厂站，项目用地南至化工路，西至焦化厂棚户区改造安置房项目，北至规划焦化厂二街，东至规划焦化厂东五路（图11–1、图11–2）。

项目由崔愷院士执笔设计，采用“大开放”“小围合”设计理念，每几栋楼围合成一个相对独立的组团。项目共22栋住宅楼，4478户。示范应用装配化装修部品部件库的是9号、12号、21号楼，共670户，其中9号、12号楼为装配式建筑，各231户；21号楼为超低能耗建筑，208户。内装修采用和能人居科技装配化装修技术体系，内装修建筑面积合计37503.26m²，由天津达因建材有限公司提供装配化装修部品部件（图11–3）。

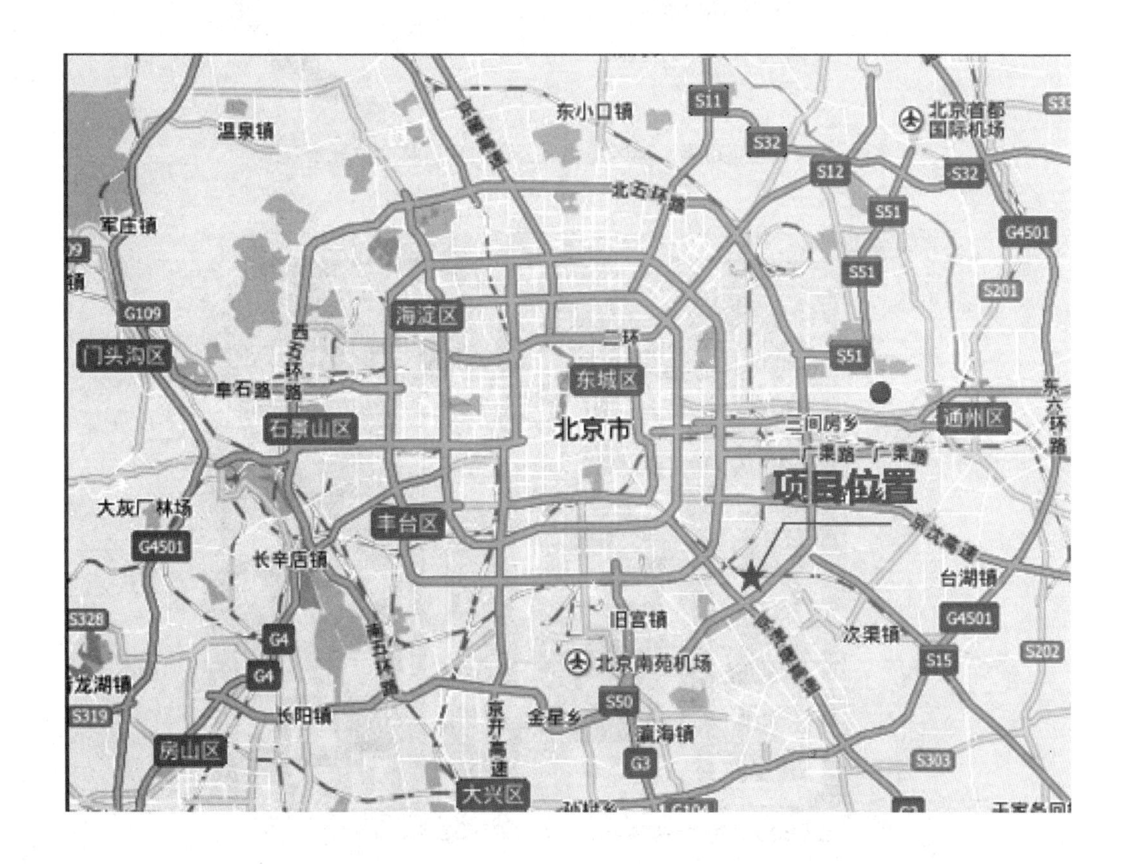

图 11–1　北京市垡头地区焦化厂公租房项目位置

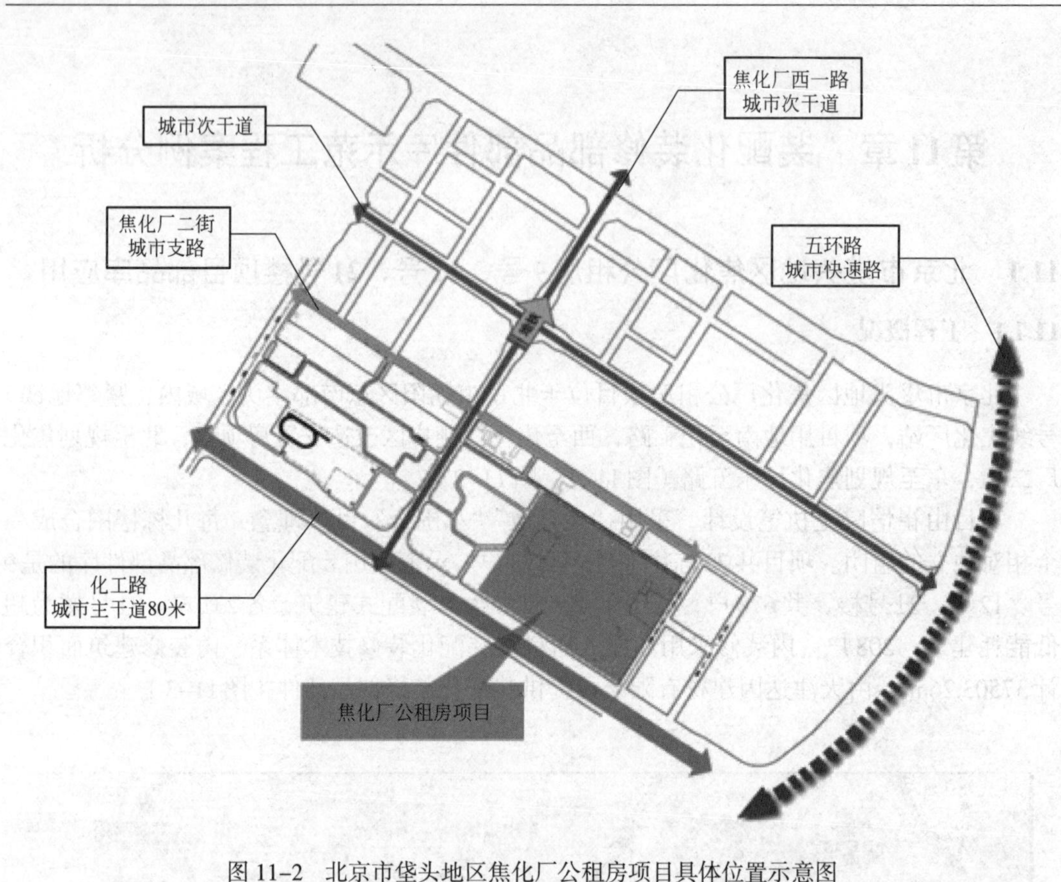

图 11-2　北京市垡头地区焦化厂公租房项目具体位置示意图

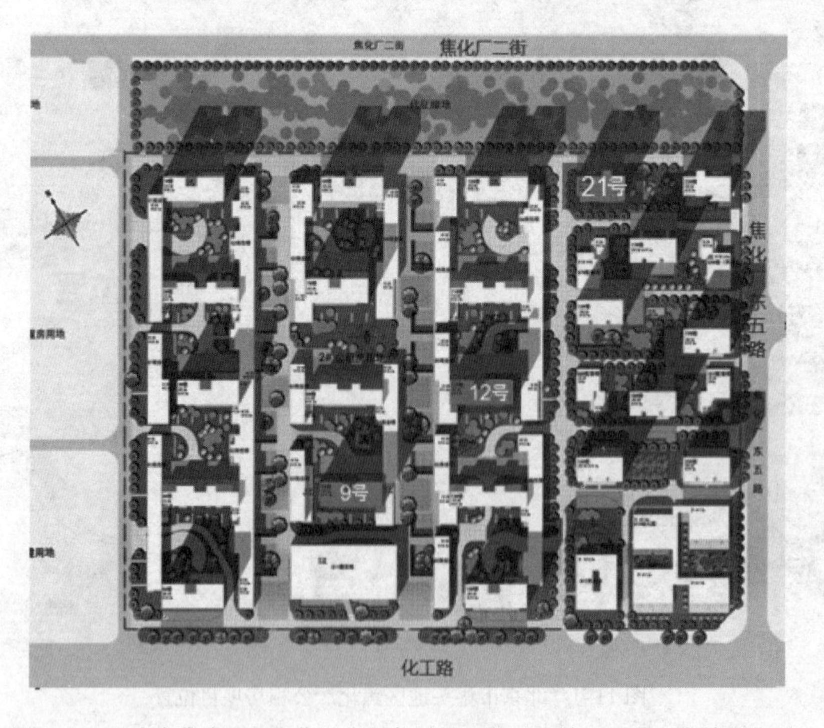

图 11-3　北京市垡头地区焦化厂公租房项目 9 号、12 号、21 号示范楼栋位置

11.1.2　基于标准化的装配化装修项目策划与设计

一是户型标准化。在建筑单体、户型设计中均遵循标准化、精细化、模数化的设计原则，减少了部品构件的规格与种类，提高了标准化部品构件的生产与施工效率，对降低与控制成本起到重要作用。9号、12号楼、21号每栋楼都是3种套型，每层8户。其中9号、12号2栋具有相同的户型设计，属于标准化建筑单体（图11-4、图11-5）。

二是采用与标准化户型相匹配的人开间设计，体现了支撑体与结构体分离理念，为室内装修部品部件使用的模数协调预留了可灵活调整的空间。

三是主体结构采用装配式混凝土结构。装配式主体结构以工业化生产的构件提升了建筑质量，与传统现浇结构相比较，墙体轴线精度和墙面表面平整度误差从厘米级误差降到了毫米级，为装配化装修采用标准化部品部件提供了更为友好和优质的工作界面。

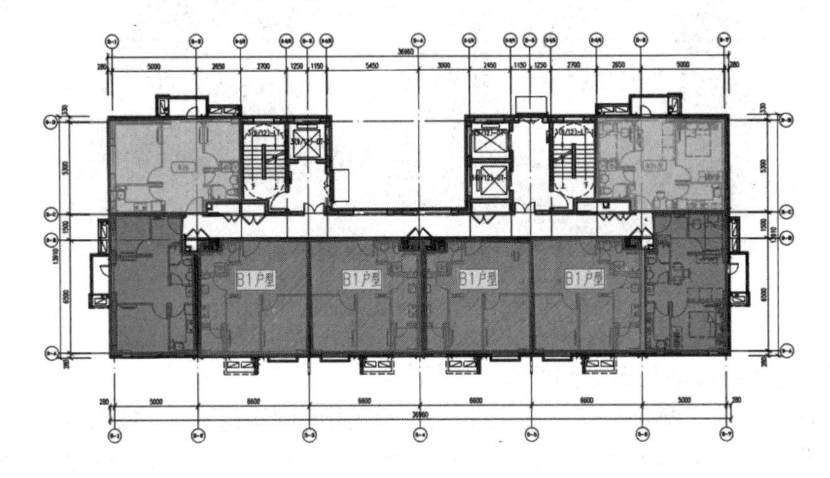

图11-4　北京市垡头地区焦化厂公租房项目9号、12号楼户型分布

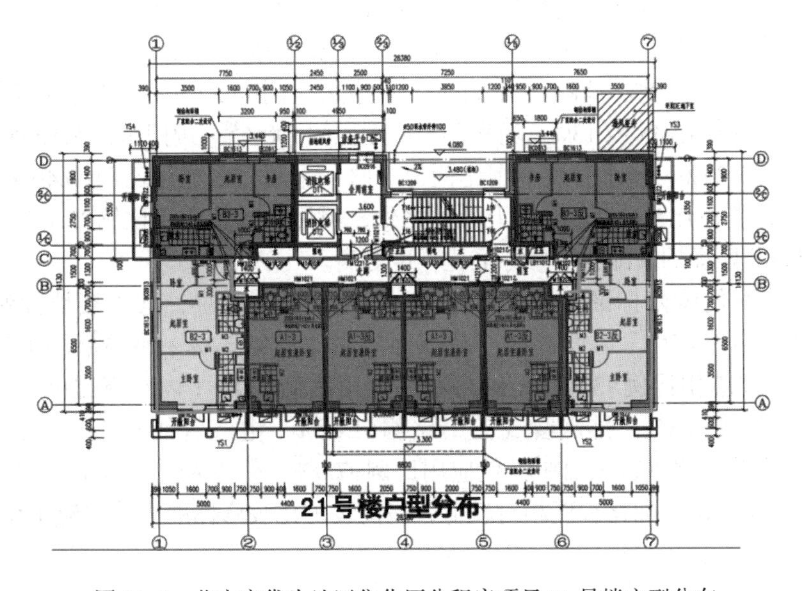

图11-5　北京市垡头地区焦化厂公租房项目21号楼户型分布

11.1.3 装配化装修标准化部品部件的选用

1．装配化装修标准化部品部件应用范围

本示范工程装配化装修标准化部品部件应用涵盖采暖型架空地面、地板、内隔墙、墙面、厨卫吊顶、集成卫生间、集成式厨房、内门窗等。其中21号楼为超低能耗建筑，室内并没用使用采暖系统，因此不包括集成采暖系统（图11–6）。

图11–6 装配化装修标准化部品部件应用范围

2．装配化装修标准化部品部件应用比例

项目3栋单体的装配化装修标准化部品部件应用比例均达到了75%以上的要求，满足示范要求，装配化装修部品部件库的示范应用具有推广意义。本项目装修部品部件均为工厂化生产，由于户型面积较小，其中墙板、地板、吊顶板以及地面模块存在较高比例的定制，另外在管线、设备设施均为标准化部品部件。

9号、12号楼装配化装修标准化部品部件应用比例达到95.1%，其中楼地面装修部品部件应用比例达到99.21%；墙面装修部品部件应用比例98.32%；吊顶部品部件应用比例87.00%；卫生间应用比例97.13%；厨房部品应用比例100%[1]；内门窗比例85.90%；管线当中，给水管线97.75%，排水管线应用比例55.73%；采暖管线应用比例83.40%；电气管线85.2%。设备设施占比56.2%；除以上分类之外，项目中其他应用比例95.1%。整体来看，与装配式建筑相匹配的装配化装修标准化程度更高。

21号楼装配化装修标准化部品部件应用比例达到94.3%，其中楼地面装修部品部件应用比例达到95.67%；墙面装修部品部件应用比例95.74%；吊顶部品部件应用比例82.90%；卫生间应用比例93.56%；厨房部品应用比例100%；内门窗比例74.67%；管线当中，给水管线93.53%，排水管线应用比例61.67%；电气管线84.7%。设备设施占比57.5%；除以上分类之外，项目中其他应用比例97.0%。整体来看，由于21号楼属于超低能耗建筑，主体结构装配化程度相对较低，室内装配化装修标准部品的应用比例相比较9

[1] 厨房厨柜未列入统计范围之内，下同。

号、12号楼低将近1个百分点（表11–1）。

本项目装配化装修标准化部品部件应用比例统计 **表 11-1**

楼号	结构体系	部品分类	标准化部品部件类型		非标准化部品部件类型		部品部件总量	标准化部品部件占比	备注
			部品名称	数量	部品名称	数量			
9号、12号	装配式剪力墙结构	主体结构部品部件							
		围护结构部品部件							
		装修及管线	楼、地面装修部品部件	301765	楼、地面装修部品部件	2401	304166	99.21%	
			墙面装修部品部件	597300	墙面装修部品部件	10030	597330	99.32%	
			吊顶部品部件	5025	吊顶部品部件	751	5776	97.00%	
			吊顶部品部件	25587	吊顶部品部件	757	26344	97.13%	
			厨房部品部件	924	厨房部品部件	0	924	100.00%	
			内门窗	14696	内门窗	2412	17108	85.90%	
			给水管线	13239	给水管线	305	13544	97.75%	
			排水管线	3563	排水管线	2830	6392	55.73%	非标准全部为未入库部品
			采暖管线	65419	采暖管线	12025	78444	93.40%	
			电气管线	126307	电气管线	21861	148168	85.2%	
		设备设施	设备设施	7333	设备设施	5717	13050	56.2%	非标准全部为未入库部品
		其他	其他	608103	其他	31343	639446	95.1%	
		合计		1759261		91432	1850693	95.1%	
21号	现浇剪力墙结构	主体结构部品部件							

续表

楼号	结构体系	部品分类	标准化部品部件类型		非标准化部品部件类型		部品部件总量	标准化部品部件占比	备注
			部品名称	数量	部品名称	数量			
21号	现浇剪力墙结构	围护结构部品部件							
		装修及管线	楼、地面装修部品部件	251351	楼、地面装修部品部件	11388	262739	95.67%	
			墙面装修部品部件	233943	墙面装修部品部件	10400	244343	95.74%	
			吊顶部品部件	3528	吊顶部品部件	1161	6789	82.90%	
			吊顶部品部件	17369	吊顶部品部件	1196	18564	93.56%	
			厨房部品部件	1872	厨房部品部件	0	1872	100.00%	
			内门窗	7746	内门窗	2627	10373	74.67%	
			给水管线	13165	给水管线	910	14075	93.53%	
			排水管线	2836	排水管线	1763	4599	61.67%	非标准全部为未入库部品
			采暖管线		采暖管线				无
			电气管线	30751	电气管线	16440	107191	84.7%	
		设备设施	设备设施	6164	设备设施	4548	10712	57.5%	非标准全部为未入库部品
		其他	其他	608103	其他	12798	426634	97.0%	
		合计		1044663		63231	1107893	94.3%	

3．装配化装修标准化部品部件选型

根据项目实际需求，项目在装配化装修部品部件库中进行选型，设计师根据部品模型所显示的属性信息进行部品与实施项目的匹配性判断，下载模型之后根据项目情况作适应性调整。

以坐便器选择为例，设计师根据模型中的排水孔距（180），排水方式（后排）以及颜色、品牌等信息对模型进行选择（图11–7、图11–8）。

部品部件选择结果形成本项目装配式装修BIM族库，结合项目实际需要进行属性信息完善，示意图如图11–9、图11–10所示。

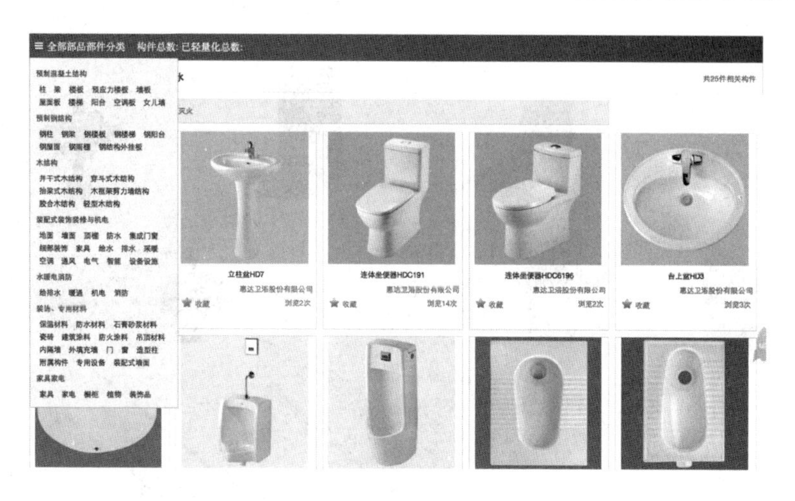

图11-7　装配式建筑标准化部品部件库部分装配化装修部品部件

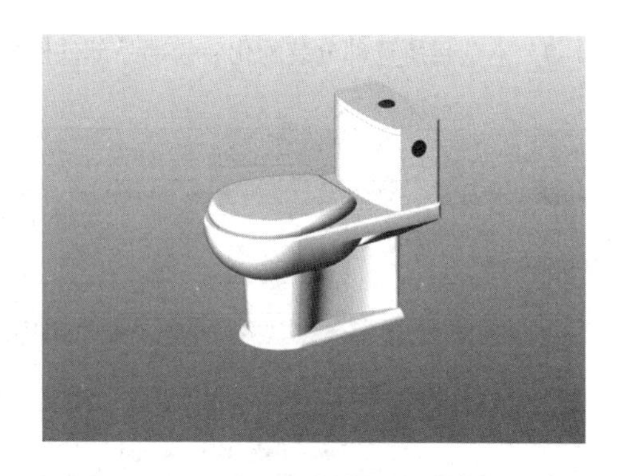

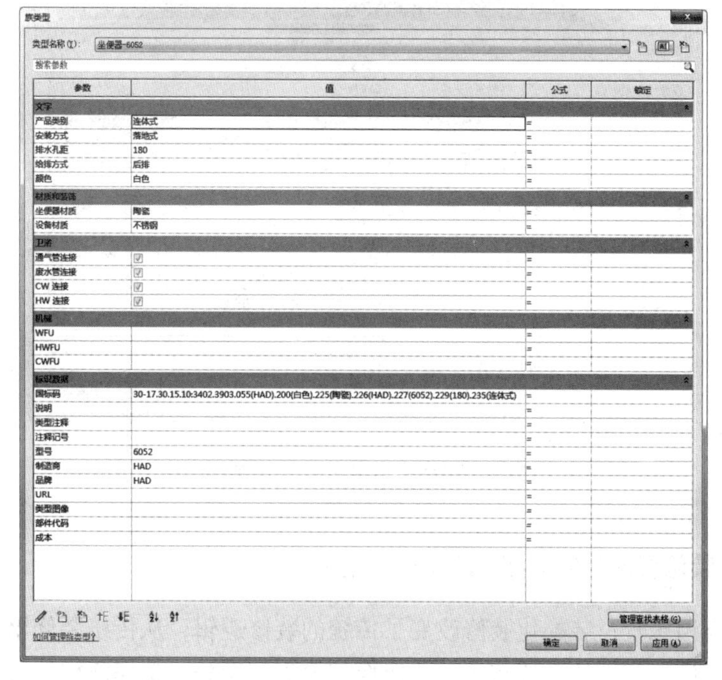

图11-8　坐便器模型及信息

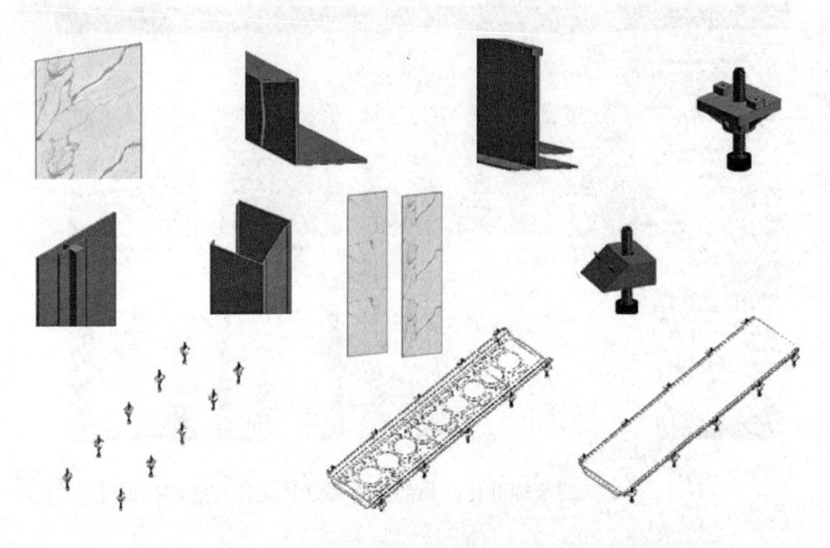

图 11–9 本项目所选部分装配化装修部品部件模型

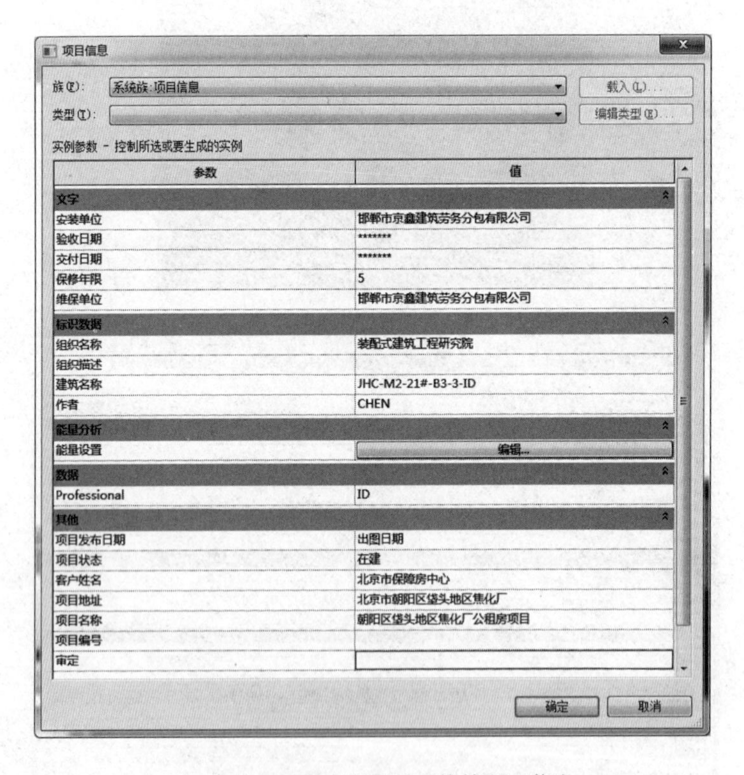

图 11–10 BIM 中所显示系统族项目信息

11.1.4 装配化装修标准化部品部件的生产与施工

与传统装修相比较，装配化装修改变了传统的装修逻辑，从传统装修繁复的工程组织转变为到工厂进行生产，从现场的多专业协作到流程化安装，整体流程的变化导致工厂在装配化装修中起到至关重要的作用，大大简化了现场施工环节，有利于从源头上减少装修现场二次加工带来的材料浪费，通过柔性生产与精益供应消除部品配送中的时间浪费与周转浪费，通过干式工法消除粉尘、噪声、垃圾等环境污染。

1. 前期准备标准化流程

测量现场。在装修设计准备阶段，利用测距仪对施工现场进行测量，确保图纸的准确性，标识出控制线与完成线，利用五步放线法、全屋测量放线（柱、水电、燃气、分集水器），全屋中心放线、厨卫净空边界放线。

原材的选择。装配化装修在材料选择上突出防水、防火、耐久性和可重复利用的特点。项目采用的部品基材为钢型材、铝型材、硅酸钙板等无机材料，具备防火、抗虫、抗霉等特征。硅酸钙板为增强纤维硅酸钙板，其质量要求如下：尺寸偏差要求。增强纤维硅酸钙板的尺寸与标称尺寸相比，其长宽尺寸正负偏差均不应大于3mm，厚度不应有负偏差，正偏差不应大于1 mm。外观质量要求不允许出现裂纹、分层、脱皮。理化性能检测包括抽检增强纤维硅酸钙板其湿胀率、含水率、不透水性、抗冻性、抗折强度抽检，达到国家标准或相关行业标准要求，同时还应符合产品设计需求中的特殊性能要求。

2. 生产制造标准化流程

项目硅酸钙复合板采用先进技术实现稳定的集成化壁纸板、瓷砖效果。使用环保胶、环保光固化涂料、整个生产过程配有粉尘回收装置，达到环境无污染和操作工人职业无危害的生产环境。硅酸钙板复合壁纸板，其饰面层采用薄片状材质整体包覆正面且包覆至侧面。硅酸钙板复合石纹板、木纹板，其饰面层环保型涂装技术，生产线应具有可定制柔性生产的能力。具备高效数控能力，底涂与基层应结合牢固，正常使用环境下不得脱落和变色。饰面涂装其耐水性、耐磨性、耐人工气候老化性、漆膜硬度、附着力、漆膜厚度、涂布量等要达到国家标准或相关行业标准要求（图11–11）。

图11–11 装配化装修标准化部品部件的生产加工图

标准化部品部件质量要求：

1）表面应平整无颗粒，无飞边、分层、脱皮、毛刺、裂缝。

2）硅酸钙复合墙板、地板，若有开槽，则开槽尺寸偏差≤0.3㎜。

3）包覆或涂装的硅酸钙复合墙板尺寸≤3㎜，敷贴牢固且不得有翘起、毛刺。

4）硅酸钙复合板的密度、导热系数、湿张率、抗折强度等应完全达到企业标准。

5）出厂成品硅酸钙复合墙板，每平方米的瑕疵或气泡应不超过3个且直径不大于1mm并不集中于100mm范围内。

3．包装运输标准化流程

装配化装修标准化部品部件的包装应符合运输的安全性并兼顾安装顺序的合理性，每个包装外应注明包装内产品清单、检验状态和生产日期，且标签位于包装方便观察和检视的位置。标识应能防止雨水侵蚀和阳光褪色。所有产品包装应具备防止雨水淋湿损坏的能力，并标识出物流运输的作业要求和搬运作业操作位置。对于易碎或不耐压的产品应清晰标识。

根据项目材料计划清单，在项目初期完成产品的精准下单，给工厂及供货商充足的时间加工及材料准备周期，在项目实施过程中，根据施工进度计划的动态变化，实时调整物料供应状态和周期，保证物料的及时供应，既要保证现场施工组织的有序、顺畅，又要做到不至于在有限的施工现场积压大量物料，徒增物料的损耗。

为实现来料即用，有序供应，装配化装修标准化部品部件应采用“适时配送”方案：就是按照施工进度要求，辅材协同主材齐套进场，来料即用。若某一工序涉及两地配货或者多地协同的情况，要求物流到货时间控制在2天之内。例如在地面模块进场的同时，配套塑料调整脚、地脚螺栓、模块连接件、米字头纤维螺钉、布基胶带等辅材按数量成套匹配，确保施工现场的顺利进行。橱柜等家具，做到按户配置五金包，每户一包，施工现场物料分解、组装以及施工组织才能快速有序、合理。

4．施工安装标准化流程

项目在设计完成后，工厂批量生产之前，应当以样板间形式分户型进行前期的施工，过程中及时记录、归档，确保样板间数据的准确性，以便于后续施工进行合理有序的组织（图11-12 ~图11-20）。

套内装修施工程序标准化。依据标准化作业程序，各部品安装步骤固化，并制定操作标准，以降低工人手艺不同造成的质量差异。如项目中快装给水部品安装流程为：弹线安

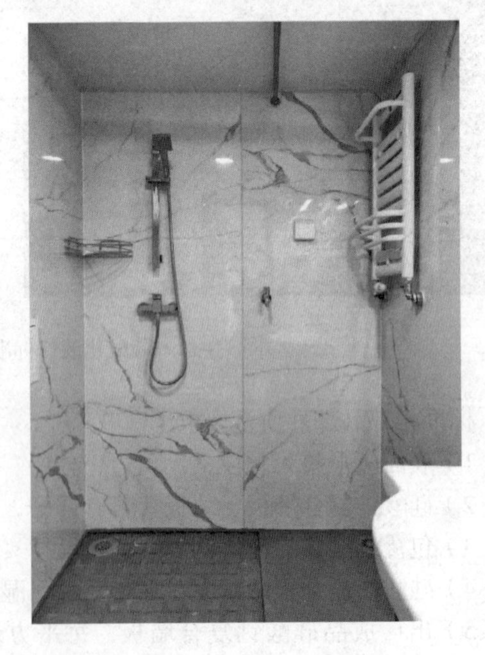

图11-12　项目样板间卫生间实景图

图 11–13 安装管卡

图 11–14 安装出水端口固定板

图 11–15 固定带座弯

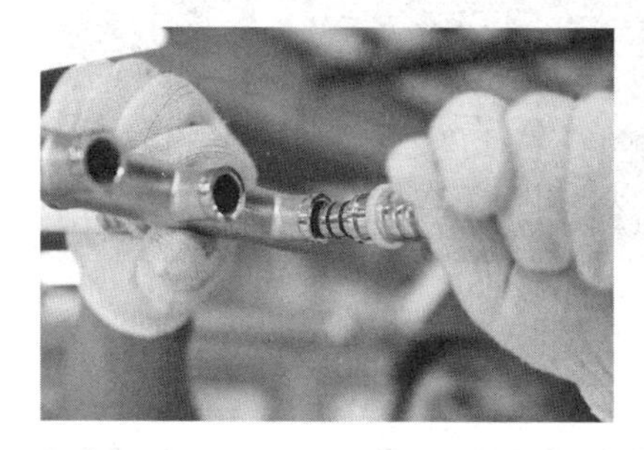

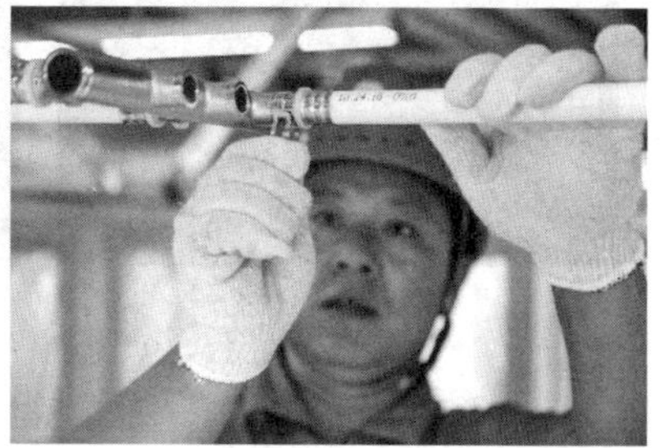

图 11–16 连接分水器

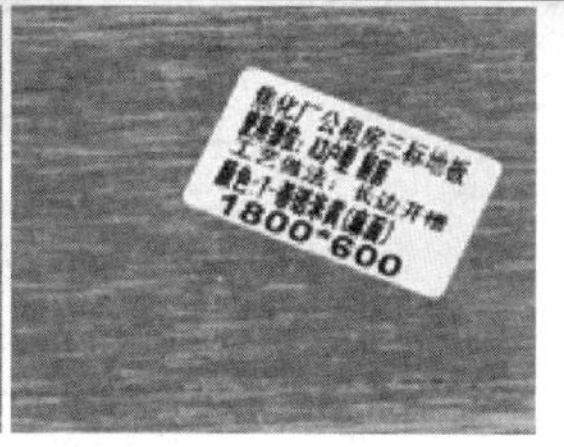

图 11–17 工厂批量化生产

图 11–18 轻质隔墙

图 11-19　厨房、卫生间、管线施工

图 11-20　非采暖型、采暖型地面

装固定卡→安装带座弯头预埋板→安装管道→固定带座弯头→连接管井分水器→扣上不锈钢卡簧→打压实验报屏蔽验收。

1）给水管道弹线安装固定卡，按照图纸弹好给水管线路，在吊顶上隔500mm安装一个PVC扣卡，在相应的墙体位置间隔700 ~ 800安装一个用PVC座卡，且吊顶有和电路交叉位置应在PVC扣卡加上钉型胀塞调整PVC扣卡的水平高低。

2）安装管道出墙位置带座弯头预埋板，根据图纸所示位置，安装好管加固单头平板或水管加固双头弯板，应控制预埋板和龙骨完成面的形成30mm的带座弯头安装空间。

3）安装管道、固定带座弯头，安装管道前应套好橡塑保温管，先按图纸要求固定好管道带座弯头一端，然后扣好管道，在顶部阴角处按180mm直径弯曲管道成90°，直插接头朝向主管道。

4）安装连接件，扣上不锈钢卡簧，各支管安装好后从最末段依次用承插式分水器连接好主管和各支管，并用不锈钢卡簧扣住，并确认卡簧扣入环槽内。

5）连接入户（管井）给水。根据管道走线把入户管道安装固定至给水管道井内。确认好连接位置，安装上内丝活接卡压件，并接入管井内给水分水器内。

6）实验压力并报屏蔽检验验收。根据技术交底要求，串联好户内各末端。在管井内或户内进行打压实验，且应用准确有效的压力标指示压力值，打压压力值应符合技术交底要求或施工技术文件要求。且保压不低于技术要求时间。

所有管路均为定尺加工，分色设置给水管路。遇顶部水电管路交叉，应设置相应吊挂件保证电路在上，水路在下。

11.1.5 装配化装修标准化部品部件库应用效果分析

1）提高了装配化装修设计环节的工效。装配式装修解决了现场施工更为快捷高效的问题，利用装配化装修部品部件库BIM软件，实现自动出图、自动出效果、自动出量，设计师3天可以完成一套施工图纸，并且修改方便，深化设计与传统设计方式相比较，可以预留更多的时间与建筑、结构、机电等专业进行沟通协调，提高设计质量。

2）提升了装配化装修实施效益。一方面通过部品部件标准化可以提高批量化生产数量，尤其墙板、地板、地面模块等需要工厂定制，通过提前模拟以及数量分析，可以提取批量化数据，提高工厂排产效率和出材率，进而降低成本；另一方面，通过现场模拟，可以检测内装修与管线的匹配性，减少管线敷设过程中出现的错误，降低施工现场的试错成本。

3）为装修的后期运维和质量追溯奠定了基础。装配化装修部品部件库BIM模型涵盖了名称、形状、颜色、材质、尺寸、型号、品牌、生产厂家、安装单位、保修期限等关键信息，为装修后期运维与部品部件质量追溯奠定了基础。

4）推动了部品部件生产过程工业化与信息化的深度融合。基于本示范项目中装配化装修标准化部品部件库的应用效果，天津达因建材有限公司将继续推动工厂端的信息化改造与升级，以实现BIM与MES的无缝衔接，通过工业化与信息化的深度融合不断提升生产水平。

11.1.6 专家点评

该项目示范内容以装配化装修标准化部品部件库为主，采用的主要技术包括住宅内装标准化部品库应用技术、基于BIM的内装标准化深化设计技术、内装部品工厂自动化加工技术等，标准化部品部件应用比例达到90%以上，实现了自动出图、自动出效果、自动出量，设计师3天可以完成一套施工图纸，并且修改方便，提高了设计施工效率，应用效果显著。相关的装配化装修技术已在北京、上海等地区保障房建设中得到大量推广应用，取得了很好的社会、经济与环境效益。

通过该项目的应用，验证了装配化装修标准化部品部件库已涵盖装配化装修的墙、顶、地、厨房、卫生间、机电管线等内容，可以较好地满足装配化装修工程项目部品选型需要。部品模型参数设置灵活，可根据具体项目进一步完善部品信息，建立质量追溯体系。在项目运维阶段，通过部品库溯源进行关键部品的替换和质量追溯，从而提升装配式建筑的综合质量和品质。部品库实现了装修信息在设计、生产、施工等环节的高效传递、动态监测与实时管理，提高了全产业链协同工作效率，为企业提供了资源共建共享的协作平台。

第12章　部品部件库应用机制研究和成果总结

课题组经过3年多的努力，装配式建筑标准化部品部件库已经具有11300多个参数化BIM模型，基本上可以满足装配式混凝土建筑、钢结构建筑、木结构建筑、装配化装修、设备管线等工程建设需要。为了使部品部件库不断丰富和实用，进一步更新优化和发展，课题组研究了装配式建筑标准化部品部件库应用机制。

12.1　部品部件库与BIM正向设计协同系统联动机制

12.1.1　BIM正向设计协同系统主要功能模块

基于部品部件库的BIM正向设计协同系统，主要是为设计人员提供快速设计、高效协同工具，系统包括部品部件建模工具、本课题研究的是在线部品部件库、轻量化工具、SinoBIM部品部件装配工具、基于轻量化模型的管理应用等。

建立部品部件库与BIM正向设计系统联动机制，有利于逐步推进部品部件的标准化、系列化、模数化，有利于提高设计效率，有利于降低构件生产成本，有利于提高部品构件生产效率，有利于部品构件生产的社会化分工和专业化生产，从而提高部品部件质量（图12–1）。

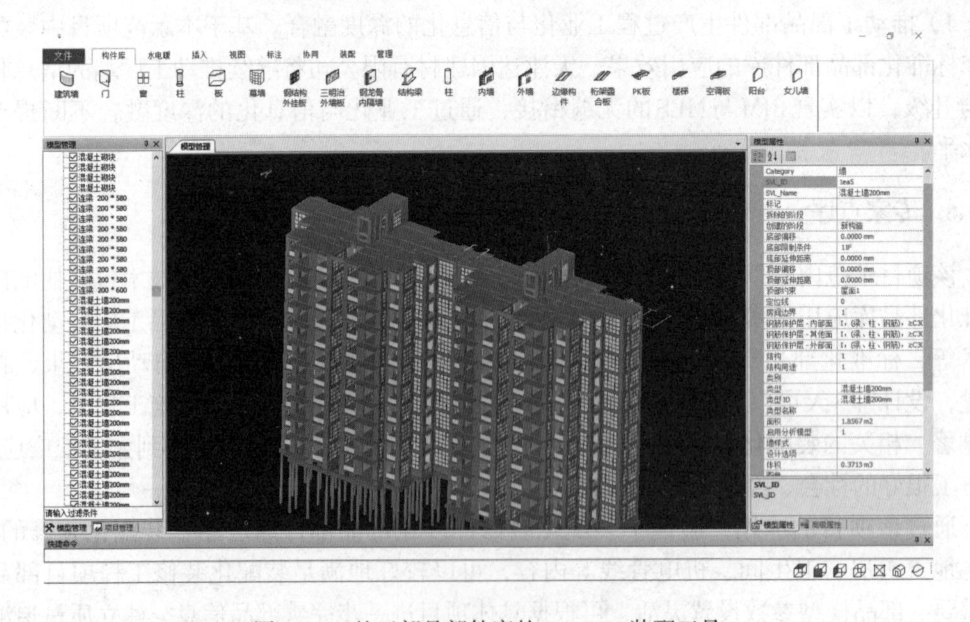

图12–1　基于部品部件库的SinoBIM装配工具

12.1.2　BIM正向设计协同系统助力建筑师负责制的落地

建筑师负责制呼吁多年，近两年来陆续在上海浦东、厦门、广西、雄安、深圳等地试点，但落地的难度较大。建筑师负责制对建筑师本身的要求很高，目前真正能够达到统筹建设工程全局的建筑师较少，能够统筹装配式建筑工程建设全局的建筑师就更少。

对设计装配式建筑的终身负责建筑师来说，其能力构成包括：一是精通装配式建筑项目的全局；二是懂装配式混凝土结构、钢结构、木结构、组合结构的相关知识；三是懂构件生产过程；四是懂吊装和施工等装配过程；五要懂装配化装修；六要懂绿色建筑的相关要求；七要懂新材料、新工艺、新设备等。精通这七方面以上知识的复合型人才，是装配式建筑发展中的稀缺资源。许多从学校毕业出来就就职于设计院的建筑师，对于部品部件的熟悉度较低，对于结构构件的深化设计、生产工艺设计等熟悉度不够。

住房和城乡建设部科技与产业化发展中心牵头研发的基于部品部件库的BIM正向设计协同系统，是以部品部件库为基础的设计协同系统。

1）为建筑师提供BIM模型库及工具，推进正向设计。这可以从根本上清除目前“二次拆分设计”带来的质量隐患；

2）对于装配式建筑设计，设计师通过选用标准化部品部件模型，可以降低设计师工作强度，提高设计工作效率和质量；

3）对于部品部件生产加工，通过参数化调整和自动化控制，对标准化部品进行精细加工，提高建筑部品部件的质量和精度；

4）对于施工管理，有利于开展装配式建筑施工模拟拼装、部品部件协调检查、工程量的统计分析等；

5）对于运营管理，可以准确判定故障原因和解决方案，通过备用标准化、通用化的部品实现快速、高质量的维护维修，保障使用者的获得感。

部品部件库内的标准化部品具有模数化、系列化、通用化的特点，系统可以为建筑师全面了解国内装配式建筑部品构件详情提供支撑，为建筑师进行建筑设计时提供优秀的标准化部品构件选择，从而助力建筑师负责制的落地。

12.1.3 BIM正向设计协同系统助力正向设计多方案比选

BIM正向设计协同系统采用直接连接在线部品部件库的设计协同方式，使设计人员直接在线上部品部件库中，按照建筑师的创意进行部品部件选择，建筑师可以根据部品的分类以及部品的特征属性进行分类搜索，快速定位所需部品构件。在设计人员选择部品构件时，部品部件库提供了构件生产企业列表，已经使用项目清单、已使用数量、构件适合使用的地域范围、客户评价等信息。

BIM正向设计协同系统可以直接选用部品部件库中的标准化部品进行多样化组合，充分利用部品部件库中的参数化设计理念，进行构件的自动化快速建模和深化设计，用本书研发团队研发的SinoBIM部品部件装配工具，进行多方案的BIM模型装配，用三维的BIM模型来和业主的决策团队进行反复讨论。SinoBIM装配工具可对参数化的构件模型进行多次装配，检测其正确性和可建造性，BIM模型相关信息可为工厂生产提供直接的数据支持。

建筑师选择部品部件的过程，也同时是部品部件库积累市场化需求信息的过程，部品部件使用信息同步进入部品部件库，系统记录和优先推荐优良部品部件，形成有序、健康的部品部件市场氛围。

12.2　部品部件库与动态监测系统联动机制

12.2.1　动态监测系统的主要功能模块

动态监测系统主要服务于各地装配式建筑业务主管部门及其各级协会、联盟等，为其提供实时监测本区域内装配式建筑发展情况的高效信息化工具。

动态监测系统目前研发了以下六大功能模块。①归集和显示项目建设信息，便于各地装配式建筑业务主管部门及其各级协会、联盟等，实时了解掌握所辖区域内装配式建筑工程项目建设情况，可实时掌握项目所用部品在原材料入库、生产过程、部品入库、运输的详尽信息，实时监测项目中部品部件进场验收信息，安装定位、装配施工及验收全过程动态数据的需求；②归集和显示企业信息：便于各地装配式建筑业务主管部门及其各级协会、联盟等，掌握所辖区域内装配式相关企业情况，可实时掌握企业运行状况，包括生产企业设计产能，每日的实际产量等动态数据；③归集和显示人才信息：动态监测人才队伍建设情况，人才流动情况；④可择机发布装配式建筑产能供需情况。⑤各地装配式建筑业务主管部门及其各级协会、联盟等可以进行构件生产、装配化装修等各类企业星级评价，并与金融服务、信用服务等挂钩；⑥互动交流：对所辖区域内企业问题的上报及反馈，对上级部门所需数据的上报等功能。

因为各地的管理方式、管理流程、管理职能、地方标准等存在差异，动态监测系统将随着装配式建筑的发展和各地的个性化需求，进行二次开发，系统功能也处于拓展和迭代的动态发展之中（图 12–2）。

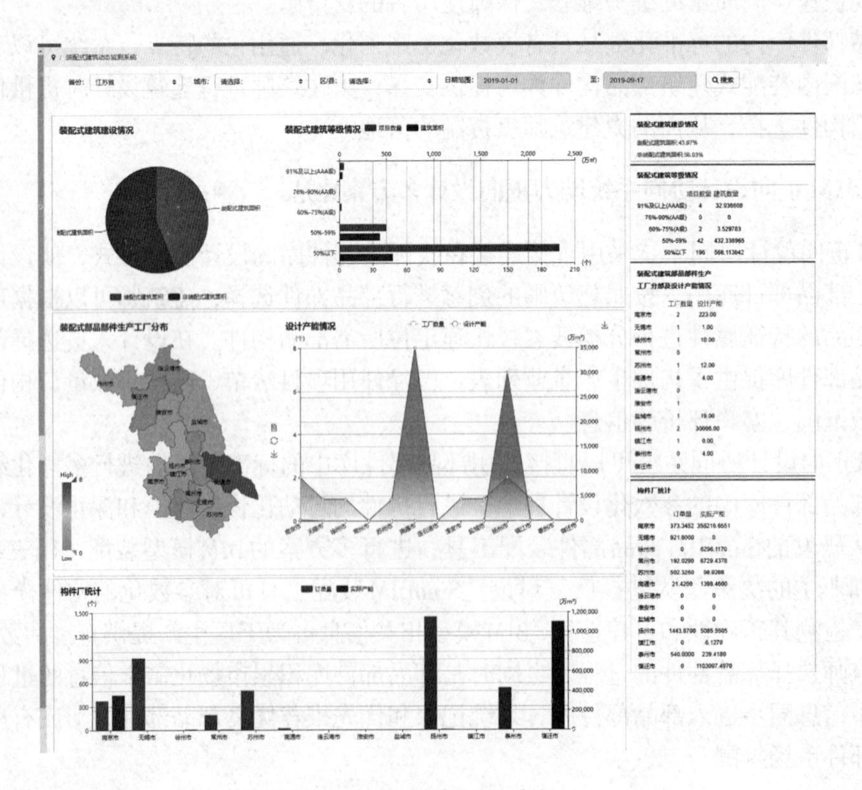

图 12–2　动态监测系统

12.2.2 动态监测系统引导部品部件产能的合理分布

动态监测系统可多维度生成各类装配式建筑企业及其部品部件的统计和分析报表，生成预制构件等部品部件供需情况，便捷查询生产企业评价结果，为政府决策、行业管理和企业投资布局提供重要数据支撑。

动态监测系统对注册的部品部件生产企业，植入了产能分布及其算法，应用动态监测系统的各地装配式建筑业务主管部门及其各级协会、联盟等，可定期发布所辖区域及周边100km、150km、200km的装配式建筑产能供需情况。

12.2.3 部品部件库为动态监测系统提供部品部件大数据

部品部件库提供了覆盖混凝土结构建筑、钢结构建筑、木结构建筑、装配化装修、设备管线等的参数化部品部件BIM模型，本平台团队通过研发数模分离技术、高压缩比轻量化技术，可以为部品在生产企业信息化管理中提供部品部件详实的BIM信息、部品尺寸信息、部品加工工艺信息，可以为企业信息化系统中移动应用提供手机和平台数据联动的轻量化模型。通过信息的无损传递，可以规范部品部件生产企业生产应用管理、可以为动态监测系统数据采集提供真实有效的数据源。同时随着部品部件库的推广，可以促进部品部件设计生产等多环节的标准化贯通，使部品部件逐步走向系列化、通用化、模数化、社会化，从而大幅降低部品部件的模具摊销成本，以规模化降低部品部件的生产成本，提高部品部件的质量，提高部品部件的性能价格比。

12.2.4 动态监测系统推动部品部件库的更新优化

动态监测系统鼓励企业开发生产满足装配式建筑高质量发展需求的新部品部件，并不断充实到部品部件库。

3年多来，课题组对国内主要企业的部品部件设计模型、应用的工程、市场受欢迎度、生产成本等诸多环节的经验进行归纳整理，建立了基础性、参数化、标准化的11300多个BIM模型。随着技术的发展、新技术新材料新工艺新设备的出现，装配式建筑部品部件库需要逐步更新、优化，动态监测系统可以实时地采集国内装配式建筑工程项目中所用的部品部件，采集部品部件的材料、生产、运输、装配及验收信息，可以通过全国范围内的部品部件大数据整合分析，对新的部品部件进行验证及优化，归纳出新的技术环境下标准化部品部件，不断推动部品部件库的更新和优化。

从课题的角度，受制于经费和时间，课题组这3年来主要致力于标准化BIM模型的建模，对于异性构件，没有专门进行建模。随着动态监测等系统的应用，收集和整合一些异性构件，有助于为建筑师进行正向设计提供更多的选择，实现装配式建筑标准化基础上的多样化，形成部品部件库与动态监测系统螺旋式的提升态势。

12.2.5 动态监测系统的信息披露促进部品部件优胜劣汰

动态监测系统有助于形成开发、生产、施工、部品部件生产、运维等产业链信息档案，实现对装配式建筑部品部件全寿命期的动态监测。一是为装配式建筑工程中部品部件的事中事后监管提高数据支撑，有助于实现动态考核；二是为动态监测系统量化记分提供数据来源；三是对存在严重安全隐患的部品部件生产企业，以合适的方式予以曝光。四是建立信息披露机制，根据构件生产企业评价标准、装配化装修企业评价标准等，由动态监测系统进行客观评价，为各地部品部件管理、建设工程参建方信用评价、信息披露等，提供大数据服务，发挥信用惩戒的作用。

应用动态监测系统的政府主管部门及各级协会，首先，可以进入系统及时查询项目进展情况、核对工程建设的部品部件使用情况等信息；其次，可以应用该系统发出通知单，对使用劣质部品部件的责任主体违规事实确认和记分；再次，可以根据网上填报的信息实时掌握工程的部品部件实际使用情况，对工程关键部位的部品部件实施有效监督，有针对性地检查、考核，及时发现问题，把质量隐患消除在萌芽状态。通过动态监测系统的信息披露，形成一个公平、有序、规范的市场环境，确保装配式建筑的质量，促进优良部品部件的脱颖而出，减少低价竞争和劣币驱逐良币现象的发生。

12.3　部品部件库与质量追溯系统联动机制

12.3.1　建立质量追溯制度已形成政策层面的共识

《国务院办公厅关于大力发展装配式建筑的指导意见》明确指出："建立全过程质量追溯制度"。住房和城乡建设部科技与产业化发展中心牵头研发了装配式建筑质量追溯系统。该系统基于本课题研究的《装配式建筑部品部件分类和编码标准》，对每一个部品部件进行赋码，确保每一部品部件的编码在全国具有唯一性、易识别性、全产业链信息传递性。

湖南、湖北、山西、上海、江苏等省市出台建立全生命期质量追溯相关文件。2018年7月，湖南省住房和城乡建设厅下发《关于加强装配式建筑工程设计、生产、施工全过程管控的通知》，要求自2018年12月1日起，湖南全省所有PC构件生产企业在预制混凝土构件生产环节，统一采用植入芯片或粘贴二维码等电子信息技术标识，实现预制混凝土构件生产质量控制全过程的质量责任可追溯。2018年10月，湖北省住房和城乡建设厅出台《湖北省装配式建筑施工质量安全监管要点（试行）》，要求预制构件生产企业应通过统一的信息系统制作带有唯一性识别码的芯片或二维码，出厂构件采用预埋芯片或粘贴二维码进行标识，并进行全过程质量追溯。2018年2月，山西省住房和城乡建设厅也发布《装配式混凝土建筑工程施工质量管理技术导则（试行）》，要求预制构件出厂时，统一采用预埋芯片或粘贴二维码等电子信息技术标识。2018年11月四川省出台《四川省装配式建筑部品部件生产质量保障能力评估办法》，办法中明确提出"建立了制造过程各环节的质量信息可追溯制度"。而上海早在2017年出台的《关于进一步加强本市装配整体式混凝土结构工程质量管理的若干规定》中，就要求预制构件生产单位建立健全预制构件质量追溯制度。预制构件应当具有生产单位名称、制作日期、品种、规格、编号（可采用条形码、芯片等形式）、合格标识、工程名称等信息的出厂标识，出厂标识应设置在便于现场识别的部位。

12.3.2　质量追溯系统的主要功能模块

质量追溯系统以单个构件为基本管理单元，以无线射频RFID芯片或二维码为跟踪手段，采集原材料进场、生产过程检验、入库检验、装车运输、施工安装、监理、验收及后期运营全过程信息，建立装配式建筑全生命期质量数据，以倒逼机制强化建设单位、设计单位、构件生产单位、施工单位、监理单位责任意识，实现装配式建筑质量溯源和统计分析。通俗地讲，相当于为每一个构件制作"身份证"。使用配套的手机应用程序扫描二维码或者使用专用设备扫描RFID芯片，质量管理人员就能知道构件产自哪里、用于什么项目，了解到模具组装、预留孔洞、混凝土浇筑的检查检验结果以及报验人、签收人、质检人都是谁，成品检验结果又是如何，包括入库、运输、安装定位也都有迹可循。建筑运营过程中，通过智能识别问题部品部件所在区域，自动提取参数信息，精准追溯相关责任人，实现装配式建筑质量责任终身追溯（图12–3）。

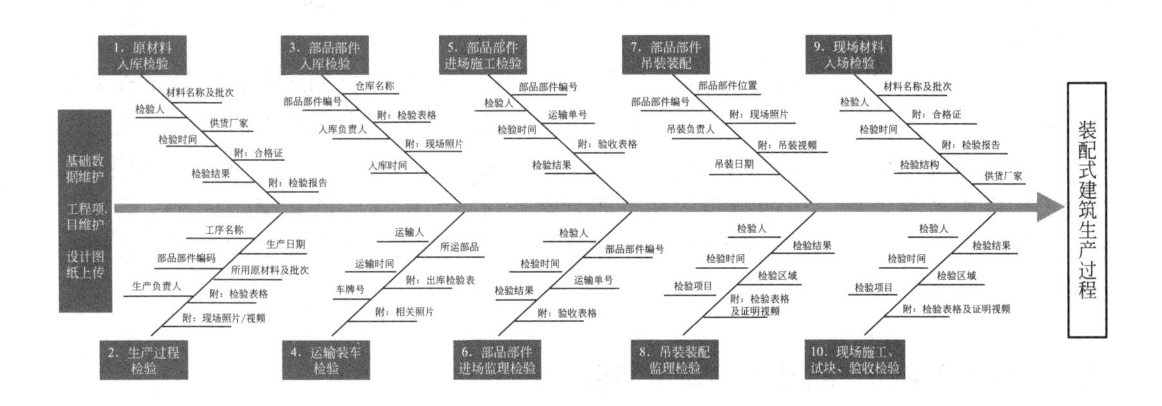

图 12–3　装配式建筑生产建设过程质量追溯关键点

具体功能模块包括：①系统注册与审批；②基础设置与系统维护；③部品赋码；④生产过程及材料检验（原材料入库检验、生产工序检验、部品部件入库检验）；⑤运输装车检验；⑥部品部件进场施工检验；⑦部品部件进场检验；⑧部品部件吊装装配；⑨吊装装配监理检验；⑩现场材料入场检验；⑪现场施工、试块、验收检验等。

12.3.3　推动装配式建筑编码标准的统一

通过编制《装配式建筑分类和编码标准》，住房和城乡建设部科技与产业化发展中心在牵头研发的装配式建筑产业服务信息平台"6+6"个系统中（即行业管理类6个系统和企业管理类6个系统），用统一的编码实现了"6+6"各系统在全国的数据共享与交互。具体编码方法见本书第3章。

部品部件库与质量追溯联动，建立了部品部件从设计、生产、运输、吊装、装配全过程的质量追溯机制，从而保证装配式建筑部品部件全生命期的质量数据可追溯，通过质量追溯的倒逼机制，督促企业及其每一位员工强化质量意识。

12.3.4　质量追溯系统已应用于近300个装配式建筑项目

到2019年8月底，应用质量追溯系统的装配式项目共有296个，生产、成品检验、入库、运输、进场检验、吊装、施工、监理记录共计155万多条。客户根据部品部件的装配位置、部品部件对建筑质量的影响程度、市场主体的要求及RFID芯片的价格等因素，确定部品部件标识介质，有的部品部件以二维码为数据采集介质，有的部品部件采用RFID芯片追溯。到2019年8月底，采用RFID芯片追溯的结构构件共53.8万个。

同时，为加强对装配式建筑竖向构件套筒灌浆行为的管理，采用竖向构件的项目，均要求上传1min以上的套筒灌浆视频，并有监理人员的检验和签字。

质量追溯系统的推广，促进了构件生产企业、施工企业、建设单位等企业的信息化管理。通过系统的应用，大大降低了企业监管成本，有利于上下游企业及企业内部信息的共享互通，落实了质量责任主体，提升了从业人员的质量意识，并且为行业的发展提供了宝贵的数据。系统具有一物一码、实名制管理、精确定位、采集简单高效等特点。系统已经在雄安新区、江苏省、山东省、湖南省、辽宁大连、广西贺州等得到广泛应用，并取得了良好效果。

总之，装配式建筑标准化部品部件库的研发和13个示范项目的应用，只是完成了万里长征的第一步，为了使部品部件库在装配式建筑的发展中，发挥更大的可持续性的作用，需要结合着BIM正向设计协同系统、动态监测系统、质量追溯系统、项目管理系统、混凝土构件生产管理系统、钢结构构件生产管理系统、装配化装修系统、一户一码等系统，进行联动，并且长期坚持不懈地进行标准化的更新和优化，为装配式建筑的可持续发展做出贡献！

12.4　建立严格的产品准入和退出机制

12.4.1　严格的产品准入机制

部品部件库建立了严格的准入制度，入库企业和产品均需符合准入条件并实行动态监测，以便为装配式建筑提供质优价惠的高性价比部品部件。

1）平台集聚和显示高质量用户。平台的用户是通过各地建设行政主管部门、协会、联盟、专家等渠道吸引甄选而来，并具有动态监测系统，装配式建筑行业中口碑差的企业和人员，平台将其信息进行屏蔽，不从平台上进行展示。

2）企业对其产品和诚信行为等签署承诺书。对于企业注册，需首先填报企业名称、注册资金、简介、联系人、联系方式、营业执照等基本信息，申请提交成功后，平台对企业提交信息进行形式审查，在5个工作日内通知对方签署承诺书，企业需签署对平台提供的产品质量、相关资料、诚信行为等的承诺书。共同营造信息可靠、企业靠谱的平台环境，为装配式建筑的建设提供优质的供应链，促进我国装配式建筑的高质量发展。

3）装配式建筑标准化部品部件库主要的入库条件包括：

（1）入库产品要符合装配式建筑建设需要；

（2）入库产品具有国家认证认可监督管理委员会批准的认证机构颁发的产品认证证书或入库企业在平台的动态监测系统中评价为80%分值以上；

（3）具有独立的法人资格和承担民事责任的能力；

（4）具有国家及行业管理部门相关文件要求的资质证明或许可证书；

（5）具有良好的商业信誉、经营业绩和健全的财务会计制度；

（6）有良好的依法纳税、金融信用等记录；

（7）在从事的经营活动中没有重大违法记录和不良口碑；

（8）入库的部品部件供应商在市场上比较成熟，具有一定供应规模与能力，可确保售后服务质量；

（9）认可并遵守平台的各项规定及章程。

4）入库企业处于动态监测中

入库企业的产品首先要符合装配式建筑建设需要，其次要提交相关的证明材料和检测报告，最后还需要具有国家认证认可监督管理委员会批准的认证机构颁发的产品认证证书或被动态监测系统评价为80%分值以上，这在很大程度上保证了产品的质量和性能，为动态监测打造了良好的基础。

当入库企业低于80%分值时，动态监测系统将自动启动算法，一是平台前端就不再显示该企业及其部品部件的信息；二是平台的BIM正向设计协同系统里将自动不显示该企业部品部件的BIM模型，设计师们也就看不到该企业的部品部件，也就无法下载和调用。

5）鼓励经过认证的部品部件入库和被优先选用

与知名认证机构合作推进产品质量认证，是平台保证入库产品质量和性能的主要途径之一，这也是市场经济体制下提高、控制建设工程质量的重要手段之一。平台与中国建筑科学研究院认证中心、中国建筑标准设计研究院认证中心、中国建材检验认证集团股份有限公司以及国际上知名认证机构开展合作，推进了建设行业的产品质量认证，为装配式建筑提供高质量的部品部件，提高产品信誉，保护用户的利益。

12.4.2 动态的优胜劣汰机制

平台通过对入库产品全过程的跟踪追溯，分析产品在项目中的应用数量（类似于淘宝的销售量）、客户反馈（类似于淘宝的客户评价）、应用项目的情况等信息，平台通过研发的搜索引擎，优秀部品部件排位靠前，从而引导良币驱逐劣币的市场环境。

平台采用网络机器人等信息化技术，采集具有不良行为的企业信息。同时建立投诉与沟通机制。对于投诉反映的问题，如有需要，则请当地装配式建筑或建筑产业现代化相关工作机构和平台上人力资源库专业人员协助进行甄别。如果投诉属实，将和动态监测系统联动，降低该企业在系统的分值，视不良行为的性质和情节，平台将用合适的方式通知与该企业有业务往来的重要相关方。

投诉问题比较严重的，经调查并论证后，将从平台上予以清除，且三年内不得重新申请进入。同时，建立供需企业投诉渠道与沟通协调机制。需求方有权对部品部件供应商的供货时间、产品质量与服务等问题进行投诉；供给方会员有权对需求方的资金拨付延迟等内容进行投诉。

部品部件生产企业BIM模型展示的产品，必须与企业供给可提供的产品相一致。入库企业有义务从平台上撤掉已经不再生产的产品。如被设计师投诉10次BIM模型展示的产品实际上并没有生产供应能力，经调查属实，平台将清除该企业及其部品部件BIM模型等信息。同时，如果部品部件生产企业在平台内三年内没有部品部件应用的相关记录，说明提供的产品不被市场认可，或价格没有优势，或市场信誉口碑较差，平台将自动清除其相关产品，实现平台的规范高效运转。

12.5　主要成果总结

通过3年多的研究，在课题组和许多专家、企业的支持帮助下，课题超额完成了任务书的指标要求。本课题的主要成果主要有以下几个方面：

12.5.1　构建部品部件库规则和应用机制

为了使构建的装配式建筑标准化部品部件库能够长期运营下去，而不是完成课题任务就束之高阁。课题组对于企业产品类的部品部件入库，建立了部品部件库的准入和退出机制，建立了动态的优胜劣汰机制，建立了部品部件库与BIM正向设计协同系统联动机制，建立了部品部件库与动态监测系统联动机制，建立了部品部件库与质量追溯系统联动机制，部品部件库与混凝土建筑构件生产管理系统、钢结构建筑生产管理系统等系统，也有联动的关系，限于篇幅，本书就不进行详述了。随着这些系统的优化和推广，部品部件库将越来越丰富，将更好地处理好部品部件标准化和建筑多样化、部品部件标准化和建筑模数化、部品部件标准化和功能空间模块化之间的关系，使装配式建筑实现“适用、经济、绿色、美观”的新时代建筑方针。

12.5.2　研究建立部品部件标准化的定性定量规则

课题组研究建立标准化部品部件的定性定量界定规则，研究构建了主体结构、围护结构、装饰装修、设备管线部品部件之间的模数逻辑关系。从定性上来说，标准化部品部件要围绕尺寸模数化、接口标准化、功能通用化、可集成性的要求，进行设计和生产等。从定量上，课题组分别对装配式混凝土建筑、钢结构建筑、木结构建筑、装配化装修的部品部件的标准化进行了研究。如对装配式混凝土建筑的预制墙板、梁、柱、楼梯、楼板等进行了标准化的定量界定。如对钢结构建筑的开间与柱距、进深与跨度、层高与门窗洞口以及梁构件、柱构件、支撑构件等进行了标准化的定量界定。

12.5.3　创新“线分类+面分类”人机混用混合分类方法

创新性地使用“线分类+面分类”的混合分类方法，既适合人脑的线性树状分类习惯，又可以发挥计算机赋码的网状多面立体分类的优势。同时该编码方法既与现行国家建筑部品部件分类与编码标准相协调，又充分体现装配式建筑的要求，力争做到科学性、系统性、可扩延性、兼容性和综合实用性，以便解决全过程全产业链多主体同时提取信息的需求，在一定程度上努力解决“信息孤岛”的问题。

12.5.4　首次建立覆盖四类装配式建筑及其建筑结构装修设备管线的部品部件库

本课题首次建立了为装配式混凝土结构建筑、钢结构建筑、木结构建筑、组合结构建筑的标准化部品部件库，涵盖建筑专业用的BIM模型、结构专业用的BIM模型、装饰装修专业用的BIM模型、暖通空调等专业用的设备管线的BIM模型，而且涵盖了套筒、保温连接件等配件的BIM模型，力争具有良好的适用性和可扩展性。目前，装配式混凝土建筑标准化部品部件入库186个族库文件，实例化4600余个；钢结构建筑标准化部品部件入库15个族库文件，实例化1200余个；木结构建筑标准化部品部件入库实例化模型210余个；

装饰装修和设备管线标准化部品部件实例化模型5300余个。共计11300多个实例化BIM模型。

12.5.5 研发部品部件多维度快速检索技术

基于大数据和云存储等信息化技术，结合智能传感器与射频识别等技术，研发标准化部品数据库的线上交流、信息发布、供需对接、多维展示、部品追溯等功能，建立开发、设计、生产、物流、施工、运维等全产业链企业互联互通的信息化集成平台。根据各个部品部件的特点，定义检索项目方便用户检索；采用B/S网站架构，后台采用Ngnix应用服务器，MySQL数据库，采用分布式架构，充分支持用户高并发的应用；前端采用HTML5网页，支持多浏览器应用。

装配式建筑标准化部品部件库是住房和城乡建设部科技与产业化发展中心牵头研发的装配式建筑产业信息服务平台的重要组成部分。通过模型数据分离，根据不同类别构件属性，建立可以为多阶段、多主体、多专业协同的有效构件信息，研发按照构件编码、分类、属性、内容等多维度信息的灵活快捷检索技术，根据设计、生产、施工、运维等阶段的不同检索需求，制定检索策略，实现构件信息模型的快速检索。

12.5.6 创新研发轻量化BIM模型转化引擎

通过研究网格简化技术、特征简化技术和轮廓显示等模型轻量化技术，研发了轻量化BIM模型转化引擎。该引擎可根据装配式建筑不同阶段不同主体的应用场景，使用减少了BIM模型体量的轻量化BIM模型，最高可实现1.2%的压缩比，如8M的BIM模型数据压缩至100K。通过轻量化BIM模型转化引擎，可方便地在手机、平板及电脑等不同终端打开BIM模型，实现模型的跨平台和高性能展示。使装配式建筑设计、制造、施工、运维的模型信息可以多场景同步传递。

12.5.7 编制《装配式建筑部品部件分类和编码标准》

课题组编制完成了《装配式建筑部品部件分类和编码标准》。该标准的编制汇集了住建部科技与产业化发展中心、中国建筑科学研究院、中国建筑标准设计研究院、中建科技、江苏省住建厅、南京工业大学、天津住宅集团等17家行业知名单位，涵盖装配式建筑主管单位、协会、设计、生产、施工、科研、高校、软件开发等各类单位，以期从多方视角、吸收多主体的智慧，促进全国形成统一的装配式建筑部品部件分类和编码体系。

通过质量追溯系统，平台已经依据《装配式建筑部品部件分类和编码标准》，对180多个装配式建筑建筑项目的部品部件进行了赋码。

12.5.8 其他成果小结

一是课题组共撰写论文10篇，已经发表6篇，其中4篇发表于核心期刊。二是在课题的研发中，逐步形成了一个团结向上、分工协作、多单位取长补短的科研团队。三是部分课题组成员职称得到了晋升，参与课题的部分在读硕士已经毕业，并成为了就业单位的业务骨干。四是促进了各参与单位业务的增长和提升。

总之，在领导和专家们的指导下，课题超额完成了任务书的所有指标，形成了一个能战斗科研能力强的科研团队，课题组成员们的科研能力和协作水平得到了很大的提升。在此，深深感谢国家重点研发计划、感谢领导和专家们的指导帮助，我们将继续努力，把装配式建筑标准化部品部件库进一步优化、更新和发展，促进装配式建筑的可持续发展！

参考文献

［1］中共中央国务院关于进一步加强城市规划建设管理工作的若干意见［Z］. 中共中央国务院，2016.

［2］中共中央国务院关于开展质量提升行动的指导意见［Z］. 中共中央国务院，2017.

［3］国务院办公厅关于大力发展装配式建筑的指导意见［Z］. 国务院办公厅，2016.

［4］"十三五"装配式建筑行动方案［Z］. 住房城乡建设部，2017.

［5］国家信息化发展战略纲要［Z］. 中共中央办公厅 国务院办公厅，2017.

［6］2016-2020年建筑业信息化发展纲要［Z］. 住房城乡建设部，2017.

［7］住房和城乡建设部科技与产业化发展中心等. 装配式建筑发展行业管理与政策指南［M］. 北京:中国建筑工业出版社，2018.

［8］住房和城乡建设部科技与产业化发展中心等. 中国装配式建筑发展报告（2017）［M］. 北京:中国建筑工业出版社，2017.

［9］住房和城乡建设部科技与产业化发展中心等. 大力推广装配式建筑必读：技术·标准·成本与效益［M］. 北京:中国建筑工业出版社，2016.

［10］住房和城乡建设部科技与产业化发展中心等. 大力推广装配式建筑必读：制度·政策·国内外发展［M］. 北京:中国建筑工业出版社，2016.

［11］住房和城乡建设部科技与产业化发展中心等. 保障性住房绿色低碳技术应用和节能减排效益分析［M］. 北京:中国建筑工业出版社，2015.

［12］住房和城乡建设部住宅产业化促进中心等. 保障性住房厨房标准化设计和部品体系集成.［M］. 北京:中国建筑工业出版社，2014.

［13］住房和城乡建设部住宅产业化促进中心等. 保障性住房卫生间标准化设计和部品体系集成.［M］. 北京:中国建筑工业出版社，2013.

［14］住房和城乡建设部住宅产业化促进中心等. 保障性住房产业化成套技术集成指南［M］. 北京:中国建筑工业出版社，2012.

［15］住房和城乡建设部住宅产业化促进中心等. 公共租赁住房产业化实践——标准化套型设计和全装修指南［M］. 北京:中国建筑工业出版社，2011.

［16］住房和城乡建设部住宅产业化促进中心等. CSI住宅建设技术导则（试行）［M］. 北京:中国建筑工业出版社，2010,

［17］The British Standards Institution，ISO12006-2 Building construction—Organization of information about construction works Parts 2:Framework for classification of information［S］. BSI Standards Limited, 2015.

［18］U. S. Department of Commerce，Uniformat Ⅱ Elemental Classification for Building Specification, Cost Estimating，and Cost Analysis［S］. U. S. A, 1999.

［19］中华人民共和国住房和城乡建设部. 建筑信息模型分类和编码标准GB/T 51269

—2017［S］. 北京:中国建筑工业出版社，2017.

［20］中华人民共和国住房和城乡建设部. 住宅部品术语GB/T 22633—2008［S］. 北京:中国建筑工业出版社，2008.

［21］中华人民共和国住房和城乡建设部. 建筑产品分类与编码JG/T 151—2015［S］. 北京:中国建筑工业出版社，2015.

［22］吴双月. 基于BIM的建筑部品信息分类及编码体系研究［D］. 北京交通大学，2015.

［23］The Construction Specifications Institute and Construction Specifications Canada. Masterformat Numbers & Titles［S］. Canada，2010.

［24］OmniClass™. Omniclass Construction Classification System［S］. U. S. A，2006.

［25］中华人民共和国住房和城乡建设部. 建筑信息模型分类和编码标准GB/T 51269—2017［S］. 北京：中国建筑工业出版社，2018.

［26］梁小青. 关于国家标准《住宅部品术语》发布后的几点感想［J］. 住宅产业，2009(8).

［27］中国标准化委员会. 建筑产品分类与编码JG/T 151—2015［S］. 北京：中国标准出版社，2014.

［28］胡珉，蒋中行. 预制装配式建筑的BIM设计标准研究［J］. 建筑技术,2016(8).

［29］关于大力发展装配式建筑的指导意见［Z］. 国务院办公厅，2016.

［30］赵媛，保障房工业化建设部品库管理研究［D］. 北京交通大学，2015.

［31］龙玉峰，王保林与丁宏，PC建筑应用标准化设计的意义和方法［J］. 住宅产业，2013（1）: 45-47.

［32］苏醒，张旭与孙永强，钢结构住宅建筑部品生命周期详单分析［J］. 同济大学学报（自然科学版），2011. 39（12）: 1784-1788.

［33］陈果，建筑工业化的建筑部品供应商库存优化研究［D］. 重庆大学，2016.

［34］张德海与张岐，预制构件与部品BIM数据库的构建研究［J］. 建材与装饰，2017（38）: 266-267.

［35］白文志，中国住宅产业化进程中部品体系研究［D］. 武汉理工大学，2011.

［36］赵桦，住宅部品在住宅建造中的应用前景研究［D］. 重庆交通大学，2012.

［37］高颖，吴玉璇，张颖，赵金平，许志钢. 现代轻型木结构住宅模数与标准化体系研究［J］. 北京林业大学学报，2017，39（08）:111-118.

［38］吴玉璇. 现代轻型木结构住宅模数与标准化体系研究［D］. 北京林业大学，2016.

［39］王何宇. 木框架结构度假别墅标准化设计研究［D］. 哈尔滨工业大学，2016.

［40］曾莎洁，范伟达. 基于BIM的木结构设计建造一体化技术框架研究［J］. 建设科技，2016（18）:90-92.

［41］王玉蜀，曹加林，高英. 装配式木结构设计施工与BIM应用分析［M］. 北京:中国水利水电出版社，2018.

［42］芬兰具有部品部件库的网站www.elementtisuunnittelu.fi.

［43］文林峰. 装配式混凝土结构技术体系和工程案例汇编［M］. 北京：中国建筑工

业出版社，2017.

［44］中建科技有限公司，中建装配式建筑设计研究院有限公司，中国建筑发展有限公司，装配式混凝土建筑施工技术［M］. 北京：中国建筑工业出版社，2017.

［45］郭学明. 装配式混凝土结构建筑的设计、制作与施工［M］. 北京：机械工业出版社，2017.